普通高等教育"十二五"规划教材

U0317851

计算机硬件技术

主编　程启明　黄云峰
编写　楼俊君　赵永熹　甄兰兰
　　　王　莉　刘　刚　罗　静
主审　王保义

中国电力出版社
CHINA ELECTRIC POWER PRESS

内 容 提 要

本书是普通高等教育"十二五"规划教材，书中结合大量实例，全面、系统、深入地介绍了以 80x86 微机和 MCS-51 单片机两种背景平台为代表的微机的基本结构、原理、接口技术及其应用。全书共分 14 章，内容包括微机系统的基础知识、微处理器、存储器、指令系统、汇编语言程序设计、I/O 接口技术与 DMA 技术、中断技术、并行接口 8255 与人机接口技术、串行通信接口技术、定时/计数技术、模拟接口技术、MCS-51 单片机原理及程序设计基础、MCS-51 单片机的接口、计算机硬件系统的设计及开发实例。本书每章后均备有习题与思考题，以帮助学生理解和巩固所学内容。

本书既可作为普通高等院校《微机原理与接口技术》课程或《计算机硬件技术》课程的教材及成人高等教育的教材，也可供广大从事微机应用系统设计和开发的工程技术人员参考。

图书在版编目（CIP）数据

计算机硬件技术 / 程启明，黄云峰主编. —北京：中国电力出版社，2011.12
普通高等教育"十二五"规划教材
ISBN 978-7-5123-2363-6

Ⅰ．①计…　Ⅱ．①程…　②黄…　Ⅲ．①硬件－高等学校－教材　Ⅳ．①TP303

中国版本图书馆 CIP 数据核字（2011）第 281182 号

中国电力出版社出版、发行

（北京市东城区北京站西街 19 号　100005　http://www.cepp.sgcc.com.cn）
汇鑫印务有限公司印刷
各地新华书店经售

*

2012 年 2 月第一版　　2012 年 2 月北京第一次印刷
787 毫米×1092 毫米　16 开本　24.5 印张　595 千字
定价 **42.00** 元

前　言

计算机硬件技术是普通高等院校非计算机专业学生学习计算机基础知识的一门重要课程，它和计算机软件技术同属于计算机基础教育体系结构中的第二个阶段——计算机技术基础与应用的课程。

本书从计算机应用的需要出发，以当今计算机世界占有主导地位和绝对优势的 Intel 80x86 微机和 MCS-51 单片机两种主要背景机为脉络，从工程应用的角度出发，系统地阐述了 80x86 微机和 MCS-51 单片机的基本结构、原理、接口技术及其应用。全书在内容安排上注重系统性、逻辑性、科学性、实用性和先进性，各章前后呼应，并加入了大量程序和硬件设计实例，使读者能深入了解计算机的原理、结构和特点。

本书内容可分为 5 个部分：① 80x86 微机原理部分（第 1～3、6、7 章）；② 80x86 微机汇编语言程序设计部分（第 4、5 章）；③ 80x86 微机接口技术部分（第 8～11 章）；④MCS-51 单片机部分（第 12、13 章）；⑤80x86 微机与 MCS-51 单片机的综合应用（第 14 章）。

通过对本书的学习，读者可掌握微机的工作原理、汇编语言程序设计、微机的接口技术、单片机原理及应用，并具备汇编语言编程和硬件接口开发的初步能力，达到学懂、学通、能实际应用的目的。

本书具有以下几个特点：①本书"以学生为中心、以任务为驱动"的教学理念来编排全书内容，内容的编排更加连贯；②本书注重前后知识点之间的关联，注重激发学生主动探索求知的欲望；③本书突出应用，夯实基础，原理、技术与应用并重；④本书注重软硬件分析与设计；⑤本书注重提高读者分析问题和软硬件设计的能力，让读者学以致用；⑥本书文字叙述层次分明、语言简洁、图文并茂，便于课堂教学；⑦本书从内容选取、概念引入、文字叙述等各方面，都力求遵循面向实际应用、重视实践的原则，每章后均留有适量的习题与思考题，便于学生自学。

本书是普通高等院校电类各专业的专业基础课程（必修课），学时数为 51～85 学时，学分为 3～5 分。

本书由程启明、黄云峰担任主编。程启明编写了第 1 章，并负责全书的统稿工作；黄云峰编写了第 6、9、11 章，并做了全书的部分统稿工作；楼俊君编写了第 2、3、4 章；赵永熹编写了第 7、12、13 章；甄兰兰编写了第 10 章；王莉编写了第 8 章；刘刚编写了第 14 章；罗静编写了第 5 章。华北电力大学王保义教授审阅了本书，并提出了许多宝贵的意见和建议，在此对他表示深深的谢意。

由于编者水平有限，书中难免有不妥之处，敬请读者批评指正。

程启明　黄云峰

2011 年 12 月

目　　录

第1章 微机系统的基础知识

本章从微机系统的总体框架入手，帮助学生建立起微机系统的概念，并通过掌握数据格式间的转换，为后继学习奠定基础。首先，对微机进行概述，对计算机发展、微机发展、微机的特点和应用、微机的分类以及微机的主要性能指标进行概括；接着，对微机系统的结构和工作原理进行介绍，对微机系统的组成、微处理器的内部结构与基本功能、微机系统硬件的组成及结构、内存的组成与操作、微机系统的软件结构进行分析；其次，对微机系统的工作过程进行分析，对程序存储及程序控制的基本概念、微机程序执行的一般过程、简单程序执行过程举例并进行分析；再次，对 PC 系列微机的体系结构进行介绍，主要介绍已推出的多种带有不同的微处理器技术和总线结构的微机系统；最后，对微机的数制与编码进行描述，对数制及其转换、二进制加减运算和 BCD 码加减运算的调整、数字与字符的编码进行讲述。本章的重点是微处理器、微机、微机系统的定义和及相互关系，以及原码、补码、反码的计算。本章的难点在于对微机系统结构的理解和数据格式的转换。

1.1 微 机 概 述

1.1.1 计算机的发展

电子计算机是由各种电子器件组成的，是能够自动、高速、精确地进行逻辑控制和信息处理的现代化设备。它是 20 世纪人类最伟大的发明之一。自 20 世纪 40 年代第一台电子计算机问世以来，计算机以其硬件构成的逻辑部件为标志，已经历了从电子管、晶体管、中小规模集成电路、大规模及超大规模集成电路计算机这 5 个阶段。

（1）第 1 代计算机，即电子管时代的计算机。从 20 世纪 40 年代末到 50 年代中期的计算机都采用电子管为主要元件。这一代计算机主要用于科学计算。

（2）第 2 代计算机，即晶体管时代的计算机。20 世纪 50 年代中期，晶体管取代电子管，大大缩小了计算机的体积，降低了成本，同时将运算速度提高了近百倍。第 2 代计算机不仅用于科学计算，而且开始用于数据处理和过程控制。

（3）第 3 代计算机。20 世纪 60 年代中期，集成电路问世之后，出现了中、小规模集成电路构成的计算机。这一时期，实时系统和计算机通信网络有了一定的发展。

（4）第 4 代计算机。20 世纪 70 年代初，出现了以大规模集成电路为主体的计算机。这一代计算机的体积进一步缩小，性能进一步提高，发展了并行技术和多机系统，出现了精简指令集计算机（Reduced Instruction Set Computer，RISC）。微型计算机（Microcomputer）也是在第 4 代计算机时期产生的。

（5）第 5 代计算机。计算机采用超大规模集成电路，在系统结构上类似人脑的神经网络，在材料上使用常温超导材料和光器件，在计算机结构上采用超并行的数据流计算等。

1.1.2 微机的发展

随着大规模集成电路的发展，计算机分别朝着巨型或大型机和超小型或微型机两个方向发展。以微处理器 MPU（Micro Processing Unit）为核心，配上大容量的半导体存储器及功能强大的可编程接口芯片，连上外部设备及电源所组成的计算机，称作微型计算机，简称微型机或微机。在计算机中人们接触最多的是微机。

微机的诞生和发展是伴随着大规模集成电路的发展而发展起来的。微机在系统结构和基本工作原理上，与其他计算机（巨、大、中小型的计算机）并无本质差别，主要差别在于微机采用了集成度相当高的器件和部件，它的核心部分是微处理器。微处理器（或称微处理机）是指由一片或几片大规模集成电路组成的、具有运算器和控制器功能的中央处理器（CPU）。以微处理器为核心的微机是计算机的第 4 代产品。按 CPU 字长位数和功能来划分，以时间来排序微处理器的发展过程分为 8 个阶段。

（1）第 1 代（1971～1973 年）是采用 4 位和 8 位低档微处理器的微机时代。典型 CPU 产品为 Intel 4004/8008。它们采用 PMOS 工艺，集成度低（1200～2000 只晶体管/片）、时钟频率低（＜1MHz）、速度慢、运算能力弱、系统结构和指令系统简单，采用机器语言或简单的汇编语言编程，4004、8008 分别只有 45、48 条指令，基本指令执行时间为 10～20μs，适用于家用电器和简单的控制场合。

（2）第 2 代（1973～1978 年）是采用 8 位中高档微处理器的微机时代。典型 CPU 产品为 Intel 8080/8085、Motorola MC6800、Zilog Z80。它们采用 NMOS 工艺，集成度提高了约 4 倍（5000～9000 只晶体管/片），时钟频率达 1～4MHz，执行指令的速度达 0.5MIPS 以上，运算速度提高了 10～15 倍，指令系统比较完善，已具有典型计算机体系结构以及中断、直接存储器存取方式（Direct Memory Access，DMA）等功能。软件除配备汇编语言外，还有 BASIC、FORTRAN 等语言和简单操作系统（如 CP/M）。

（3）第 3 代（1978～1985 年）是采用 16 位微处理器的微机时代。典型产品为 Intel 8086/8088/80286、Zilog Z8000、Motorala 68000/68010。它们采用 HMOS 工艺，集成度（20000～70000 只晶体管/片）和运算速度（基本指令执行时间约为 0.5μs）提高了一个数量级，指令系统更加丰富和完善，采用多级中断技术、流水线技术、段式存储器结构和硬件乘除部件，处理速度加快，寻址方式增多，寻址范围增大（1～16MB），配备了磁盘操作系统、数据库管理系统和多种高级语言。

（4）第 4 代（1985～1993 年）是采用 32 位微处理器的微机时代。典型产品为 Intel 80386/80486 和 Motorola 68040。它们采用 HMOS/CMOS/CHMOS 工艺，集成度达 15 万～100 万只晶体管/片，时钟频率达 25MHz 以上，具有 32 位的数据和地址总线，执行速度可达 25MIPS，片内还增加协处理器和高速缓冲存储器（Cache），并采用了 RISC 技术，使它的处理速度大大提高。这一代微机的功能已达到以前的超级小型机功能，完全可胜任多任务、多用户的作业。

（5）第 5 代（1993～1995 年）是采用 32 位 P5 高档微处理器的微机时代。典型产品为 Intel Pentium 586（奔腾）。它采用亚微米的 CMOS 技术设计，集成度达 330 万只晶体管/片，采用了两条超标量流水线结构，并具有相互独立的指令和数据 RISC，主频为 60～166MHz，处理速度达 110MIPS。

（6）第 6 代（1995～1999 年）是采用 32 位 P6 高档微处理器的微机时代。典型产品为 Intel Pentium Pro/ Pentium MMX/Pentium Ⅱ/Pentium Ⅲ。它们内部采用了 3 条超标量指令流水线结构，工作频率越来越高，总线频率也大大提高，支持多媒体扩展指令集（SIMD）MMX、SSE，集成度达 550 万～950 万只晶体管/片。

（7）第 7 代（2000～2007 年）是采用 32 位 P4 高档微处理器的微机时代。典型产品为 Intel Pentium 4（如 5XX/6XX/7XX 等）。它的集成度高达 4200 万～1.78 亿只晶体管/片，主频为 1.3～3.6 GHz，采用超级管道技术，使用长达 20 级的分支预测/恢复管道，其动态执行技术（程序执行）中的指令池能容下 126 条指令。它支持 SSE2、SSE3 等 SIMD 指令。

（8）第 8 代（2007 年至今）是采用 32/64 位 Core 双核高档微处理器的微机时代。典型产品为 Intel Core2 Duo/ Core2 Quard/ Core2 Extreme 等。它们采用双核结构的 Core/Core2 系列处理器，兼顾 32 位和 EM64T 技术，是典型的 32/64 位处理器。它支持 64 位存储器访问，支持 SSE2、SSE3、SSSE3 和 SSE4 等 SIMD 指令，集成度达 2.91 亿只晶体管/片以上。

与第 5 代之后的 32 位处理器同步并行发展的还有纯 64 位处理器，如 Intel Itanium/Itanium Ⅱ等处理器，它们采用 IA-64 结构。

微处理器的发展特点是速度越来越快、集成度越来越高、功能越来越强。

1.1.3　微机的特点和应用范围

一、微机的特点

由于微机是采用 LSI 和 VLSI 组成的，因此它除了具有一般计算机的运算速度快、计算精度高、记忆功能和逻辑判断力强、自动工作等特点外，还有其独特的优点。

（1）体积小、重量轻、功耗低。由于采用了大规模和超大规模集成电路，从而使构成微机所需的器件数目大大减少，体积大大缩小。一个与小型机 CPU 功能相当的 16 位微处理器 MC68000，由 13000 个标准门电路组成，其芯片面积仅为 $6.25 \times 7.14 \text{mm}^2$，功耗为 1.25W。32 位的超级微处理器 80486，有 120 万个晶体管电路，其芯片面积仅为 $16 \times 11 \text{mm}^2$，芯片的质量仅十几克。工作在 50MHz 时钟频率时的最大功耗仅为 3W。随着微处理器技术的发展，今后推出的高性能微处理器产品体积更小、功耗更低而功能更强，这些优点对于航空、航天、智能仪器仪表等领域具有特别重要的意义。

（2）可靠性高、对使用环境要求低。微机采用大规模集成电路以后，使系统内使用的芯片数大大减少，接插件数目大幅度减少，简化了外部引线，安装更加容易。加之 MOS 电路芯片本身功耗低、发热量小，使微机的可靠性大大提高，因而也降低了对使用环境的要求，普通的办公室和家庭环境就能满足要求。

（3）结构简单、设计灵活、适应性强。微机多采用模块化的硬件结构，特别是采用总线结构后，使微机系统成为一个开放的体系结构，系统中各功能部件通过标准化的插槽和接口相连，用户选择不同的功能部件（板卡）和相应外设就可构成不同要求和规模的微机系统。由于微机的模块化结构和可编程功能，使得一个标准的微机在不改变系统硬件设计或只部分地改变某些硬件时，在相应软件的支持下就能适应不同的应用任务的要求，或升级为更高档次的微机系统，从而使微机具有很强的适应性和宽广的应用范围。

（4）性能价格比高。随着微电子学的高速发展和大规模、超大规模集成电路技术的不断成熟，集成电路芯片的价格越来越低，微机的成本不断下降，同时也使许多过去只在大、中型计算机中采用的技术（如流水线技术、RISC 技术、虚拟存储技术等）也在微机中采用，许多高性能的微机（如采用 Pentium Pro、Pentium Ⅱ等作为 MPU 的微型机）的性能实际上已经超过了中、小型机（甚至是大型机）的水平，但其价格要比中、小型机低得多。

二、微机的应用范围

微机由于具有体积小、重量轻、功耗低、功能强、可靠性高、结构灵活、使用环境要求低、价格低廉等一系列优点，因此得到了广泛的应用。它已渗透到国民经济的各个部门，几乎无处不在。微机的应用领域主要有：

（1）科学计算。在科学研究、工程设计和社会经济规划管理中存在大量复杂的数学计算问题，科学计算是指利用计算机来完成科学研究和工程技术中大量繁杂且人力难以完成的计算问题。高档微机已经具有较强的运算能力和较高的运算精度，组成多处理器系统后（构成并行处理机），其功能和计算速度可与大型机媲美，能满足相当范围的科学计算的需要。

（2）信息处理。信息处理就是利用微机对各种形式的数据资料进行收集、加工、存储、分类、计算、传输等。微机配上适当的软件，可实现办公自动化、企事业计算机辅助管理与决策、图书管理、财务管理、情报检索、银行电子化等功能。目前很多单位都开发了自己的信息管理系统（MIS）。

（3）计算机辅助技术。计算机辅助技术包括计算机辅助设计（Computer Aided Design，CAD）、计算机辅助制造（Computer Aided Manufacturing，CAM）和计算机辅助教学（Computer Aided Instruction，CAI）等。其中 CAD 是利用计算机系统辅助设计人员进行工程或产品设计，以实现最佳设计效果的一种技术；CAM 利用计算机系统进行生产设备的管理、控制和操作，将 CAD 和 CAM 技术集成，实现设计、生产自动化，大大地提高了劳动生产率；CAI 利用计算机系统使用课件来进行教学，其主要特色是交互教育、个别指导和因人施教，采用多媒体技术，使教学内容直观、形象。

（4）过程控制。过程控制是利用微机实时采集检测数据，按最优值迅速地对控制对象进行自动调节或自动控制。例如数控机床、自动化生产线、导弹控制等均涉及过程控制。采用微机进行过程控制，不仅可以大大提高控制的自动化水平，而且可以提高控制的及时性和准确性，应用于生产则可节省劳力，减轻劳动强度，提高产品质量及合格率，从而产生显著的经济效益。

（5）人工智能。人工智能是利用计算机模拟人类的智能活动，如感知、判断、学习、联想、推理、图像识别和问题求解等。人工智能主要应用在机器人、模式识别、机器翻译、专家系统等方面。例如，能模拟高水平医学专家进行疾病诊疗的专家系统，具有一定思维能力的机器人等。

（6）网络通信。计算机技术与通信技术的结合构成了计算机网络。网络通信是利用计算机网络实现信息的传递、交换和传播。随着信息高速公路的实施，Internet 国际互联网迅速覆盖全球，微机作为服务器、工作站成为网络中的重要成员。如今的个人计算机可通过普通电话线、宽带网等方式方便地连入 Internet，从而获得网上的各种资源。

（7）计算机仿真。在对一些复杂的工程问题和复杂的工艺过程、运动过程、控制行为等进行研究时，在数学建模的基础上，用计算机仿真的方法对相关的理论、方法、算法和设计方案进行综合、分析和评估，可以节省大量的人力、物力和时间。

1.1.4　微机的分类

微机的分类方法有多种，主要有：

一、按字长分类

字长是指计算机一次可处理二进制数的最大位数，它是微机的一个重要参数。微机按字长可分为：

（1）4 位机。字长为 4 位（如 Intel 4004），多做成单片机，用于仪器仪表、家用电器、游戏机等。

（2）8 位机。字长为 8 位（如 Intel 8080），主要用于计算和控制。

（3）16 位机。字长为 16 位（如 Intel 8086/8088），可用来取代低档小型计算机。

（4）32 位机。字长为 32 位（如 Intel 486、 Pentium），是高档微机，具有小型或中型计算机的能力。

（5）64 位机。字长为 64 位，如 Intel 公司的 Itanium、DEC 公司的 Alpha 21164、由 Motorola 加盟的 Power PC620 等。

字长与微处理器数据总线（Data Bus，DB）宽度不是同一个概念。如 8088 的字长为 16 位，但 DB 宽度仅为 8 位；而 Pentium 系列的字长为 32 位，但 DB 宽度为 64 位。

二、按结构类型分类

（1）单片机（Single Chip Microcomputer，SCM）。单片机又称微控制器或嵌入式控制器，它将 CPU、存储器、定时器/计数器、中断控制、I/O 接口等集成在一片芯片上，如 MCS-51 系列单片机 8031、8051、8751 等。

（2）单板机。它是将 CPU、内存储器、I/O 接口组装在一块印制电路板上的微型计算机，如 SDK-86 和 TP86 单板机。

（3）多板机。它是由一块主板（包含 CPU、内存储、I/O 总线插槽）和多块外部设备控制器插板组装而成的微型机，如 IBM-PC 微机及其兼容机。

三、按用途分类

（1）个人计算机（Personal Computer，PC）。它是 20 世纪后期的一种重要的计算机模式，目前 PC 机的主流为 32 位机。

（2）工作站/服务器。工作站是指 SUN、DEC、HP、IBM 等大公司推出的具有高速运算能力和很强的图形处理功能的计算机，它有较好的网络通信能力，适用于工程与产品设计。服务器是指存储容量大、网络通信能力强、可靠性好，运行于网络操作系统的一类高档计算机。大型的服务器一般由计算机厂家专门设计生产。

（3）网络计算机（Network Computer，NC）。它是一种依赖于网络的微机。它不具备 PC 机的高性能，但操作简单，购买和维护价位较低。

四、按体积或外形分类

（1）台式机（也称桌上型）。一般用交流电源供电，当前多数微机都是台式机。

（2）便携机（也称可移动微机）。它大致可分为笔记本、膝上、口袋、掌上和钢笔 5 种类型。这类微机采用直流电源供电，功耗较低。

1.1.5　微机系统的主要性能指标

微机系统的性能由它的系统结构、指令系统、外设及软件配置等多种因素所决定，因此，应当用各项性能指标进行综合评价。微机的主要技术指标如下：

（1）字长。字长就是计算机能直接处理的二进制数据的位数。字长直接关系到计算精度，字长越长，它能表示的数值范围越大，计算出的结果的有效数位就越多，精度也就越高。微机的字长有 1、2、4、8、16、32 个字节等多种。在一般的过程控制和数据处理中，通常使用的字长是 8 位，微机内存也以 8 位为一单元，因此普遍采用 8 位字长为一个信息段，称为一个字节（Byte）。因此，在 8 位机中，每个字（Word）由一个字节组成；而在 16 位机和 32 位机中，每个字分别由 2 个和 4 个字节组成。当用字长较短的微处理器处理问题精度不能满足要求时，可以采用双倍或多倍字长运算，只是速度要慢一些。

（2）运算速度。运算速度是微机结构性能的综合表现，它是指微处理器执行指令的速率，一般用"百万条指令/秒"（MIPS）来描述。由于执行不同的指令所需的时间不同，这就产生了如何计算速度的问题，目前有三种方法：一是根据不同类型指令在计算过程中出现的频率，乘上不同的系数，求得统计平均值，这是平均速度；二是以执行时间最短的指令或某条特定指令为标准来计算速度；三是直接给出每条指令的实际执行时间和机器的主频。微机一般采用最后一种方法来描述运算速度。

（3）存储容量。存储器分为内存储器和外存储器两类。内存储器也称为内存或主存，是CPU可以直接访问的存储器，需要执行的程序与需要处理的数据就是存放在主存中的。内存储器容量的大小反映了计算机即时存储信息的能力。外存储器通常是指硬盘（包括内置硬盘和移动硬盘）。外存储器容量越大，可存储的信息就越多，可安装的应用软件就越丰富。现代计算机为了提高性能，兼顾合理的造价，一般采用多级存储体系，除有内存和外存外，还增加了存储容量小、存取速度高的高速缓冲存储器（Cache）。

（4）存取速度。存储器完成一次读/写操作所需的时间称为存储器的存取时间或访问时间。存储器连续进行读/写操作所允许的最短时间间隔，称为存取周期。存取周期越短，则存取速度越快，它是反映存储器性能的一个重要参数。通常，存取速度的快慢决定了运算速度的快慢。半导体存储器的存取周期约在几十到几百微秒之间。

（5）指令系统。每一种微处理器都有自己的指令系统，一般来说，指令的条数越多，其功能就越强。例如，同样是8位机，Intel 8080 CPU有78条指令，而Z80 CPU在它的基础上扩大到158条，显然，Z80处理数据的能力比Intel 8080要强。有的微处理器是用增加寻址方式的办法来改善性能，例如在16位机中，Z8000 CPU有8种寻址方式，而Intel 8086/8088 CPU有24种寻址方式，所以Intel 8086/8088的功能比Z8000更强。

（6）总线类型与总线速度。总线类型主要指系统总线和外部总线的类型，总线速度包括处理器总线的速度和系统总线的速度。系统总线的速度决定处理器以外的各个部件的最高运行速度，如内存、显示器等。

（7）主板与芯片组类型。不同类型的主板和芯片组，性能差异很大。主板有AT、ATX及BTX等多种类型，芯片组按支持的处理器型号不同而不同，主要有4XX、8XX、9XX、3和4系统等芯片组。

（8）外设的配置。容许或实际挂接的外设数量越多，微机的功能就越强。例如，Intel 8086/8088能直接实现对64K个输入/输出端口的寻址，因此，若按每台设备平均占用4个端口计算，则以Intel 8086/8088为CPU的微机系统可以挂接16K个外设。当然，实际配置的外设性能也直接影响微机系统的整体性能，主要外设有键盘、鼠标、显示器、打印机和扫描仪等。

（9）系统软件的配置。系统软件的配置主要是指微机系统配置了什么样的操作系统及其他系统软件和实用程序等，这决定了计算机能否发挥高效率。合理安装与使用丰富的软件可以充分地发挥计算机的作用和效率，方便用户的使用。

（10）可靠性、可用性和可维护性。可靠性是指在给定时间内，计算机系统能正常运转的概率；可用性是指计算机的使用效率；可维护性是指计算机的维修效率。可靠性、可用性和可维护性越高，则计算机系统的性能越好。

此外，还有一些评价计算机的综合指标，例如，系统的兼容性、完整性和安全性以及性能价格比。各项指标之间也不是彼此孤立的，在实际应用时，应该把它们综合起来考虑。

1.2 微机系统的结构和工作原理

1.2.1 微机系统的组成

一个完整的微机系统由硬件系统和软件系统两大部分组成。硬件和软件是一个有机的整体，必须协同工作才能发挥计算机的作用。硬件系统主要由主机（CPU、主存）和外部设备（输入/输出设备、辅存）构成，它是计算机的物质基础。软件是支持计算机工作的程序，它需要人根据机器的硬件结构和要解决的实际问题预先编制好，并且输入到计算机的主存中。软件系统由系统软件和应用软件等组成。微机系统的组成由小到大可分为微处理器、微型计算机、微型计算机系统三个层次结构，如图 1-1 所示。

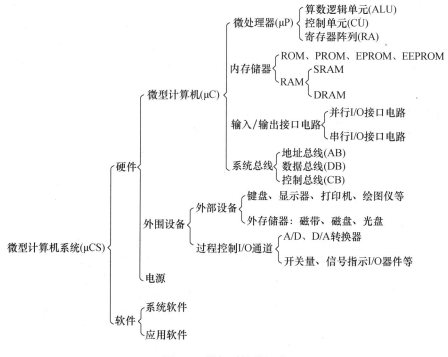

图 1-1 微机系统的组成

（1）微处理器。微处理器（Microprocessor，简称 μP 或 MP）是指由一片或几片大规模集成电路组成的、具有运算器和控制器功能的中央处理器部件，又称为微处理机。它本身并不等于微型计算机，而只是其中央处理器。有时为区别大、中、小型中央处理器 CPU（Central Processing Unit）与微处理器，而称后者为 MPU（Microprocessing Unit）。但通常在微型计算机中直接用 CPU 表示微处理器。

（2）微型计算机。微型计算机（Microcomputer，简称 μC 或 MC）是指以微处理器为核心，配上存储器、输入/输出接口电路及系统总线所组成的计算机。当把微处理器、存储器、输入/输出接口电路统一组装在一块或几块电路板上或集成在单个芯片上，则分别称之为单板、多板或单片微型计算机。

（3）微型计算机系统。微型计算机系统（Microcomputer System，简称 μCS 或 MCS）是指以微型计算机为核心，配以相应的外部设备、电源和辅助电路以及软件系统所构成的系统。只装有硬件的计算机称为裸机，只有当将其配上系统软件时才成为真正可使用的计算机系统。

（4）嵌入式系统。嵌入式系统（Embedded System）是嵌入式计算机系统的简称，它就是嵌入到对象体系中的专用计算机系统，是微型计算机系统的另一种形式。嵌入式系统具有嵌入性、专用性与计算机系统 3 个基本要素。实际上，它是以应用为中心，以计算机技术为基础，并用软、硬件可裁减，适用于应用系统对功能、可靠性、成本、体积、功耗有严格要求的专用计算机系统。嵌入式系统把计算机直接嵌入到应用系统中，它融合了计算机软/硬件技术、通信技术和微电子技术，是集成电路发展过程中的一个标志性的成果。

由上面概念可知，我们平时使用的微机实际上是微型计算机系统。

1.2.2　微处理器的内部结构与基本功能

一、概述

微处理器 CPU 外部一般采用上述三总线结构；内部则采用单总线，即内部所有单元电路都挂在内部总线上，分时享用。典型的 8 位微处理器结构如图 1-2 所示，CPU 由算术逻辑运算单元（ALU）、控制单元（CU）、寄存器组（R's）三部分组成，其中 CU 由指令寄存器、指令译码器和定时及各种控制信号的产生电路等组成；R's（Register stuff）由通用寄存器和专用寄存器组成，它们分别存放任意数据和专门数据。通用寄存器为寄存器阵列中的通用寄存器组；专用寄存器为累加器 A、状态标志寄存器 F、指令计数器 PC、堆栈指示器 SP、地址寄存器 AR、数据寄存器 DR 等。

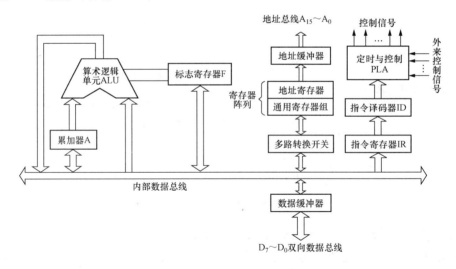

图 1-2　典型 8 位微处理器结构

二、算术逻辑运算部件 ALU 和累加器 A、标志寄存器 F

算术逻辑运算部件（Arithmetic Logic Unit，ALU）主要用来完成数据的算术和逻辑运算。ALU 有 2 个输入端和 2 个输出端，其中输入端的一端接至累加器 A（Accumulator），接收由 A 送来的一个操作数；输入端的另一端通过内部数据总线接到寄存器阵列，以接收第二个操作数。参加运算的操作数在 ALU 中进行规定的操作运算，运算结束后，将结果送至 A，同时将操作结果的特征状态送至标志寄存器 F（Flags）。

A 具有输入/输出和移位功能，微处理器采用累加器结构可以简化某些逻辑运算。由于所有运算的数据都要通过 A，故 A 在微处理器中占有很重要的位置。F 又称为程序状态字（Program Status Word，PSW），用于反映处理器的状态和运算结果的某些特征及控制指令的执行，它主要包括进位标志 CF、溢出标志 OF、零标志 ZF、符号标志 SF、奇偶标志 PF 等。

三、控制单元 CU

控制单元（Control Unit，CU）负责控制与指挥计算机内各功能部件协同动作，完成计算机程序功能。它由指令寄存器（IR）、指令译码器（ID）和定时及各种控制信号的产生电路（PLA）等组成。

（1）指令寄存器（Instruction Register，IR）。用来存放当前正在执行的指令代码；

（2）指令译码器 （Instruction Decoder，ID）。用来对指令代码进行分析、译码，根据指令译码的结果，输出相应的控制信号；

（3）可编程逻辑阵列（Programmable Logic Array，PLA）。也称定时与控制电路，用于产生出各种操作电位、不同节拍的信号、时序脉冲等执行此条命令所需的全部控制信号。

四、寄存器组 R's

寄存器组是 CPU 内部的若干个存储单元，用来存放参加运算的二进制数据以及保存运算结果。它一般可分为通用寄存器和专用寄存器。通用寄存器可供程序员编程使用，专用寄存器的作用是固定的，如堆栈指针 SP、标志寄存器 F 等。

（1）通用寄存器。可由用户灵活支配，用来寄存参与运算的数据或地址信息。

（2）地址寄存器。专门用来存放地址信息的寄存器。

（3）指令计数器（Program Counter，PC）。用来指明下一条指令在存储器中的地址。每取一个指令字节，PC 自动加 1，如果程序需要转移或分支，只要把转移地址放入 PC 即可。

（4）堆栈指示器 SP（Stack Pointer）。用来指示 RAM 中堆栈栈顶的地址。SP 寄存器的内容随着堆栈操作的进行自动发生变化。

（5）变址寄存器 SI、DI。用来存放要修改的地址，也可以用来暂存数据。

（6）数据寄存器（Data Register，DR）。用来暂存数据或指令。

（7）地址寄存器（Address Register，AR）。用来存放正要取出的指令地址或操作数地址。

五、内部总线和总线缓冲器

内部总线把 CPU 内各寄存器和 ALU 连接起来，以实现各单元之间的信息传送。内部总线分为内部数据总线和地址总线，它们分别通过数据缓冲器和地址缓冲器与芯片外的系统总线相连。缓冲器用来暂时存放信息（数据或地址），它具有驱动放大能力。

1.2.3　微机系统硬件的组成及结构

图 1-3 为微机系统硬件的组成及结构。微机的硬件主要由微处理器、存储器、输入/输出接口和外部设备等组成。各组成部分之间通过系统总线联系起来。

（1）微处理器 CPU。它是微机的运算、控制核心，用来实现算术、逻辑运算，并对全机进行控制。它包含运算器、控制器和寄存器组三个部分，其中控制器用来协调控制所有的操作，运算器用来进行数据运算，寄存器组用来暂时存放参加数据以及运算中间结果。

（2）存储器 M。它用来存储程序和数据，可分为内部存储器（简称主存或内存）与外部存储器（简称辅存或外存）。存储器以单元为单位线性编址，CPU 按地址读/写其单元，通常一个单元存放 8 位二进制数（即 1 个字节）。计算机程序只有存放到内存中才能被执行。内存可分为只读存储器（Read Only Memory，ROM）和随机存取存储器（Random Access

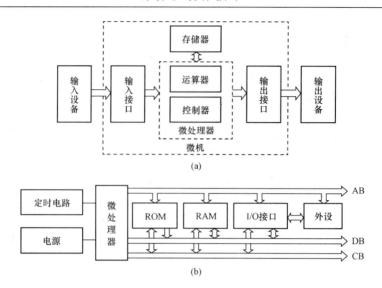

图 1-3　微机系统硬件的组成及结构

（a）微机系统的硬件组成；（b）微机系统的硬件结构

Memory，RAM）两种类型。图 1-3 中的存储器实际上仅是内存，而外存需通过相应的 I/O 接口才能与主机相连。

（3）输入/输出接口（也称 I/O 接口）。微机与外部设备之间的连接与信息交换不能直接进行，必须通过 I/O 接口将两者连接起来。I/O 接口在两者之间起暂存、缓冲、类型变换及时序匹配等协调工作。

（4）外部设备（简称外设或 I/O 设备）。它是微机与外界联系的设备，计算机通过外设获得各种外界信息，并且通过外设输出运算处理结果。它包括输入设备和输出设备，常用的输入设备有键盘、鼠标、扫描仪、摄像机等，常用的输出设备有显示器、打印机、绘图仪等。

（5）系统总线。系统总线是一组连接计算机各部件（即 CPU、存储器、I/O 接口）的公共信号线。根据所传送信息的不同，系统总线可分为数据总线 DB（Data Bus）、地址总线 AB（Address Bus）和控制总线 CB（Control Bus）三种类型，AB、DB 和 CB 分别是用来传送地址、数据和控制信息的信号线。微机采用三总线结构，这可使微机系统的结构简单、维护容易、灵活性大和可扩展性好。CPU 通过三总线实现读取指令，并通过它与内存、外设之间进行数据交换。

实际上，微机中总线一般有内部总线、系统总线和外部总线之分。其中内部总线是微机内部各外围芯片与处理器之间的总线，用于芯片一级的互联；外部总线则是微机和外部设备之间的总线，微机通过该总线和其他设备进行信息与数据交换，它用于设备一级的互联；而系统总线是微机中各插件板与系统板之间的总线，用于插件板一级的互联，它一般采用 AB、DB 和 CB 三总线形式。通过制定统一的总线标准容易使不同设备间实现互联，目前系统总线的标准主要有 ISA、EISA、VESA、PCI、Compact PCI 等。其中，ISA 总线是 IBM 公司 1984 年为推出 PC/AT 机而建立的系统总线标准（也称 AT 总线），它是对 XT 总线的扩展，以适应 8/16 位数据总线要求，它在 80286 至 80486 时代应用非常广泛，以至于现在奔腾机中还保留有 ISA 总线插槽，ISA 总线有 98 只引脚。EISA 总线是 1988 年由 Compaq 等 9 家公司联合推出的总线标准，它是在 ISA 总线的基础上使用双层插座，在原来 ISA 总线的 98 条信号线上又增加了 98 条信号线，也就是在两条 ISA 信号线之间添加一条 EISA 信号线，在实用中，EISA 总线完全兼容 ISA 总线信号。VESA 总线是 1992 年由 60 家附件卡制造商联合推出的一种局部总线，简称为 VL 总线，该总线系统考虑到 CPU 与主存和 Cache 的直接相连，通常把这部分总线称为 CPU 总线或主总线，其他设备通过 VL 总线与 CPU 总线相连，所以 VL 总线被称为局部总线，它定义了 32 位 DB，且可通过扩展槽扩展到 64 位，使用 33MHz 时钟频率，最大传输率达 132MB/s，可与 CPU 同步工作，它是一种高速、高效的局部总线，可支持 386SX/DX、486SX/DX 及奔腾 CPU。PCI 总线是当前最流行的总线之一，是由 Intel 公司推出的一种局部总线。它定义了 32 位 DB，且可扩展为 64 位。PCI 总线主板插槽的体积比原 ISA 总线插槽还小，其功能比 VESA、ISA 有极大的改善，支持突发读写操作，最大传输速率可达 132MB/s，可同时支持多组外围设备。PCI 局部总线不能兼容现有的 ISA、EISA 等总线，但它不受制于 CPU。上面几种系统总线一般都用于商用 PC 机，还有另一大类为适应工业现场环境而设计的系统总线，如 STD、VME、PC/104、Compact PCI 等，其中 Compact PCI 采用无源总线底板结构的 PCI 系统，它是 PCI 总线的电气和软件标准加欧式卡的工业组装标准，是在 PCI 总线基础上改造而来的一种工业计算机标准总线。它利用 PCI 的优点，提供满足工业环境应用要求的高性能核心系统，同时还考虑充分利用传统的总线产品来扩充系统的 I/O 和其他功能。

在图 1-3 中，外设通过 I/O 接口连接到主机（包含微处理器和内存）上，各部件之间通过 DB、AB、CB 三组总线来传送信息。数据和控制信息通过输入设备送入存储器中存储。需要处理的数据，将其送到运算器，经处理后再送回存储器中；需要输出的数据，由存储器送给输出设备。

1.2.4　内存的组成与操作

内存的作用是存放指令和数据，并能由中央处理器（CPU）直接随机存取。内存是按地址存放信息的，存取速度一般与地址无关。按照读写方式的不同，内存可分为 ROM 和 RAM 两种类型。内存的性能指标有存储速度、存储容量等。

一、内存的结构

内存通常由存储体、地址译码驱动电路、I/O 和读写电路等部分组成，其组成框图如图 1-4 所示。其中存储体是存储单元的集合，用来存放数据；地址译码驱动电路包含译码器和驱动器两部分，译码器将地址总线 AB 输入的地址码转换成与之对应的译码输出线上的有效电平，以表示选中某一存储单元，再由驱动器提供驱动电流去驱动相应的读写电路，完成对被选中存储单元的读或写操作；读写电路包括读出放大器、写入电路和读写控制电路，用以完成被选中存储单元中读出（即取出）或写入（即存入）数据操作，以及存储单元与数据总线 DB 之间的数据传递。

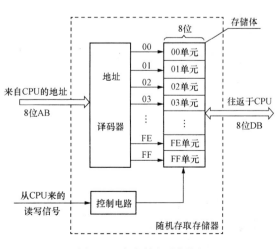

图 1-4　内存的组成框图

　　存储体是存储 1 或 0 信息的电路实体，它由许多个存储单元组成，每个存储单元赋予一个编号，称为地址单元号。而每个存储单元由若干相同的位组成，每个位需要一个存储元件。对存储容量为 256 单元×8 位的存储体，总的存储位数为 256×8 位=2048 位，编号为 00H～FFH，即 00000000B～11111111B。

二、内存的操作过程

　　RAM 型内存的操作主要有读、写两种。图 1-5 为内存读、写操作过程示意图。

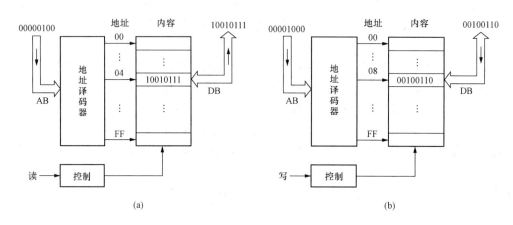

图 1-5　内存读、写操作过程示意图

（a）内存读操作过程示意图；　（b）内存写操作过程示意图

　　（1）内存的读出操作。假定 CPU 要读出存储器 04H 单元的内容 10010111B=97H，则：

　　1）CPU 的地址寄存器 AR 先给出地址 04H，并将它放到 AB 上，经地址译码器译码选中 04H 单元。

　　2）CPU 发出"读"控制信号给存储器，指示它准备把被寻址的 04H 单元中的内容 97H 放到 DB 上。

　　3）在读控制信号作用下，存储器将 04H 单元中的内容 97H 放到 DB 上，经它送到 CPU 的数据寄存器 DR，再由 CPU 取走该内容作为所需的信息使用。

注 意

　　读操作完成后，04H 单元中的内容 97H 仍保持不变，这种允许多次读出同一单元内容的特点称为非破坏性读出。

　　（2）内存的写入操作。假定 CPU 要把数据寄存器 DR 的内容 00100110B=26H 写入存储器 08H 单元，则：

　　1）CPU 的地址寄存器 AR 把地址 08H 放到 AB 上，经地址译码器译码选中 08H 单元。

　　2）CPU 把数据寄存器 DR 的内容 26H 放到 DB 上。

　　3）CPU 发出"写"控制信号给存储器，在该信号的控制下，将数据 26H 写入 08H 单元中。

注 意

写操作完成后，08H 单元中的原内容被清除，由新内容 26H 取代了原内容，即写入操作将破坏被写入单元中原来存入的内容。

ROM 型内存只能进行与上面 RAM 型内存类似的"读"操作，不能进行"写"操作。

1.2.5　微机系统的软件结构

微机系统包括硬件系统和软件系统两部分。硬件和软件的结合才能使计算机正常工作运行。计算机软件系统是指为运行、管理、应用、维护计算机所编制的所有程序及文档的总和。依据功能的不同，计算机软件通常分为系统软件和应用软件两大类。其中系统软件是指不需要用户干预的，能生成、准备和执行其他程序所需的一组程序，主要包括操作系统、诊断系统、服务程序、汇编程序、语言编译系统等；应用软件是用户利用计算机来解决自己的某些问题而编制的程序。微机系统软件的分级结构如图 1-6 所示。

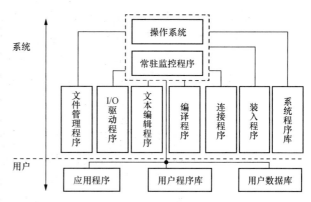

图 1-6　微机系统软件的分级结构

应当指出，微机系统的硬件和软件是相辅相成的，现代计算机的硬件系统和软件系统之间的分界线越来越不明显，总的趋势是两者统一融合，在发展上互相促进。一个具体的微机系统应包含多少软、硬件，要根据应用场合对系统功能的要求来确定。

1.3　微机系统的工作过程

1.3.1　程序存储及程序控制的基本概念

1946 年美籍匈牙利著名的数学家冯·诺依曼（VonNeumann）提出了计算机基本结构、程序存储及程序控制等概念，这些基本概念奠定了现代计算机的基本框架，虽然计算机发展很快，但直到现在大多数计算机仍然沿用冯·诺依曼体制。这种体制的基本要点是：

（1）计算机硬件系统应由运算器、控制器、存储器、输入设备和输出设备五部分组成，并对各部分的基本功能做了相应规定。

（2）任何复杂的运算和操作都可转换成一系列用二进制代码表示的指令，程序就是完成既定任务的一组指令序列；各种数据可用二进制代码来表示。把执行一项信息处理任务的程序代码和数据，以字节为单位，按顺序存放在存储器的一段连续的存储区域内，这就是"程序存储"概念。

（3）计算机工作时，计算机自动地按照规定的流程，依次执行一条条的指令，不但能按照指令的存储顺序，依次读取并执行指令，而且还能根据指令执行结果进行程序的灵活转移，从而完成各种复杂的运算操作，最终完成程序所要实现的目标，这就是"程序控制"概念。

计算机采取"程序存储与程序控制"的工作方式，即事先把程序加载到计算机的存储器中，当启动运行后，计算机便会自动按照程序的指示进行工作。

1.3.2　微机程序执行的一般过程

微机之所以能在没有人直接干预的情况下自动地完成各种信息处理任务，是因为人们事先为它编制了各种工作程序，微机的工作过程就是执行程序的过程。由于程序由指令序列组成，因此，执行程序的过程就是执行指令序列的过程，即一条指令一条指令地逐条执行指令。由于计算机每执行一条指令都包含取指令和执行指令两个基本步骤，因此，微机的工作过程也就是不断循环地取指令和执行指令的过程。首先 CPU 进入取指令阶段，从存储器中取出指令码送到指令寄存器中寄存，然后对该指令译码后，再转入执行指令阶段，在这期间，CPU执行指令指定的操作。取指令阶段是由一系列相同的操作组成的，因此，取指令阶段的时间总是相同的；而执行指令的阶段是由不同的事件顺序组成的，它取决于被执行指令的类型，不同指令的执行阶段所做的动作与所用的时间变化很大。执行完一条指令后接着执行下一条指令，如此反复，直至程序结束。图 1-7 为微机执行程序过程示意图。

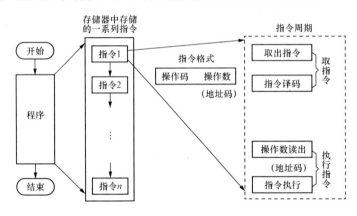

图 1-7　微机执行程序过程示意图

假定程序已由输入设备存放到内存中。当微机要从停机状态进入运行状态时，操作系统首先把第 1 条指令所在的地址赋给程序计数器 PC，然后机器就进入取指令阶段。在取指令阶段，CPU 从内存中读出的内容必为指令，于是，数据寄存器 DR 便把它送至指令寄存器 IR；然后由指令译码器译码，控制器就发出相应的控制信号，CPU 便知道该条指令要执行什么操作。当一条指令执行完毕以后，就转入下一条指令的取指令阶段。这样周而复始地循环一直进行到程序中遇到暂停指令时方才结束。

需要指出的是，指令一般由操作码和操作数两部分组成。其中操作码表示执行何种操作；而操作数表示参加操作的数本身或者操作数所在的地址。因此，在执行一条指令时，就可能要处理不等字节数目的代码信息（包含操作码、操作数或操作数的地址）。

1.3.3　简单程序执行过程举例

为了进一步说明微机的工作过程，我们来具体讨论一个模型机怎样执行一段简单的程序。例如，计算机如何具体计算 3+2=？虽然这是一个相当简单的加法运算，但是，计算机却无法理解。人们必须要先编写一段程序，以计算机能够理解的语言告诉它如何一步一步地去做，直到每一个细节都详尽无误，计算机才能正确地理解与执行。为此，我们在启动工作计算机之前需做好以下几项工作：

（1）根据指令表提供的指令，用助记符指令编写源程序。

```
MOV A,3        ;A←3,即立即数 3 送入累加器 A
ADD A,2        ;A←A+2 即立即数 2 加上累加器 A,加法结果再送 A
HLT            ;暂停
```

整个程序只需 3 条指令，但模型机并不认识助记符和十进制数，而只认识二进制数表示的操作码和操作数。因此，上面的用助记符书写的源程序需要翻译为二进制的机器码。

（2）由于机器不能识别助记符，需要翻译（汇编）成机器语言指令。

```
MOV A,3   ⇒  1011 0000B = B0H       ;操作码(MOV A, n)
               0000 0011B = 03H      ;操作数(3)
ADD A,2   ⇒   0000 0100B = 04H      ;操作码(ADD A, m)
               0000 0010B = 02H      ;操作数(2)
HLT       ⇒   1111 0100B = F4H      ;操作码(HLT)
```

整个程序机器码有 5 个字节，其中前两条占 2 个字节，最后一条占 1 个字节。

（3）将数据和程序通过输入设备送至存储器中存放，整个程序一共 3 条指令、5 个字节，假设它们存放在存储器从 00H 单元开始的相继 5 个存储单元中，如图 1-8 所示。

地址 十六进制	地址 二进制	指令的内容	助记符内容
00	0000 0000	1011 0000	MOV A,n
01	0000 0001	0000 0011	03
02	0000 0010	0000 0100	ADD A,n
03	0000 0011	0000 0010	02
04	0000 0100	1111 0100	HLT
⋮	⋮	⋮	
FF	1111 1111		

图 1-8　存储器中的指令

注 意

图 1-8 中的每个单元具有两组和它相关的 8 位二进制数，其中方框左边的一组为它的地址，而方框内的一组为它的内容。

（4）当程序存入存储器后，就可以介绍微机内部执行程序的具体操作过程了。

开始执行程序时，必须先给程序计数器 PC 赋予第一条指令的首地址 00H，然后就进入第一条指令的取指令阶段。

一、第一条指令的执行过程

（1）取指令阶段。

1）将 PC 的内容 00H 送至地址寄存器 AR，记为 PC→AR。

2）PC 的内容自动加 1 变为 01H，为取下一个指令字节作准备，记为 PC+1→PC。

3）AR 将 00H 通过地址总线 AB 送至存储器，经地址译码器 ID 译码，选中 00 号单元，记为 AR→M。

4）CPU 经数据总线 CB 发出"读"命令。

5）所选中的 00 号单元的内容 B0H 读至数据总线 DB，记为（00H）→DB。

6）经 DB 将读出的 B0H 送至数据寄存器 DR，记为 DB→DR。

7）DR 将其内容送至指令寄存器 IR，经过译码，控制逻辑 PLA 发出执行该条指令的一系列控制信号，记为 DR→IR，IR→ID、PLA。经过译码，CPU"识别"出这个操作码就是 MOV A，n 指令，于是，它"通知"控制器发出执行这条指令的各种控制命令。这就完成了第一条指令的取指令阶段。

上述具体操作过程如图 1-9 所示。

（2）执行指令阶段。经过对操作码 B0H 译码后，CPU 就"知道"这是一条把下一单元中的立即数 n 取入累加器 A 的指令。所以，执行第一条指令就必须把指令第二字节中的立即数取出来送至累加器 A，其过程为：

1）PC→AR，即将 PC 的内容 01H 送至 AR。

2）PC+1→PC，即将 PC 的内容自动加 1 变为 02H，为取下一条指令作准备。

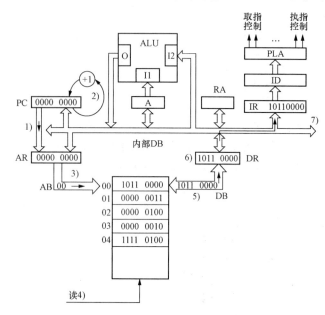

图 1-9　第一条指令的取指令阶段操作示意图

3）AR→M，即 AR 将 01H 通过 AB 送至存储器，经地址译码选中 01H 单元。

4）CPU 发出"读"命令。

5）（01H）→DB，即选中的 01H 存储单元的内容 03H 读至 DB 上。

6）DB→DR，即通过 DB 把读出的内容 03H 送至 DR。

7）DR→A，由于经过译码已经知道读出的是立即数，并要求将它送到 A，故 DR 通过内部数据总线将 03H 送至 A。

上述具体操作过程如图 1-10 所示。

二、第二条指令的执行过程

第一条指令执行完毕以后，进入第二条指令的执行过程。

（1）取指令阶段。这个过程与取第一条指令的过程相似。具体操作过程如图 1-11 所示。

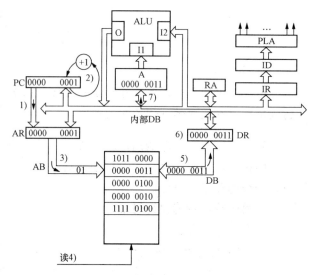

图 1-10　第一条指令的执行指令阶段操作示意图

（2）执行指令阶段。经过对指令操作码 04H 的译码后，CPU 就"知道"这是一条加法指令，它规定累加器 A 中的内容与指令第二字节的立即数 m 相加。所以，紧接着把指令的第二字节的立即数 02H 取出来与累加器 A 相加，其过程为：

1）把 PC 的内容 03H 送至 AR，记为 PC→AR。

2）把 PC 内容可靠地送至 AR 以后，PC 自动加 1，记为 PC+1→PC。

3）AR 通过 AB 把地址 03H 送至存储器，经过译码，选中相应的单元，记为 AR→M。

4）CPU 发出"读"命令。

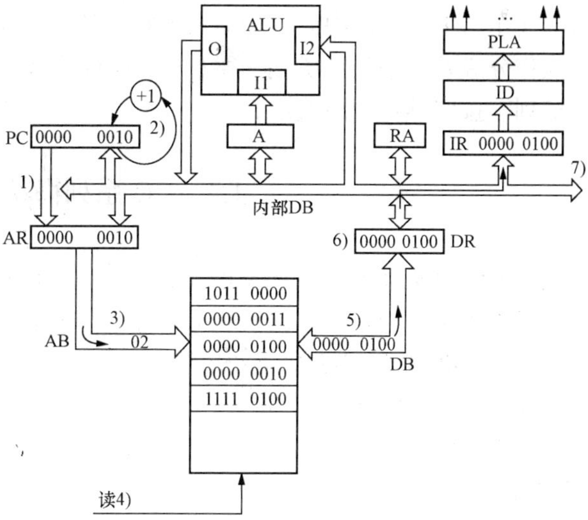

图 1-11　第二条指令的取指令阶段操作示意图

5）选中的 03H 存储单元的内容 02H 读出至 DB 上，记为（03H）→DB。

6）数据通过 DB 送至 DR，记为 DB→DR。

7）由 ID 知道，操作数 m 要与 A 中的内容相加，数据由 DR 通过内部数据总线送至 ALU 的另一输入端，记为 DR→ALU。

8）累加器 A 中的内容送 ALU，且执行加法操作，记为 A→ALU。

9）相加的结果由 ALU 输出至 A 中，记为 ALU→A。由于 A 中存入了和数 05H，故将原有内容 03H 冲掉。

上述具体操作过程如图 1-12 所示。至此，第二条指令的执行阶段就结束了，转入第三条指令的取指令阶段。

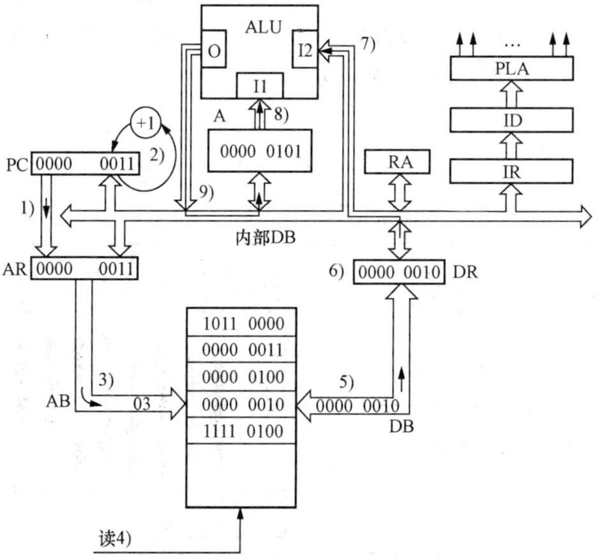

按上述类似的过程取出第三条指令，经译码后就停机。这样，微机就完成了人们事先编制的程序所规定的全部操作要求。

总之，计算机的工作过程就是执行指令的过程，而计算机执行指令的过程可看做是控制信息在计算机各组成部件之间的有序流动过程。信息是在流动过程中得到相关部件的加工处理。因此，计算机的主要功能就是如何有条不紊地控制大量信息在计算机各部件之间有序地流动，其控制过程类似于铁路交通管理过程。为此，人们必须事先制定好各次列车运行图（相当于计算机中的信息传送通路）与列车时刻表（相当于信息操作时间表），然

图 1-12　第二条指令的执行指令阶段操作示意图

后，再由列车调度室在给定的时刻发出各种控制信号，如交通管理中的红灯、绿灯、扳道信

号等（相当于计算机中的各种微操作控制信号。通常情况下，CPU 执行指令时，把一条指令的操作分成若干个如上所述的微操作，顺序完成这些微操作，就完成了一条指令的操作），以保证列车按照预定的路线运行。

1.4　PC 系列微机的体系结构

随着计算机技术的飞速发展及高速外设的出现，微机的体系结构发生了巨大的变化。至今，已推出了多种带有不同的微处理器技术和总线结构的 PC 系列微机系统。

1.4.1　8088 PC/XT 机体系结构

在最初的 IBM PC 和 PC/XT 机中，除了处理器 8088/协处理器 8087 外，都使用 7 个芯片构成主板上的控制逻辑，它们分别为时钟发生器 8284、总线控制器 8288、中断控制器 8259A、DMA 控制器 8237A、定时器/计数器 8253、并行接口的 8255A（用于扩展键盘）和串行通信控制器 8250。其系统三总线（AB、DB 和 CB）由 8288、地址锁存器、数据双向驱动电路组成。8259A、8237A、8253 和 8255A 等控制逻辑都直接连接到系统三总线上。系统三总线直接或经过再驱动后就形成了 I/O 扩展总线，这就是 PC 总线。PC 总线是微型计算机最初的一种系统总线，其 DB 8 位、AB 20 位，总线时钟等于处理器时钟，频率为 4.77 MHz。在 PC 和 PC/XT 机中，处理器是整个系统的核心，通过系统三总线和 PC 总线进行全系统的调度与控制，并与各部件进行数据交换。图 1-13 为 PC/XT 机的体系结构。

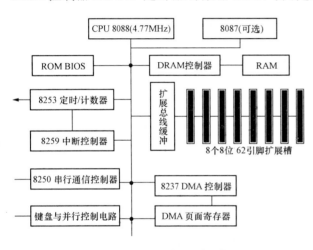

图 1-13　PC/XT 机体系结构

1.4.2　80286 PC/AT 机体系结构

PC/AT 选用 80286 作为 CPU，该微处理器有 68 个引脚，其中 DB 16 位、AB 24 位，物理上可寻址的地址空间为 16MB，但 80286 对存储器的访问分为"实地址"和"保护虚地址"两种方式。它兼容 8086/8088 指令体系结构，有着更快的工作速度，支持虚拟存储和多任务操作。其体系结构如图 1-14 所示。

1.4.3　80386/80486 的基本结构

80386/80486 微机分别利用了 Intel 公司的 80386 和 80486 微处理器。相比较而言，由于 80486 集成了 80387 协处理器，因此在微机结构中就不再有专门的协处理器。但它们的基本结构还是相同的，都采用 ISA 总线将体系结构的各个部件连接起来，都具有高速缓冲存储器

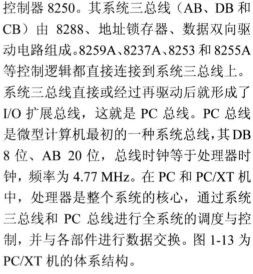

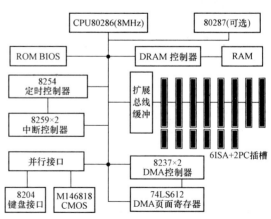

图 1-14　80286 PC/AT 机体系结构

（Cache），并且都采用了一组多功能芯片来代替原来的单功能的接口控制芯片。其基本结构如图 1-15 所示。

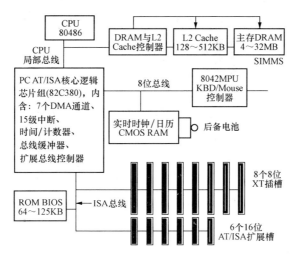

图 1-15 80386/80486 的基本结构

1.4.4 80486 EISA 总线体系结构

EISA 总线出现在 32 位微机中，是结合 80386/80486 微处理器的微机体系结构推出的一种总线结构，与 32 位的微处理器兼容。它具有 32 位的 DB，支持 8 位、16 位或 32 位的数据存取，支持数据突发式传输。地址线与字节使能信号共同作用支持 32 位寻址，可寻址 4GB 的存储器空间，也支持 64KB 的 I/O 端口寻址，支持 11 级中断，支持高速 DMA 数据传输，支持 7 个 DMA 传输通道，支持多主控制器，支持 I/O 等待与校验等。其体系结构如图 1-16 所示。

1.4.5 Pentium ISA/PCI 南北桥

采用 Pentium 微处理器的微机体系结构，其基本结构发生了革命性的变化，最主要的表

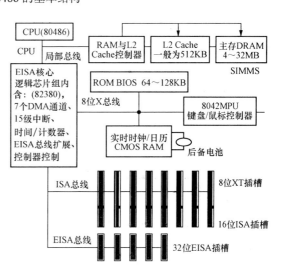

图 1-16 80486 EISA 总线体系结构

现是改变了主板总线结构。为了提高微机体系结构的整体性能，规范体系结构的接口标准，根据各部件处理或传输信息的速度快慢，采用了更加明显的三级总线结构，即 CPU 总线（Host Bus）、局部总线（PCI）和体系结构总线（一般是 ISA）。三级总线之间由更高集成度的多功能桥路芯片组成的芯片组相连，形成一个统一的整体。这种基本结构称为南北桥结构，如图 1-17 所示。

1.4.6 Pentium II ISA/PCI/AGP 南北桥

Intel 公司南北桥结构的芯片组 440BX 组成了 Pentium II 微机的基本结构。440BX 芯片组主要由南桥和北桥两块多功能芯片组成。其中北桥芯片 82443BX 集成有 CPU 总线接口，支持单、双处理器，双处理器可以组成对称多处理机（SMP）结构；同时 82443BX 还集成了

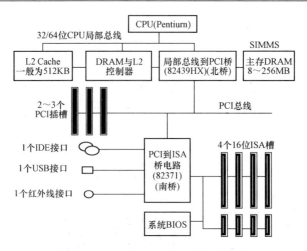

图 1-17 Pentium ISA/PCI 体系结构

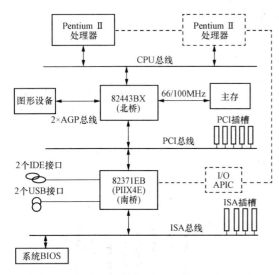

图 1-18 Pentium Ⅱ ISA/PCI/AGP 体系结构

芯片组开始，就放弃了传统的南北桥结构，而采用了如图 1-19 所示的中心结构。构成这种结构的芯片组主要由 3 个芯片组成，它们分别是存储控制中心（MCH）、I/O 控制中心（ICH）和固件中心（FWH）。

1.4.8 Pentium 4 中心结构

Intel Pentium4 微处理器主频已达到 2GHz，它采用 NetBurst 体系结构架构，也带来了体系结构总线与支持芯片组的改变。虽然 Pentium 4 依然支持 AGTL+总线协议，但它与同样支持该协议的 Pentium Ⅲ 的最大不同是，它能够支持 400MHz 的体系结构总线，这就意味着

主存控制器、PCI 总线接口、PCI 仲裁器及 AGP 接口，并支持体系结构管理模式（SMM）和电源管理功能。它作为 CPU 总线与 PCI 总线的桥梁。Pentium ISA/PCI/AGP 体系结构如图 1-18 所示。

1.4.7 Pentium Ⅲ 中心结构

南北桥结构尽管能够为外围设备提供高速的外围总线，但是南北桥芯片之间也是通过 PCI 总线连接的，南北桥芯片之间的频繁数据交换必然使得 PCI 总线信息通路依然呈现一定的拥挤，也使得南北桥芯片之间的信息交换受到一定的影响。为了克服这个问题，同时也为了进一步加强 PCI 总线的作用，Intel 公司从 810

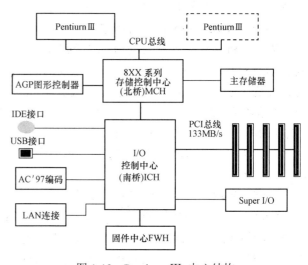

图 1-19 Pentium Ⅲ 中心结构

Pentium 4 可提供高达 3.2GB/s 的体系结构带宽。目前能够支持 Pentium 4 新总线的只有 i850 等少数几种芯片组，i850 有着非常出色的特性。Pentium 4 中心结构如图 1-20 所示。

1.4.9 Intel Core 微体系结构

Intel Core（酷睿）是一种领先节能的新型微架构，它彻底抛弃了 Netburst 架构，设计的出发点是提供卓然出众的性能和能效，提高每瓦特性能（即能效比）。它的主要创新点为宽位动态执行、智能功率能力、高级智能高速缓存、智能内存访问、高级数字媒体增强等。Intel Core 微体系结构是基于新型 Intel 架构的微机双核或多核处理器的基础，这种微体系架构拥有一流的性能和多种创新特性，且针对多核进

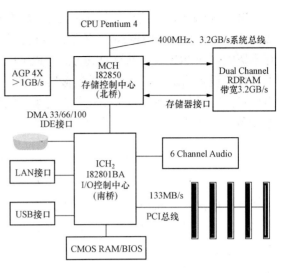

图 1-20　Pentium 4 中心结构

行了特别优化，树立了高能效表现的新标准，工作效率显著增强。凭借卓越的性能和能效，该微体系架构为许多新的解决方案和外形设计奠定了良好的基础。

1.4.10 PCI Express 系统架构

PCI Express 属于第三代 I/O 总线技术。它采用了目前业内流行的点对点串行连接，比起 PCI 以及更早的 ISA 等总线的共享并行架构，每个设备都有自己的专用连接，不需要向整个总线请求带宽，可以把数据传输率提高到一个很高的频率，并支持热拔插以及热交换特性。

PCI Express 系统架构如图 1-21 所示。PCI Express 的基本结构包括根组件（Root Complex）、交换器（Switch）和各种终端设备（Endpoint）。根组件可以集成在北桥芯片中，用于处理器和内存子系统与 I/O 设备之间的连接；而交换器的功能通常是以软件形式提供的，它包括两个或更多的逻辑 PCI 到 PCI 的连接桥（PCI-PCI Bridge），以保持与现有 PCI 兼容。当然，像 PCI Express-PCI 的桥设备也可能存在。在 PCI Express 架构中的新设备是交换器（Switch），它取代了现有架构中的 I/O 桥接器，用来为 I/O 总线提供输出端。交换器支持在不同终端设备间进行对等通信。

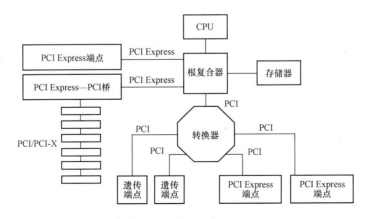

图 1-21　PCI Express 系统架构

　　PCI Express 总线完全不同于 PCI 总线。PCI Express 总线是一种点对点串行连接的设备连接方式，每一个 PCI Express 设备都拥有自己独立的数据连接，各个设备之间并发的数据传输互不影响；而 PCI 采用共享总线方式，PCI 总线上只能有一个设备进行通信，一旦 PCI 总线上挂接的设备增多，每个设备的实际传输速率就会下降，性能得不到保证。PCI Express 采用点对点的方式处理通信，每个设备在要求传输数据的时候各自建立自己的传输通道，对于其他设备这个通道是封闭的，从而保证了通道的专有性，避免其他设备的干扰。

1.5　微机的数制与编码

　　计算机最基本的功能是进行数据的加工和处理，因此必须首先掌握计算机中数的表示。为了讨论计算机中数的表示及运算，本节将首先从常用的十进制开始，然后引入各种不同的进位计数制以及它们之间的转换。同时还将介绍计算机中带符号数的原码、反码和补码三种表示形式，并讨论它们的一些基本性质。最后概述数字、字符及汉字的编码。

1.5.1　计算机常用的数制及其转换

1.5.1.1　进位计数制

　　在计算机中为了便于数的存储及物理实现，采用了二进制数，计算机中的数是以器件的物理状态来表示的。一个具有两种不同稳定状态且能相互转换的器件即可以用来表示一位二进制数。可见二进制的表示是最简单且最可靠。凡是需要计算机处理的信息，无论其表现形式是文本、字符、图形，还是声音、图像，都必须以二进制数的形式来表示。

　　人们最常用的数是十进制数。为了总结各种进制数的共同特点，这里首先归纳十进制数的主要特点。

一、十进制数主要特点

（1）有十个不同的数字符号：0，1，2，…，9。

（2）遵循"逢十进一"原则。

　　一般地，任意一个十进制数 N 都可采用按权展开表示为

$$N = K_{n-1} \times 10^{n-1} + K_{n-2} \times 10^{n-2} + \cdots + K_1 \times 10^1 + K_0 \times 10^0 +$$
$$K_{-1} \times 10^{-1} + K_{-2} \times 10^{-2} + \cdots + K_{-m} \times 10^{-m}$$
$$= \sum_{i=n-1}^{-m} K_i \times 10^i$$

式中：10 称为十进制数的基数，若基数用 R 表示，则对于十进制，$R=10$；i 表示数的某一位，10^i 称为该位的权；K_i 表示第 i 位的数码，它可以是 0～9 中的任意一个数，由具体的数 N 确定；m 和 n 为正整数，n 为小数点左边的位数，m 为小数点右边的位数。上式可以推广到任意进位计数制。

二、二、八、十六进制数主要特点

　　对于二进制，$R=2$，K 为 0 或 1，逢二进一。

$$N = \sum_{i=n-1}^{-m} K_i \times 2^i$$

　　对于八进制，$R=8$，K 为 0～7 中的任意一个，逢八进一。

$$N = \sum_{i=n-1}^{-m} K_i \times 8^i$$

对于十六进制，$R=16$，K 为 0～9、A、B、C、D、E、F 共 16 个数码中的任意一个，逢十六进一。

$$N = \sum_{i=n-1}^{-m} K_i \times 16^i$$

综上可见，上述几种进位制有以下共同点：

（1）每种进位制都有一个确定的基数 R，每一位的系数 K 有 R 种可能的取值。

（2）按"逢 R 进一"方式计数，在混合小数中，小数点左移一位相当于乘以 R，右移一位相当于除以 R。

1.5.1.2　数制间的转换

三种数制间的转换方法示意图如图 1-22 所示。

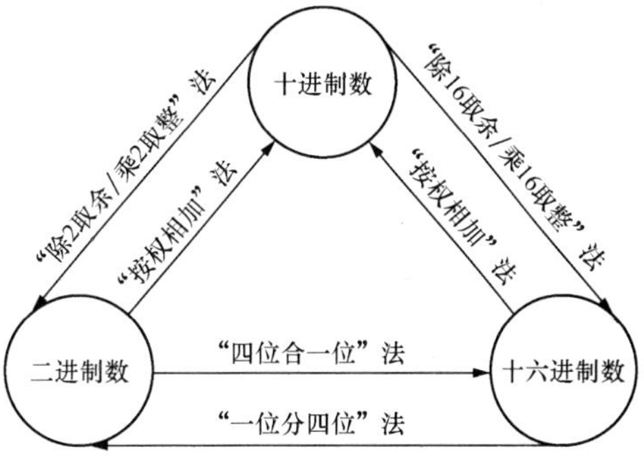

一、二、八、十六进制数转换为十进制数

这种转换只需将二、八、十六进制数按权展开。例如：

$$(110.01)_2 = 1 \times 2^2 + 1 \times 2^1 + 0 \times 2^0 + 0 \times 2^{-1} + $$
$$1 \times 2^{-2} = (6.25)_{10}$$
$$(175)_8 = 1 \times 8^2 + 7 \times 8^1 + 5 \times 8^0 = (125)_{10}$$
$$(B2C)_{16} = 11 \times 16^2 + 2 \times 16^1 + 12 \times 16^0 = (2860)_{10}$$

图 1-22　三种数制间的转换方法示意图

二、十进制数转换成二、八、十六进制数

十进制数转换成二、八、十六进制数时，需要把整数部分与小数部分分别转换，然后拼接起来。例如，把十进制数 125、0.8125、125.8125 转换为二进制数方法如下：

（1）整数的转换。

$$(125)_{10} = (K_{n-1} \cdots K_1 K_0)_2$$

按权展开为

$$(125)_{10} = K_{n-1} \times 2^{n-1} + \cdots + K_1 \times 2^1 + K_0 \times 2^0$$

将上式两边同时除以 2，得到

$$(124+1)/2 = K_{n-1} \times 2^{n-2} + \cdots + K_1 \times 2^0 + K_0/2$$

由于等式两边整数与小数必须对应相等，因此

整数部分：$\qquad 62 = K_{n-1} \times 2^{n-2} + \cdots + K_1 \times 2^0$

小数部分：$\qquad 1/2 = K_0/2$

因此 $K_0=1$，而 1 正好是 125/2 的余数。将 62 继续除以 2，可得

$$(62+0)/2 = K_{n-1} \times 2^{n-3} + \cdots + K_2 \times 2^0 + K_1/2$$

所以 $K_1=0$。用类似的方法继续除以 2，可将 $K_{n-1} \cdots K_0$ 都确定下来。因而转换结果为 $(125)_{10} = (11111101)_2$。整数部分（125）的转换示意图如图 1-23 所示。

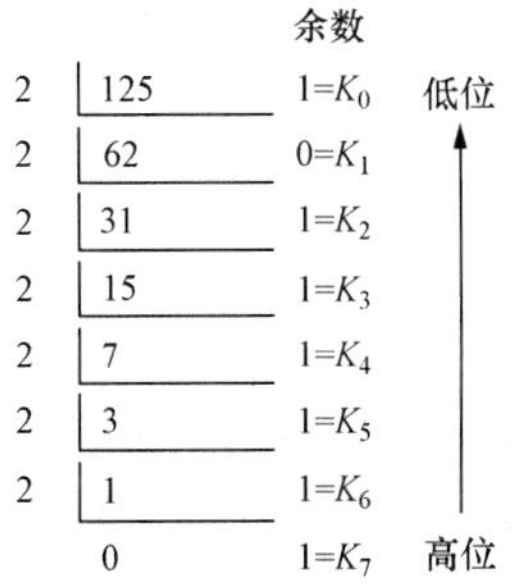

（2）小数的转换。

设 $(0.8125)_{10} = (0.K_{-1} K_{-2} \cdots K_{-m})_2$，展开为

图 1-23　整数部分的转换示意图

$$(0.8125)_{10}=K_{-1}\times 2^{-1}+K_{-2}\times 2^{-2}+\cdots+K_{-m}\times 2^{-m}$$

将上式两边同乘以 2，得到

$$1.625=K_{-1}+K_{-2}\times 2^{-1}+\cdots+K_{m}\times 2^{-m+1}$$

由于等式两边相等，因此其整数部分与小数部分对应相等。所以

整数： $1=K_{-1}$

小数： $0.625=K_{-2}\times 2^{-1}+K_{-3}\times 2^{-2}+\cdots+K_{-m}\times 2^{-m+1}$

上式继续乘以 2，有

$$1.25=K_{-2}+K-_{3}\times 2^{-1}+\cdots+K_{-m}\times 2^{-m+2}$$

整数： $1=K_{-2}$

小数： $0.25=K_{-3}\times 2^{-1}+\cdots+K_{-m}\times 2^{-m+2}$

以此类推，可逐个求出 $K_{-1}K_{-2}\cdots K_{-m}$ 的值。所以转换结果为$(0.8125)_{10}=(0.1101)_2$。小数部分（0.8125）的转换示意图如图 1-24 所示。

0.8125		
× 2		
1.625	整数部分为1，$K_{-1}=1$	高位
0.625		↓
× 2		↓
1.25	整数部分为1，$K_{-2}=1$	↓
0.25		↓
× 2		↓
0.50	整数部分为0，$K_{-3}=1$	↓
0.50		↓
× 2		↓
1.00	整数部分为1，$K_{-4}=1$	低位

图 1-24 小数部分的转换示意图

从以上讨论可知，整数部分的转换采用辗转相除法，用基数不断去除要转换的十进制数，直到商为 0，将各次计算所得的余数，按最后的余数为最高位、第一位为最低位依次排列，即得转换结果。与整数部分转换不同，十进制小数转换成二、八或十六进制时，采用乘基数取整数的方法，即不断用 2、8 或 16 去乘需要转换的十进制小数，直到满足要求的精度或小数部分等于 0 为止，然后取每次乘积结果的整数部分，以第一次取整为最高位依次排列，即可得到转换结果。

（3）含整数和小数两部分的数转换。如果一个数既有小数又有整数，则应将整数部分与小数部分分别进行转换，然后用小数点将两部分连起来，即为转换结果。

例如 $(125.8125)_{10}=(125)_{10}+(0.8125)_{10}$

↓ ↓

$(1111101)_2$ $(0.1101)_2$

则 $(125.8125)_{10}=(1111101.1101)_2$

三、二进制与八进制、十六进制的相互转换

由于 $8=2^3$，$16=2^4$，因此二进制与八进制或十六进制之间的转换就很简单。将二进制数从小数点位开始，向左每 3 位产生一个八进制数字，不足 3 位的左边补零，便得到整数部分的八进制数；向右每 3 位产生一个八进制数字，不足 3 位右边补 0，便得到小数部分的八进制数。同理，将二进制数转换成十六进制数时，只要按每 4 位分割即可。

例如 $(101101.101001)_2=(55.51)_8=55.51Q$

$(00101101.10100100)_2=(2D.A4)_{16}=2D.A4H$

很明显，八进制或十六进制要转换成二进制，只需将八进制数或十六进制数分别用对应的 3 位或 4 位二进制数表示即可。上例中在数字后面加 Q（Octal）表示是八进制数，加 H（Hexadecimal）表示是十六进制数。二进制数用后缀 B（Binary）表示，十进制数则可用后缀 D（Decimal）表示或者不加任何字符。

1.5.2　计算机中带符号数的表示

1.5.2.1　机器数与真值

机器数是一个数在计算机中的表示形式，一个机器数所表示的数值称为真值。上面提到的二进制数，没有提到符号问题，故是一种无符号数的表示。对于无符号数，机器数与真值相同，此时计算机的全部有效位都用来存放数据，它能表示的最大数值取决于计算机的字长；对于 n 位字长的计算机来说，表示无符号的整数范围为 $0\sim2^n-1$，例如 8 位二进制无符号数表示的范围为 00000000B～11111111B（即 0～255）。

带符号数的习惯表示方法是在数值前用"+"号表示正数，"–"号表示负数。计算机只能识别 0 和 1，对数值的符号也不例外。对于带符号的数，在计算机中，通常将一个数的最高位作为符号位，最高位为 0，表示符号位为正；最高位为 1，表示符号位为负。例如

$$\text{真值}\qquad\text{机器数}$$
$$+18 = 0\ 0010010\ \text{B}$$
$$-18 = 1\ 0010010\ \text{B}$$

式中：等号左边的+18 和–18 分别是等号右边的机器数所代表的实际数，即真值。

1.5.2.2　带符号数机器数的 3 种表示方法

实际上，机器数可以有不同的表示方法。对于带符号数，机器数常用的表示方法有原码、反码、补码 3 种。

一、原码

上述以最高位为 0 表示正数，1 表示负数，后面各位为其数值，这种数的表示法称为原码表示法。换言之，设机器数位长为 n，则数 X 的原码可定义为

$$[X]_{\text{原}}=\begin{cases} X = 0X_1X_2\cdots X_{n-1} & (X \geqslant 0) \\ 2^{n-1}+|X| = 1X_1X_2\cdots X_{n-1} & (X \leqslant 0) \end{cases}$$

原码的特点：

（1）表示简单、直观，与真值间转换方便，数值部分即为该带符号数的二进制值。

（2）8 位二进制原码能表示的数值范围为 11111111 B～0 1111111 B，即–127～+127；对于 n 位字长的计算机来说，其原码表示的数值范围为 $-(2^{n-1}-1)\sim2^{n-1}-1$，它对应于原码的 111…1B～011…1B。

（3）0 有+0 和–0 两种表示方法。由于"0"有+0 和–0 之分，若字长为 8 位，则数 0 的原码的两种不同形式为$[+0]_{\text{原}}=0\ 0000000\ \text{B}$，$[-0]_{\text{原}}=1\ 0000000\ \text{B}$。

（4）用它作加减法运算不方便。若两个异号数相加或两个同号数相减时，必须作减法。

二、反码

对于正数，其反码形式与其原码相同，最高位 0 表示正数，其余位为数值位；但对于负数，将其原码除符号位以外其余各位按位取反，即可得到其反码表示形式。可见，n 位二进制反码的定义可表示为

$$[X]_{\text{反}}=\begin{cases} X & (X \geqslant 0) \\ (2^n-1)-|X| & (X \leqslant 0) \end{cases}$$

例如，若字长为 8 位，则对于正数，$[+5]_{\text{原}}=[+5]_{\text{反}}=0\ 0000101\text{B}$，$[+127]_{\text{原}}=[+127]_{\text{反}}=0\ 1111111\ \text{B}$；对于负数，$[-5]_{\text{原}}=1\ 0000101\ \text{B}$，$[-5]_{\text{反}}=1\ 1111010\ \text{B}$，$[-127]_{\text{原}}=1\ 1111111\text{B}$，$[-127]_{\text{反}}=1\ 0000000\ \text{B}$。

反码的特点：

（1）表示较复杂，与真值间转换不太方便。将反码还原为真值的方法是：反码→原码
→真值，即$[X]_原=[[X]_反]_反$。即当反码的最高位为 0 时，后面的二进制序列值即为真值，且
为正；最高位为 1 时，则为负数，后面的数值位要按位求反才为真值。例如：$[X]_反$=10101010
B，它是一个负数，其中后 7 位为 0101010，取反得 1010101，所以负数 $X=-（1×2^6+1×2^4+$
$1×2^2+1×2^0）=-85$。

（2）数 0 的反码也有两种形式。"0"也有+0 和-0 之分，若字长为 8 位，则$[+0]_原=[+0]_反$=0 000000；
$[-0]_原$=1 0000000，$[-0]_反$=1 1111111。

（3）8 位二进制反码所能表示的数值范围为 1 0000000 B～0 1111111 B，即-127～+127；
n 位字长的反码表示的数值范围为$-(2^{n-1}-1)～2^{n-1}-1$，它对应于原码的 1 00…0B～0 11…1B。

（4）用它作加减法运算也不方便。若两个异号数相加或两个同号数相减时，也必须作减法。

三、补码

正数的补码与其原码相同，最高位为符号位，其余为数值位。负数的补码即为它的反码在最
低位加上 1，也就是将其原码除符号位外各位取反加 1。因此，补码的定义可用表达式表示为

$$[X]_补 = \begin{cases} X & (X \geq 0) \\ 2^n + X = 2^n - |X| & (X \leq 0) \end{cases}$$

例如，若字长为 8 位，则对于正数，$[+5]_原=[+5]_补$=0 0000101B，$[+127]_原=[+127]_补$=0 1111111B；
对于负数，$[-5]_原$=1 0000101 B，$[-5]_补$=1 1111011 B，$[-127]_原$=1 1111111 B，$[-127]_补$=1 0000001 B，
$[-128]_补$=1 0000000 B。

补码的特点：

（1）表示也较复杂，与真值间转换也不太方便。将补码还原为真值的方法是：补码→原
码→真值，而$[X]_原=[[X]_补]_补$，即若补码的符号位为 0，则其后的数值即为真值，且为正；若符
号位为 1，则应将其后的数值位按位取反加 1，所得结果才是真值，且为负。

（2）数 0 的补码是唯一的。无+0 和-0 之分，若字长为 8 位，则$[+0]_补=[-0]_补$=00000000 B。

（3）8 位二进制补码所能表示的数值范围为 1 0000000 B～0 1111111 B，即-128～+127；
n 位字长的补码表示的数值范围为$-2^{n-1}～2^{n-1}-1$，它对应于原码的 1 00…0B～0 11…1B。注意，
原码、反码和补码三者中只有补码可以表示-2^{n-1}。

（4）可把减法运算化为加法运算。在计算机机器内部，为了避免作减法，可把减法运算
统一转换为加法运算，即用一个加法器来完成加减法运算，引入补码可实现这一目的。

综上所述，可以得出以下结论：

（1）原码、反码、补码的最高位都是表示符号位。符号位为 0 时，表示真值为正数，其
余位是真值；符号位为 1 时，表示真值为负，其余位除原码外不再是真值。对于反码，需按
位取反才是真值；对于补码，则需按位取反加 1 才是真值。

（2）对于正数，三种编码都是一样的，即$[X]_原=[X]_反=[X]_补$；对于负数，三种编码互不
相同。所以，原码、反码、补码本质上是用来解决负数在机器中表示的三种不同的编码方法。

（3）二进制位数相同的原码、反码、补码所能表示的数值范围不完全相同。对于 8 位二
进制带符号数，它们表示的真值、机器数范围分别为：

原码：真值为-127～+127，机器数为 11111111B～01111111B（即 FFH～7FH）。

反码：真值为–127～+127，机器数为 10000000B～01111111B（即 80H～7FH）。

补码：真值为–128～+127，机器数为 10000000B～01111111B（即 80H～7FH）。

而 8 位二进制无符号数的真值、机器数范围分别为：真值为 0～255，机器数为 00000000B～11111111B（即 00H～FFH）。

对于 16 位二进制带符号数，它们表示的真值、机器数范围分别为：

原码：真值为–32767～+32767，机器数为 1111111111111111B～0111111111111111B（即 FFFFH～7FFFH）。

反码：真值为–32767～+32767，机器数为 1000000000000000B～0111111111111111B（即 8000H～7FFFH）。

补码：真值为–32768～ +32767，机器数为 1000000000000000B～0111111111111111B（即 8000H～7FFFH）。

而 16 位二进制无符号数的真值、机器数范围分别为：真值为 0～65535，机器数为 0000000000000000B～1111111111111111B（即 0000H～FFFFH）。

（4）微机基本上都是以补码作为机器码，其原因是补码的加减法运算简单，减法运算可变为加法运算，可省掉减法器电路；而且它是符号位与数值位一起参加运算，运算后能自动获得正确结果。

1.5.2.3　二进制数的加减运算

计算机把机器数均当做无符号数进行运算，即符号位也参与运算。运算的结果要根据符号标志位（如进位和溢出等）来判别正确与否。计算机中设有这些标志位，它们的值由运算结果自动设定。

一、无符号数的运算及进位概念

无符号数的整个数位全部用于表示数值。n 位无符号二进制数据的范围为 0～2^n–1。

（1）两个无符号数相加。若两个加数的和超过其位数所允许的最大值（上限）时，最高位就会产生进位，C_Y=1；否则，无进位，C_Y=0，结果正确。例如：下面两个 8 位无符号二进制数相加。

$$127 + 16 = 7F\,H + 10\,H \qquad\qquad 127 + 160 = 7F\,H + A0H$$

```
    0111 1111  B              0111 1111   B
  + 0001 0000  B            + 1010 0000   B
  ─────────────            ──────────────
  0 1000 1111  B            1 0001 1111 B
```

第一个例子，两数相加之和没有超过 8 位最大值 255（上限），C_Y=0，结果 127+16= 8FH =143 正确；第二个例子，两数相加之和超过 8 位最大值 255，C_Y=1，结果 127+160=1FH（即 31）错误，但如果把进位 C_Y 作为最高位，则结果 127+160=11FH（当作无符号数）=287 就正确了。

（2）两个无符号数相减。若被减数小于减数，相减结果小于所允许的最小值 0（下限）时，最高位就会产生借位，C_Y=1；若被减数大于或等于减数，无借位，C_Y=0，结果正确。例如：下面两个 8 位无符号二进制数相减。

$$192–10 = C0\,H–0A\,H \qquad\qquad 10–192 = 0A\,H–C0\,H$$

```
    1100 0000 B               0000 1010 B
  − 0000 1010 B             − 1100 0000 B
  ─────────────            ──────────────
  0 1011 0110 B             1 0100 1010 B
```

第一个例子，两数相减的值没有低于 8 位最小值 0（下限），无借位，$C_Y=0$，结果 192-10=B6H=182 正确；第二个例子，两数相减的值小于 8 位最小值 0（下限），有借位，$C_Y=1$，结果 10-192=4AH（即 74）错误，但如果把进位 C_Y 作为最高位，则结果 127+160=14AH（当做补码）=-B6H=-182 就正确了。

由此可见，对无符号数进行加法或减法运算，其结果的符号用进位 C_Y 来判别：$C_Y=0$（无进位或借位），结果正确；$C_Y=1$（有进位或借位），结果错误，但若把 C_Y 记作最高位，结果就正确了。

二、带符号数的补码运算及溢出概念

（1）补码的加减法运算。微机中带符号数采用补码形式存放和运算，其运算结果自然也是补码。补码加减运算的运算特点是：符号位与数字位一起参加运算，并且自动获得结果（包括符号位与数字位）。设 X、Y 是两个任意的二进制数，补码的加减法运算规则为

$$[X\pm Y]_{补}=[X]_{补}+[\pm Y]_{补}$$

式中：X、Y 为正、负数均可。该式说明，无论加法还是减法运算，都可由补码的加减运算实现，运算结果（和或差）也以补码表示。若运算结果不产生溢出，且最高位（符号位）为 0，则表示结果为正数，最高位为 1，则表示结果为负数。

补码的加减法运算规则的正确性可根据补码定义给予证明：$[X\pm Y]_{补}=2^n+(X\pm Y)=(2^n+X)+(2^n\pm Y)=[X]_{补}+[\pm Y]_{补}$。

采用补码运算可以将减法变成加法运算，在微处理器中只需加法器电路就可以实现加法、减法运算。例如，若 $X=33$，$Y=45$，采用 8 位补码计算 $X+Y$ 和 $X-Y$。

由于 $[X]_{补}$=00100001B，$[Y]_{补}$=00101101B，$[-Y]_{补}$=11010011B，则 $[X+Y]_{补}=[X]_{补}+[Y]_{补}$ =01001110B，$[X-Y]_{补}=[X]_{补}+[-Y]_{补}$=11110100B。因此，$X+Y=[[X+Y]_{补}]_{补}$=01001110B=+78，$X-Y=[[X-Y]_{补}]_{补}$=10001100B=-12。显然，运算结果是正确的。

从上述补码运算规则和举例可看出，用补码表示计算机中的有符号数优点明显。

1）负数的补码对应正数的补码之间的转换可用同一方法——求补运算实现，因而可简化硬件。

2）可将减法变为加法运算，从而省去减法器电路。

3）有符号数和无符号数的加法运算可用同一加法器电路完成，结果都是正确的。例如，两个内存单位的内容分别为 00010010 和 11001110，无论它们代表有符号数补码还是无符号数二进制码，运算结果都是正确的。

（2）运算溢出的判断方法。由于计算机的字长有一定限制，因此一个带符号数是有一定范围的。8 位字长的二进制数补码表示带符号数的范围为-128～+127，n 位字长补码表示的范围为+2^n-1～-2^n。当运算结果超过这个表达范围时，便产生溢出。在溢出时运算结果会出错。显然，只有在同符号数相加或者异符号数相减的情况下，才有可能产生溢出。那么是否有一个便于操作的方法来判断是否产生溢出呢？先看以下 4 个例子。

例 1：　　　　　　　　　　　00

00001111 B	+15
+）01110000 B	+）+112
01111111 B	+127

令 C_Y 为符号位向高位的进位，C_{Y-1} 为数值部分向符号位的进位，此例中，$C_Y = C_{Y-1} = 0$，结果在 8 位二进制补码表示范围内，没有溢出，$O_V = 0$。

例 2：

$$
\begin{array}{r}
11 \\
10001010\ \text{B} \\
+)\quad 01111001\ \text{B} \\
\hline
00000011\ \text{B}
\end{array}
\qquad
\begin{array}{r}
-118 \\
+)\quad +121 \\
\hline
+3
\end{array}
$$

此例中，$C_Y = C_{Y-1} = 1$，结果正确，没有溢出，$O_V = 0$。

例 3：

$$
\begin{array}{r}
01 \\
01111110\ \text{B} \\
+)\quad 00000101\ \text{B} \\
\hline
10000011\ \text{B}
\end{array}
\qquad
\begin{array}{r}
+126 \\
+)\quad +5 \\
\hline
-125
\end{array}
$$

此例中，$C_Y = 0$，$C_{Y-1} = 1$，$C_Y \neq C_{Y-1}$，产生了错误的结果，发生了溢出，$O_V = 1$。

例 4：

$$
\begin{array}{r}
10 \\
10000100\ \text{B} \\
+)\quad 11111000\ \text{B} \\
\hline
01111100\ \text{B}
\end{array}
\qquad
\begin{array}{r}
-124 \\
+)\quad -8 \\
\hline
+124
\end{array}
$$

此例中，$C_Y = 1$，$C_{Y-1} = 0$，$C_Y \neq C_{Y-1}$，同样结果是错误的，即发生了溢出，$O_V = 1$。

从上面 4 个例子可知，在例 1 和例 2 中，运算结果在 8 位二进制数的范围内，没有溢出，$O_V = 0$，结果正确，它们的共同规律是 $C_Y = C_{Y-1}$；在例 3 和例 4 中，运算结果都超出了 8 位二制数表示的范围，分别产生了正溢出和负溢出，$O_V = 1$，因此产生了错误的结果，它们的共同点是 $C_Y \neq C_{Y-1}$。

综合以上 4 个例子的情况，可用下述逻辑表达式进行溢出 O_V 判断

$$O_V = C_Y \oplus C_{Y-1}$$

式中：$\oplus$ 表示异或，用一异或电路即可实现。这种方法称为双高进位法。

（3）进位与溢出的区别。从上面分析可知，进位与溢出是两个不同概念。进位 C_Y 是指不考虑是否有符号，按二进制位依次相加后最高位有进位；而溢出是指考虑有符号，当两个同符号数相加结果改变符号时出现溢出错误，$O_V = C_Y \oplus C_{Y-1}$。具体地讲，进位 C_Y 是指两个操作数在进行算术运算后，最高位（对于 8 位操作为 D_7 位，对于 16 位操作为 D_{15} 位）是否出现进位或借位的情况，有进位或借位，C_Y 置"1"，否则置"0"；溢出 O_V 是反映带符号数（以二进制补码表示）运算结果是否超过机器所能表示的数值范围的情况。对于 8 位运算，数值范围为 $-128 \sim +127$；对于 16 位运算，数值范围为 $-32768 \sim +32767$。若超过上述范围，称为"溢出"，O_V 置"1"。

对于同一运算，溢出 O_V 和进位 C_Y 两个标志不一定同时发生，例如，例 3 中出现了有"溢出"（$O_V = 1$）、无"进位"（$C_Y = 0$），而例 2 中出现了有"进位"（$C_Y = 1$）、无"溢出"（$O_V = 0$）。当然，两个标志也可能出现相同的情况，例如，例 1 中出现了无"溢出"（$O_V = 0$）、无"进位"（$C_Y = 0$），而例 4 中出现了有"进位"（$C_Y = 1$）、有"溢出"（$O_V = 1$）。

根据前述知，进位标志 C_Y 用于表示无符号数运算结果是否超出范围，即使 $C_Y = 1$，运算结果仍然正确；溢出标志 O_V 用于表示有符号数运算结果是否超出范围，若 $C_V = 1$，则运算结果已经不正确。

实际上，对于无符号数，不存在溢出的问题，它的进位就相当于符号数中的溢出；而对于带符号数，不存在进位的问题。

1.5.2.4　二进制数的扩展

从上面分析可知，若 8 位（或 16 位）二进制补码运算结果超出–128～+127（或–32768～+32767）时，则超出了 8 位（或 16 位）表示范围，会产生溢出。产生溢出的原因是数据的位数少了，使得结果的数值部分挤占了符号位的位置。因此，为了避免产生溢出，可以将数位扩展。

二进制的扩展是指一个数据从位数较少扩展到位数较多，如从 8 位扩展到 16 位，或从 16 位扩展到 32 位。一个二进制数扩展后，其数的符号和大小应保持不变。

一、无符号数的扩展

对于无符号数据，其扩展是将其左边添加 0。如 8 位无符号二进制数 E6H 扩展为 16 位无符号二进制数，则为 00E6H。

二、带符号数的扩展

对于原码表示的带符号数据，它的正数和负数仅 1 位符号位相反，数值位都相同。因此，原码二进制数的扩展是将其符号位向左移至最高位，最高位与原来的数值间的所有空位都填入 0。例如，68 用 8 位二进制数表示的原码为 44H，用 16 位二进制数表示的原码为 0044H；–68 用 8 位二进制数表示的原码为 C4H，用 16 位二进制数表示的原码为 8044H。

对于补码表示的带符号数据，其符号位向左扩展若干位后，所得到的补码数的真值不变。因此，正数的扩展应该在其前面补 0，而负数的扩展则应该在其前面补 1。例如，68 用 8 位二进制数表示的补码为 44H，用 16 位二进制数表示的补码为 0044H；–68 用 8 位二进制数表示的补码为 BCH，用 16 位二进制数表示的补码为 FFBCH。

1.5.2.5　定点数与浮点数

上面介绍的数均未涉及小数点的表示，当所要处理的数含有小数部分时，就有一个如何表示小数点的问题，那么计算机中如何处理小数点的问题呢？在计算机中并不用某个二进制位来表示小数点，而是隐含规定小数点的位置。

根据小数点位置是否固定，数的表示方法可分为定点表示和浮点表示，相应的机器数就叫定点数和浮点数。定点数就是小数点在数中的位置是固定不变的，而浮点数则是小数点的位置是浮动的。

通常，对于任意一个二进制数 X，都可表示成

$$X=2^P \times S$$

式中：S 表示全部有效数字，称为数 X 的尾数；P 为数 X 的阶码，它指明了小数点的位置；2 是阶码的底。S 和 P 均为用二进制表示的数，它们可正可负。阶码常用补码表示法，尾数常为原码表示的纯小数。当 P 值可变时，表示是浮点数。

一、定点数

在计算机中，根据小数点固定的位置不同，定点数有定点（纯）整数和定点（纯）小数两种。当阶码 $P=0$，若尾数 S 为纯整数时，说明小数点固定在数的最低位之后，即称为定点整数。当阶码 $P=0$，若尾数 S 为纯小数时，说明小数点固定在数的最高位之前，即称为定点小数。定点整数和定点小数在计算机中的表示形式没有什么区别，其小数点完全靠事先约定而隐含在不同位置，如图 1-25 所示。

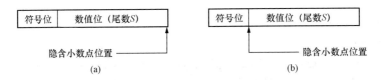

图 1-25　定点整数和定点小数格式

（a）定点整数；（b）定点小数

二、浮点数

当要处理的数是既有整数又有小数的混合小数时，采用定点数格式很不方便。为此，人们一般都采用浮点数进行运算。如果阶码 P 不为 0，且可以在一定范围内取值，这样的数称为浮点数。浮点数的格式、字长因机器而异。浮点数一般由 4 个字段组成，其格式如图 1-26 所示，其中阶码一般用补码定点整数表示，尾数一般用补码或原码定点小数表示。

图 1-26　浮点数格式

浮点数的实际格式多种多样。如 80486 的浮点数格式就不是按上述格式存放 4 个字段的，而是将数符 S_f 置于整个浮点数的最高位（阶码部分的前面），且尾数和阶码部分有其与众不同的约定。

为保证不损失有效数字，一般还对尾数进行规格化处理，即保证尾数的最高位是 1，实际大小通过阶码进行调整。

例如，某计算机用 32 位表示一个浮点数，其格式如图 1-27 所示。

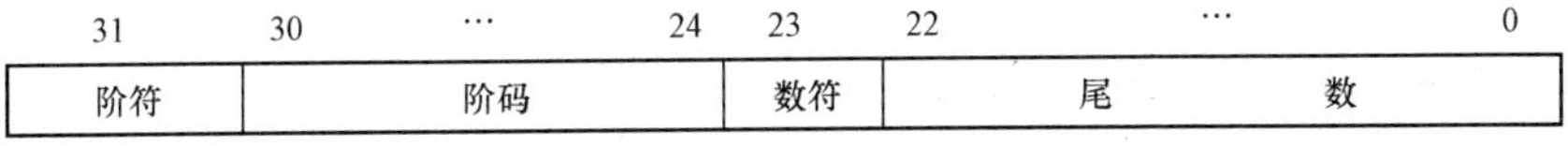

31	30	…	24	23	22	…	0
阶符		阶码		数符		尾　　数	

图 1-27　32 位浮点数格式

其中，阶码部分为 8 位补码定点整数，尾数部分为 24 位补码定点小数（规格化）。下面来求十进制数–258.75 的机器数。

$$(-258.75)_{10}=(-100000010.11)_2=(-0.10000001011)\times 2^9$$
$$=(1.10000001011000000000000)_{原}\times 2^{(00001001)_{原}}$$
$$=(1.01111110101000000000000)_{补}\times 2^{(00001001)_{补}}$$

所以，–258.75 在该计算机中的浮点表示为 00001001101111110101000000000000。

按照这一浮点数格式，可计算出它所能表示的数值范围为 $-1\times 2^{2^7-1} \sim +(1-2^{-23})\times 2^{2^7-1}$。显然，它比 32 位定点数表示的数值范围（最大为 $-2^{31}\sim 2^{31}-1$）要大得多。一般对于位数相同的计算机，浮点法能表示的范围比定点法大，这也正是浮点数表示优于定点数表示的突出优点之一。

1.5.3　计算机常用的编码

计算机除了用于数值计算外，还要进行大量的文字信息处理，也就是要对表达各种文字信息的符号进行加工。例如，计算机和外设的键盘、（字符）显示器、打印机之间的通信都采用字符方式输入/输出。目前，计算机中最常用的两种编码是二—十进制编码（BCD 码）和美国信息交换标准代码（ASCII 码）。

1.5.3.1　BCD 码

计算机中采用的是二进制数，由于二进制数不直观，人们不习惯，因此计算机在输入和输出时，通常仍采用十进制数，但十进制数不能直接在计算机中进行处理，必须用二进制为它编码，这样就产生了二进制编码的十进制数，简称 BCD（Binary Coded Decimal）码。

BCD（二—十进制）码是一种常用的数字代码，它广泛应用于计算机中。这种编码法分别将每位十进制数字编成 4 位二进制代码，从而用二进制数来表示十进制数。

十进制基数为 10，它有 10 个不同的数码。因此为了能表示十进制数的某一位，必须选择至少 4 位二进制数。4 位二进制数可以表示 16 种不同的状态，所以以用以表示十进制数时要丢掉 6 种状态。可以使用不同的方法来处理这些数码，因而产生了各种不同的 BCD 码，但最常用的是 8421BCD 码（简称标准 BCD 码或 BCD 码），它是将十六进制数的 A～F 放弃不用（这是根据这种表示中各位的权值而定的，其权值与普通的二进制相同）。表 1-1 列出了 8421BCD 码与十进制数字的编码关系。

表 1-1　　　　　　　　　　　8421 BCD 码与十进制数字的编码关系

十进制数	8421 BCD 码	二进制数	十进制数	8421 BCD 码	二进制数
0	0000	0000	8	1000	1000
1	0001	0001	9	1001	1001
2	0010	0010	10	0001 0000	1010
3	0011	0011	11	0001 0001	1011
4	0100	0100	12	0001 0010	1100
5	0101	0101	15	0001 0101	1111
6	0110	0110	63	0110 0011	111111
7	0111	0111	94	1001 0100	1011110

例如：$89=(1000\ 1001)_{BCD}$，$105=(0001\ 0000\ 0101)_{BCD}$，$2012=(0010\ 0000\ 0001\ 0010)_{BCD}$，$0.764=(0.0111\ 0110\ 0100)_{BCD}$。可见，BCD 码是很容易编制的，而且用它来表示十进制数也比较直观，但是一定要区别于二进制数，尽管两者均用 0 和 1 两个数码，但它们表征的数值完全不同，例如，$(0010\ 0000\ 0000\ 0101.1001)_{BCD}=2005.9$，$(0010\ 0000\ 0000\ 0101.100l)_2=8197.5625$。

BCD 码的不足之处是抛弃了二进制中 6/16 的信息位不使用（即只用了 0000～1001 10 位，丢弃了 1010～1111 6 位），非压缩的 BCD 码浪费更大，在相同的二进制位数条件下，BCD 能表示的数值范围变窄。换言之，如果信息量相同的话，那么使用 BCD 数据占用的内存空间比使用纯二进制数据要大。

一、BCD 码表示的两种形式

BCD 码表示十进制数分为压缩型（也称组合型）和非压缩型（也称非组合型）两种。其中压缩型 BCD 码用 4 位二进制数表示 1 位十进制数，这样 8 位二进制数就能表示 2 位十进制数；而非压缩型 BCD 码用 8 位二进制数表示 1 位十进制数，它的低 4 位表示 1 位十进制数，而高 4 位总是 0000。例如，94 的紧缩型 BCD 码是 1001 0100B，它的非压缩型 BCD 码是 0000 1001 0000 0100B。

压缩型 BCD 码比非压缩型 BCD 码能节省一半存储空间，但由于 BCD 运算需借用二进制运算电路进行，因此直接运算的结果一般是错误的，需要进行调整才能得到正确的结果。压缩型 BCD 码运算调整规则比非压缩型 BCD 码要复杂，它需对低 4 位和高 4 位的结果分别进行调整。

二、BCD 数的加减运算

BCD 码的运算规则是：BCD 码是十进制数，而运算器对数据作加减运算时，都是按二进制运算规则进行处理的。这样，当将 BCD 码传送给运算器进行运算时，其结果需要修正。修正的规则是：当两个 BCD 码相加或相减时，如果和等于或小于 1001（即十六进制数 9），不需要修正；如果相加或相减的结果在 1010～1111（即十六进制数 0AH～0FH）之间，则需加 6 或减 6 进行修正；如果相加或相减时，本位产生了进位或借位，也需加 6 或减 6 进行修正。这样做的原因是，机器按二进制相加，所以 4 位二进制数相加时，是按"逢十六进一"的原则进行运算的，而实质上是两个十进制数相加，应该按"逢十进一"的原则相加，16 与 10 相差 6，所以当结果超过 9 或有进位或借位时，都要加 6 或减 6 进行修正。上面这种调整规则也称"超 9 补 6 补偿"。

例如，计算 18+19

$$
\begin{array}{r}
0001\ 1000 \\
+)\ 0001\ 1001 \\
\hline
0011\ 0001 = 31
\end{array}
\qquad
\begin{array}{r}
18 \\
+)\ 19 \\
\hline
31
\end{array}
$$

结果应为 37，而计算机相加为 31，原因在于运算过程中，遇到低 4 位往高 4 位产生进位时（此时 AF=1，AF 是辅助进位标志位）是按逢十六进一的规则，但 BCD 码要求逢十进一，因此只要产生进位，个位就会少 6，这就要进行加 6 调整。

实际上当低 4 位的结果大于 9（即 A～F 之间）时，也应进行加 6 调整。（原因是逢十没有进位，故用加 6 的方法强行产生进位。）

如对上例的结果进行加 6，则

$$
\begin{array}{r}
0011\ 0001 \\
+)\ 0000\ 0110 \\
\hline
0011\ 0111
\end{array}
\qquad
\begin{array}{r}
31 \\
+)\ 6 \\
\hline
37
\end{array}
$$

结果正确。

又例如，计算 28-19

$$
\begin{array}{r}
0010\ 1000 \\
-)\ 0001\ 1001 \\
\hline
0000\ 1111 \\
-)\ 0000\ 0110 \\
\hline
0000\ 1001
\end{array}
\qquad
\begin{array}{r}
28 \\
-)\ 19 \\
\hline
F \\
-)\ 6 \\
\hline
9
\end{array}
$$

这里为了说明问题，举了较多的加法例子，实际在计算机中有相应的十进制调整指令，无论对于加法或减法，机器都能按照规则自动进行调整，人们只管放心使用就可以了。

1.5.3.2　ASCII 码

ASCII（American Standard Code for Information-Interchange）码是美国信息交换标准代码的简称，它使用指定的 7 位或 8 位二进制数组合来表示 128 或 256 种可能的字符。标准 ASCII

码（也称基础 ASCII 码）使用 7 位二进制代码来对字符进行编码，包括 32 个标点符号、10
个阿拉伯数字、52 个英文大小写字母、34 个控制符号，共 128 个。表 1-2 为标准 ASC II 码字
符表。表中，0～32 及 127 是 34 个控制字符或通信专用字符（其余为可显示字符），如控制
字符 SP（空格）、LF（换行）、CR（回车）、FF（换页）、DEL（删除）、BS（退格）、BEL（振
铃）等；通信专用字符 SOH（文头）、EOT（文尾）、ACK（确认）等；ASCII 值为 8、9、10
和 13 分别转换为退格（BS）、制表（HT）、换行（LF）和回车（CR）字符。它们并没有特定
的图形显示，但会依不同的应用程序，而对文本显示有不同的影响。33～126（共 94 个）是
字符，其中 48～57（30H～39H）为 0～9 10 个阿拉伯数字，65～90（41H～5AH）为 26 个
大写英文字母，97～122（61H～7AH）为 26 个小写英文字母，其余为一些标点符号、运算
符号等。

在计算机内部，每个 ASCII 码字符占用 1 个字节（8 位二进制数），标准 ASCII 的最高位
（b_7）一般为 0 或作为奇偶校验位。所谓奇偶校验，是指在代码传送过程中用来检验是否出现
错误的一种方法，一般分为奇校验和偶校验两种。奇校验时，最高位 b_7 的取值应使得 8 位
ASCII 码中 1 的个数为奇数；偶校验时，最高位 b_7 的取值应使得 8 位 ASCII 码中 1 的个数为
偶数。例如："8"的奇校验 ASCII 码为 00111000B，偶校验 ASCII 码为 10111000B；"B"的
奇校验 ASCII 码为 11000010B，偶校验 ASCII 码为 01000010B。奇偶校验的主要目的是用于
在数据传输中，检测接收方的数据是否正确。收发双方先预约为何种校验，接收方收到数据
后检验 1 的个数，判断是否与预约的校验相符，若不符，则说明传输出错，可请求重新发送。

后 128 个称为扩展 ASCII 码，目前许多基于 x86 的系统都支持使用扩展（或"高"）ASCII。
扩展 ASCII 码允许将每个字符的第 8 位用于确定附加的 128 个特殊符号字符、外来语字母
和图形符号。

注意，数字 0～9 的 ASCII 码与非压缩 BCD 码表示很相似，两者的低 4 位完全相同，都
用 0000～1001 表示 0～9；两者的差别仅在高 4 位，ASCII 码为 0011，而非压缩 BCD 码为
0000。

ASCII 码一般在计算机的输入/输出设备使用，而二进制码和 BCD 码则在运算、处理过
程中使用。因此，在应用计算机解决实际问题时，常常需要在这几种机器码之间进行转换。

1.5.3.3　汉字的编码

西文是拼音文字，可用有限的几个字母（如英文用 26 个字母、俄文用 32 个字母）拼写
出全部西文信息。因此，西文仅需对有限个数的字母进行编码，就可以将全部西文信息输入
计算机；而汉字信息则不一样，汉字是象形文字，1 个汉字就是 1 个方块图形。计算机要对
汉字信息进行处理，就必须对数目繁多的汉字进行编码，建立一个有几千个汉字的编码表。
西文编码是几十个字符的小字符集，汉字编码是成千上万个汉字的大字符集。因此，汉字的
编码远比西文字母的编码要复杂得多。

汉字编码有内码和外码之分。外码（又称汉字的输入编码）是指汉字的输入方式，目前
我国公布的汉字编码有上百种。其编码的方法可以按照汉字的字形、字音和音形结合分成 3
类。常用的输入方式有区位码、国标码、首尾码、拼音码、双拼双音码、五笔字型码、自然
码、ABC 码、郑码等。内码是计算机系统内部进行汉字信息存储、交换、检索等操作的编码。
汉字内码采用 2 字节表示，没有重码，并要求与国标码有简单的对应关系。应该指出，汉字
的输入编码和内码是两个不同概念，不可混为一谈。

表 1-2　　　　　　　　　　　标 准 ASCII 码 字 符 表

Dec	Hex	ASCII	Dec	Hex	ASCII	Dec	Hex	ASCII	Dec	Hex	ASCII
0	00	NUL	32	20	SP(space)	64	40	@	96	60	*(grave)
1	01	SOH	33	21	!	65	41	A	97	61	a
2	02	STX	34	22	"(quote)	66	42	B	98	62	b
3	03	ETX	35	23	#	67	43	C	99	63	c
4	04	EOT	36	24	$	68	44	D	100	64	d
5	05	ENQ	37	25	%	69	45	E	101	65	e
6	06	ACK	38	26	&	70	46	F	102	66	f
7	07	BEL(beep)	39	27	'(apost)	71	47	G	103	67	g
8	08	BS(back sp)	40	28	(	72	48	H	104	68	h
9	09	HT(tab)	41	29	)	73	49	I	105	69	i
10	0A	LF(linefeed)	42	2A	*	74	4A	J	106	6A	j
11	0B	VT	43	2B	+	75	4B	K	107	6B	k
12	0C	FF	44	2C	,(comma)	76	4C	L	108	6C	l
13	0D	CR(return)	45	2D	-(dash)	77	4D	M	109	6D	m
14	0E	SO	46	2E	.(period)	78	4E	N	110	6E	n
15	0F	SI	47	2F	/	79	4F	O	111	6F	o
16	10	DLE	48	30	0	80	50	P	112	70	p
17	11	DC1	49	31	1	81	51	Q	113	71	q
18	12	DC2	50	32	2	82	52	R	114	72	r
19	13	DC3	51	33	3	83	53	S	115	73	s
20	14	DC4	52	34	4	84	54	T	116	74	t
21	15	NAK	53	35	5	85	55	U	117	75	u
22	16	SYN	54	36	6	86	56	V	118	76	v
23	17	ETB	55	37	7	87	57	W	119	77	w
24	18	CAN	56	38	8	88	58	X	120	78	x
25	19	EM	57	39	9	89	59	Y	121	79	y
26	1A	SUB	58	3A	:	90	5A	Z	122	7A	z
27	1B	ESC	59	3B	;	91	5B	[	123	7B	{
28	1C	FS	60	3C	<	92	5C	\	124	7C	|
29	1D	GS	61	3D	=	93	5D	]	125	7D	}
30	1E	RS	62	3E	>	94	5E	^	126	7E	~
31	1F	US	63	3F	?	95	5F	_(under)	127	7F	DEL(delete)

注　NUL：Null　　　　　　　　　　　空　　　　　　DC2：Device Control 2　　　　设备控制 2
　　SOH：Start Of Heading　　　　标题开始　　　DC3：Device Control 3　　　　设备控制 3
　　STX：Start of Text　　　　　　正文开始　　　DC4：Device Control 4　　　　设备控制 4
　　ETX：End of Text　　　　　　　正文结束　　　NAK：Negative Acknowledgement　　否定
　　EOT：End Of Transmission　　传输结束　　　SYN：Synchronous idle　　　　空转同步
　　ENQ：Enquiry　　　　　　　　　询问　　　　　ETB：End of Transmission Block(CC)　组传输结束
　　ACK：ACKnowledge　　　　　　承认　　　　　CAN：Cancel　　　　　　　　　作废
　　BEL：Bell　　　　　　　　　　报警符　　　　EM：Empty　　　　　　　　　纸尽
　　BS：Backspace　　　　　　　　退一格　　　　SUB：Substitute　　　　　　　减
　　HT：Horizontal Tab(ulation)　横向列表　　　ESC：Escape　　　　　　　　换码
　　LF：Line Feed(character)　　换行　　　　　FS：File Separator(IS)　　　文件分隔符
　　VT：Vertical Tab(ulation)(FE)　垂直制表　　　GS：Group Separator(IS)　　组分隔符
　　FF：Form Feed(FE)　　　　　走纸　　　　　RS：Record Separator(IS)　记录分隔符
　　CR：Carriage Return　　　　回车　　　　　US：Unit Separator(IS)　　单元分隔符
　　SO：Shift Out　　　　　　　移位输出　　　SP：SPace
　　SI：Shift In　　　　　　　　移位输入　　　DEL：Delete
　　DLE：Data Link Escape(CC)　数据链换码　　FE：Format Effector　　　　格式控制符
　　DC1：Device Control 1　　　设备控制 1　　IS：Information Separator　信息分隔符

国标码（又称交换码）是根据汉字的常用程度定出了一级和二级汉字字符集及其相应编码，也就是 GB 2312—1980《信息交换用汉字编码字符集　基本集》的简称。该标准按 94×94 的二维代码表形式，收集了 6763 个汉字和 682 个一般字符、序号、数字，22 个拉丁字母、希腊字母、汉语拼音符号等，共 7445 个图形字符。该标准最多可包含 8836 个图形字符，适应于一般汉字处理、汉字通信等系统之间的信息交换。国标码的每一个字节的定义域在 21H～7EH。国标码中，汉字的排列顺序为：一级汉字按汉语拼音字母顺序排列，同音字母以笔画顺序排列；二级汉字按部首顺序排列。

现将区位码、国标码和内码作简要说明。

（1）区位码。用每个汉字在二维代码表中行、列位置（行号称为区号，列号称为位号）来表示的代码，称为该汉字的区位码。区位码是汉字的输入编码。

（2）国标码。国标码=区位码+32，是区号和位号各增加 32 以后所得到的双 7 位二进制编码。国标码用于不同汉字系统之间汉字的传输和交换，可用作汉字的输入编码。

（3）机内码。英文 DOS 的机内码是 ASCII 码，国标码是双 7 位二进制编码，用作内码将会与标准 ASCII 码相混淆，为此利用标准 ASCII 码最高位为"0"这一特点，把 2 字节国标码的每个字节的最高位置"1"，以示区别。这样，形成了汉字的另外一种编码方法，即汉字的机内码。简单地说，机内码=国标码+128 或机内码=区位码+160。如汉字"啊"的国标码为 00110000、00100001，即 30H、21H，则它的内码为 10110000、10100001，即 B0H、A1H。

习题与思考题

1-1　计算机的发展和微机的发展可划分为哪几个阶段？您正在使用的微机属于哪一代？

1-2　试述微机系统与一般计算机系统的联系和差别。

1-3　微机系统有哪些特点？具有这些特点的根本原因是什么？

1-4　微机主要有哪些应用领域？举例说明微机在您所学专业的应用情况。

1-5　微机有哪些分类方法？PC 机、工控机、单片机、嵌入式系统有何异同？

1-6　微机系统主要有哪些性能指标？试说明微处理器字长的意义。

1-7　简述微机系统的组成及其软、硬件的层次结构。

1-8　简述微处理器、微型计算机、微型计算机系统三者的异同。

1-9　微处理器的内部结构由哪些部分组成？各部分的主要功能是什么？

1-10　微机硬件结构由哪些部分组成？各部分的主要功能是什么？

1-11　什么是系统总线？常用的系统总线标准有哪些？

1-12　内存的结构由哪些部分组成？内存如何实现读写操作？

1-13　微机系统的软件结构可分为哪几类？举例说明您常用的软件类别。

1-14　简述冯·诺依曼计算机的基本特点，并说明程序存储及程序控制的概念。

1-15　简述微机系统的工作过程，并画图说明计算机执行指令 ADD AL，08H 的工作过程。

1-16　PC 系列微机系统的体系结构如何改变？说明您正使用的微机采用何种体系结构？

1-17　将下列二进制数分别转换为八进制数、十进制数、十六进制数。

（1）1100010；（2）0.1011101；（3）1101.1011；（4）1101101.0101

1-18 将下列十进制数分别转换为二进制数、八进制数、十六进制数。

（1）100；（2）0.47；（3）625；（4）67.544

1-19 将下列十六进制数分别转换为二进制数、八进制数和十六进制数。

（1）8C.29；（2）132.2B；（3）65C.54；（4）2DE6.A

1-20 写出下列十进制数的原码、反码、补码（采用 8 位二进制数表示）。

（1）87；（2）34；（3）－48；（4）－100

1-21 写出下列用补码表示数的真值（采用 8 位二进制数表示）。

（1）01110011B；（2）10010101B；（3）68H；（4）B5H

1-22 进位与溢出有何异同？它们如何判断？它们各适应什么场合？

1-23 将十进制数 125.8 和 2.5 表示成二进制浮点规格化数（尾数取 6 位，阶码取 3 位）。

1-24 给出下列十进制数对应的压缩和非压缩 BCD 码形式。

（1）58；（2）1624

1-25 为什么要进行 BCD 码调整运算？对压缩 BCD 码、非压缩 BCD 码运算如何调整？

1-26 按照字符所对应的 ASCII 码表示，查表写出下列字符的 ASCII 码。

（1）A；（2）a；（3）1；（4）CR（回车）；（5）$

1-27 非压缩 BCD 码与 ASCII 码表示数字 0～9 有何差异？什么叫奇偶校验？

1-28 汉字在计算机中如何编码？汉字常用的内码和外码有哪些？

第 2 章 微 处 理 器

本章以目前国际上主流的、美国 INTEL 公司生产的 8086CPU 为背景机，主要介绍 8086CPU 的引脚及其功能、8086CPU 的功能结构和编程结构、8086CPU 的总线周期与时序、总线的概念与分类等。本章重点是 8086CPU 内部结构、引脚功能、存储器组织、最小模式下的系统结构和工作时序。本章难点在于理解 8086CPU 的工作过程、存储器地址的分段管理模式和分体存储结构、8086CPU 的工作时序和系统配置。

2.1 8086/8088CPU 概述

微机由具有不同功能的一些部件组成。微处理器或称中央处理单元（CPU）是微机的心脏，它决定了微机的结构。微机的发展与微处理器的发展密切相关。1973 年美国 INTEL 公司推出第一款 8 位微处理器芯片 8080，之后为适应市场需要，又逐步推出 16 位微处理器 8086/8088 以及 80X86 系列微处理器，如 80286、80386、80486 及 PENTIUM（80586 系列）。虽然微处理器以摩尔定律快速发展，但新型微处理器总是在原有微处理器基础上不断改进以适应新的需求。本章将重点讲述 16 位微处理器 8086，因为 8086 是 80X86 系列微处理器的基础，具有典型结构。

8086 是 INTEL 公司于 1978 年推出的一种高性能 16 位微处理器， 40 个引脚，双列直插式封装，采用 CMOS 工艺制造，单一+5V 电源供电，时钟频率为 5～10MHz。该芯片外观如图 2-1 所示。8086 的内部寄存器、运算部件、数据通路及对外部设备的数据总线均为 16 位宽度，既能处理 16 位数据，也能处理 8 位数据。8086 有 20 根地址线，可寻址的内存空间为 1MB。

图 2-1 8086CPU 芯片外观

INTEL 在推出 8086 之后，于 1981 年又推出 8088 微处理器。8088 的内部结构与 8086 基本相同，但对外部设备的数据总线宽度为 8 位（8086 的外部数据总线宽度是 16 位），其目的是让 8088 能很容易与当时已有的 8 位外围芯片配合组成系统，既提供 16 位处理能力，又适应 8 位外围芯片已被广泛使用的市场形势。由于 8088 内部是 16 位数据总线，外部是 8 位数据线，因此 8088 也被称为准 16 位微处理器。8088 和 8086 一样共 40 个引脚，单一+5V 电源供电，具有相同的指令系统，两者差异很小，本章将以 8086 为主进行介绍。

2.2 8086CPU 的功能结构

8086CPU 功能结构可分为两大部分，即总线接口单元 BIU（Bus Interfase Unit）和执行单元 EU（Execution Unit），如图 2-2 所示。

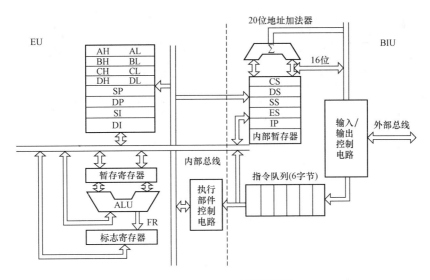

图 2-2   8086CPU 功能结构图

2.2.1   总线接口单元 BIU

BIU 负责与存储器和外设传递数据，具体地说，BIU 从内存指定部分取出指令，送到指令队列排队；在执行指令时所需的操作数也是由 BIU 从内存的指定区域取出传送到 EU 去执行或者把 EU 的执行结果传送到指定的内存单元或外设中。

BIU 主要由以下几部分组成：

一、4 个 16 位段地址寄存器 CS、DS、SS、ES 及一个 20 位的地址加法器

8086CPU 有 20 根地址线，故可寻址的内存储器的空间为 2^{20}=1MB，存储器的每个字节中都可以存放一个字节的数据（8 位二进制数），每个字节拥有唯一的地址编号（20 位二进制数或 5 位十六进制数），存储单元的 20 位地址称为物理地址 PA（Physical Address）或绝对地址。

8086CPU 与内存间的信息交换要通过 20 根地址线发出 20 位的物理地址，但 8086CPU 内部的寄存器都为 16 位，在程序中也只能使用 16 位地址，寻址范围局限在 64KB。为解决这个问题，8086CPU 采用分段方法管理 1MB 的内存空间，即将 1MB 的内存分为若干个逻辑段，每个逻辑段最大长度为 64KB，各段可连续或不连续排列，段的区域可部分重叠，也可全部重叠。8086CPU 把内存分为 4 种逻辑段，即代码段、数据段、堆栈段和附加数据段（简称附加段），每个段由连续的存储单元构成，当要访问逻辑段内的某一单元时，只要给出逻辑段的起始地址以及该单元与起始地址间的距离（又称段内偏移量 EA 或偏移地址，以字节数计）即可确定其物理地址。逻辑段的起始地址必须能被 16 整除，即段的起始地址必须是 XXXX0 H 的形式，这里 X 代表 16 进制字符。段起始地址的高 16 位称为段基址，它在访问存储器前被置于某个段地址寄存器中，CS、DS、SS 和 ES 分别为代码段、数据段、堆栈段和附加数据段的段基址寄存器。CPU 在形成 20 位物理地址时，根据所执行的操作，自动选择某个段寄存器，将其中的内容（16 位）自动左移 4 位，空出的低 4 位自动添 0，再通过 20 位的地址加法器与 16 位的段内偏移量相加形成对应的物理地址，如图 2-3 所示。

上述段基地址左移 4 位后加 4 个二进制的 0 的操作相当于段基地址乘以 16 或 10H，所以存储单元的 20 位物理地址=16 位的段基地址×10H+16 位的段内偏移量。段基地址和段内偏移

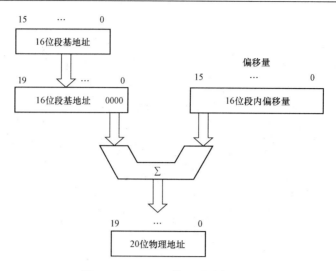

图 2-3　8086CPU 物理地址的形成

量又称为逻辑地址 LA（Logical Address），逻辑地址常写成 XXXX H：YYYY H，其中 XXXX H 是段基地址，YYYY H 是段内偏移量，都是 16 位无符号数。

4 种逻辑段中，代码段用于存放当前要执行的指令段，即只有放到代码段的指令才能被 CPU 执行；数据段或附加数据段用于存放指令要访问的数据，可以事先把要处理的数据放到数据段或附加数据段中；堆栈段用于临时存放一些数据，如在响应中断、子程序调用时，把需要保护的数据（如断点地址）存在堆栈中，当需要这些数据时，再把它们从堆栈中取出来。

8086 规定了访问存储器各段的默认规则。若是取指令，则自动选择代码段寄存器 CS，再加上由 IP 提供的偏移地址，形成指令代码存放单元的物理地址；若是堆栈操作，则选择 SS 和提供的偏移地址，形成物理地址；若是涉及操作数，则段寄存器可能是 DS 或 ES，再加上一个 16 位的偏移量。

逻辑地址的来源见表 2-1。如某条指令的逻辑地址为 CS：IP，表示 CS 寄存器提供段基地址，IP 提供段内偏移量。如某段的物理地址为 6000H，则该段起始地址即段首的物理地址为 6000H×10H+0000H=60000H，段内偏移量为 0009H 单元的物理地址为 6000H×10H+0009H=60009H。

表 2-1　　　　　　　　　　　逻辑地址的来源（各段的默认规则表）

段寄存器	偏 移 地 址	操 作 类 型
CS	IP	取指令
SS	SP 或 BP	堆栈操作
DS	BX、DI、SI、8 或 16 位立即数	取操作数
ES	DI	字符串操作（目的地址）

存储器采用分段结构，方便了 CPU 对存储器的访问。当所访问的存储器处于同一逻辑段时，可不改变段寄存器的值，只需改变段内的偏移地址，称为段内寻址；当需要改变段寄存器的值寻找新的地址时，称为段间寻址。

二、16 位指令指针 IP

IP 用于存放下一条要从内存中取出来的指令的段内偏移量 EA，在取出指令时 IP 的内容能自动修改，通常是进行 IP+1→IP 的操作，但在执行转移指令、调用指令时，装入 IP 中的是相应的转移目的地址。

段基地址（段寄存器的内容）和偏移地址两部分构成了存储器的逻辑地址，如取指令时 CS:IP=3000H:2000H，CS:IP=3100H:1000H 等都是逻辑地址，这两个逻辑地址对应的物理地址都是 32000H，可见不同的逻辑地址可能对应同一个物理地址。

三、6 字节的指令队列

指令队列用于按先后次序存放待执行的指令，供 EU 按顺序取去执行。当执行单元 EU 正在执行指令时，BIU 会自动预先取出下一条或几条指令存入指令队列中排队。

四、输入/输出控制电路

输入/输出控制电路负责产生并发出总线控制信号，实现对存储器和 I/O 端口的读写操作是 CPU 与外部打交道的必要途径。

2.2.2 执行单元 EU

EU 负责指令的执行，它从指令队列中取出指令，译码并执行，完成指令所规定的操作后将指令执行的结果提供给 BIU。它由以下几个部分组成：

一、算术逻辑单元 ALU

ALU 用于完成 16 位或 8 位的二进制数的算术逻辑运算，运算的结果可通过内部总线送入通用寄存器或由 BIU 存入存储器。

二、标志寄存器 FR

FR 用来反映最近一次运算结果的状态以及存放控制标志。FR 为 16 位寄存器，其中只有 9 位标志，其余 7 位未被使用。

三、通用寄存器组

通用寄存器组包括 4 个数据寄存器 AX、BX、CX、DX，4 个专用寄存器 SP、BP、SI、DI。

四、执行部件控制电路

执行部件控制电路从 BIU 中的指令队列获取指令，经过指令译码电路形成各种定时控制信号，向各功能部件发送相应的控制命令，以完成每条指令规定的操作。

2.2.3 BIU 与 EU 的协调动作

早期的微处理器中，CPU 取指令和执行指令是交替进行的，访问内存取指令期间，指令的执行机构必须等待，两者是串行的工作方式，如图 2-4 所示。在 8086CPU 中，BIU 与 EU 两部分是按流水线方式并行工作的，因为 BIU 与 EU 是分开的，从而取指令和执行可以重叠进行，在一条指令的执行过程中可以取出下一条（或多条）指令，在指令队列中排队，从而减少了 CPU 为取指令所需等待的时间，大大提高了 CPU 的利用率。这也正是 8086CPU 取得成功的原因之一。这个执行过程如图 2-5 所示，取指令和执行指令由两套不同的机构并行进行。

图 2-4 早期微处理器指令的执行过程   图 2-5 8086 微处理器指令的执行过程

2.3　8086CPU 的编程结构

8086CPU 内部结构可以从几个不同的角度来理解。从微观角度看有电路结构（由 29000 多个晶体管组成,属微电子学的内容）；从计算机原理角度看有功能结构（由 BIU 和 EU 组成）；从软件编程角度看有编程结构。

编程结构是指用户在编写程序时看到的 CPU。用户编程时使用 CPU 的寄存器而不关心 CPU 的功能，因此编程结构即 CPU 的寄存器结构。8086CPU 内有 14 个 16 位寄存器用于存放数据、指令等信息，根据功能不同可以分为通用寄存器、段寄存器和控制寄存器三类。8086CPU 内部寄存器的情况如图 2-6 所示。

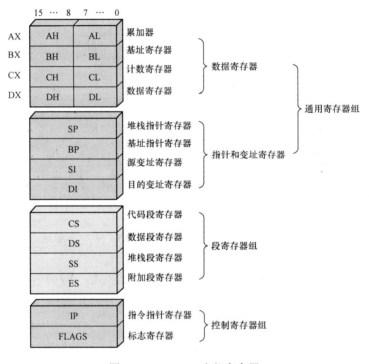

图 2-6　8086CPU 内部寄存器

2.3.1　通用寄存器

8086CPU 的通用寄存器包括 4 个数据寄存器 AX、BX、CX、DX，2 个地址指针寄存器 SP 和 BP，2 个变址寄存器 SI 和 DI。通用寄存器都能用来存放运算操作数和运算结果，这是它们的通用功能，除此之外在不同的场合它们还有各自的专门用途。

一、数据寄存器

数据寄存器包括 4 个寄存器 AX、BX、CX、DX，用于暂时保存运算数据和运算结果，每个 16 位数据寄存器可分为 2 个 8 位数据寄存器，这 4 个数据寄存器既可以保存 16 位数据，也可以保存 8 位数据。

AX（Accumulator）称为累加器，常用于存放算术逻辑运算的操作数，所有输入/输出指令也都通过 AX 与外设进行信息传输；BX（Base）称为基址寄存器，常用于存放访问内存时的基地址；CX（Count）称为计数器，在循环和串操作指令中用来存放计数值；DX（Data）称为数据寄存器，在双字长（32 位）乘除运算中将 DX 与 AX 两个寄存器组合成一个双字长的数据，其中 DX 存放高 16 位数据，AX 存放低 16 位数据，另外在间接寻址的输入/输出指令中把要访问的输入/输出端口地址存放在 DX 中。

二、指针寄存器

指针寄存器包括堆栈指针寄存器 SP（Stack Pointer）和基址指针寄存器 BP（Base Pointer）。SP 和 BP 都是 16 位的寄存器，用来存放运算过程中的操作数，但更重要的用途是存放堆栈地址。SP 用于存放栈顶的偏移地址，即栈顶单元与栈首（第一个）单元相应的单元数（偏移量）；SS 用于存放堆栈段的基地址,即堆栈首单元的基地址 BP 用于存放要访问的内存单元的基地址。

三、变址寄存器

变址寄存器包括源变址寄存器 SI（Source Index）和目的变址寄存器 DI（Destination Index）。变址寄存器常用于指令的间接寻址或变址寻址，SI、DI 一般与段寄存器 DS 联用，以确定数据段中某一内存单元的实际地址。除此以外，在串操作指令中规定，用 SI 存放源操作数的偏移地址，用 DI 存放目标操作数的偏移地址。

2.3.2 段寄存器

8086CPU 中段寄存器有 4 个，分别是 CS、DS、ES 和 SS。它们都是 16 位寄存器，用于 CPU 在访问内存时作为段基址，但某次访问时究竟是取哪一个段寄存器的内容，则要取决于 CPU 当前执行什么操作。

对于取指令操作，是将 CS 中的段基址左移 4 位，再加上 IP 的内容形成 20 位指令地址；对于存取数据操作，是将 DS 中的段基址左移 4 位，再与 16 位偏移地址 EA 相加形成 20 位的物理地址；对于入栈和出栈操作，是将 SS 中的段基址左移 4 位，再与 SP 相加形成 20 位的物理地址；对于目的串操作，是将当前 ES 中的段基址左移 4 位，再与 DI 相加形成 20 位的物理地址。

上述各种操作的段寄存器选取规则称为基本段约定，采用基本段约定的好处是在指令中不必给出段寄存器名，可以缩短指令代码的长度，简化指令的书写形式。但是除了基本段约定之外，8086CPU 还允许在某条指令中突破基本段约定，如存取数据的基本段约定为数据段，但在某条指令完全可以临时改变为代码段、附加段或堆栈段，这种情况称为段超越。8086 基本的段约定和段超越见表 2-2。

表 2-2　　　　　　　　　　　　　8086 基本的段约定和段超越

CPU 执行的操作	基本段约定	允许修改的段	偏移地址
取指令	CS	无	IP
入栈、出栈	SS	无	SP
源串	DS	CS、ES、SS	SI
目的串	ES	无	DI
通用数据读写	DS	CS、ES、SS	有效地址 EA
BP 作间址寄存器	SS	CS、ES、DS	有效地址 EA

2.3.3 控制寄存器

控制寄存器包括标志寄存器 FLAGS（简称 FR）和指令指针寄存器 IP。标志寄存器 FLAGS

是一个 16 位的寄存器，在 16 位中有意义的有 9 位，包括 6 位状态标志位和 3 位控制位，如图 2-7 所示。

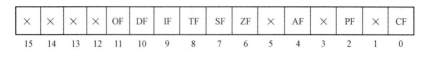

×	×	×	×	OF	DF	IF	TF	SF	ZF	×	AF	×	PF	×	CF
15	14	13	12	11	10	9	8	7	6	5	4	3	2	1	0

图 2-7   标志寄存器 FLAGS

一、状态标志位

状态标志位记录指令执行后结果的某些特征，这些状态特征直接影响后序指令的执行，不同的指令对状态位的影响不一样。

（1）进位标志位 CF（Carry Flag）。反映运算中最高有效位（字节运算为 D_7 位，字运算为 D_{15} 位）是否产生进（借）位，CF=1 表明出现进（借）位，CF=0 表明没有出现进（借）位。CF 主要用于无符号数加减运算，移位和循环移位指令也影响 CF 位。

（2）奇偶标志位 PF（Parity Flag）。反映运算结果的低 8 位中"1"的个数的奇偶性，若"1"的个数为偶数个，则 PF=1，否则 PF=0。

（3）辅助进位标志位 AF（Auxiliary carry Flag）。反映运算中低 4 位向高 4 位（即 D_3 向 D_4）有无进（借）位情况，有则置 1，无则置 0。AF 主要用于 BCD 码算术运算指令。

（4）零标志位 ZF（Zero Flag）。反映运算结果是否为 0，若为 0 则 ZF=1，反之则 ZF=0。

（5）符号标志位 SF（Sign Flag）。反映带符号数运算结果最高位的情况，SF=1 表示结果为负数，SF=0 表示结果为正数。

（6）溢出标志位 OF（Overflow Flag）。反映带符号数运算结果是否超出机器能表示的范围，对字节运算范围为 −128～+127，对字运算范围为 −32768～+32767，若超出则 OF=1，否则 OF=0。

如将十六进制数 5439H 和 356AH 相加操作执行后对 FLAGS 标志位的影响说明如下：

$$
\begin{array}{r}
0101 \quad 0100 \quad 0011\ 1001 \\
+）\ 0100 \quad 0101 \quad 0110\ 1010 \\
\hline
1001 \quad 1001 \quad 1010\ 0011
\end{array}
$$

两正数相加（补码相加），结果为负数，显然运算产生了溢出，即超出了机器所能表示的范围（15 位数值位最多能表示 +32767=2^{15}−1），故 OF=1；由于运算结果最高位为 1，故 SF=1；运算结果本身不为 0，故 ZF=0；又由于运算结果低 8 位中含 1 的个数为偶数，故 PF=1；运算结果最高位没有向前产生进位，故 CF=0；运算过程中低 4 位向高 4 位产生了进位，故 AF=1。

二、控制位

控制位用于控制 CPU 某方面操作的标志，一般根据需要用指令设置和清除。

（1）方向标志位 DF（Direction Flag）。串操作时，该位用于指示源串和目的串地址调整的方向，DF=1 为递减，DF=0 为递增。

（2）中断允许标志位 IF（Interrupt enable Flag）。用于控制 CPU 是否允许响应可屏蔽中断请求，IF=1 表示允许响应，IF=0 表示不能响应。

（3）陷阱标志 TF（Trap Flag）。控制是否进入单步方式，若 TF=1，则 CPU 在每执行一条指令后暂停以便于程序的调试。

指令指针寄存器 IP（Instruction Pointer）包含下一条要执行的指令的偏移地址，通常 IP 会自动移向下一条指令实现顺序执行，但通过 JMP、CALL 转移调用类指令可修改 IP 的值。

2.4 8086 的引脚及其工作模式

CPU 是微型计算机系统的核心部件，它与系统中各部件的联系主要表现为该芯片的引脚上。8086CPU 有 40 个引脚，采用双列直插封装，其引脚排列如图 2-8 所示。为解决功能多与引脚少的矛盾，8086 采用了引脚复用技术，使部分引脚具有双重功能。这表现为以下两种情况：

（1）同一引脚在不同工作模式下有不同的功能，如图 2-8 中带括号的引脚名称表示在最大模式下被重新定义的信号，这样的信号共有 8 个（引脚 24～31）。

（2）同一引脚在相同的工作模式下，在不同的时间段内具有不同的功能，即分时复用，如地址/数据总线、地址/状态线等。

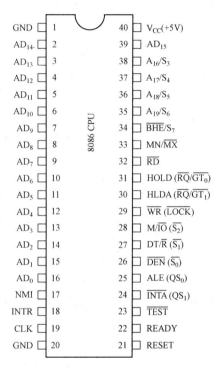

图 2-8 8086CPU 引脚排列

2.4.1 8086 的引脚及其功能

CPU 的引脚是其与外部交换信息的通道，对 CPU 而言，信息的流向有两种情况，即输出（信息从 CPU 送出到外部）和输入（信息从外部送入到 CPU）。双向指信息既可输入又可输出。三态指除了输入、输出两个信息传送状态外，还有信息阻隔状态，即高阻状态。CPU 与外部交换信息时，访问一次存储器或 I/O 端口需进行一次总线操作，或执行一个总线周期。一个总线周期通常包括 T_1、T_2、T_3、T_4 四个 T 状态（即系统的时钟周期）。如果四个 T 状态仍不能完成有关操作，则在 T_3 状态后插入一个等待状态 T_W。在每个 T 状态 CPU 将发出不同的信号。8086 的 40 根引脚按功能可分为 4 类：地址总线、数据总线、控制总线及其他（时钟与电源）。

8086 的引脚及其功能描述如下：

（1）GND，V_{CC}（输入）。电源输入引脚。8086 要求的正常工作电源为 +5×（1±10%）V。

（2）AD_{15}～AD_0（Address/Data，双向，三态）。这 16 个引脚是数据/地址分时复用的双重引脚，在每个总线周期开始时（T_1）时，用作地址总线的低 16 位，给出要访问的内存单元（或 I/O 端口）的地址，其他时间为数据总线，用于数据的传输。

（3）A_{19}/S_6、A_{18}/S_5、A_{17}/S_4、A_{16}/S_3（Address/Status，输出，三态）。这 4 个引脚也是分时复用的双重总线，在每个总线周期开始（T_1）时，用作地址总线的高 4 位，在访问内存储器时，用作高 4 位地址，在 I/O 操作时，这 4 位置 0，在其他时间指示 CPU 的状态信息。在 4 个引脚中，S_6 恒为低电平，S_5 反映标志寄存器中中断允许标志工作的当前值，S_4、S_3 表示正在使用的段寄存器，其功能见表 2-3。

表 2-3　　　　　　　　　　　　　　　　　　S_4、S_3 的功能

S_4	S_3	含义（当前段使用的段寄存器）
0	0	ES
0	1	SS
1	0	CS
1	1	DS

以下为控制总线的引脚。控制总线用于传递控制信号，有些用于输出对其他部件的控制信号，还有一些接受外部器件对 CPU 的控制和请求信号。

（4）$\overline{BHE}/S_7$（Bus High Enable/ Status，输出，三态）。该引脚是数据总线允许控制/状态分时复用引脚，其中，$\overline{BHE}$ 仅在 T_1 状态有效，若 $\overline{BHE}$ 输出低电平，表示高 8 位数据总线 AD_{15}～AD_8 上的数据有效；若输出高电平，表示高 8 位数据无效，仅在低 8 位数据总线 AD_7～AD_0 上传送 8 位数据。S_7 则在 T_2～T_4 状态有效，但在 8086 芯片的设计中，没有赋予 S_7 实际意义，留作备用。

（5）NMI（Non-Masked Interrupt，输入）。NMI 是非屏蔽中断请求控制信号输入引脚，上升沿触发，该信号线上的中断请求信号不能用软件屏蔽。NMI 常用于电源掉电等紧急情况下向 CPU 申请中断。

（6）INTR（INTerrupt Request，输入）。INTR 是可屏蔽中断请求控制信号输入引脚，用于外部设备向 CPU 发出的可屏蔽的中断请求，高电平有效，8086 在每一个指令周期都要检查该信号线，若 INTR=1，表示有外部设备向 CPU 提出可屏蔽中断申请，如果状态标志寄存器 FLAGS 的中断允许标志位 IF=1，则 8086 在执行完当前指令后即去响应中断。

在日常生活中中断是一种很普遍的现象，如某同学正在教室写作业，忽然被人叫出去，回来后继续写作业。微机系统中也有同样的问题。8086CPU 正在执行原程序，突然被它的中断输入引脚上来的中断请求打断，它停止原程序的执行转去执行处理中断请求的中断子程序，等中断子程序结束后，又回到原程序中断处继续接着往下执行。这种停止当前工作转去做其他工作做完后又返回先前工作的现象称为中断。让 8086CPU 产生中断的信号称为中断源，而 NMI 和 INTR 就是其中的两个外部中断请求源。

（7）CLK（CLocK，输入）。CLK 是系统时钟控制信号输入引脚，它为 CPU 和总线控制逻辑电路提供基本定时信号，8086 对时钟信号的要求是非对称的，且占空比为 33%。常用 INTEL 8284A 时钟发生器提供 CLK 信号。

（8）RESET（输入）。RESET 是系统复位控制引脚，输入的 RESET 要求至少保持 4 个时钟周期的高电平宽度，才能停止 CPU 的现行操作，完成内部的复位过程，当 RESET 变为低电平时，CPU 重新启动执行程序。在复位状态，CPU 内部寄存器被重新初始化，除 CS=0FFFF H 外，FLAGS、IP、DS、ES、SS 及其他寄存器均初始化为 0000H，并从 FFFF0 H 存储单元开始执行指令。一般在该地址放一条转移指令，以转移到复位后要执行的程序的入口。

（9）READY（输入）。READY 是准备好控制信号引脚，高电平有效。该信号是由内存储器或输入/输出设备发来的响应信号，用于 CPU 与慢速内存储器或输入/输出电路同步。

（10）$\overline{TEST}$（输入）。$\overline{TEST}$ 是测试控制信号输入引脚，低电平有效。它与 WAIT（等待）指令结合使用，执行 WAIT 指令时将测试此引脚的状态，当 $\overline{TEST}=0$ 时，WAIT 指令相当于

空操作（No Operation）；当 $\overline{TEST}=1$ 时，WAIT 指令重复测试该信号，直到它变为 0 退出等待状态继续往下执行指令，通常该引脚与 8087 协处理器相连。

（11）$\overline{RD}$ （输出）。$\overline{RD}$ 是读选通控制信号输出引脚，三态，低电平有效。当 $\overline{RD}=0$ 时，表示 CPU 正在从内存储器或输入/输出端口读出数据。

（12）$MN/\overline{MX}$（MiN/MaX mode control，输入）。$MN/\overline{MX}$ 是 8086 最小/最大模式控制引脚，用来控制 8086 的组态工作方式。当 $MN/\overline{MX}$ 接+5V 时，8086 处于最小模式；当 $MN/\overline{MX}$ 接地时，8086 处于最大模式，此时系统的总线控制信号由专用的总线控制器 8288 提供，8288 接受 8086 的状态信号 $\overline{S_0}$、$\overline{S_1}$、$\overline{S_2}$，经过变换和组合，由 8288 发出对存储器和外部端口的控制信号，而且最大模式下系统允许多个 CPU 参与工作。

前述的引脚功能与组态方式无关，而 24～31 号引脚的定义和功能在最小/最大工作模式下是各不相同的。下面分最小和最大模式分别介绍。

最小模式下 24～31 号引脚定义如下：

（13）$\overline{INTA}$（INTerrupt Acknowledge，输出）。$\overline{INTA}$ 是中断响应控制引脚，三态，低电平有效。CPU 响应外部设备发出的可屏蔽中断请求以后，便发出中断响应信号，作为对中断请求的回答。CPU 的中断响应周期共占据两个连续的总线周期，在这两个总线周期的 T_2、T_3 和 T_W 期间，$\overline{INTA}$ 引脚变为有效的低电平。第一个 $\overline{INTA}$ 负脉冲通知申请中断的外设其中断请求已经得到 CPU 的响应；第二个 $\overline{INTA}$ 负脉冲用来作为读取中断类型码的选通信号。外设接口利用这个信号向数据总线上传送其中断类型码。

（14）ALE（Address Latch Enable，输出）。ALE 是地址锁存允许引脚，高电平有效。该信号表示 CPU 地址线上存在有效的地址信号。

（15）$\overline{DEN}$（Data ENable，输出）。$\overline{DEN}$ 是数据允许控制引脚，三态，低电平有效。该信号表示数据总线上存在有效数据，即允许读/写操作。$\overline{DEN}$ 是双向数据总线收发器 8286 的选通信号，它在每一次访问存储器、I/O 端口或中断响应周期时有效，以打开双向数据总线收发器。

（16）$DT/\overline{R}$（Data Transmit/Receive，输出）。$DT/\overline{R}$ 是数据传送/接收控制信号引脚，表明 CPU 正在传送还是接收数据。高电平时表示 CPU 向内存储器或输入/输出设备传送数据，低电平时表示 CPU 接收来自内存或输入/输出设备的数据。当系统工作在直接存储（DMA）方式时，$DT/\overline{R}$ 为高阻状态。

（17）$M/\overline{IO}$（Memory/Input Output，输出）。$M/\overline{IO}$ 是内存储器与输入/输出设备两用控制输出引脚，三态，用于区分是访问内存还是访问输入/输出设备。该引脚高电平时表示访问内存，低电平时表示访问输入/输出接口。

（18）$\overline{WR}$（WRite，输出）。$\overline{WR}$ 是写选通控制输出引脚，三态，低电平有效。当 $\overline{WR}=0$ 时，表示 CPU 正在把数据写到内存储器或输入/输出端口，例如当 $\overline{WR}=1$，$M/\overline{IO}=1$，$\overline{DEN}=0$ 时，表示 CPU 正在从内存读出数据；当 $\overline{WR}=1$，$M/\overline{IO}=0$，$\overline{DEN}=0$ 时，表示 CPU 正在从输入/输出端口读出数据。

（19）HOLD（输入）。HOLD 是总线保持请求输入引脚，高电平有效。当 CPU 以外的其他设备要求获得对总线的控制权以便直接访问内存储器时，通过此引脚向 CPU 发出请求，8086 在每个时钟周期对 HOLD 引脚信号进行控制，若 HOLD=1，则 CPU 停止执行指令，响应 HOLD 请求，将地址/数据总线和控制总线中的所有三态控制线置为高阻状态。

（20）HLDA（HoLD Acknowledge，输出）。HLDA 是总线保持响应控制输出引脚，高电平有效，是 CPU 对 HOLD 信号的响应信号。当 CPU 响应总线保持请求信号 HOLD 时，便发出 HLDA 高电平的应答信号，从而将总线控制权让给发出总线保持请求信号的设备，直到该设备又将 HOLD 信号变为低电平，CPU 才收回总线控制权，将 HLDA 信号置为低电平。

最大模式下 24～31 号引脚重新定义如下：

QS_1 和 QS_0（Queue State）是指令队列缓冲器信号引脚，用于表示指令队列缓冲器当前的状态，如队列是否为空等。

$\overline{S_2}$、$\overline{S_1}$、$\overline{S_0}$（state）是总线周期状态信号输出引脚，具有三态，这三个状态信号与总线控制器的输入端相连，在最大模式下，CPU 不直接产生读/写等控制信号，而是由它们组成编码，以此表示当前的传输操作类型，经总线控制器 8288 译码后产生相应的在最大模式下访问存储器和 I/O 端口的各种控制信号，如读内存器或输入/输出的信号，$\overline{RD}$ 引脚不再使用。$\overline{S_2}$、$\overline{S_1}$、$\overline{S_0}$ 组合产生的总线控制功能见表 2-4。

表 2-4　　　　　　　　$\overline{S_2}$、$\overline{S_1}$、$\overline{S_0}$ 组合产生的总线控制功能

$\overline{S_2}$	$\overline{S_1}$	$\overline{S_0}$	控制信号	操作过程
0	0	0	$\overline{INTA}$	发中断响应信号
0	0	1	$\overline{IORC}$	读 I/O 端口
0	1	0	$\overline{IOWC}$、$\overline{AIOWC}$	写 I/O 端口
0	1	1		暂停
1	0	0	$\overline{MRDC}$	取指令
1	0	1	$\overline{MRDC}$	读内存
1	1	0	$\overline{MRTC}$、$\overline{AMWC}$	写内存
1	1	1		无源状态

当 $\overline{S_2}$、$\overline{S_1}$、$\overline{S_0}$ 中至少有一个信号为低电平时，每一种组合都对应了一种具体的总线操作，因而称之为有源状态。这些总线操作都发生在前一个总线周期的 T_4 状态和下一个总线周期的 T_1、T_2 状态期间。在总线周期的 T_3（包括 T_w）状态，且准备就绪信号 READY 为高电平时，$\overline{S_2}$、$\overline{S_1}$、$\overline{S_0}$ 三个信号同时为高电平，此时一个总线操作过程将要结束，而另一个新的总线周期还未开始，统称为无源状态。

$\overline{LOCK}$ 是总线封锁信号输出线，具有三态，低电平有效。此信号有效时，CPU 封锁总线，不允许其他总线设备申请使用总线。

$\overline{RQ}/\overline{GT_0}$ 和 $\overline{RQ}/\overline{GT_1}$（ReQuest/GaTe）是总线请求/总线响应双向引脚，方向相反，既用于协处理器发出使用总线的请求信号，也用于协处理器接收 CPU 对总线请求的响应信号。$\overline{RQ}/\overline{GT_0}$ 和 $\overline{RQ}/\overline{GT_1}$ 是两个同类型的信号，可同时连接两个协处理器，其中 $\overline{RQ}/\overline{GT_0}$ 请求的优先级高于 $\overline{RQ}/\overline{GT_1}$。

为提高系统的性能、耐用性及适应性，8086CPU 设计了最小模式和最大模式两种工作方式，下面分别介绍。

2.4.2　8086 的最小模式及其系统结构

8086 的最小模式是指微机系统中只有 8086 一个微处理器，将 8086 的 MN／$\overline{\text{MX}}$ 引脚接 +5V 就可使 8086 工作在最小模式下。在这种模式下，由 8086CPU 直接产生系统所需的全部控制信号，其系统特点是：总线控制逻辑直接由 8086CPU 产生和控制，若有 8086 之外的其他模块想占用总线，则可向 8086 提出请求，在 8086 允许并响应的情况下，该模块才可获得总线控制权，使用完后再把总线控制权交还给 8086。8086 在最小模式下的典型配置如图 2-9 所示。

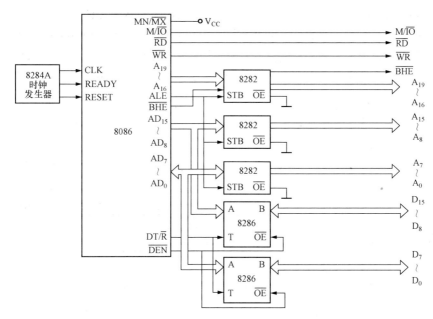

图 2-9　8086 在最小模式下的典型配置

8086 在最小模式下的硬件系统包括 1 片 8086CPU、1 片 8284A 时钟发生器、3 片 8282 地址锁存器、2 片 8086 总线驱动器。

8284A 是一种专用的时钟芯片，负责为 8086CPU 提供基本的工作时钟脉冲信号，同时还负责对 READY 信号和 RESET 信号进行同步。当外部设备在任何时候发出这两个信号中的任一个时，8284A 的内部逻辑电路在时钟下降沿使 READY 或 RESET 信号有效。

8282 是具有三态输出功能的 8 位通用锁存器，在此用于地址锁存。当 STB 有效时，8282 输入端的 8 位数据被锁存到锁存器中，当 $\overline{\text{OE}}$ 有效时，锁存器中的数据输出到输出线上；当 $\overline{\text{OE}}$ 无效时，8282 的输出呈高阻状态。8282 的 STB 端和 CPU 的 ALE 端连接，当 CPU 在 AD 总线上输出地址信息时，同时从 ALE 上输出有效的正脉冲信号传递给 8282 的 STB 端，将地址信息打入锁存器；当系统中不带 DMA 控制器时，可以直接将 $\overline{\text{OE}}$ 接地，因此，CPU 输出的地址码一旦被锁存，便立即稳定输出在地址总线上，以便腾出 CPU 的地址/数据总线引脚 $AD_{15}\sim AD_0$，为在接下来的状态周期内传送数据做好准备。当微机系统中所连的存储器和外设芯片较多时，需要接入总线收发器以增加 CPU 数据总线的驱动能力。

8286 是 8086 系统中常用的 8 位三态双向数据缓冲器，$\overline{\text{OE}}$ 是开启缓冲器的控制信号，当 $\overline{\text{OE}}$ 有效时，允许数据通过缓冲器；当 $\overline{\text{OE}}$ 无效时，禁止数据通过缓冲器，输出呈高阻状态，T 是数据传送方向控制信号。在 8086 最小模式系统中，8286 的 $\overline{OE}$ 端与 CPU 的数据允许端 $\overline{DEN}$ 相连接，T 端与 CPU 的 DT/$\overline{R}$ 端相连。当然，在 8086 的最小模式系统中也可以不用数据收发器。这时 CPU 的地址/数据线 $AD_{15} \sim AD_0$ 可直接与存储器或 I/O 端口芯片的数据线连接。

2.4.3　8086 的最大模式及其系统结构

8086 的最大模式是指微机系统中包含两个或多个微处理器，其中 8086 是主处理器，其余的是协助主处理器工作的协处理器，如数值运算协处理器 8087 和 I/O 协处理器 8089 等。图 2-10 是 8086 在最大模式下的典型配置。在最大模式下，8086CPU 不直接提供用于存储器或 I/O 读写的读写命令等控制信号，而是将当前要执行的传送操作类型编码为 3 个状态位输出，由总线控制器 8288 对状态信息进行译码产生相应控制信号。最大模式系统的特点是：总线控制逻辑由总线控制器 8288 产生和控制，即 8288 将主处理器的状态和信号转换成系统总线命令和控制信号。协处理器只是协助主处理器完成某些辅助工作。

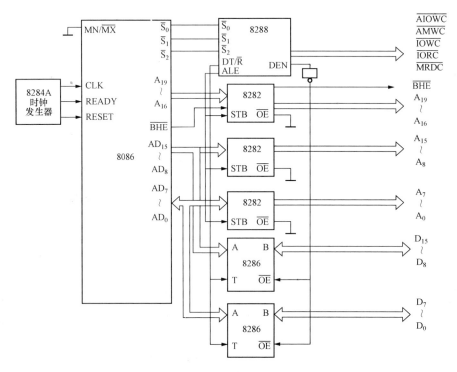

图 2-10　8086 在最大模式下的典型配置

图 2-11 给出了 8086 和 8288 的详细连接电路，其工作原理如下：

（1）8288 的 CLK 与 8086 的 CLK 共用同一个时钟发生器的时钟脉冲信号，这有利于 8288 与 CPU 的同步。

（2）8288 的 IOB 引脚和 $\overline{AEN}$ 引脚接低电平表示 8288 工作于系统总线方式。

（3）8288 的命令允许输入引脚 CEN 必须接高电平 8288 才能正常工作，否则 8288 的所有控制信号将处于无效状态。

（4）8288 的 $\overline{S_2}$、$\overline{S_1}$、$\overline{S_0}$ 和 8086 的 $\overline{S_2}$、$\overline{S_1}$、$\overline{S_0}$ 直接相连，接收 CPU 这三个引脚提供的总线周期状态信息，由此来了解当前 CPU 要执行哪种操作，从而代表 CPU 发出相应的控

制信号。由 8288 处理的这些控制信号与状态信号之间的对应关系见表 2-4，图 2-11 中 8288 产生的 $\overline{\text{INTA}}$、ALE、DT/$\overline{\text{R}}$ 与最小模式下由 CPU 直接发出的同名信号的功能相同，产生的 DEN 相当于最小模式系统中由 CPU 发出的 $\overline{\text{DEN}}$ 信号，其差别只是高电平有效。

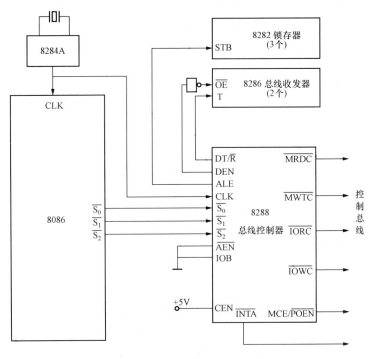

图 2-11　8086 系统在最大模式下 8288 的连接图

图 2-11 中其余控制信号功能如下：$\overline{\text{IORC}}$ 为 I/O 端口读命令，通知 I/O 端口将数据送到数据总线上；$\overline{\text{IOWC}}$ 为 I/O 端口写命令，通知 I/O 端口将数据总线上的数据写到端口中；$\overline{\text{MRDC}}$ 为存储器读命令，通知存储器将选中单元的内容送到数据总线上；$\overline{\text{MWTC}}$ 为存储器写命令，通知存储器将数据总线上的数据写入被选中的单元中；$\overline{\text{AMWC}}$ 是先行存储器写命令，其功能与 $\overline{\text{MWTC}}$ 一样，只是先提前一个时钟周期输出；$\overline{\text{AIOWC}}$ 是先行 I/O 端口写命令，其功能与 $\overline{\text{IOWC}}$ 一样，只是先提前一个时钟周期输出。图 2-12 为 8288 内部结构框图，表 2-5 为 $\overline{\text{S}}_2 \sim \overline{\text{S}}_0$ 状态译码内容。

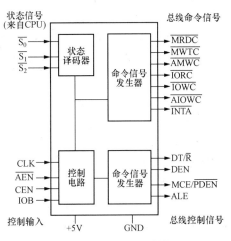

图 2-12　8288 内部结构框图

表 2-5　　　　　　　　　　　　　　$\overline{\text{S}}_2 \sim \overline{\text{S}}_0$ 状态译码内容

总线状态信号			CPU 状态	8288 输出内容
$\overline{\text{S}}_2$	$\overline{\text{S}}_1$	$\overline{\text{S}}_0$		
0	0	0	总断响应	$\overline{\text{INTA}}$

总线状态信号			CPU 状态	8288 输出内容
$\overline{S_2}$	$\overline{S_1}$	$\overline{S_0}$		
0	0	1	读 I/O 端口	$\overline{IORC}$
0	1	0	写 I/O 端口	$\overline{IOWC}$ 、 $\overline{AIOWC}$
0	1	1	暂停	无
1	0	0	取指令	$\overline{MRDC}$
1	0	1	读存储器	$\overline{MRDC}$
1	1	0	写存储器	$\overline{MWTC}$ 、 $\overline{AMWC}$
1	1	1	无源状态	无

2.5 8086CPU 的总线周期与时序

2.5.1 CPU 时序的概念

众所周知，计算机是在程序的控制下工作的，人们先把程序放在存储器的某个区域，再命令机器运行这个程序，CPU 就发出读指令的命令，从指定的地址（由 CS 和 IP 给定）读出指令，它就被送到指令寄存器中，再经过指令译码器分析指令，发出一系列控制信号，以执行指令规定的全部操作，控制各种信息在机器（或系统）各部件之间传送。这些控制信号在时间上的关系称为 CPU 的时序。上述操作都是在时钟脉冲 CLK 的统一控制下一步一步地进行，它们都需要一定的时间。从时序角度考虑，CPU 的工作时序分为三类周期，即时钟周期、指令周期和总线周期。

（1）时钟周期（Clock Cycle）。时钟周期也称为 T 状态，是 CPU 处理动作的最小时间单位。时钟周期值的大小由系统时钟（晶振频率）f 确定，两者关系是 $T=1/f$。8086 的主频为 5MHz，时钟周期为 200ns。

（2）指令周期（Instruction Cycle）。执行一条指令所需的时间称为指令周期。8086/8088 中不同指令的指令周期是不等长的。指令本身就是不等长的，最短的指令只需要 1 个字节，大部分指令是 2 个字节，最长的指令可能要 6 个字节。指令的最短执行时间是 2 个时钟周期，一般的加、减、比较、逻辑操作是几十个时钟周期，最长的为 16 位数的乘除法指令，约为 200 个时钟周期。

（3）总线周期（Bus Cycle）。总线周期由若干个时钟周期组成，也称机器周期（Machine Cycle），是指 CPU 对内存储器或输入/输出端口完成一次读/写操作所需的时间。基本的总线周期有存储器读/写周期、输入/输出端口的读/写周期和中断响应周期。如多字节指令取指就需要若干个总线周期。

每个总线周期由 4 个 T 状态构成。

学习和了解 CPU 的时序是非常有必要的，它有利于我们深入了解指令的执行过程，从而有助于编写源程序时选用指令，以缩短指令的存储空间和估算指令的执行时间。以下介绍 8086 的典型时序中的读总线周期时序和写总线周期时序。

2.5.2 8086 的典型时序举例

一、读总线周期

8086 的读总线是指 CPU 从存储器或 I/O 端口读取数据的操作，8086 最小模式下的总线读操作时序如图 2-13 所示。它由 4 个 T 状态组成，若存储器速度较慢时，要在 T_3 之后插入一个或几个等待状态 T_w。

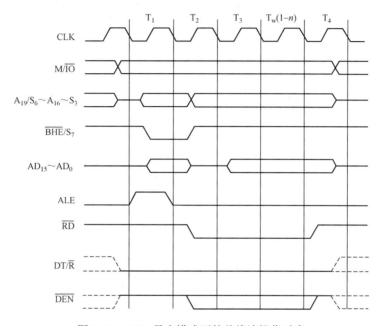

图 2-13　8086 最小模式下的总线读操作时序

一个基本的读总线周期一般包含以下几个状态：

（1）T_1 状态。首先 $M/\overline{IO}$ 信号有效，指出读内存还是 I/O，若读内存，则它为低；若读 I/O 端口的数据，则它为高。其次，要从指定的内存单元或 I/O 端口读数，必须给出内存单元或 I/O 口的端口地址，8086 有 20 条地址线 $A_0 \sim A_{19}$，在 T_1 状态这些线上出现的信号就是地址信号，此时 $\overline{BHE}$ 信号为低表示高 8 位数据总线上信息可用，20 位的地址信号由地址锁存信号 ALE 在 T_1 状态锁存到地址锁存器中。

（2）T_2 状态：地址信号消失，$AD_{15} \sim AD_0$ 进入高阻状态为读入数据作准备，$\overline{RD}$ 信号在 T_2 状态变为有效（此时 $\overline{WR}$ 信号为无效），用来控制数据传送的方向。

（3）T_3 状态。若存储器和外设速度足够快，此时 CPU 接收数据。

（4）T_w 状态。在存储器和外设速度较慢时，还要在 T_3 之后插入一个或几个 T_w，CPU 通过对 READY 引脚采样来检查是否完成读操作，若 READY 为高电平，则下一个状态是正常的 T_4 状态；若 READY 为低电平，表示读操作没有完成，则插入一个 T_w，在 T_w 开始处继续采样 READY 信号，以决定是否还要插入等待状态 T_w。

（5）T_4 状态。CPU 对数据总线采样，获得数据。

二、写总线周期

8086 的写总线是指 CPU 通过总线将数据输出到存储器或 I/O 端口的操作，8086 最小模式下的总线写操作时序如图 2-14 所示。

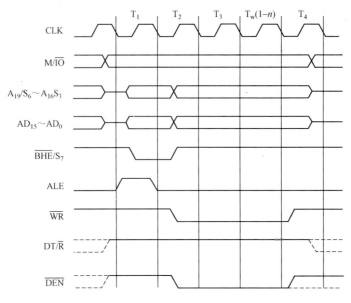

图 2-14　8086 最小模式下的总线写操作时序

　　一个基本的写总线周期大部分与读总线周期操作类似，首先也要有 M/$\overline{\text{IO}}$ 信号来表示进行存储器写操作还是 I/O 端口写操作，其次也要有写入单元或端口的地址及 ALE 信号。不同的是要写入的数据在 T_2 状态，也即 20 位地址线 $A_{19}\sim A_{16}$，$A_7\sim A_0$ 已由 ALE 锁存后，CPU 就把要写入的 16 位数据放到 $AD_{15}\sim AD_0$ 上。要写入，当然要由 $\overline{\text{WR}}$ 信号来代替 $\overline{\text{RD}}$ 信号，它也在 T_2 有效。

　　（1）T_1 状态。M/$\overline{\text{IO}}$ 信号有效，指出写内存还是 I/O；地址输出分高 4 位和低 16 位；ALE 输出地址锁存信号；$\overline{\text{BHE}}$ 信号表示高 8 位数据总线上信息可用。

　　（2）T_2 状态。CPU 向 $AD_{15}\sim AD_0$ 发出数据。

　　（3）T_3 状态。CPU 继续提供状态信息和数据。

　　（4）T_w 状态。在存储器和外设速度较慢时，还要在 T_3 之后插入一个或几个 T_w。

　　（5）T_4 状态。CPU 完成写操作后撤除信息。

2.6　总　　　线

　　微机从诞生以来就采用了总线结构。CPU 通过总线实现读取指令，并实现与内存、外设间的数据交换。在 CPU、内存与外设确定的情况下，总线速度是制约计算机整体性能的关键，总线的性能对于解决系统瓶颈、提高整个微机系统的性能有着十分重要的影响。因此在微机几十年的发展过程中，总线的结构也在不断地发展和变化。

2.6.1　总线的概念

　　总线是一组信号线的集合，是计算机各部件之间传输地址、数据和控制信息的公共通路。从物理结构来看，它由一组导线和相关的控制、驱动电路组成。在微机系统中，总线常被作为一个独立的部件看待。

　　总线的特点在于其公共性，即它可同时挂接多个部件或设备（对于只连接两个部件或设备的信息通道不称为总线）。总线上任何一个部件发送的信息，都可被连接到总线上的其他所有设备接收到，但某个时刻只能有一个设备进行信息传送。所以，当总线上挂接的部件过多时，就容易引起总线争用，使对信号响应的实时性降低。

总线一般由多条通信线路组成，每一路信号线能够传送一位二进制 0 或 1，8 条信号线就能在同一时间并行传送一个字节的信息。

2.6.2　总线的分类

计算机系统中含有多种类型的总线，可从不同的角度进行分类。

一、按传送信息的类型分

从传送信息的类型上，总线可分为数据总线（Data Bus，DB）、地址总线（Address Bus，AB）和控制总线（Control Bus，CB）。

（1）数据总线 DB。数据总线是计算机系统内各部件之间进行数据传送的路径。数据总线的传送方向是双向的，可以由处理器发向其他部件，也可由其他部件将信号送向处理器。

数据总线一般由 8、16、32 条或更多条数据线组成，这些数据线的条数称为数据总线的宽度。由于每一条数据线一次只能传送一位二进制码，因此数据线的条数（即数据线的宽度）就决定了每一次能同时传送的二进制位数。如果数据总线的宽度为 8 位，指令的长度为 16 位，则取一条指令需要访问两次存储器。由此可看出，数据总线的宽度是表现系统整体性能的关键因素之一。8086CPU 的外部数据总线宽度为 16 位，而 Pentium CPU 的数据总线宽度为 64 位，大大加快了对存储器的存取速度。

（2）地址总线 AB。地址总线用于传送地址信息，即这类总线上所传送的一组二进制 0 或 1，表示的是某一个内存单元地址或 I/O 端口地址。它规定了数据总线上的数据来自于何处或被送往何处。例如，当 CPU 要从存储器中读取一个数据时，不论该数据是 8、16 位或 32 位，都需要先形成存放该数据的地址，并将地址放到地址总线上，然后才能从指定的存储单元中取出数据。因为地址信息均由系统产生，所以它的传送方向是单向的。

地址总线的宽度决定了能够产生的地址码的个数，从而也决定了计算机系统能够管理的最大存储器容量。除此之外，在进行输入/输出操作时，地址总线还要传送 I/O 端口的地址。由于寻址 I/O 端口的容量要远低于内存的容量，因此一般在寻址端口时，只使用地址总线的低端几位，寻址内存时才使用地址总线的所有位。例如，在 8086 系统中，寻址端口时需要用到地址总线的低 16 位，高 4 位设定为 0；寻址内存时则用全部 20 位地址信号。

（3）控制总线 CB。控制总线用于传送各种控制信号，以实现对数据总线、地址总线的访问及使用情况进行控制。控制信号的作用是在系统内各部件之间发送操作命令和定时信号，通常包括以下几种类型：

1）写存储器命令。在写存储器命令的控制下，数据总线上的数据被写入指定的存储器单元。

2）读存储器命令。在读存储器命令的控制下，指定的存储器单元中读数据到数据总线上。

3）I/O 写命令。在 I/O 写命令的控制下，将数据总线上的数据写入指定的 I/O 端口中。

4）I/O 读命令。在 I/O 读命令的控制下，将指定 I/O 端口的数据放上数据总线。

5）传送响应。用于表示数据已经被接收或已经将数据放上数据总线的应答信号。

6）总线请求。用于表示系统内的某一部件欲获得对总线的控制权的信号。

7）总线响应。表示获得系统内某部件控制总线。

8）中断请求。表示系统内某中断源发出欲中断的请求信号。

9）中断响应。表示系统内某中断源发出的中断请求信号已获得响应。

10）时钟和复位。时钟信号用于同步操作时的同步控制。在初始化操作时，需要用复位命令。

控制信号从整体上讲，其传送方向是双向的，但就某一具体信号来讲，其信息的走向是单向的。

二、按总线的层次结构分

总线按照层次结构可分为前端总线（或 CPU 总线）、系统总线和外设总线。计算机系统内各层的信息传送由各层总线完成。

（1）前端总线。前端总线包括地址总线、数据总线和控制总线。前端总线一般是指从 CPU 引脚上引出的连接线，用来实现 CPU 与主存储器、CPU 与 I/O 接口芯片、CPU 与控制芯片组等之间的信息传输，也用于系统中多个 CPU 之间的连接。前端总线是生产厂家针对其具体的处理器设计的，与具体的处理器有直接的关系，没有统一的标准。

（2）系统总线。系统总线也称为 I/O 通道总线，同样包括地址总线、数据总线和控制总线，是主机系统与外围设备之间的通信通道。数据总线决定数据宽度，地址总线决定直接选址范围，控制总线决定总线功能和适用性的好坏。在主板上，系统总线表现为与 I/O 扩展插槽引线连接的一组逻辑电路和导线。I/O 插槽上可插入各种扩展板卡，它们作为各种外部设备的适配器与外设相连。系统总线有统一的标准，各种外设适配卡可以按照这些标准进行设计。所以，各种总线标准主要是指系统总线的标准及与系统总线相连的插槽的标准。常见的系统总线标准有 ISA 总线、PCI 总线、AGP 总线等。

ISA 总线是工业标准体系结构总线的简称，是由美国 IBM 公司推出的 16 位标准总线，24 位地址线可直接寻址的内存容量为 16MB，数据传输率为 16MB/s，主要用于 IBM-PC/XT、AT 及其兼容机上。

PCI 总线是由 INTEL 公司联合其他多家公司推出的 32/64 位标准总线，是一种与 CPU 隔离的总线结构，能与 CPU 同时工作。这种总线适用性强、速度快，数据传输率为 133MB/s，适用于 Pentium 以上的微机。

AGP 总线是一种专为提高视频宽带而设计的总线规范。其视频信号的传输速率可以从 PCI 的 133MB/s 提高到 266MB/s(×1 模式)、533MB/s(×2 模式)、1066MB/s(×4 模式)、2133MB/s(×8 模式)。

（3）外设总线。外设总线是指计算机主机与外部设备接口的总线，实际上是一种外设的接口标准。目前在微机上流行的接口标准有 IDE（EIDE）、SCSI、USB 和 IEEE 1394。前两种主要是与硬盘、光驱等 IDE 设备接口，后两种新型外设总线可以用来连接多种外部设备。

2.6.3　总线的主要性能指标

一、总线的带宽

总线的带宽是指单位时间内总线上可传送的数据量，即常说的每秒传送多少字节，单位是字节/秒（B/s）或兆字节/秒（MB/s）。与总线带宽密切相关的两个概念是总线的位宽和总线的工作频率。

二、总线的位宽

总线的位宽是指总线能同时传送的数据位数，即数据总线的数量，常见的有 16、32、64 位等总线位宽。在工作频率固定的条件下，总线的带宽与位宽成正比。

三、总线的工作频率

总线的工作频率也称为总线的时钟频率，以 MHz 为单位。它是指用于协调总线上的各种操作的时钟信号的频率。工作频率越高，则总线的工作速度越快，也即总线的带宽越宽。

总线带宽、总线位宽、总线工作频率三者之间的关系就像高速公路上的车流量、车道数和车速的关系。车流量取决于车道数和车速，车道数越多、车速越快，则车流量越大。同样，总线带宽取决于总线宽度和工作频率，总线位宽越宽、工作频率越高，则总线带宽越大。当然，单方面提高总线的宽度或工作频率都只能部分提高总线的带宽，并容易达到各自的极限。只有两者配合才能使总线的带宽得到更大的提升。

总线带宽的计算公式如下

总线带宽=（总线位宽/8）×总线时钟频率/每个存取周期的时钟数

习 题 与 思 考 题

2-1　8086CPU 从功能上可分为哪两大部分？它们的主要作用是什么？

2-2　8086CPU 中有哪些通用寄存器？各有什么用途？

2-3　8086CPU 系统中 20 位物理地址是如何形成的？

2-4　8086CPU 系统中的存储器为什么要采用分段结构？

2-5　已知当前执行的程序中某条指令的物理地址为 5A1F6H，且 IP=10F6H，则当前 CS 的内容是什么？

2-6　段寄存器的作用是什么？为什么要使用段寄存器？

2-7　什么是逻辑地址？什么是物理地址？在 8086 系统中如何通过逻辑地址找到物理地址？

2-8　标志寄存器有几个状态标志位？它们是如何定义的？

2-9　已知当前数据段位于存储器的 B4000 H～C3FFF H 范围内，则段寄存器 DS 的内容是什么？

2-10　若已知当前（DS）=7F06H，在偏移地址为 0075H 开始的存储器中连续存放 4 个字节的数据，分别为 11H、22H、33H、44H。请指出这些数据在存储器中的物理地址。

2-11　简述 8086CPU 引脚中可以复用的引脚和与中断有关的引脚。

2-12　简述 8086CPU 中 RESET 引脚的作用。

2-13　NMI 和 INTR 都是中断请求输入引脚，两者有什么区别？

2-14　简述时钟周期、总线周期、指令周期的概念。

2-15　什么是 8086 的最小模式和最大模式？

2-16　8086 最小模式下的读写总线周期包括哪几个时钟周期？什么情况下需要插入等待周期 T_W？

2-17　什么是总线？它有什么特点？

2-18　总线可分为哪几类？

2-19　衡量总线性能的指标有哪些？

2-20　某 32 位总线时钟频率为 66MHz，若每两个时钟周期完成一次总线存取操作，请计算总线带宽是多少？

第3章 存　储　器

存储器是计算机的重要组成部分，其作用是存储程序和数据。本章在介绍存储器系统的基本概念的基础上，主要讲述了不同类型半导体存储器（ROM、RAM）的工作原理与特点、典型半导体存储器芯片的引脚及功能应用，并介绍了存储器的扩展技术。本章重点是随机存储器（RAM）和只读存储器（ROM）的基本结构、工作原理、外部特性以及 CPU 与存储器的连接。本章难点在于 CPU 与存储器连接时，译码电路的设计和存储器地址的分配。

3.1　存　储　器　概　述

存储器是计算机系统中的记忆装置，用来存放程序和数据。更确切地说，存储器是存放二进制编码信息的硬件装置。

3.1.1　存储器的类型

按存储元件材料分，存储器可分为半导体存储器、磁存储器及光存储器。半导体存储器主要用作主存，而磁和光等存储器主要用作大容量辅存，如磁盘、磁带、光盘等。

按工作时与 CPU 联系的密切程度分，存储器可分为主存和辅存，或称为内存和外存。主存存放当前运行的程序和数据，它和 CPU 直接交换信息，且按存储单元进行读写数据，其特点有存取速度快、容量小、可随机存取。辅存则作为主存的后援，存放暂时不执行的程序和数据，它只是在需要时调入内存后 CPU 才能访问，因此辅存通常容量大，但存取速度慢。

按读/写方式分，存储器可分为随机存储器和只读存储器。随机存储器中任何存储单元都能随机读写，即存取操作与时间、存储单元的物理位置顺序无关。而只读存储器中存储的内容是固定不变的，联机工作时只能读出不能写入。通常随机存储器记为 RAM（Random Access Memory），只读存储器记为 ROM（Read Only Memory）。

3.1.2　存储器的性能指标

存储器的主要性能指标有存储容量、存取时间（速度）、可靠性、功耗。

一、存储容量

存储容量是存储器的一个重要指标，指存储器容纳二进制信息的总量。一位（bit）二进制数为最小单位，8 位二进制数为一个字节（Byte），单位用 B 表示。由于微机中存储器都按字节编址，因此字节是存储器容量的基本单位。通常以字节数表示容量，如 KB、MB、GB 和 TB。例如，某微机系统的存储容量为 64KB，表明能容纳的二进制信息为 524288（$64 \times 1024 \times 8$）位。

二、存取时间

存取时间通常用来衡量存取速度，它又被称为访问时间或读/写时间，是指从启动一次存储器操作到完成该操作经历的时间。读出时间是指从 CPU 向存储器发出有效地址和读信号开始，直到被选单元内容送上数据总线为止所用的时间；写入时间是指从 CPU 向存储器发出有效地址和写信号开始，直到将 CPU 送上数据总线的内容写入被选中单元为止所用的时间。显然，存取时间越短，存取速度越快。内存的存取时间通常用 ns（纳秒）表示。一般情况下，超高速存储器的存取时间约为 20ns，高速存储器的存取时间约为几十纳秒，中速存储器的存取时间约为 100～250ns，低速存储器的存取时间约为 300ns。CPU 在读/写存储器时，读/写时间必须大于存储器芯片的额定存取时间，如果不能满足，则计算机无法正常工作。

三、可靠性

可靠性是指在规定的时间内，存储器无故障读/写的概率。通常用平均无故障时间来衡量存储器的可靠性 MTBF（Mean Time Between Failures）。MTBF 表示两次故障之间的平均时间间隔，时间越长说明存储器的可靠性越高。

四、功耗

功耗反映存储器件耗电的多少，同时也反映了存储器件发热的程度。功耗越小，存储器件的工作稳定性越好。

计算机系统开发中，对存储器的要求是容量大、速度快、可靠性高、功耗低、性价比高，但在一个存储器中要求上述几项性能均佳是难以办到的，而有些指标要求本身就是互相矛盾的，为解决这一矛盾，目前在计算机系统中，采用了分级结构。

3.1.3　存储器的分级结构

存储器系统中目前采用较多的是三级存储器结构，即高速缓冲存储器（Cache）、内存储器和辅助存储器。CPU 能直接访问的存储器有 Cache 和内存。CPU 不能直接访问辅存，辅存中的信息必须先调入内存才能由 CPU 进行处理。

高速缓冲存储器（Cache）是一高速小容量的存储器，位于 CPU 和内存之间，其速度一般比内存快 5～10 倍。在微机中，用 Cache 临时存放 CPU 最近一直使用的指令和数据，以提高信息的处理速度。Cache 通常由与 CPU 速度相当的静态随机存储器（SRAM）芯片组成，和内存相比，它存取速度快，但价格高，故容量较小。

内存储器用来存放计算机运行期间的大量程序和数据，它和 Cache 交换指令和数据，Cache 再和计算机打交道。目前内存多由 MOS 动态随机存储器（DRAM）芯片组成。

辅助存储器目前主要使用的是磁盘存储器、磁带存储器和光盘存储器。磁盘存储器包括软磁盘和硬磁盘两种。磁带存储器有磁带机和盒式录音机。光盘存储器有只读光盘、追忆型光盘和可改写光盘等。现在 PC 微机上广泛使用的是只读光盘，即 CD-ROM 光盘。辅存是计算机最常用的输入/输出设备，通常用来存放系统程序、大型文件及数据库等。

上述三种类型的存储器构成三级存储管理，各级职能和要求各不相同。其中 Cache 主要为获取速度，使存取速度能和中央处理器的速度相匹配；辅存追求大容量，以满足对计算机的容量要求；内存则介于两者之间，要求其具有适当的容量，能容纳较多的核心软件和用户程序，还要满足系统对速度的要求。

最初的 32 位微机中 Cache 在 CPU 片外，而目前大多数 CPU 将 Cache 集成在片内，由于其时钟与 CPU 相同，进一步提高了信息的处理速度，形成速度较片外 Cache 快、容量较片外 Cache 小的一级 Cache。为更好地管理和改进各项指标，还在 CPU 内建立较多的通用

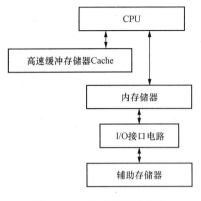

图 3-1　存储器的层次结构

寄存器组，形成速度更快、容量更小的一级；还有将辅存再分为脱机辅存和联机辅存两级。存储器的层次结构如图 3-1 所示。

图 3-1 所示的存储器的层次结构从上到下分为三级，其容量逐级加大，速度逐级减慢，价格逐级降低。由于辅存容量大、价格低，使得存储系统的整体平均价格降低。由于 Cache 的存取速度可以和 CPU 的工作速度接近，故可从整体上提高存储器系统的存取速度。尽管 Cache 成本高，但容量小，故不会使存储系统的整体价格增加很多。

3.2　随机存取存储器 RAM

大规模集成电路技术的发展使得半导体存储器的价格大大降低。现代微机的主存储器已普遍采用半导体存储器。半导体存储器按存取方式可分为两大类，即随机存取存储器（RAM）和只读存储器（ROM）。RAM 主要用来存放当前运行的程序、各种输入输出数据、中间结果及堆栈等。其存储的内容可随时写入和修改，掉电后内容会全部丢失。RAM 按采用器件可分为双极性存储器和 MOS 型存储器，而 MOS 型存储器按存储原理又可分为静态读写存储器（SRAM）和动态读写存储器（DRAM）。本节即详细介绍 SRAM 和 DRAM 的工作机制、工作过程及它们的应用。

3.2.1　静态读写存储器（SRAM）

SRAM 的基本存储电路（存储元）通常是由 6 个 MOS 管组成的双稳态触发器电路，如图 3-2 所示。

图 3-2 中 Q_3、Q_4 是负载管，Q_1、Q_2 是工作管，Q_5、Q_6 是控制管，由 Q_1、Q_2、Q_3、Q_4 构成的双稳态触发器可以存储 1 位二进制数据 "0" 或 "1"。当 Q_1 截止时，A 点为高电平，即 A=1，它使 Q_2 导通，于是 B=0，而 B=0 又保证了 Q_1 可靠的截止，这是一个稳定状态。反之，当 Q_1 导通、Q_2 截止时，B 点为高电平，即 B=1、A=0，这也是一个稳定状态，也就是说，该电路有两个稳定状态。因此，可用 Q_1 管的两

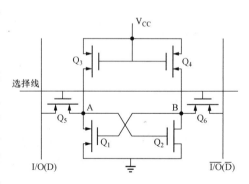

图 3-2　SRAM 的基本存储电路

种状态来表示 "0" 或 "1"，设 Q_1 导通、Q_2 截止的状态为 "0" 状态，Q_1 截止、Q_2 导通的状态为 "1" 状态，显然，仅能保持这两个稳定状态还不够，还要对状态进行控制，于是加上了 Q_5、Q_6 管。Q_5、Q_6 管作为两个控制门，起两个开关的作用。

存储电路工作过程是：当存储基元被选中时，选择线（行线）为高电平，门控管 Q_5、Q_6 导通，触发器与 I/O 线（位线）接通，即 A 点与 I/O 线接通，B 点与 $\overline{I/O}$ 线接通。

（1）写入时。写入数据信号从 I/O 线和 $\overline{I/O}$ 线进入。若要写 "1"，则使 I/O 线为 1（高电平），$\overline{I/O}$ 线为 "0"（低电平）。它们通过 Q_5、Q_6 管与 A、B 点相连，即 A=1、B=0，从而使 Q_1 截止、Q_2 导通。而当写入信号和地址译码信号消失后，Q_5、Q_6 截止，该状态仍能保持。

若要写入"0"，使 I/O 线为"0"，$\overline{\text{I/O}}$ 线为"1"，则使 Q_1 导通、Q_2 截止。只要不断电这个状态就会一直保持下去，除非再重新写入一个新的数据。

（2）读出时。当要对写入内容进行读出时，也要先通过地址译码使选择线为高电平，于是 Q_5、Q_6 导通，A 点的状态被送到 I/O 线上，B 点的状态被送到 $\overline{\text{I/O}}$ 线上，这样就读取了原来存储的信息。信息读出后，原来存储的内容仍然不变。所以这种读出是一种非破坏性读出。

SRAM 的优点是工作稳定，不需要外加刷新电路，从而简化了外部电路设计。但由于 SRAM 的基本存储电路中所含晶体管较多，故集成度较低。下面以典型的 SRAM 芯片 6264 为例，说明它的外部特性和工作过程。

3.2.1.1　6264 芯片的引线及其功能

6264 芯片是一个 8K×8bit 的 CMOS SRAM 芯片，其内部结构及外部引脚如图 3-3 所示。

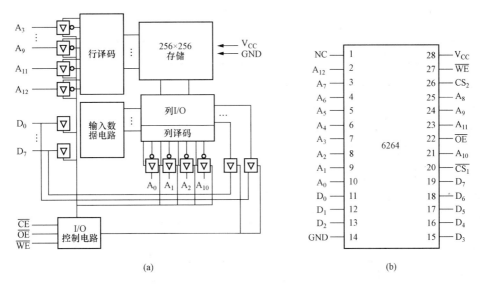

图 3-3　SRAM 6264 的内部结构及外部引脚

（a）内部结构；（b）外部引脚

6264 共有 28 个引脚，包括 13 个地址信号线、8 个数据信号线以及 4 个控制信号线。它们的含义分别为：

$A_0 \sim A_{12}$：13 位地址信号线。一个存储芯片上地址线的多少决定了该芯片有多少个存储单元。13 根地址信号线上的地址信号编码最多有 2^{13} 种组合，可产生 8192（8K）个地址编码，从而保证了芯片上的 8K 个单元每单元都有唯一的地址。在与系统连接时，这 13 根地址线通常接到系统地址总线的低 13 位上，以便 CPU 能寻址芯片上的各个单元。

$D_0 \sim D_7$：8 根双向数据线。对 SRAM 芯片来说，数据线的根数决定了芯片上每个存储单元的二进制位数，8 根地址线说明 6264 芯片的每个存储单元中可存储 8 位二进制数。使用时，这 8 根数据线与系统的数据线相连。当 CPU 存取芯片上的某个存储单元时，读出和写入的数据都通过这 8 根数据线传送。

$\overline{\text{CS}_1}$、CS_2：片选信号线。当 $\overline{\text{CS}_1}$ 为低电平、CS_2 为高电平时，该芯片被选中，CPU 才可以对其进行读写操作。不同类型的芯片，其片选信号的数量不一定相同，但要选中该芯片，必须所有的片选信号同时有效才行。事实上，一个微机系统的内存空间是由若干块存储器芯片组成的，某块芯片映射到内存空间的哪一个位置（即处于哪一个地址范围）上，是由高位的地址信号决定的。系统的高位地址信号和控制信号通过译码产生片选信号，将芯片映射到所需要的地址范围上。6264 有 13 根地址线，而 8086/8088 有 20 根地址线，所以这里的高位地址信号就是 $A_{13} \sim A_{19}$。

$\overline{\text{OE}}$：输出允许信号。只有 $\overline{\text{OE}}$ 为低电平时，CPU 才能够从芯片中读出数据。

$\overline{\text{WE}}$：写允许信号。当 $\overline{\text{WE}}$ 为低电平时，允许数据写入芯片；而当 $\overline{\text{WE}}=1$、$\overline{\text{OE}}=0$ 时，才允许数据从该芯片读出。

V_{CC} 为+5V 电源，GND 是接地端，NC 表示空端。表 3-1 是 6264 的真值表。

表 3-1　　　　　　　　　　　　　**6264 的 真 值 表**

$\overline{\text{WE}}$	$\overline{\text{CS}_1}$	CS_2	$\overline{\text{OE}}$	$D_0 \sim D_7$
0	0	1	×	写入
1	0	1	0	读出
×	0	0	×	三态（高阻）
×	1	1	×	
×	1	0	×	

3.2.1.2　6264 的工作过程

写入数据的过程：首先把要写入单元的地址送到芯片的地址线 $A_0 \sim A_{12}$ 上，把要写入的数据送到数据线上；然后使 $\overline{\text{CS}_1}$、CS_2 同时有效；最后在 $\overline{\text{WE}}$ 端加上有效的低电平，$\overline{\text{OE}}$ 端状态可以任意。这样，数据就可以写入指定的存储单元中。6264 的写操作时序图如图 3-4 所示。

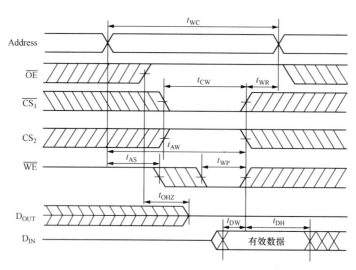

图 3-4　6264 的写操作时序图

从芯片中读出数据的过程与写操作类似：首先把要读出单元的地址送到 6264 的地址线上，然后使 $\overline{\text{CS}_1}=0$、$\text{CS}_2=1$ 同时有效；与写操作不同的是，此时要使读允许信号 $\overline{\text{OE}}=0$、$\overline{\text{WE}}=1$，这样，选中单元的内容就可从 6264 的数据线读出。6264 的读操作时序图如图 3-5

所示。

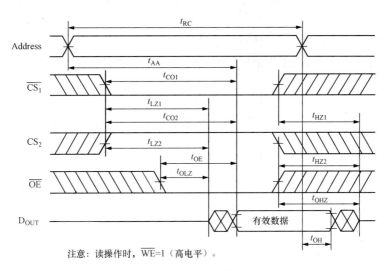

图 3-5 6264 的读操作时序图

CPU 的取指令周期和对存储器读写都有固定的时序，因此对存储器的存取速度有一定的要求，当对存储器进行读操作时，CPU 发出地址信号和读命令后，存储器必须在读允许信号有效期内将选中单元的内容送到数据总线上。同样，进行写操作时，存储器也必须在写脉冲有效期间将数据写入指定的存储单元，否则会出现读写错误。

如果可选择的存储器的存取速度太慢，不能满足上述要求，就需要设计者采取适当的措施来解决这一问题。最简单的办法就是降低 CPU 的时钟频率，延长时钟周期，但这样会降低系统的运行速度。另一种办法是利用 CPU 上的 READY 信号，使 CPU 对慢速存储器操作时插入一个或几个等待周期 T_W，以等待存储器操作的完成。

3.2.1.3 SRAM 芯片的应用

在对 SRAM 芯片的引脚和工作时序有了一定了解之后，需进一步掌握的是如何实现它与系统的连接。将一个存储芯片接到总线上，除部分控制信号及数据信号的连接之外，主要是如何保证该芯片在整个内存中占据的地址范围能够满足用户要求。前面已介绍过，芯片的片选信号是由高位地址信号和控制信号的译码产生的，实际上，正是高位地址信号决定了芯片在整个内存中占据的地址范围。

地址译码是指将一组输入信号转换为一个确定的输出。在存储器技术中，译码就是将高位地址信号通过一组电路（译码器）转换为一个确定的输出信号（通常为低电平），并将其连接到存储器芯片的片选端，使该芯片被选中，从而使系统能对该芯片上的单元进行读写操作。

8086/8088 能寻址的内存空间为 1MB，共有 20 根地址信号线，其中高位用于确定芯片的地址范围（即作为译码器的输入），低位用于片内寻址。由于微机系统中，CPU 通常都工作在最大模式下，其控制信号通过总线控制器与系统控制总线相连，因此对存储器读写时，一般要求总线控制信号 $\overline{MEMR}$ 或 $\overline{MEMW}$ 有效。

存储器的地址译码方式可分为全地址译码、部分地址译码、线选译码三种。

一、全地址译码

全地址译码就是构成存储器时要使用全部 20 位地址信号，即所有的高位地址信号用来作为译码器的输入，低位地址信号接存储芯片的地址输入线，从而使得存储器芯片上的每一个单元在内存空间中有唯一的一个地址。全地址译码的优点是每个芯片的地址范围是唯一确定的，而且各片之间是连续的；缺点是译码电路比较复杂。

对 6264 来说，就是用低 13 位地址信号决定每个单元的片内地址，用高 7 位地址信号决定芯片在内存中的地址边界，即做片选地址译码。

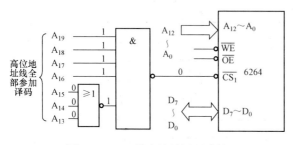

图 3-6 是一片 6264 与 8088 系统的全地址译码的连接图。从图中可看出，当 A_{19}～A_{13} 为 1111000 时，与非门输出低电平，使 6264 的片选端 $\overline{CS_1}$ 有效。所以 6264 的地址范围为 F0000H～F1FFFH（低 13 位可以是从全为 0 到全为 1 之间的任何一个值）。译码电路的构成不是唯一的，可以利用基本逻辑门电路构成，也可用译码器（如 74LS138）来构成。

图 3-6　6264 的全地址译码连接

二、部分地址译码

部分地址译码是指仅把地址总线的一部分地址信号线与存储器相连，通常是用高位地址信号的一部分而不是全部作为片选译码信号。图 3-7 就是部分地址译码的例子。从图中可看出，A_{18} 不参与译码，该 6264 芯片被映射到了 F0000H～F1FFFH 或 B0000H～B1FFFH 这两块地址空间中，从而使被选中芯片的每个单元都占有两个地址，即这两个地址都指向同一个单元。这种只用部分地址线参加译码从而产生地址重复区的译码方式就是部分地址译码的含义。

部分地址译码使地址出现重叠区，而重叠的部分必须空着不准使用，这就破坏了地址空间的连续性，也在实际上减小了总的可用存储地址空间。部分地址译码的优点是其译码器构成比较简单、成本低。图 3-7 中就少用了一条译码输入线，但这是以牺牲内存空间为代价换来的。

可以想象，参加译码的高位地址越少，译码器就越简单，而同时所构成的存储器所占用的内存地址空间就越多。若只用一条高位地址线做片选信号的连接就称为线选译码。

三、线选译码

线选译码是指 CPU 高位地址线不经过译码，直接（或经反相器）分别接存储器芯片的片选端来区别各芯片的地址，这种地址译码方法一般仅用于系统中只使用 1～3 个存储芯片的情况。线选法连接举例如图 3-8 所示。CPU 的高位地址线 A_{13}～A_{15} 分别作为 3 片 6264 存储器芯片的片选控制信号，构成一个 24KB 的存储系统。由图 3-8 可知，CPU 每次只能选中一片存储芯片，即 CPU 寻址时 A_{13}～A_{15} 中只能有一位为低电平，对应的芯片地址见表 3-2。线选译码的优点是电路简单，无需片选译码电路；缺点是地址不连续，CPU 的寻址空间利用率低。

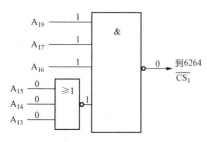

图 3-7　6264 的部分地址译码连接

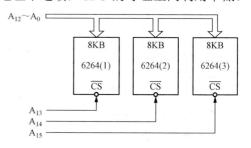

图 3-8　线选法连接图

表 3-2																	线选法的地址分配表

选片			片 内 译 码														芯片地址范围
A_{15}	A_{14}	A_{13}	A_{12}	A_{11}	A_{10}	A_9	A_8	A_7	A_6	A_5	A_4	A_3	A_2	A_1	A_0		
1	1	0	0	0	0	0	0	0	0	0	0	0	0	0	0	C000H 6264（1）⋮ DFFFH
			1	1	1	1	1	1	1	1	1	1	1	1	1	
1	0	1	0	0	0	0	0	0	0	0	0	0	0	0	0	A000H 6264（2）⋮ BFFFH
			1	1	1	1	1	1	1	1	1	1	1	1	1	
0	1	1	0	0	0	0	0	0	0	0	0	0	0	0	0	6000H 6264（3）⋮ 7FFFH
			1	1	1	1	1	1	1	1	1	1	1	1	1	

　　在实际应用中，采用全地址译码还是部分地址译码或线选译码应根据具体情况来定。如果地址资源富裕，为使电路简便可考虑部分地址译码方式。如果要充分利用地址空间，应采用全译码方式。

　　【例 3-1】　图 3-9 中用 74LS138 和一些门电路构成地址译码器，6264 芯片的地址范围是怎样的？

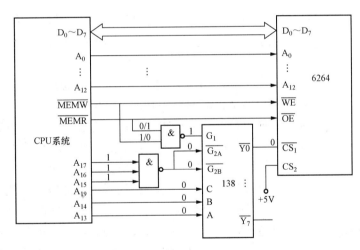

图 3-9　译码电路图

　　解　由图 3-9 可见，A_{18} 未参与译码，故为部分地址译码方式，无论 A_{18} 为低电平还是高电平都不影响译码器的输出。138 译码器的真值表见表 3-3。

表 3-3									138 译码器的真值表				

G_1	$\overline{G_{2A}}$	$\overline{G_{2B}}$	C	B	A	$\overline{Y_0}$	$\overline{Y_1}$	$\overline{Y_2}$	$\overline{Y_3}$	$\overline{Y_4}$	$\overline{Y_5}$	$\overline{Y_6}$	$\overline{Y_7}$
1	0	0	0	0	0	0	1	1	1	1	1	1	1
1	0	0	0	0	1	1	0	1	1	1	1	1	1
1	0	0	0	1	0	1	1	0	1	1	1	1	1
1	0	0	0	1	1	1	1	1	0	1	1	1	1

续表

G_1	$\overline{G_{2A}}$	$\overline{G_{2B}}$	C	B	A	$\overline{Y_0}$	$\overline{Y_1}$	$\overline{Y_2}$	$\overline{Y_3}$	$\overline{Y_4}$	$\overline{Y_5}$	$\overline{Y_6}$	$\overline{Y_7}$
1	0	0	1	0	0	1	1	1	1	0	1	1	1
1	0	0	1	0	1	1	1	1	1	1	0	1	1
1	0	0	1	1	0	1	1	1	1	1	1	0	1
1	0	0	1	1	1	1	1	1	1	1	1	1	0
其他值			×	×	×	1	1	1	1	1	1	1	1

分析可知，6264 的地址范围是 0×11 1000 0000 0000 0000 B～0×11 1001 1111 1111 1111B，X=0/1，也即 38000H～39FFFH 或 78000H～79FFFH。将 $\overline{\text{MEMR}}$ 和 $\overline{\text{MEMW}}$ 信号组合后接到 138 的使能端，保证了仅对存储器进行读写操作时，138 译码器才工作。

3.2.2　动态读写存储器（DRAM）

DRAM 是靠 MOS 电路中的栅极电容来存储信息的。由于电容上的电荷会逐渐泄漏，需要定时充电以维持存储内容不丢失（称为动态刷新），因此 DRAM 需要设置刷新电路，相应外围电路就较为复杂。DRAM 的刷新定时间隔一般为几毫秒，其特点为集成度高（存储容量大，可达 1Gbit/片以上）、功耗低、价格比 SRAM 便宜，但速度慢（10ns 左右），需要刷新。DRAM 应用非常广泛，如微机中的内存条、显卡上的显存几乎都是用 DRAM 制造的。

一、基本存储电路

DRAM 存储信息的基本电路可以采用单管、三管和四管电路。单管电路由于集成度高、功耗小，被越来越多地应用在 DRAM 中。单管动态基本存储电路由一只 MOS 管和一个与源级相连的电容 C 组成，如图 3-10 所示。

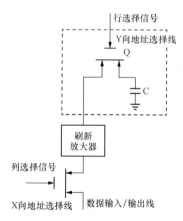

可见，DRAM 是靠与 MOS 管源级相连的电容存储电荷或不存储电荷这两个状态来记忆信息"1"和"0"的。当电容 C 存储电荷时，为逻辑"1"；不存储电荷时，为逻辑"0"。没有读写操作时，行选择线处于低电平，MOS 管截止，电容 C 与外电路断开，不能进行充放电，将保持原状态不变。

在进行读操作时，根据行地址译码，使某一条行选择线为高电平，于是使本行上所有的基本存储电路中的管子 Q 导通，使连在每一列上的刷新放大器读取对应的存储电容上的电压值。刷新放大器将此电压值转换为对应的逻辑电平"0"或"1"，又重新写到存储电容上，而列地址译码产生列选择信号。所选

图 3-10　单管动态基本存储电路

中那一列的基本存储电路受到驱动，从而可读取信息。

在进行写操作时，行选择信号为"1"时，选择了该行，电容上的信息送到刷新放大器上，刷新放大器又对这些电容立即进行写操作。由于刷新时列选择信号总为"0"，因此电容上的信息不可能被送到数据总线上。

二、DRAM 的刷新

DRAM 是利用电容存储电荷的原理来保存信息的，由于任何电容都存在漏电现象使保存的信息丢失，因此 DRAM 需定时刷新，即每隔一定时间（一般为 2ms）对 DRAM 进行读出和再写入操作，使原来处于逻辑电平"1"的电容上所释放的电荷又得到补充，而原来处于逻辑电平"0"的电容仍保持"0"，这个过程叫 DRAM 的刷新。尽管进行一次读写操作也可认

为是对选中行进行刷新操作，但由于读写操作的随机性并不能保证在 2ms 内对 DRAM 的所有行都能遍访一次，因此需安排专门的存储器刷新周期以便系统地完成对 DRAM 的刷新。

三、典型 DRAM 举例

典型的 DRAM 芯片是 INTEL 2164A。它是一块 64K×1bit 的 DRAM 芯片，即片内有 64K（65536）个存储单元，每个单元只有 1 位数据，与其类似的芯片有很多种，如 4116（16K×1bit），21256（256K×1bit）等。图 3-11 是 2164A 的内部结构及外部引脚。

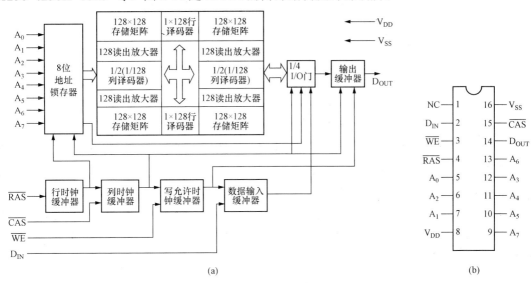

图 3-11　2164A 的内部结构及外部引脚

（a）内部结构；（b）外部引脚

$A_0 \sim A_7$ 为地址输入线。DRAM 芯片在构造上的特点是芯片上的地址引脚是复用的。虽然 2164 的容量为 64K 个单元，但它并不像对应的 SRAM 芯片那样有 16 根地址线，而只是这个数量的一半，即 8 根地址线。那么它是如何用这 8 根地址线来寻址 64K 个单元的呢？实际上，在存取 DRAM 芯片的某单元时，其操作过程是将存取的地址分两次输入到芯片中，每一次都由同一组地址线输入。两次送到芯片上去的地址分别称为行地址和列地址。它们被锁存到芯片内部的行地址锁存器和列地址锁存器中。

可以想象，在芯片内部，各存储单元是按照矩阵结构排列的。行地址信号通过片内译码选择一行，列地址信号通过片内译码选择一列，这样就决定了选中的单元。可以简单地认为该芯片有 256 行和 256 列，共同决定 64K 个单元。对于其他 DRAM 芯片也可以按同样方式考虑，如 21256（256K×1bit）有 256 行，每行为 1024 列。

综上所述，动态存储器芯片上的地址引脚是复用的，CPU 对它寻址时的地址信号分成行地址和列地址，分别由芯片上的地址线送入芯片内部进行锁存、译码，从中选中要寻址的单元。

D_{IN} 和 D_{OUT} 为芯片的数据输入、输出线。其中 D_{IN} 为数据输入线，当 CPU 写芯片的某一单元时，要写入的数据由 D_{IN} 送到芯片内部。同样，D_{OUT} 是数据输出线，当 CPU 读芯片的某一单元时，数据由此线输出。

$\overline{RAS}$ 为行地址锁存信号。该信号将行地址锁存在芯片内部的行地址锁存器中。

$\overline{CAS}$ 为列地址锁存信号。该信号将列地址锁存在芯片内部的列地址锁存器中。

$\overline{WE}$ 为写允许信号。它为低电平时，允许将数据写入；反之，当它为高电平时，可从芯片中读出数据。

四、DRAM 的工作过程

（1）数据读出。2164 的数据读出时序图如图 3-12 所示。

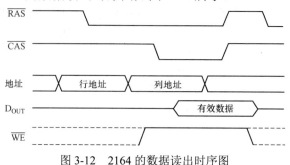

图 3-12　2164 的数据读出时序图

首先将行地址加在 $A_0 \sim A_7$ 上，然后使行地址锁存信号 $\overline{RAS}$ 有效，该信号的下降沿将行地址锁存在芯片内部。接着将列地址加到芯片的 $A_0 \sim A_7$ 上，再使列地址锁存信号 $\overline{CAS}$ 有效，其下降沿将列地址锁存。然后保持 $\overline{WE} = 1$，则在 $\overline{CAS}$ 有效期间，数据由 D_{OUT} 端输出并保持。

（2）数据写入。2164 的数据写入时序图如图 3-13 所示。数据写入过程与读出过程基本类似，区别是送完列地址后，要将 $\overline{WE}$ 端置为低电平，然后将要写入的数据由 DIN 端输入。

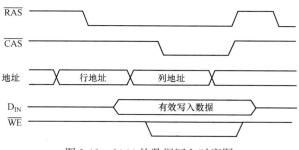

图 3-13　2164 的数据写入时序图

（3）刷新。由于 DRAM 是靠电容来存储信息的，而电容总存在缓慢放电现象，时间长了就会使存放的信息丢失，因此 DRAM 必须定时刷新。所谓刷新就是将动态存储器中存放的每一位信息读出并重新写入的过程。刷新的方法是使列地址锁存信号无效（$\overline{CAS} = 1$），只送上行地址并使行地址锁存信号 $\overline{RAS}$ 有效（$\overline{RAS} = 0$），然后，芯片内部的刷新电路就会对所选中行上各单元中的信息进行刷新（对原来为"1"的电容补充电荷，原来为"0"的则保持不变）。每次送出不同的行地址，就可以刷新不同行的存储单元。将行地址循环一遍，就可刷新整个芯片的所有存储单元。由于刷新时 $\overline{CAS}$ 无效，故位线上的信息不会送到数据总线上。

DRAM 芯片的刷新时序图如图 3-14 所示。图中 $\overline{CAS}$ 保持无效，利用 $\overline{RAS}$ 锁存新的行地址，进行逐行刷新。DRAM 要求每隔 2～8ms 刷新一次，这个时间称为刷新周期。在刷新周期中，DRAM 是不能进行正常的读写操作的，这一点由刷新控制电路予以保证。

五、DRAM 在系统中的连接

微机系统大多采用 DRAM 芯片构成主存储器。由于在使用中既要做到能够正确读写，又要能在规定的时间内对它进行刷新。因此，微机中对 DRAM 的连接和控制电路比 SRAM 复杂得多。DRAM 芯片在与 CPU 接口时需考虑两个问题：一是刷新问题，需加定时刷新电路；二是地址信号输入问题。由于 DRAM 芯片集成度高，存储容量大，引脚数量不够，因此地址输入一般采用两路复用锁存方式，即把地址信号分为两组共用几根地址输入线，分两次把它们送入芯片内部锁存起来。这两组地址信号的输入由行地址选通信号

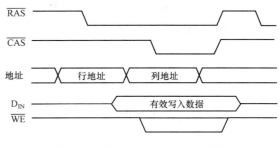

图 3-14　DRAM 芯片的刷新时序图

$\overline{RAS}$ 和列地址选通信号 $\overline{CAS}$ 控制。在 DRAM 芯片中，没有设专门的片选线，可用行地址选通信号 $\overline{RAS}$ 和列地址选通信号 $\overline{CAS}$ 兼作片选信号。

3.3　只 读 存 储 器　ROM

只读存储器 ROM 因其具有掉电后信息不丢失的特点，故一般用于存放一些固定的程序，如监控程序、BIOS 程序等。根据制造工艺的不同，微机中常用的半导体只读存储器可分为掩膜式 ROM、可编程 PROM、光可擦除 EPROM 以及电可擦除 EEPROM 和闪存 FLASH 等。

掩膜式 ROM 中的信息是厂家在芯片的生产过程中确定的。厂家根据用户给定的程序或数据对芯片图形（掩膜）进行二次光刻，最终将信息固化在芯片中。由于这种 ROM 中存储的信息在生产过程中一次完成，且永久不变，特别适合大批量生产，只有在微机系统开发完成后，或智能设备、仪表大批量生产时，才用掩膜式 ROM，如一般机器的自检程序、初始化程序、基本输入/输出设备的驱动程序等都可放在掩膜式 ROM 中。

3.3.1　可擦编程只读存储器（EPROM）

一、基本存储原理

在 EPROM 中，信息的存储是通过电荷分布来决定的，所以编程过程就是一个电荷注入过程。编程结束后，尽管撤除了电源，由于绝缘层的包围，注入的电荷无法泄漏，因此电荷分布能保持不变，也就是说，EPROM 是一种非易失性的存储器件。只有当某一个外部能源（如紫外线光源）加到 EPROM 上时，EPROM 的内部电荷分布才会被破坏。此时，聚集在各基本存储电路中的电荷会形成光电流而泄漏，使电路恢复为初始状态，从而擦除写入的信息，这样 EPROM 又可写入新的信息。不过，EPROM 的写入过程很慢，所以在计算机系统中，它仍然是作为只读存储器使用的。

为使 EPROM 具有可修改性，EPROM 芯片上有一个石英玻璃窗口，擦除时从此窗口射入紫外线，一般在紫外线光源下照射 30min 左右，EPROM 中的内容就能被擦除，就可以对它重新编程了。

二、EPROM 举例

典型的 EPROM 芯片有 2716（2K×8）、2732（4K×8）、2764（8K×8）、27128（16K×8）、27256（32K×8）、27512（64K×8）等。下面以 INTEL 2764 为例，对 EPROM 的性能和工作方式作简单的介绍。

INTEL 2764 为 8K×8 位的 EPROM 芯片，图 3-15 是 2764 的内部结构及外部引脚。

其中：

$A_0 \sim A_{12}$：13 根地址输入线，用于寻址片内的 8K 个存储单元。

$O_0 \sim O_7$：8 根双向数据线，正常工作时为数据输出线，编程时为数据输入线。

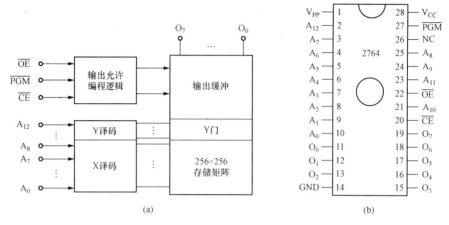

图 3-15　2764 的内部结构及外部引脚

（a）内部结构；（b）外部引脚

$\overline{CE}$：片选信号，低电平有效，当 $\overline{CE}$ 为低电平时表示选中芯片（作用同 $\overline{CS}$）。

$\overline{OE}$：输出允许信号，低电平有效，当 $\overline{OE} = 0$ 时，芯片中的数据可由 $O_0 \sim O_7$ 端输出。

$\overline{PGM}$：编程脉冲，在该端加上编程脉冲。

V_{PP}：编程电压输入端。编程时应在该端加上编程高电压，不同的芯片对 V_{PP} 值的要求不一样，可以是+12.5、+15、+21、+25V 等。

从使用的角度来看，INTEL 2764 主要有以下 4 种工作方式。

（1）读方式。这是 INTEL 2764 在微机系统中的基本工作方式。此时两个电源 V_{PP} 和 V_{CC} 引脚都接+5V，$\overline{PGM}$ 为低电平。系统从 INTEL 2764 中读取数据时，先把要读出的存储单元地址送到 $A_0 \sim A_{12}$ 地址线上，然后使 $\overline{CE} = 0$、$\overline{OE} = 0$，就可在芯片的 $O_0 \sim O_7$ 上读出需要的数据。

（2）编程方式。INTEL 2764 标准的编程方式是每给出一个编程负脉冲就写入一个字节的数据，具体方法是：V_{CC} 接+5V，V_{PP} 加上芯片要求的高电压；在地址线 $A_0 \sim A_{12}$ 上给出要编程存储单元的地址，然后 $\overline{CE} = 0$、$\overline{OE} = 1$；并在数据线上给出要写入的数据。上述信号稳定后，在 $\overline{PGM}$ 端加上（45～55ms）负脉冲，就可将一个字节的数据写入相应的地址单元中，具体见图 3-16。不断重复这个过程，就可将要写的数据逐一写入对应的存储单元中。如果其他信号状态不变，只是在每写入一个单元的数据后将 $\overline{OE}$ 变低，则可以立即对刚写入的数据进行校验，当然也可以写完所有单元后再统一进行校验。若检查出写入数据有错，则必须全部擦除，再重新开始上述的编程写入过程。

EPROM 的使用寿命与编程次数直接相关，而在编程中有效地控制 $\overline{PGM}$ 的宽度和 V_{PP} 电压的幅值对 EPROM 的使用寿命将产生直接的影响。

早期的 EPROM 采用的都是标准编程方法。这种方法有两个严重的缺点：一是编程脉冲太宽而使编程时间过长，对于容量较大的 EPROM，其编程时间将长得让人难以接受；二是不够安全，编程脉冲太宽会使芯片损耗过大而损坏 EPROM。

INTEL 2764 的另一种编程方式是快速编程，它与标准编程的工作过程是一样的，只是编

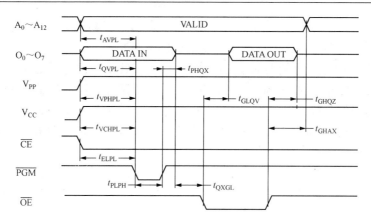

图 3-16　2764 编程时序图

程脉冲要窄得多。INTEL2764 允许擦除的次数可达上万次。

（3）备用方式。只要信号 $\overline{PGM}$ 为高电平，INTEL 2764 就工作在备用方式。此时输出呈高阻状态，芯片功耗下降。

（4）擦除方式。要对已使用过的 EPROM 编程，应将其放到专门的擦除器上进行擦除操作，利用紫外光照射其窗口 20min 左右可擦除干净。

3.3.2　电可擦编程只读存储器（EEPROM，E^2PROM）

EEPROM（E^2PROM）是"电可擦编程只读存储器"的英文缩写。由于采用电擦除技术，它允许在线编程写入和擦除，而不必像 EPROM 芯片那样需要从系统中取下来，再用专门的编程器编程和擦除。从这一点讲，它的使用比 EPROM 方便。另外，EPROM 虽可多次编程写入，但整个芯片只要有一位写错，就必须从电路板上取下来全部擦除重写。这给实际应用带来很多不便，因为多数情况下需要的是字节为单位的擦除和重写，而 EEPROM 在这方面就具有了很大的优越性，因而得到了广泛的应用。

EEPROM 的主要特点是能在运行过程中在线读写，断电情况下信息不会丢失，兼顾了 RAM 和 ROM 的功能。早期的 EEPROM 依靠片外高电压（20V）进行擦除。近年来人们把高电源电路集成在芯片内，构成了新型的 EEPROM 芯片，如 2817A、2864A 等，给用户使用带来了方便。

尽管 EEPROM 能够在线编程，但其编程时间相对 RAM 而言还是太长，特别是对大容量的芯片更是如此。为此，研制出了一种新型的称为闪存 FLASH 的芯片。

3.3.3　闪存电可擦编程只读存储器（闪存 FLASH）

FLASH 是不用电池供电的高速耐用的非易失性半导体存储器。它以性能好、功耗低、体积小、重量轻等特点活跃于便携机（如膝上型、笔记本型等）存储器市场，但其价格较贵。

FLASH 具有 EEPROM 的特点，又可在计算机内进行擦除和编程。它的读取时间与 DRAM 相似，而写时间与磁盘驱动器相当。FLASH 有 5V 或 12V 两种供电方式，对于便携机来讲，用 5V 电源更为合适。FLASH 操作简便，编程、擦除、校验等工作均已编成程序，可由配有 FLASH 系统的中央处理器予以控制。典型的 FLASH 芯片有 27F256、28F016、28F020 等。

3.4　存储器与 CPU 的接口技术

在微机中，CPU 对存储器进行读/写操作，首先要由地址总线给出地址信号，然后发出读/

写控制信号，最后才能在数据总线上进行数据的读/写。所以 CPU 与存储器连接时，数据总线、地址总线和控制总线都要连接。在连接时需注意以下问题：

（1）CPU 总线时序与存储器的读写时序。高速 CPU 与低速存储器间的速度若不匹配，应在 CPU 访问存储器的周期内插入等待脉冲 T_W。本章仅考虑两者匹配的情况。

（2）CPU 总线的负载能力。系统总线一般能带 1 个或几个 TTL 负载。系统总线需驱动隔离时，数据总线要双向驱动，地址总线与控制总线则单向驱动，驱动器的输出连至存储器或其他电路。本章仅考虑不需驱动的情况。

（3）存储器结构的选定。CPU 的数据总线有 8、16、32、64 位等几类，相应存储器的结构分为单体、2 体、4 体、8 体等。CPU 与存储器连接时，存储器是单体结构还是多体结构需选定。

（4）存储器的扩展。由于任何存储芯片的存储容量都是有限的，故要构成一定容量的内存，单个芯片往往不能满足字长或存储单元个数的要求，甚至字长、存储单元数都不能满足要求。这时就需要多个存储芯片进行组合，以满足对存储容量的要求。这种组合称为存储器的扩展，扩展时要解决的问题包括位扩展、字扩展和字位扩展。

1）位扩展。位扩展是指增加存储的字长。一块实际的存储芯片，其每个单元的位数往往与实际内存单元字长并不相等。存储芯片可以是 1、4 位或 8 位，如 DRAM 芯片 INTEL2164 为 64K×1bit，SRAM 芯片 INTEL 2114 为 1K×4bit，INTEL6264 为 8K×8bit，而计算机内存一般是按字节来进行组织的，若要使用 2164、2114 这样的存储芯片来构成内存，单个存储芯片字长（位数）就不能满足要求，这时就需要进行位扩展，以满足内存单元字长的要求。

一般位扩展构成的存储器系统中一个内存单元中的内容被分别存储在不同的芯片上。例如用 2 片 4K×4bit 的存储器芯片经位扩展构成 4KB 的存储器中，每个单元中的 8 位二进制数被分别存在两个芯片上，即一个芯片存该单元内容的高 4 位，另一个芯片存该单元内容的低 4 位。

可以看出，位扩展保持总的地址单元数（存储单元个数）不变，但每个单元中的位数增加。

位扩展电路的连接方法是：将每个存储芯片的地址线和控制线（包括选片信号线、读写信号线等）全部并联在一起，而将它们的数据线分别引出至数据总线的不同位上。其连接方法如图 3-17 所示。

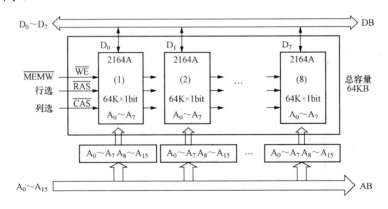

图 3-17　用 8 片 64K×1bit 的存储器芯片位扩展成容量为 64KB 的存储器

【例 3-2】　用 INTEL2164 芯片构成容量为 64KB 的存储器。

解　因为 2164 是 64K×1bit 的芯片，其存储单元数已满足要求，只是字长不够，所以需 8

片 2164 进行位扩展。线路连接如图 3-17 所示。图中，8 个 2164 的数据线分别连到数据总线的 $D_0 \sim D_7$。地址线和扩展线等均按照信号名称全部并联在一起。

2）字扩展。字扩展是对存储器容量的扩展（或存储空间的扩展）。此时存储器芯片上每个存储单元的字长已满足要求（如字长已为 8 位），而只是存储单元的个数不够，需要的是增加存储单元的数量，这就是字扩展，即用多片字长为 8 位的存储芯片构成所需要的存储空间。

例如，用 1K×8bit 的存储器芯片组成 2KB 的内存储器。在这里，字长已满足要求，只是容量不够，所以需要进行字扩展，显然需两片 1K×8bit 的存储器芯片来实现。

字扩展电路的连接方法是：将每个芯片的地址信号、数据信号和读写信号等控制信号按信号名称全部并联在一起，只将片选端分别引出到地址译码器的不同输出端，即用片选信号来区别各个芯片的地址，如图 3-18 所示。

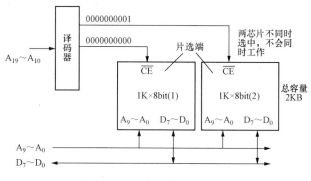

图 3-18　字扩展连接示意图

3）字位扩展。在构成一个实际的存储器时，往往需同时进行位扩展和字扩展才能满足存储容量的要求。扩展时需要的芯片数量可以这样计算：要构成一个容量为 M×N 位的存储器，若使用 L×K 位的芯片（L<M，K<N），则构成这个存储器需要（M/L）×（N/K）个这样的存储器芯片。

微机中内存的构成就是字位扩展的一个很好的例子。首先，存储器芯片生产厂制造出一个个单独的存储芯片，如 64M×1 位、128M×1 位等；然后，内存条生产厂将若干个芯片用位扩展的方法组装成内存模块（即内存条），如用 8 片 128M×1 位的芯片组成 128M 的内存条；最后，用户根据实际需要购买若干个内存条插到主板上构成自己的内存系统，即字扩展。一般来讲，最终用户做的都是字扩展（即增加内存地址单元）的工作。

进行字位扩展时，一般先进行位扩展，构成字长满足要求的内存模块，然后再用若干个这样的模块进行字扩展，使总容量满足要求。

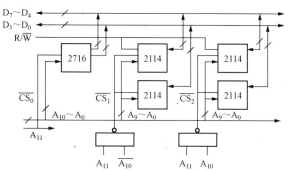

图 3-19　存储器芯片连接示意图

【例 3-3】　某半导体存储器总容量 4K×8。其中固化区 2K 字节，选用 EPROM 芯片 2716（2K×8）；工作区 2K 字节，选用 SRAM 芯片 2114（1K×4）。

解　先确定所需芯片数：固化区 2K×8，需 1 块 2716；工作区 2K×8，2 块 2114 拼接为一组容量为 1K×8，需 2 组，共 4 块 2114。如图 3-19 所示，高 4 位地址默认约定为 0。存储器总容量为 4K×8，共 12 条地址线 $A_0 \sim$

A_{11}，8 条数据线，各存储器芯片的地址分配和片选逻辑见表 3-4。

表 3-4　　　　　　　　　各存储器芯片的地址分配和片选逻辑

芯　片	容　量	地址分配	片选逻辑
2716	2K	0000～07FF	A_{11}
2114	1K	0800～0BFF	$A_{11}A_{10}$
2114	1K	0C00～0FFF	$A_{11}A_{10}$

【例 3-4】　假设 8086 工作在最大组态，系统原来已经配备 128K 字节的 RAM 存储器，其物理地址从 00000H 开始，要求用 INTEL 6116 芯片设计一个 16K 字节 RAM 模块作为对原有存储器的扩展，其物理地址与原有 RAM 存储器地址相连接。

解　16K 字节模块的地址空间范围是 20000H～23FFFH。可见，该模块内的任一个单元地址的高 6 位，即 $A_{19}～A_{14}$，应为 001000。模块的总容量为 16K 字节，INTEL 6116 单片容量为 2K×8 位，共需 8 片，CPU 为 8086，存储器件阵列必须分为高字节库部分和低字节库部分。高字节库的寻址由 $\overline{BHE}$ 控制，低字节库的寻址则由 A_0 控制。

16K 字节模块与 8086 总线的接口如图 3-20 所示。2K×8 位存储芯片组成 16K×8 位 RAM 如图 3-21 所示。

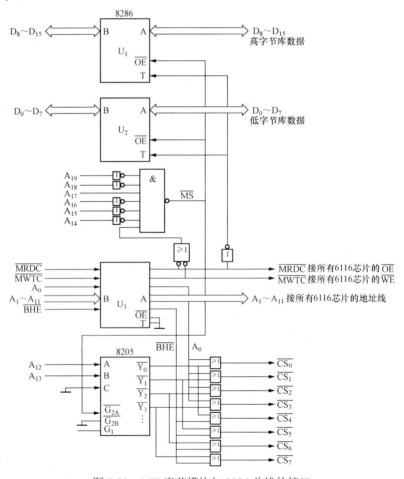

图 3-20　16K 字节模块与 8086 总线的接口

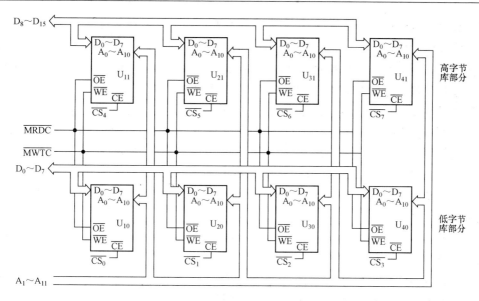

图 3-21　2K×8 位存储芯片组成 16K×8 位 RAM

注　意

74LS138 的控制引脚 $G_1=1$，$\overline{G_{2A}}$ 由模块选择控制，$\overline{G_{2B}}=0$。

【例 3-5】 系统总线为 8088CPU 总线，要求用 INTEL 2114 芯片组成 2K RAM 系统，规定扩展模块的物理地址要从 4C000H 开始。

解　8088 总线有 20 根地址线、8 根数据线及其他控制线。2114 大小为 1K×4 位/片，故组成 2K 的 RAM 系统需要 4 片，2 片为一组，每组大小为 1K 字节。存储模块的物理地址范围是 4C000H~4C7FFH。

INTEL2114 芯片组成 2K RAM 系统如图 3-22 所示。

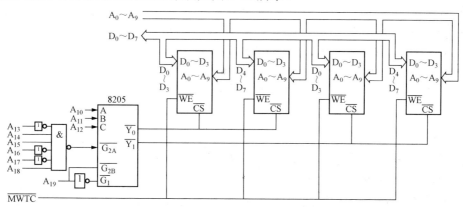

图 3-22　INTEL 2114 芯片组成 2K RAM 系统

3.5　存储器芯片的选配

主存储器包括 RAM 和 ROM，设计时首先根据需要、用途和性价比选用合适的存储器芯片类型和容量，然后根据 CPU 读写周期确定所选存储器芯片类型是否满足速度要求。

　　在一些专用领域，如检测、控制、仪器仪表、家用电器、智能终端等设备中，计算机系统程序往往是固定不变的，故程序应固化在 ROM 中。在专用设备的计算机系统程序的研制阶段，应选择可多次擦除的 ROM 类型，如早期常用的 EPROM 和近期常用的 EEPROM。当程序设计满足需要、产品定型后，为降低成本可将定型后的程序送往存储器芯片生产厂制成 ROM，为了满足定型产品的功能提升，往往需要对原有程序进行必要的修改，若从电路板替换 ROM 芯片将很不方便，并且成本较高，目前，广泛采用在线升级程序的方法，常选用 EEPROM 或 FLASH 芯片完成这一升级任务。

　　在专用设备中，计算机系统在控制运行中会产生一些数据，这些数据应存放在 RAM 中。计算机系统需要多少容量的 ROM 和 RAM 可根据不同设备的需要而定，这取决于程序的复杂程度和数据的多少。存储容量的选择在存储器系统设计中很重要，少了达不到系统要求，多了增加产品成本。

　　（1）存储器芯片类型的选择。在对存储器容量需要较少的专用设备中，应选用 SRAM 芯片，这样可节省刷新电路，使专用设备中的计算机系统硬件设计更简单；而在对存储器容量需要较大的系统中，应选用集成度较高的 DRAM 芯片。虽然需要刷新电路并且硬件设计复杂，但可减少芯片数量和体积，并且可降低成本。例如 PC 就使用 DRAM 构成主存储器系统。

　　（2）存储器芯片容量的选择。不同型号的存储器芯片容量不同，价格不同。应根据计算机系统对存储容量的需要合理地选择存储器芯片。其原则是：应用较少数量的芯片构成存储器系统，并考虑总成本和硬件设计的合理性。

　　（3）存储器芯片速度的选择。一般来说，存储器芯片的存取速度越快，价格越高。应根据 CPU 读写速度选择合理的存储器芯片的存取速度，这样既可保证系统的可靠运行，又能提高系统的性价比。

　　（4）存储器芯片功耗的选择。一般来说，相同指标的芯片，功耗越小，价格越高。所以功耗的选择应根据计算机系统的应用条件、设备的散热环境等因素来决定。如大型设备的散热环境好，使用交流电供电，对芯片功耗无严格要求，故可选用成本较低、功耗较高的芯片；而对一些特殊的设备，由于用电池供电，体积较小，为保证使用时间长并且发热较少，应选用功耗较小的芯片，如手持式设备、笔记本电脑等。

3.6　存　储　器　管　理

　　当选择好计算机系统的主存储器容量和 RAM、ROM 芯片数量后，就应该为各个存储器芯片分配存储地址空间。使用不同微处理器的计算机系统，对 RAM、ROM 的存储地址空间的分配有不同的要求。IBM PC/XT 微机中采用 8088 而不是 8086 作为 CPU。

　　8088CPU 与 8086CPU 具有类似的体系结构。两者的执行部件 EU 完全相同，其指令系统，寻址能力及程序设计方法都相同，所以两种 CPU 完全兼容。两种 CPU 的主要区别在于：

　　（1）外部数据总线位数的差别。8086CPU 的外部数据总线有 16 位；而 8088CPU 的外部数据总线为 8 位，因而 8088 被称为准 16 位处理器。

　　（2）指令队列容量的差别。8086CPU 的指令队列可容纳 6 个字节，且在每个总线周期中从存储器中取出 2 个字节的指令代码填入指令队列；而 8088CPU 的指令队列只能容纳 4 个字节，且在每个总线周期中只能取一个字节的指令代码，增长了总线取指令的时间。

（3）引脚特性的差别。两种 CPU 的引脚功能是相同的，但有以下几点不同：①AD_{15}～AD_0 的定义不同。在 8086 中都定义为地址/数据复用总线，而在 8088 中，由于只需用 8 条数据总线，因此，对应于 8086 的 AD_{15}～AD_8 这 8 条引脚，只作地址线使用。②34 号引脚的定义不同。在 8086 中定义为 $\overline{BHE}$ 信号，而在 8088 中定义为 $\overline{SS_0}$，它与 DT/R，IO/$\overline{M}$ 一起用作最小方式下的周期状态信号。③28 号引脚的相位不同。在 8086 中为 M/I$\overline{O}$，而在 8088 中被倒相，改为 IO/$\overline{M}$，以便与 8080/8085 系统的总线结构兼容。

使用 8088CPU 的 IBM PC/XT 微机的存储器地址空间分配如图 3-23 所示。

8088 有 20 根地址线，可寻址的最大存储器地址空间为 1MB。从图 3-23 可知，RAM 占 768KB，其中地址范围为 00000H～3FFFFH 的 256KB RAM 在系统主板上，在最低端的存储器地址区；地址范围为 00000H～003FFH 的 1KB 的存储区用于存放中断服务程序的入口地址；地址范围为 40000H～FFFFFH 的 384KB RAM 在扩展板上。用户程序使用的 RAM 地址范围为 00000H～9FFFFH，有 640KB 的存储量。在 A0000H～BFFFFH 中的 128KB 的存储量用于显示缓存 RAM。

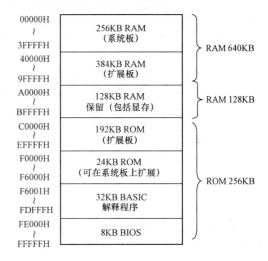

图 3-23　IBM PC/XT 微机的存储器地址空间分配

由图 3-23 还可知，ROM 占 256KB，其中，地址范围为 C0000H～EFFFFH 的 192KB ROM 在扩展板上；地址范围为 F0000H～F6000H 的 24KB ROM 可在系统板上扩展；地址范围 F6001H～FDFFFH 中存放 32KB 的 BASIC 解释程序；存储器地址存储区的最高端 FE000H～FFFFFH 用于存放系统 BIOS 的 8KB 的存储量。

上电复位时代码段寄存器（CS）的初值为 FFFFH，指令指针寄存器（IP）的初值为 0000H。程序的第一条指令为无条件转移指令，从地址 FFFF0H 处开始执行，将指令指针转换到系统 BIOS 的开始处。

习 题 与 思 考 题

3-1　什么是计算机的内存与外存？它们有什么区别？

3-2　简述存储器系统的层次结构，并说明为什么会出现这样的结构。

3-3　静态存储器和动态存储器的区别是什么？它们各有什么优缺点？

3-4　什么是 RAM 和 ROM？

3-5　RAM 和 ROM 各自的特点是什么？

3-6　DRAM 为什么要刷新？

3-7　ROM 在计算机中的作用是什么？

3-8　什么是 Cache?它的作用是什么？

3-9　CPU 与存储器连接时要注意哪几方面的问题？

3-10　什么是字扩展、位扩展和字位扩展？

3-11　存储器的性能指标有哪些？

3-12　常用的存储器地址译码方式有哪几种？各自的特点是什么？

3-13　某微机系统的 RAM 容量为 4K×8 位，首地址为 4800H，求其最后一个单元的地址。

3-14　设有一个具有 14 位地址和 8 位数据的存储器，问：

（1）该存储器能存储多少字节的信息？

（2）如果存储器由 8K×8 位 RAM 芯片组成，需要多少片？

（3）需要多少位地址做芯片选择？

3-15　用 16K×1 位的 DRAM 芯片组成 64K×8 位的存储器，画出该存储器组成的逻辑框图。

3-16　在计算机系统中一个大的存储体可由多片小的存储芯片连接而成，现由 INTEL 2114（1K×4bit）构成 4K 字节的存储体，假设 CPU 具有 $A_0 \sim A_{15}$ 地址线，A_{13}、A_{14}、A_{15} 通过 74LS138 部分译码选片，请问：

（1）需要多少片 2114？

（2）该连接方法的重叠区域是多少？

（3）画出结构图。

3-17　在 8086 系统中，若用 1024×1 位的 RAM 芯片组成 16K×8 位的存储器，需要多少芯片？

3-18　在 8086 系统中，用 1024×1 位的 RAM 芯片组成 16K×8 位的存储器，在 CPU 的地址总线中有多少位参与片内寻址？多少位可作芯片的片选信号？

3-19　存储器芯片功耗的选择原则是什么？

3-20　概述 8088CPU 的存储器地址分配情况。

第4章 指 令 系 统

每一种系列的微处理器都具有自己的指令系统，指令系统功能的强弱大体上决定了计算机硬件系统功能的高低。本章以 8086CPU 指令系统为基础，介绍了指令的一般概念和执行过程、指令的寻址方式以及不同类型指令的功能。本章主要内容有指令对操作数的 8 种寻址方式、8086 指令系统中 6 大类指令的功能，包括每条指令操作码的含义、指令对操作数的要求和指令的执行结果。本章重点是 8086 的寻址方式和指令系统。本章难点在于各种寻址方式的理解、物理地址和逻辑地址的相互关系、程序控制类指令的功能、指令对标志的影响以及指令的具体应用。本章内容略显繁杂枯燥，但却是汇编程序设计的基础，建议读者采用分类对比方式进行学习，单条指令的理解可放到程序段中学习，可通过阅读程序段来掌握各条指令的功能。

4.1　概　　　述

控制计算机完成指定操作并能被计算机所识别的命令称为指令。一台计算机能识别的所有指令的集合称为该机的指令系统。不同类型的微机其指令系统是不同的，可以说指令系统功能的强弱大体上决定了计算机硬件系统功能的高低。

我们知道计算机之所以能摆脱人的直接干预，自动地进行计算，是因为人把实现计算的一步步操作用命令的形式，即一条条指令预先输入到存储器中，在执行时，计算机把这些指令一条条取出来加以翻译和执行。因为计算机只认识二进制数码，所以计算机早期是直接用指令的机器码即二进制编码来编制用户的源程序，由于机器码由一连串的 1 和 0 组成，没有明显的特征，也不好记忆和理解，因此用机器码编写程序非常困难。后来，人们发展了用指令功能的英文单词的缩写也叫助记符来代替机器码，指令操作的数也用一些符号表示，这样每条指令就有明显的特征，易于理解和记忆，也不容易出错，这就前进了一大步。例如在INTEL8086/8088CPU 指令系统中，数的传送指令用助记符 MOV（MOVe 的缩写）、加法用 ADD、转移用 JMP 等，由这些指令编写的程序称为汇编语言程序。

计算机执行指令的过程：要让计算机能自动执行程序，必须首先把程序预先存放到存储器的某个区域。程序通常是顺序执行的，所以程序中的指令也是一条条顺序存放的。计算机在执行时要能把这些指令一条条取出来加以执行，必须要有一个电路能追踪指令所在的地址，这就是程序计数器 PC。在开始执行时，给 PC 赋予程序中第一条指令所在的地址，然后每取出一条指令 PC 中的内容自动加 1，指向下一条指令的地址，以保证指令顺序执行。只有当程序中遇到转移指令、调用子程序指令或遇到中断时，PC 才转到所需要的地方去。

INTEL8086/8088CPU 指令系统,也是 INTEL80X86 系列 CPU 的基本指令系统,由于 8086 和 8088 的指令系统完全相同，为叙述方便，以下通称为 8086 指令系统。8086 指令系统共包含 92 种基本指令，按功能可分为数据传送类、算术运算类、逻辑运算和移位类、串操作类、控制转移类和处理器控制等 6 大类。

8086CPU 与其上一代的 8 位 CPU 如 8080、8085 相比，其指令系统在指令的数量上、功能上、寻址方式的多样性上以及处理数据的能力上都有了很大的提高。例如，8086 不仅有加减法指令，还可用一条指令完成乘法或除法运算。此外，它还增加了中断指令和串操作指令等。为使读者对 8086 指令系统有一个粗略的概念，表 4-1 列出了上述 6 大类指令中常用指令的助记符。

表 4-1 <center>**8086 CPU 常用指令一览表**</center>

指　令　类　型		助　记　符
数据传送指令	一般数据传送	MOV, PUSH, POP, XCHG, XLAT, CBW, CWD
	输入输出指令	IN, OUT
	地址传送指令	LEA, LDS, LES
	标志传送指令	LAHF, SAHF, PUSHF, POPF
算术运算指令	加法指令	ADD, ADC, INC
	减法指令	SUB, SBB, DEC, NEG, CMP
	乘法指令	MUL, IMUL
	除法指令	DIV, IDIV
	十进制调整指令	DAA, AAA, DAS, AAS, AAM, AAD
逻辑运算和移位指令		AND, OR, NOT, XOR, TEST, SHL, SAL, SHR, SAR, ROL, ROR, RCL, RCR
串操作指令		MOVS, CMPS, SCAS, LODS, STOS
控制转移指令		JMP, CALL, RET, LOOP, LOOPE, LOOPNE, INT, INTO, IRET, JXX 各类条件转移指令
处理器控制指令		CLC, STC, CMC, CLD, STD, CLI, STI, HLT, WAIT, ESC, LOCK, NOP

4.2 8086/8088CPU 指令的寻址方式

一条指令通常由两部分组成，一部分是操作码，规定指令执行什么样的操作，用便于记忆的助记符表示（一般是英文单词的缩写），是指令中必须给出的内容；另一部分是操作数，表示指令执行的对象，可根据不同的情况给出或隐含存在。大部分指令为双操作数指令，即"操作码 目的操作数，源操作数"的形式。如指令 MOV SI，AX 中，MOV 是操作码，是英文单词 MOVE 的缩写，表示该指令执行数据传送操作；SI 是目的操作数，是 CPU 内的一个16 位的寄存器；DI 是源操作数，也是 CPU 内的一个 16 位的寄存器，该指令的功能是将 AX 中的内容送到 SI，实际是完成了一次数据的复制。

指令中操作数主要有 3 种类型，即立即数操作数、寄存器操作数和存储器操作数。立即数操作数是指具有固定数值的操作数，字长可以是 1 个或 2 个字节，可以是有符号数或无符号数。它只能作源操作数，不能作目的操作数，因为它是一个常数，无表示地址的含义。寄存器操作数是指 8086 的 8 个通用寄存器和 4 个段寄存器。通用寄存器用来存放参加运算的数据或数据所在存储单元的偏移地址，段寄存器用来存放当前操作数的段地址。存储器操作数的含义是参加运算的数据存放在内存中,操作数的偏移地址由指令中[ ]内的寻址方式来给出。

指令的寻址方式就是指获得操作数所在地址的方法。8086/8088CPU 指令的寻址方式可分为 8 种,了解什么样的寻址方式适用于什么样的指令,对于正确理解和合理使用指令是很重要的。以下若无特别声明,讨论的对象是指令中的源操作数。

一、立即寻址

立即寻址方式只针对源操作数,此时源操作数直接包含在指令中,作为指令的一部分存放在内存的代码段中。这种寻址方式的操作数叫立即数,可以是 8 位的,也可以是 16 位的。

例如: MOV AL,30H   ;将 16 进制数 30H 送入 AL

再如: MOV AX,2102H ;将 16 进制数 2102H 送入 AX,AH 中为 21H,AL 中为 02H

该指令执行情况示意图如图 4-1 所示。

二、直接寻址

直接寻址方式表示参加运算的数据存放在内存中,存放的有效地址由指令直接给出。即指令中的操作数是存储器操作数,用指令中的[ ]形式表示,[ ]内用 16 位常数表示存放数据的偏移地址,数据的段基地址默认为数据段,可以允许段重设。

例如: MOV AX,[3102H] ;将数据段中偏移地址为 3102H 和 3103H 两单元的内容送入 AX

假设 DS=2000H,则该指令执行过程是将物理地址为 23102H 和 23103H 两单元的内容送入 AX,指令执行情况示意图如图 4-2 所示。

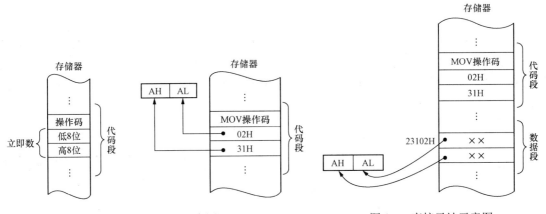

图 4-1 立即寻址示意图   图 4-2 直接寻址示意图

再如: MOV BL,ES: [1200H]

该指令的源操作数若无段重设,默认的段基址应是数据段,但由于进行了段重设 ES: [1200H],因此是将 ES 段中偏移地址为 1200H 单元的内容送到 BL 寄存器中。

三、寄存器寻址

寄存器寻址方式下,指令的操作数为 CPU 的内部寄存器。对 8 位操作数来说,寄存器可以为 AH、AL、BH、BL、CH、CL、DH、DL。对 16 位寄存器来说,寄存器可以为 AX、BX、CX、DX、SI、DI、SP、BP。

例如: MOV DH,CL   ; 将 CL 的内容送入 DH
       MOV AX,BX   ; 将 BX 的内容送入 AX

```
        INC CX                              ; 将 CX 的内容加 1
```

四、寄存器间接寻址

采用寄存器间接寻址方式时，操作数一定在存储器中，存储单元的有效地址由寄存器指出，这些寄存器可以是 BX、BP、SI、DI 之一，即有效地址等于其中一个寄存器的值。

如果指令前面没有用前缀指明具体的段寄存器，则 SI、DI、BX 间接寻址时操作数在数据段，段基地址由段寄存器 DS 决定；如为 BP 间接寻址时，操作数在堆栈段，段基地址由段寄存器 SS 决定。

如：`MOV AX,[SI]`

设 DS=6000H，SI=1200H，则本指令执行时，将物理地址为 61200H 和 61201H 两单元的内容送入 AX，执行结果为 AX=3344H，指令执行情况示意图如图 4-3 所示。

再如：`MOV BX,[BP]`

设 SS=3000H，BP=5000H，则本指令执行时，将 35000H 和 35001H 两单元的内容送入 BX。

五、寄存器相对寻址

上述可作为寄存器间接寻址的 4 个寄存器 SI、DI、BX、BP，也可以做寄存器相对寻址。寄存器相对寻址是指以指定的寄存器内容，再加上指令中给出的一个 8 位或 16 位的位移量作为操作数的偏移地址。操作数所在段由所使用的间址寄存器决定，规则和寄存器间接寻址方式相同。

例如：`MOV AX,DATA[BX]`

设 DS=6000H，BX=1000H，DATA=0008H，则操作数所在单元的物理地址 =60000H+1000H+0008H=61008H，该指令执行结果为将 61008H 和 61009H 两单元的内容送入 AX，如图 4-4 所示。设 61008H、61009H 单元内容分别为 80H，00H，则 AX=0080H。

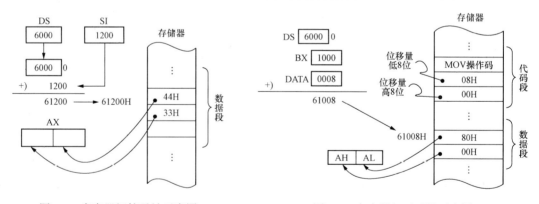

图 4-3　寄存器间接寻址示意图　　　　图 4-4　寄存器相对寻址示意图

六、基址变址寻址

基址变址寻址是将 BX、BP、SI、DI 组合起来进行操作数寻址的方式。通常把 BX 和 BP 看做基址寄存器，把 SI 和 DI 看做变址寄存器。这种寻址方式是把一个基址寄存器（BX 或 BP）的内容，再加上一个变址寄存器（SI 或 DI）的内容作为操作数的地址。默认情况下，若基址寄存器是 BX，则操作数在数据段中，段地址由 DS 提供；若基址寄存器是 BP，则操作数在堆栈段中，段地址由 SS 提供。

例如：MOV AX,[BX+SI]

设 DS=2000H，BX=2000H，SI=1000H，则上述指令在执行时，将 23000H 和 23001H 两单元的内容送入 AX，指令执行情况示意图如图 4-5 所示。

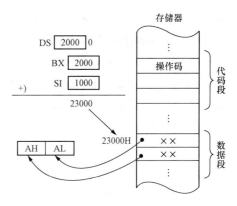

图 4-5 基址变址寻址示意图

七、基址变址相对寻址

这种寻址方式实际上是基址变址寻址方式的扩充。指令中指定一个基址寄存器和一个变址寄存器，再加上指令中指定的 8 位或 16 位的位移量作为操作数的地址。至于操作数所在的段仍由基址寄存器决定，规则同基址变址寻址方式。

例如：MOV AX,[BX+DI+DATA]

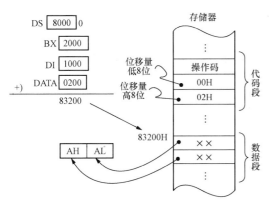

图 4-6 基址变址相对寻址示意图

设 DS=8000H，DI=1000H，BX=2000H，DATA=0200H，则该指令在执行时是将 83200H 和 83201H 两单元的内容送入 AX，如图 4-6 所示。

八、隐含寻址

在有些指令的操作码中，不仅包含了操作的性质，还隐含了部分操作数的地址。如乘法指令 MUL，在这条指令中只需指明乘数的地址，而被乘数及乘积的地址是隐含且固定的。这种将一个操作数隐含在指令码中的寻址方式就称为隐含寻址。

例如：MUL BL 指令隐含了被乘数 AL 及乘积 AX。

上述方式二、四、五、六、七中的寻址方式涉及的操作数均为存储器操作数。

4.3 指 令 系 统

为了能对 8088（8086）CPU 编写程序，本节将对 8088（8086）指令系统进行详细介绍。8088（8086）指令系统从功能上看可分为数据传送类、算术运算类、逻辑运算和移位类、串操作类、程序控制类和处理器控制类共 6 大类。

4.3.1 数据传送类指令

数据传送类指令是实际程序设计中使用最为频繁的一类指令，因为无论什么样的程序，都需要将原始数据、中间运算结果、最终结果及其他信息在 CPU 的寄存器和存储器之间进行传送。数据传送类指令进一步可分为通用数据传送、输入/输出、地址传送以及标志位操作共 4 类。数据传送类指令中大多数不会对状态标志位产生影响。

4.3.1.1 通用数据传送指令

通用数据传送指令包括一般传送指令 MOV、堆栈操作指令 PUSH 和 POP、交换指令

XCHG、查表转换指令 XLAT、取偏移地址指令 LEA 等。

一、一般传送指令 MOV

指令格式为：MOV OPRD1，OPRD2

MOV 是操作码，OPRD1 和 OPRD2 分别是目的操作数和源操作数。该指令将一个字节或一个字的操作数从源地址传送到目的地址，而源地址中的数据保持不变。该指令中的源操作数可以是累加器、寄存器、存储器以及立即操作数，目的操作数可以是累加器、寄存器和存储器。

数据传送指令列举如下：

（1）CPU 内部寄存器之间的数据传送（段寄存器 CS 和指令指针 IP 除外）。

例如：MOV AL,BL
　　　MOV SI,BP

（2）立即数传送到 CPU 内部的通用寄存器组（即 AX、BX、CX、DX、BP、SP、SI、DI）给寄存器赋值。

例如：MOV BL,04H
　　　MOV AX,2400H

（3）CPU 内部寄存器（除 CS 和 IP 外）与存储器间的数据传送，可以实现一个字节或一个字的传送。

1）CPU 的通用寄存器与存储器间的数据传送。

例如：MOV AL,BUFFR
　　　MOV AX, [SI]
　　　MOV [DI] ,CX
　　　MOV SI,DISP[BP]

2）段寄存器（除 CS 外）与存储器间的数据传送。

例如：MOV DS,DATA[SI+BX]
　　　MOV DEST[BP+DI],ES

需要注意的是，MOV 指令不能实现两个存储单元直接的数据传送，如 MOV [BX], [SI] 指令就是错误的，但可以用 CPU 的内部寄存器作为中间桥梁来解决这一问题。如上述错误的指令可用这两条指令来实现相应的功能，即 MOV AL, [SI] 及 MOV [BX], AL。

另外还需注意，数据传送指令需满足：①两操作数字长必须相同 ；②两操作数不允许同时为存储器操作数；③两操作数不允许同时为段寄存器；④在源操作数是立即数时，目标操作数不能是段寄存器；⑤IP 和 CS 不作为日标操作数；⑥FLAGS 一般不作为操作数在指令中出现。

【例 4-1】 将 AL 中存放的 ASCII 码 2AH 送入内存偏移地址为 1000H 开始的 100 个单元中。

```
        MOV  DI,1000H
        MOV  CX,64H
        MOV  AL,2AH
AGAIN:  MOV  [DI],AL
        INC  DI           ;DI←DI+1
        DEC  CX           ;CX←CX-1
        JNZ  AGAIN        ;CX≠0 则继续
```

　　　　HLT

　　程序中的增量 INC 指令、减量 DEC 指令及转移 JNZ 指令将在后面介绍。找内存操作数时，必须以段基址加上此单元的段内偏移地址才能确定此单元的物理地址。

二、堆栈操作指令

　　堆栈是内存中按"后进先出"原则管理数据的一个特定区域，用以存放寄存器或存储器中暂时不用又必须保存的数据。堆栈的主要功能有：①保存和恢复指令的地址；②保存和恢复标志寄存器的内容；③保存和提取参数。它在内存中所处的段称为堆栈段，其段地址放在堆栈段寄存器 SS 中。8086/8088 中规定堆栈指针 SP 始终指向堆栈的顶部，由 SS 和 SP 的内容确定堆栈中的某一地址单元。堆栈指令中的操作数可以是段寄存器（除 CS 外）的内容、16 位的通用寄存器，以及内存的 16 位字。堆栈的操作具有"后进先出"的特点。

　　堆栈操作指令分为两类：

　　（1）PUSH OPRD；将指令中的字操作数 OPRD 压入堆栈指令，其执行过程为：先（SP）←（SP）−1，然后把操作数高字节送至 SP 所指的单元，再次使（SP）←（SP）−1，把操作数低字节送至 SP 所指的单元。

　　随着堆栈压栈内容的增加，堆栈就扩展，SP 值就减小，但每次操作完，SP 总指向堆栈的顶部。堆栈的最大容量为 SP 的初值与 SS 之间的距离。

　　在子程序调用和中断时，断点地址的入栈保护与上述 PUSH 指令的操作相同，但它们是由子程序调用指令或中断响应来完成的。

　　（2）POP OPRD；将当前栈顶的一个字弹出送到 OPRD 的出栈指令，其执行过程为：先将 SP 所指单元内容送至 OPRD 的低 8 位，（SP+1）所指单元内容送至 OPRD 的高 8 位，再修改堆栈指针即 SP←（SP）+2，使 SP 指向新的栈顶位置。

　　关于堆栈操作指令需注意：①指令的操作数必须是 16 位的；②操作数可以是寄存器或存储器两单元，但不能是立即数；③不能从栈顶弹出一个字给 CS；④PUSH 和 POP 指令在程序中一般成对出现；⑤PUSH 指令的操作方向是从高地址向低地址，而 POP 指令的操作正好相反。

　　例如：PUSH　AX　　　　　　　；通用寄存器 AX 的内容压入堆栈
　　　　　PUSH　WORD　PTR[BX]；数据段中偏移地址为 BX 和 BX+1 的两个连续存储单元的内容压入堆栈
　　再如：POP WORD PTR[BX]　；将当前栈顶一个字送到数据段中偏移地址为 BX 和 BX+1 的两个连续存储单元
　　　　　POP　AX　　　　　　　　；将当前栈顶一个字送到 AX 寄存器

【例 4-2】 设 AX=1234H，SP=1200H，则执行 PUSH AX 指令后堆栈区的状态如图 4-7 所示。

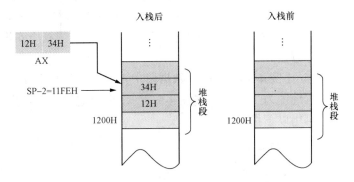

图 4-7　PUSH AX 指令执行过程示意图

再执行 POP AX 指令后堆栈区的状态如图 4-8 所示。

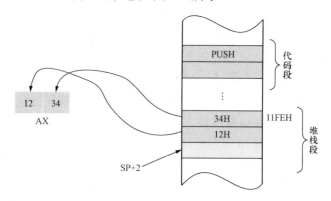

图 4-8　POP AX 指令执行过程示意图

可见出栈后 AX 在程序中，PUSH 和 POP 指令一般成对出现，且执行顺序相反，以保持堆栈原有的状态。

三、交换指令 XCHG

指令格式为：XCHG OPRD1,OPRD2

该指令的操作是将一个字节或一个字的源操作数 OPRD2 与目的操作数 OPRD1 的内容互相交换。交换能在通用寄存器与累加器之间、通用寄存器之间、通用寄存器与存储器之间进行，但源操作数与目的操作数不能同时为存储器操作数，且段寄存器不能作为一个操作数进行交换。

例如：XCHG AL,CL
　　　XCHG[DI],BL

设 DS=3000H，SI=0230H，DL=88H，[30230H]=44H，执行指令 XCHG [SI]，DL 后，[30230H]=88H，DL=44H。

四、查表转换指令 XLAT

指令格式为：XLAT;将偏移地址为 BX+AL 所指单元内容送 AL

该指令可完成一个字节的查表转换，根据表中元素的序号查出相应元素的内容。该指令使用时需预先将要查找的代码排成一个表放在内存某区域中，表的基地址送 BX 寄存器，要查找的元素序号送 AL（表中第一个元素序号为 0，然后依次为 1，2，3…），执行 XLAT 指令后，表中指定序号的元素被存入 AL。利用该指令实现查表转换操作十分方便。

【例 4-3】　在内存数据段中存放有一张数字 0～6 的立方值表，表首地址为 TABLE，如图 4-9 所示，现要把数值 5 转换成对应的立方值，可用以下指令实现：

```
LEA BX,TABLE
MOV AL,5
XLAT
```

图 4-9　立方值表示意图

结果 AL=125，为 5 对应的立方值，由于要查找的元素序号放 AL

中，因此表格的最大长度不能超过 256 字节。

4.3.1.2 输入/输出指令（I/O 指令）

I/O 指令是专门面向输入/输出端口进行读写的指令，共两条：IN 和 OUT。输入指令 IN 用于从 I/O 端口读数据或输入数据到累加器 AL（或 AX）中，而输出指令 OUT 用于把累加器 AL（或 AX）的内容输出到 I/O 端口。

8086 微机系统可外接许多外部设备，每个外部设备与 CPU 之间要交换数据、状态信息和控制命令。每一种这样的信息交换都要通过一个端口来进行。系统中的许多端口如何区分呢？如同存储器那样用不同的地址来区分。在 8088 的 I/O 指令中，允许用两种寻址方式表示端口地址：

（1）直接寻址。指令中的 I/O 端口地址为 8 位，此时允许寻址 256 个端口，端口地址范围为 0～FFH。

（2）寄存器间接寻址。端口地址为 16 位，由 DX 寄存器指定，可寻址 64K 个端口，端口地址范围为 0～FFFFH。

一、输入指令 IN

指令格式如下：

```
IN  AL, n              ;n 为 0～FFH,从地址为 n 的端口输入一个字节到 AL
IN  AX, n              ;n 为 0～FFH,从地址为 n 的端口输入一个字节到 AX
IN  AL, DX             ;从地址为 n 的端口输入一个字节到 AL
IN  AX, DX             ;n 为 0～FFFFH,从地址为 n 的端口输入一个字节到 AX
```

```
例如：MOV DX, 04B0H      ;将 16 位端口地址送 DX 寄存器
      IN  AL, DX         ;从地址为 4B0H 的端口输入一个字节到 AL
      IN  AL, 3FH        ;从地址为 3FH 的端口输入一个字到 AL
```

二、输出指令 OUT

指令格式如下：

```
OUT  n, AL             ; 将 AL 中一个字节的数据输出到端口 n
OUT  n, AX             ; 将 AX 中一个字节的数据输出到端口 n
OUT  DX, AL            ; 将 AL 中一个字的数据输出到 DX 间址的端口
OUT  DX, AX            ; 将 AX 中一个字的数据输出到 DX 间址的端口
```

> 🔊 **注 意**
>
> 采用间址寻址的 IN/OUT 指令只能用 DX 作为间址寄存器。

4.3.1.3 地址—目的传送类指令

8086 中有三种地址—目的传送操作指令。

一、LEA 指令

指令格式为：`LEA OPRD1,OPRD2`

OPRD2 必须是存储器操作数，OPRD1 必须是一个 16 位的通用寄存器，通常为 SI、DI、SP、BP 之中的一个，该指令的功能是将 OPRD2 的地址偏移量传送到目的操作数 OPRD1。

```
例如：LEA  BX, BUFFER     ;将内存单元 BUFFER 的偏移地址送 BX
      MOV  AL, [BX]       ;取出 BUFFER 单元中的低字节数据送 AL
      MOV  AH, [BX+1]     ;取出 BUFFER 单元中的高字节数据送 AH
```

二、LDS 指令

指令格式为：`LDS OPRD1,OPRD2`

OPRD2 必须是存储器操作数，代表内存中连续 4 个单元的首地址。OPRD1 必须是一个 16 位的通用寄存器，通常为 SI、DI、SP、BP 之中的一个，该指令的功能是将 OPRD2 的内容和 OPRD2+1 的内容送 OPRD1，将 OPRD2+2 的内容和 OPRD2+3 的内容送 DS。

例如：设 1234H 为首的 4 个单元的内容分别为 11H、22H、00H、80H，则执行 LDS SI，[1234H]指令后，SI=2211H，DS=8000H。

三、LES 指令

指令格式为：`LES OPRD1,OPRD2`，对操作数的要求同 LDS 指令

该指令功能除了将 OPRD2+2 的内容和 OPRD2+3 的内容送 ES 之外，其他同 LDS 指令。

4.3.1.4 其他传送指令

除以上传送类指令外，8086 指令系统中还有一些其他的数据传送指令，它们的格式和功能见表 4-2。

表 4-2　　　　其 他 传 送 指 令

指令类型	汇编格式	指 令 的 操 作	举 例
字位扩展指令	CBW	将 AL 中的有符号字节数扩展为字，并存放在 AX。扩展的原则是：将符号位扩展到整个高位	MOV AL, 8EH CBW 结果 AX=FF8EH
	CWD	将 AX 中的有符号字扩展为双字，扩展后的高 16 位存放在 DX 中。扩展原则同上	MOV AX, 438EH CWD 结果 AX=438EH，DX=0000H
标志传送指令	LAHF	将 FLAGS 低 8 位内容送 AH	设 SF=1，ZF=0，AF=1，PF=1，CF=0，执行指令 LAHF 后 AH 各位状态为 10×1×1×0，×表示任意状态
	SAHF	将 AH 的内容送到 FLAGS 低 8 位	
	PUSHF	将 FLAGS 的内容压入堆栈保存	
	POPF	将当前栈顶的两个单元的内容弹出到 FLAGS 中	

4.3.2 算术运算类指令

8086 指令系统提供了加、减、乘、除 4 种基本的算术运算指令，可实现字节或字、无符号数和有符号数的运算。算术运算类指令对操作数的要求类似于数据传送类指令，即单操作数指令中的操作数不允许用立即数；双操作数指令中立即数只能作为源操作数；不允许源操作数和目标操作数都是存储器操作数等。算术运算类指令大多会对标志位产生影响。

4.3.2.1 加法指令

加法指令包括普通加法指令 ADD、带进位的加法指令 ADC 及自增 1 指令 INC。注意：段寄存器不能作为加法指令的操作数。

一、普通加法指令 ADD

指令格式为：`ADD OPRD1,OPRD2`

该指令功能为将源操作数和目标操作数相加，结果送给目标操作数。其中 OPRD1 和 OPRD2 均可以是 8 位或 16 位的寄存器或存储器操作数，OPRD1 还可以是立即数。

例如：　ADD AL, 30H　　　　　　　　; AL←AL+30H
　　　　ADD DX, [BX+SI]　　　　　; DX←DX+[BX+SI]

而以下两条指令则是非法的：

ADD [SI], [DI]　　　　　　　　　　; 不允许两个操作数都是存储器操作数
ADD DS, AX　　　　　　　　　　　; 不允许把段寄存器作为操作数

ADD 指令的执行对全部 6 个状态标志位会产生影响。

例如：MOV AL,7EH　　　　　　　　　　　　　　　0111 1110
　　　 ADD AL,5BH　　　　　　　　　　　　　+) 0101 1011

两条指令执行后，状态标志位分别为：　　　　　　1101 1001

AF=1，表示 bit3 向 bit4 有进位。

CF=0，表示最高位向前无进位。

OF=1，表示若为有符号数加法，其运算结果产生溢出。

PF=0，表示 8 位的运算结果中，1 的个数为奇数。

SF=1，表示运算结果的最高位为 1。

ZF=0，表示运算结果不为 0。

二、带进位的加法指令 ADC

指令格式为：ADC OPRD1,OPRD2

该指令与 ADD 指令在功能、格式及对状态位的影响基本相同，只是 OPRD1 和 OPRD2 相加时，要把进位标志 CF 的当前值加上去，结果送 OPRD2。

由于 8086 一次最多只能实现两个 16 位数相加，故对多字节数的加法，只能先加低 16 位，再加高 16 位，但在高位相加时，必须考虑低位向上的进位，这时就需用 ADC 指令。

【例 4-4】 求两个四字节无符号数 12345678H+8765B321H 的和。

```
MOV AX,5678H
ADD AX,0B321H          ;两个数低 16 位相加结果送 AX
MOV BX,1234H
ADC BX,8765H           ;两个数高 16 位相加结果送 BX
```

相加后结果为 999A0999H

三、自增 1 指令 INC

指令格式为：INC OPRD

该指令功能是将 OPRD 的内容加 1 再送回 OPRD，类似于 C 语言中的 "++" 运算符，OPRD 可以是寄存器或存储器操作数，可以是 8 位或 16 位，但不能是段寄存器，也不能是立即数。

例如：INC CX　　　　　　　; CX←CX+1
INC BYTE PTR [SI]　　;将 SI 寄存器内容为偏移地址的存储单元内容加 1 后送回该单元

该指令执行后结果影响标志位 AF、OF、PF、SF 和 ZF，但对 CF 无影响。

4.3.2.2 减法指令

8086 共有 5 条减法指令，分别是不考虑借位的普通减法指令 SUB，考虑借位的减法指令 SBB，自减 1 指令 DEC，求补指令 NEG 和比较指令 CMP。

一、不考虑借位的普通减法指令 SUB

指令格式为：SUB OPRD1,OPRD2

该指令功能是用 OPRD1 减去 OPRD2 结果送回 OPRD1。该指令对操作数的要求及对状态标志位的影响与 ADD 指令完全相同。

例如：SUB BL, 30H　　　　；BL←BL－30H
　　　SUB AL,[BP+SI]　　；AL←AL－SS:[BP+SI]单元内容

二、考虑借位的减法指令 SBB

指令格式为：SBB OPRD1,OPRD2

该指令功能是用 OPRD1 减去 OPRD2 及标志位 CF 的值，结果送回 OPRD1。其对操作数的要求及对状态标志位的影响与 SBB 指令完全相同。SBB 指令主要用于多字节减法运算。

例如：SBB AL,30H；AL←AL－30H－CF

三、自减 1 指令 DEC

指令格式为：DEC OPRD

该指令与 INC 指令一样是一条单字节指令，其功能是将操作数 OPRD 的值减 1 后结果送回 OPRD。该指令对操作数的要求及对标志位的影响同 INC 指令。

例如：DEC AX　　　　　　　；AX←AX－1
　　　DEC BYTE PRT[DI]　；将 DS：[DI]单元内容减 1,结果送回该单元

四、求补指令 NEG

指令格式为：NEG OPRD

该指令功能是用 0 减去操作数 OPRD，结果送回 OPRD，其中 OPRD 可以是寄存器或存储器操作数，利用该指令可得到负数的绝对值。

例如：设 AL=FFH，则指令 NEG AL 执行后，AL=0－FFH=01H，即得到 FFH（－1）的绝对值为 1。

五、比较指令 CMP

指令格式为：CMP OPRD1,OPRD2

该指令功能是用 OPRD1 减去 OPRD2，但相减的结果不送回 OPRD1，即指令执行后两操作数的内容不变，而只影响 6 个状态标志位，指令对操作数的要求及对标志位的影响与 SUB 指令完全相同。

CMP 指令主要用来比较两个数的大小关系，可以在比较指令执行后，根据标志位的状态判断两个操作数的大小。判断方法如下：

（1）相等关系。如果 ZF=1，则两个操作数相等，否则不等。

（2）大小关系。分有符号数和无符号数两种情况考虑：

1）对两个无符号数，根据 CF 标志位的状态确定。若 CF=0，则被减数大于减数；若 CF=1，则被减数小于减数；

2）对两个有符号数，需考虑两个数是同号还是异号。可由分析得出，当 OF ⊕ SF=0 时，被减数大于减数；当 OF ⊕ SF=1 时，被减数小于减数。

编程时，一般在比较指令后都紧跟一个条件转移指令，以根据比较结果决定程序的转向。

【例 4-5】　在内存数据段从 DATA 开始的单元中存放了两个 8 位无符号数，试比较它们的大小，并将大的数送 MAX 单元。

　　　LEA BX, DATA　；DATA 偏移地址送 BX

```
          MOV AL, [BX]    ; 第一个无符号数送 AL
          INC BX          ; BX 加 1,指向第二个数
          CMP AL, [BX]    ; 两个无符号数进行比较
          JNC DONE        ; 若 CF=0,表示第一个数大,转向 DONE
          MOV AL, [BX]    ; 否则,第二个无符号数送 AL
    DONE: MOV MAX, AL     ; 将较大的无符号数送 MAX
          HLT             ; 停止
```

4.3.2.3 乘法指令

乘法指令包括无符号数乘法指令 MUL 和带符号数乘法指令 IMUL 两种,均采用隐含寻址方式,即有一个乘数总是放在 AL(8 位)或 AX(16 位)中。另外,将 DX 寄存器看成是 AX 的扩展,因此当得到 16 位的乘积时,结果在 AX 中;而得到 32 位的乘积时,结果在 DX 和 AX 两个寄存器中。DX 中为乘积的高 16 位,AX 中为乘积的低 16 位。

一、无符号数乘法指令 MUL

(1)8 位乘法。被乘数隐含在 AL 中,乘数为 8 位寄存器或存储单元的内容,乘积放 AX 中。如 MUL BL;AX←BL×AL,若设 AL=FEH,CL=11H,两数均为无符号数,则执行 MUL CL 指令后,AX=10DEH。

(2)16 位乘法。被乘数隐含在 AX 中,乘数为 16 位寄存器或两个存储单元的内容,乘积高 16 位放 DX 中,乘积低 16 位放 AX 中。如 MUL CX;DX:AX←CX×AX。

二、带符号数乘法指令 IMUL

带符号数乘法指令 IMUL 在功能和形式上与 MUL 很类似,但要求两个乘数均为有符号数(补码),且乘积也是补码表示的有符号数。若乘积的高半部分是低半部分的符号位的扩展(指结果为正时高半部分全部扩展为 0,或结果为负时高半部分全部扩展为 1),则 OF=CF=0;否则 OF=CF=1。

例如:设 AL=85H=−123,BL=2AH=42,均为带符号数,则执行指令 IMUL BL 后由于−123×42=−5166=EBD2H,故执行该指令后 AX=0EBD2H,因为 AH=EBH≠FFH,所以标志位 CF=OF=1。

4.3.2.4 除法指令

8086 的除法指令也包括无符号数除法指令 DIV 和带符号数除法指令 IDIV 两种,均采用隐含寻址方式,且要求被除数字长为除数字长的两倍,即被除数隐含在 AX 中(16 位)或 DX 和 AX 构成的 32 位寄存器中(DX 放高 16 位,AX 放低 16 位)。

一、无符号数除法指令 DIV

(1)8 位除法。被除数隐含在 AX 中,除数为 8 位寄存器或存储单元的内容,指令执行结果为商放 AL 中,余数在 AH 中。

```
例如: MOV AX,1000
       MOV BL,190
       DIV BL
```

则在 AL 中的商为 5,而 AH 中的余数为 50。

(2)16 位除法。被除数隐含在 DX 和 AX 连在一起的 32 位寄存器中,除数为 16 位寄存器或两个存储单元的内容,商放 AX 中,余数在 DX 中。

```
例如: MOV AX,1000
       CWD
       MOV BX,300
       DIV BX
```

执行结果为 AX=3，DX=100。

二、带符号数除法指令 IDIV

带符号数乘法指令 IDIV 在功能和形式上与 DIV 很类似，只是把被除数和除数都看成有符号数。

4.3.2.5 其他算术运算指令

除以上指令外，8086 指令系统还有 BCD 码调整指令，BCD 码是用二进制码表示的十进制数，数码范围是 0000H~1001H，代表十进制数 0~9。BCD 的存放有非压缩 BCD 和压缩 BCD 两种形式，其中非压缩 BCD 用一个字节表示一位 BCD，压缩 BCD 用一个字节表示两位 BCD 码。8086 指令系统中的 BCD 码调整指令见表 4-3。

表 4-3　　　　　　　　　　　　　　　其他算术运算指令表

指令格式	指 令 的 操 作	举　　　例

DAA	把 AL 的加法结果调整为压缩 BCD 码	MOV AL,48H
		ADD AL,27H
		DAA
		结果 AL=75H

AAA	对两个非压缩 BCD 数相加后存放于 AL 中的和进行调整，形成正确的扩展 BCD 码，调整后的结果低位在 AL 中，高位在 AH 中	MOV AL,09H
		ADD AL,4
		AAA
		结果 AL=03H,AH=1,CF=1

DAS	对两个压缩 BCD 码相减后的结果在 AL 中进行调整，产生正确的压缩 BCD 码	

AAS	对两个非压缩 BCD 数相减后存放于 AL 中的差进行调整，形成正确的非压缩 BCD 码，调整后的低位在 AL 中，高位在 AH 中	MOV AH,01H
		MOV AL,05H
		MOV BL,07H
		SUB AL,BL
		AAS
		结果 AX=0008H,CF=1

AAM	对两个非压缩 BCD 数相乘后存放于 AX 中的积进行调整，形成正确的非压缩 BCD 数（把 AL 的内容除以 0AH，商放 AH 中，余数放 AL 中）	MOV AL,07H
		MOV BL,09H
		MUL BL
		AAM
		结果 AX=0603H，即非压缩 BCD 数 63

AAD	在进行除法之前执行，将 AX 中的非压缩 BCD 码（十位数放 AH，个位数放 AL）调整为二进制数，并将结果放 AL 中	MOV AX,0203H
		MOV BL,4
		AAD
		DIV AL
		结果 AH=03H，AL=05H

4.3.3 逻辑运算和移位类指令

4.3.3.1 逻辑运算指令

逻辑运算指令共 5 条，包括 AND（与）、OR（或）、NOT（非）、XOR（异或）和 TEST（测试）指令，这些指令可对 8 位或 16 位的寄存器或存储单元中的内容进行按位逻辑操作。除 NOT 指令外，其他的 4 条指令对操作数的要求同 MOV 指令，它们的执行都会使 CF=OF=0，AF 值不确定，并对 SF、PF 和 ZF 有影响。

一、逻辑与指令 AND

AND 指令的一般格式为：`AND OPRD1,OPRD2`

其中，目的操作数 OPRD1 可以是累加器，也可以是任一通用寄存器，还可以是存储器操作数。源操作数 OPRD2 可以是立即数、寄存器，也可以是存储器操作数。该指令对两个操作数进行按位相"与"的逻辑运算。即只有参加相与的两位全为"1"时，相"与"结果才为"1"；否则相"与"结果为"0"。相"与"结果送回 OPRD1。AND 指令可以进行字节操作，也可以进行字操作。

例如：AND AX,[BX] ;AX 和[BX]所指字单元的内容按位"与"结果送 AX

AND AL,0FH ;AL 与 0FH 按位与结果送 AL,其实就是将 AL 的高 4 位清 0,低 4 位保持不变

可见要使目标操作数中某些位不变、其余位清 0，可将目标操作数与一个屏蔽字相与。屏蔽字的设置原则是：目标操作数中哪些位要清 0，就把屏蔽字中对应的位设为 0，其他位设为 1。

二、逻辑或指令 OR

OR 指令的一般格式为：OR OPRD1,OPRD2

其中，目的操作数 OPRD1 可以是累加器，也可以是任一通用寄存器，还可以是存储器操作数。源操作数 OPRD2 可以是立即数、寄存器，也可以是存储器操作数。该指令对两个操作数进行按位相"或"的逻辑运算。即只有参加相或的两位任意一位（或两位都为"1"）为"1"时，相"或"结果为"1"；否则为"0"。相"或"结果送回 OPRD1。OR 指令可以进行字节操作，也可以进行字操作。

例如：OR AL,45H;AL 和 45H 的内容按位"或"结果送 AL

OR AL,20H;AL 与 20H 按位或结果送 AL,其实就是将 AL 的 BIT5 置 1,其余位保持不变

可见要使目标操作数中某些位不变、其余位置 1，可将目标操作数与源操作数相与。源操作数设置原则是：目标操作数中哪些位要置 1，就把源操作数中对应的位设为 1，其他位设为 0。

三、逻辑异或指令 XOR

XOR 指令的一般形式为：XOR OPRD1,OPRD2

其中，目的操作数 OPRD1 可以是累加器，也可以是任一个通用寄存器，还可以是一个存储器操作数。源操作数可以是立即数、寄存器，也可以是存储器操作数。该指令对两个操作数进行按位"异或"操作，即进行"异或"操作的两位值不同时，其结果为"1"；否则就为 0，操作结果送回 OPRD1。

当操作数自身进行"异或"时，由于每一位都相同，因此"异或"结果一定为 0，且使进位标志位也为 0。这是对操作数清 0 的常用方法。

例如：XOR AX,AX;使 AX 清 0

四、逻辑非指令 NOT

逻辑非指令的一般格式为：NOT OPRD

该指令对操作数进行求反操作，然后将结果送回。操作数可以是寄存器或存储器的内容。该指令对标志位不产生影响。

例如：NOT AL;将 AL 中的内容按位取反结果送回 AL

五、测试指令 TEST

TEST 指令的一般格式为：TEST OPRD1,OPRD2

该指令对操作数的要求及完成的操作和 AND 指令非常相似，它们的区别是：TEST 指令将"与"的结果不送回目标操作数，而只影响标志位，所以这条指令通常是在不希望改变操

作数的前提下，用来检测某一位或某几位的状态是 1 还是 0。

例如，若要检测 AL 中的最低位是否为 1，且为 1 则转移。在这种情况下可以用如下指令：

```
        TEST AL，01H
        JNZ THERE
           ⋮
THERE：MOV BL，05H
```

4.3.3.2　移位指令

移位指令包括非循环移位指令和循环移位指令两类。移位指令实现将寄存器或存储器操作数进行指定次数的移位，当移动 1 位时移动次数由指令直接给出，在移动 2 位或多位时，移动次数要放在 CL 寄存器中给出。

一、非循环移位指令

8086 有 4 条非循环移位指令，分别是算术左移和逻辑左移指令：SAL/SHL OPRD，m；其中 m 是移位次数，可以是 1 或寄存器 CL 中的内容；算术右移指令：SAR OPRD，m；逻辑右移指令：SHR OPRD，m。

（1）算术左移和逻辑左移指令 SAL/SHL。这两条指令的操作结果是完全一样的。每移位一次在右面最低位补一个 0，而左面的最高位则移入标志位 CF，如图 4-10 所示。

图 4-10　SAL/SHL 指令操作示意图

例如：SAL AL，1
　　　 SAL AX，CL

（2）算术右移指令 SAR。该指令将操作数视为有符号数，每执行一次移位操作，就使操作数右移一位，但符号位保持不变，而最低位移至标志位 CF，如图 4-11 所示。SAR 可以执行由 m 所指定的移位次数，结果影响标志位 CF、OF、PF、SF 和 ZF。

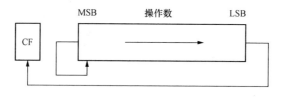

图 4-11　SAR 指令操作示意图

例如：MOV AL，82H
　　　 SAR AL，1

执行结果为：AL=C1H，CF=0

（3）逻辑右移指令 SHR。该指令每执行一次移位操作，就使操作数右移一位，最低位移至标志位 CF 中。与 SAR 不同的是，左面的最高位将补 0，如图 4-12 所示。该指令可以执行由 m 所指定的移位次数。

例如：MOV AL，82H
　　　 SHR AL，1

图 4-12　SHR 指令操作示意图

执行结果为：AL=41H，CF=0

二、循环移位指令

8088 有 4 条循环移位指令，包括：①不带进位标志位 CF 的循环左移位指令：ROL OPRD，m；②不带进位标志位 CF 的循环右移位指令：ROR　OPRD，m；③带进位标志位 CF 的循环左移位指令：RCL OPRD，m；④带进位标志位 CF 的循环右移位指令：RCR OPRD，m。其中 m 为移位次数，可以是 1 或寄存器 CL 中的内容。4 条指令的操作示意图如图 4-13 所示。

（1）不带进位标志位 CF 的循环左移位指令 ROL。该指令每做一次移位，总是将 OPRD 的最高位移入进位标志位 CF 中，并且还将最高位移入操作数的最低位，从而构成一个循环，如图 4-13（a）所示，进位标志位 CF 不在循环之内。若循环次数为 1，且循环移位后操作数的最高位和 CF 值不相等，则标志位 OF=1，否则 OF=0。这可以用来判断移位前后的符号位是否改变了。

例如：MOV AL,82H
　　　 ROL AL,1

执行结果为：AL=05H，CF=1，OF=1

（2）不带进位标志位 CF 的循环右移位指令 ROR。该指令每做一次移位，总是将 OPRD 最低位移入进位标志位 CF 中，另外，还将最低位移入操作数的最高位，从而构成一个循环，如图 4-13（b）所示。若循环次数为 1，且循环移位后操作数的最高位和次高位值不相等，则标志位 OF=1，否则 OF=0。

例如：MOV AL,82H
　　　 ROR AL,1

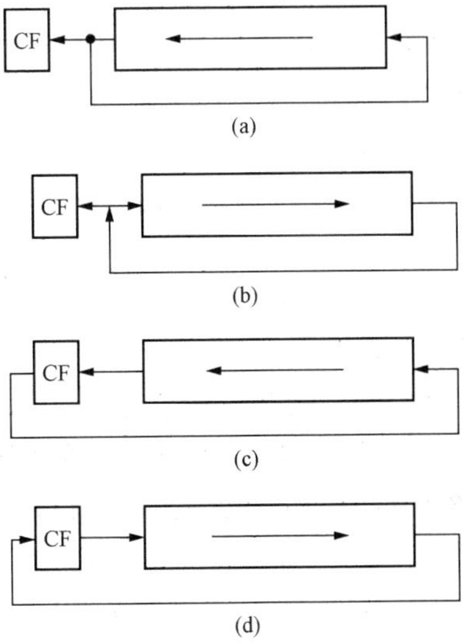

图 4-13　循环移位指令操作示意图
（a）ROL；（b）ROR；（c）RCL；（d）RCR

执行结果为：AL=41H，CF=0，OF=1

（3）带进位标志位 CF 的循环左移位指令 RCL。该指令是把标志位 CF 包含在内的循环左移指令。每移位一次，操作数的最高位移入进位标志位 CF 中，而原来 CF 的内容则移入操作数的最低位，从而构成一个循环，如图 4-13（c）所示。

（4）带进位标志位 CF 的循环右移位指令 RCR。该指令是把进位标志位 CF 包含在内的右循环指令。每移位一次，标志位 CF 中的原内容就移入操作数的最高位，而操作数的最低位则移入标志位 CF 中，如图 4-13（d）所示。

左移一位，只要左移以后的数未超出一个字节或一个字所能表达的范围，则相当于原来的数乘以 2；而右移一位相当于除以 2。

例如：MOV AL,08H
　　　 SAL AL,1　　　　　　;左移一位,相当于乘以2;该指令执行后,AL 内容为16

```
MOV AL,16
SAR AL,1              ;右移一位,相当于除以2;该指令执行后,AL内容为8
```

4.3.4　串操作类指令

4.3.4.1　串操作指令的共同特点

存储器中地址连续的若干单元的字符或数据被称为字符串或数据串。串操作指令就是用来对串中每个字符或数据作同样操作的指令。串指令既可处理字节串,也可以处理字串,并在每完成一个字节(或字)的操作后,能自动修改指针,去执行下一字节(或字)的操作。串操作指令可以处理的最大串长度为64KB(或字)。

所有的串操作指令(除与累加器打交道的串指令外)都具有以下共同点:

(1)源串(源操作数)默认为数据段,即段基址在DS中,但允许段重设。偏移地址用SI寄存器指定,即源串指针为DS:SI。

(2)目标串(目标操作数)默认在ES附加段中,不允许段重设。偏移地址用DI寄存器指定,即目标串指针为ES:DI。

(3)串长度值放在CX寄存器中。

(4)串操作指令本身可实现地址指针的自动修改。在对每个字节(或字)操作后,SI和DI寄存器的内容会自动修改,修改方向和标志位DF的状态有关。若DF=0,SI和DI按地址增量方向修改(对字节操作加1,对字操作加2);否则,SI和DI按地址减量方向修改。

(5)可以在串操作指令前使用重复前缀。若使用了重复前缀,在每一次串操作后,CX的内容会自动减1。

故使用串操作指令的要点是:先预置源串指针DS、SI,目标串指针ES、DI,重复次数CX及操作方向DF。

4.3.4.2　重复操作前缀

在串操作指令前加一个适当的重复操作前缀能使该指令重复执行,即指令在执行时不但能够按照DF所决定的方向自动修改地址指针SI和DI的内容,而且还可在每一次操作后自动修改串长度CX的值,重复执行串指令,直到CX=0或满足指定的条件为止。用于串操作指令的重复操作前缀分为两类:无条件重复前缀REP和有条件重复前缀REPE/REPZ、REPNE/REPNZ。无条件重复前缀REP的作用是重复执行指令规定的操作直到CX=0。有条件重复前缀REPE/REPZ的作用是ZF为1且CX不为0时重复执行指令规定的操作;有条件重复前缀REPNE/REPNZ的作用是ZF为0且CX不为0时重复执行指令规定的操作。

加重复操作前缀可简化程序的编写,并加快串运算指令的执行速度。加重复操作前缀后的串操作指令的执行动作可表示为:

(1)执行规定的操作。

(2)SI和DI自动增量(或减量)。

(3)CX内容自动减1。

(4)根据ZF的状态自动决定是否重复执行。

4.3.4.3　串操作指令

串操作指令是8086指令系统中唯一一组能直接处理源和目标操作数都在存储单元的指令。串操作指令共5条。

一、串传送指令 MOVSB 或 MOVSW

这两条指令隐含了两个操作数的地址，此时源串和目标串地址必须符合默认值，即源串在数据段，偏移地址在 SI 中，目标串在附加段，偏移地址在 DI 中。

MOVSB 指令一次完成一个字节的传送，MOVSW 一次完成一个字的传送。

串传送指令实现了内存单元到内存单元的数据传送，解决了 MOV 指令不能直接在内存单元间传送数据的限制。

MOVSB 或 MOVSW 指令常与无条件重复前缀 REP 联合使用，以提高程序运行速度。串传送指令的执行不影响标志位。

【例 4-6】 已知 DS=1500H，SI=2000H，ES=3000H，DI=1000H，CX=0005H，DF=0，则执行程序段如下：

```
MOV AX, 1500H
MOV DS, AX
MOV AX, 3000H
MOV ES, AX
MOV SI, 2000H
MOV DI, 1000H
MOV CX, 5
CLD
REP MOVSB
```

把源串中的 5 个字节的数据传送到目的串所在的存储区中，这里 REP 为重复执行前缀，重复执行次数预先置于 CX 中。指令的执行情况如图 4-14 所示。

二、串比较指令 CMPSB 或 CMPSW

串比较指令与比较指令 CMP 的操作有点类似，CMP 指令比较的是两个数据，或比较的是两个数据串，它将源串地址与目标串地址中的数据串按字节（或字）进行比较，比较结果不送回目标串地址中，而只反映在标志位上。每进行一次比较后自动修改地址指针指向串中的下一个元素。CMPSB 是按字节进行比较，CMPSW 是按字进行比较。

串比较指令通常和条件重复前缀 REPE（REPZ）或 REPNE（REPNZ）联用，用来检查两个字符串是否相等。

在加条件重复前缀的情况下，结束串比较指令的执行有两种可能：① 不满足条件前缀所要求的条件；② CX=0 表示已全部比较结束。因此，在程序中，

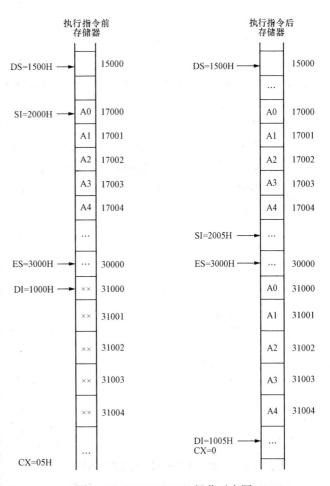

图 4-14　REP MOVSB 操作示意图

串比较指令的后边需要一条指令来判断是何种原因结束了串的比较。判断的条件是 ZF 标志

位。串比较指令的执行会影响 ZF 的状态。对 REPE/REPZ, ZF 为 1 会重复；对 REPNE/REPNZ，ZF 为 0 会重复。CX 是否为 0 不影响 ZF 的状态。

【例 4-7】 比较两个字符串是否相同，并找出其中第一个不相等字符的地址，将该地址送 BX，不相等的字符送 AL。两个字符串的长度均为 200 个字节，M1 为源串首地址，M2 为目标串首地址。程序段如下：

```
        LEA SI,M1           ; SI←源串首地址
        LEA DI,M2           ; DI←目标串首地址
        MOV CX,200          ; CX←串长度
        CLD                 ; DF=0,使地址指针按增量方向修改
        REPE CMPSB          ; 若相等则重复比较
        JZ STOP             ; 若 ZF=1,表示两串完全相等,转 STOP
        DEC SI              ; 否则 SI-1,指向不相等单元
        MOV BX,SI           ; BX←不相等单元的地址
        MOV AL, [SI]        ; AL←不相等单元的内容
STOP:HLT                    ; 停止
```

程序找到第一个不相等字符后，地址指针自动加 1，所以将地址指针再减 1 即可得到不相等单元的地址。

三、串扫描指令 SCASB 或 SCASW

SCASB 或 SCASW 指令的执行与 CMPSB 或 CMPSW 指令类似，也是进行比较操作。只是 SCASB 或 SCASW 指令是用累加器 AL 或 AX 的值与目标串（由 ES:DI 指定）中的字节或字进行比较，比较的结果不改变目标操作数，只影响标志位。

SCASB 或 SCASW 指令常用来在一个字符串中搜索特定的关键字，把要找的关键字放在 AL（或 AX），再用本指令与字符串中各字符逐一比较。

【例 4-8】 在 ES 段中从 2000H 单元开始存放了 10 个字符，寻址其中有无字符 "A"。若有则记下搜索次数（次数放 DATA1 单元），并记下存放 "A" 的地址（地址放 DATA2 单元），程序段如下：

```
        MOV DI,2000H        ; 目的字符串首地址送 DI
        MOV BX,DI           ; 首地址暂存在 BX 中
        MOV CX,0AH          ; 字符串长度送 CX
        MOV AL, 'A'         ; 关键字"A"的 ASCII 码送 AL
        CLD                 ; 清 DF,每次扫描后指针增量
        REPNZ SCASB         ; 扫描字符串,直到找到"A"或 CX=0
        JZ FOUND            ; 若找到则转移
        MOV DI,0            ; 没找到则使 DI=0
        JMP DONE            ;
FOUND:  DEC DI              ; DI-1,指向找到的关键字所在地址
        MOV DATA2,DI        ; 将关键字地址送 DATA2 单元
        INC DI              ; DI 自动增 1
        SUB DI,BX           ; 用找到的关键字地址减去首地址得到搜索次数
DONE:   MOV DATA1,DI        ; 将搜索次数送 DATA1 单元
```

四、串装入指令 LODSB 或 LODSW

LODSB 或 LODSW 指令把由 DS:SI 指向的源串中的字节或字取到累加器 AL 或 AX 中，并在这之后根据 DF 的值自动修改指针 SI，以指向下一个要装入的字节或字。

LODSB 或 LODSW 指令不影响标志位，且一般不带重复前缀，因为每重复一次，AL 或 AX 中的内容将被后一次所装入的字符所取代。

LODSB 指令可用来代替以下 2 条指令：

```
MOV AL,[SI]
INC SI
```

而 LODSW 指令可用来代替以下 3 条指令：

```
MOV AX,[SI]
INC SI
INC SI
```

五、串存储指令 STOSB 或 STOSW

串存储指令 STOSB 或 STOSW 把累加器 AL 中的字节或 AX 中的字存到 ES:DI 所指向的存储单元中，并在这之后根据 DF 的值自动修改指针 DI 的值（增量或减量），以指向下一个存储单元。利用重复前缀 REP，可对连续的存储单元存入相同的值，指令对标志位没有影响。

例如：已知 ES=2000H，DI=1000H，CX=000AH，AL=0E9H，DF=0。

则执行 REP STOSB 指令后，将存储器中 21000H～21009H 单元全部置为 E9H。

4.3.5　程序控制类指令

一般情况下，程序既可以按顺序一条一条地执行指令，也可以改变顺序转向所需执行的指令，8086/8088 由代码段寄存器（CS）和指令指针（IP）决定指令执行过程。控制转移指令通过改变 CS 和 IP 的内容就可以实现程序的转移。8086/8088 指令系统提供了大量指令用于控制程序流程，这类指令称为程序控制指令。程序控制指令包括转移指令、循环控制指令、过程调用指令和中断控制指令四大类，用于程序的分支转移、循环控制及过程调用等。

4.3.5.1　无条件转移指令

无条件转移指令 JMP 指令的操作是无条件地使程序转移到指定的目标地址，并从该地址开始执行新的程序段。寻找目标地址的方法有两种：一种是直接的方式；另一种是间接的方式。另外考虑到 8086/8088 的内存是分段管理，因此将无条件转移指令分成 4 种。

一、段内直接转移

指令格式：`JMP LABEL`

这里 LABEL 是一个标号，也称为符号地址，表示转移的目的地。该标号在本程序所在代码段内。指令被汇编时，汇编程序会计算出 JMP 指令的下一条指令到 LABEL 所指示的目标地址之间的位移量（也就是相距多少个字节单元），该地址位移量可正可负，可以是 8 位或 16 位。若为 8 位，表示转移范围为–128～+127 字节；若位移量为 16 位，表示转移范围为–32 768～+32 767。段内转移时的标号前可加运算符 NEAR，也可以不加。默认时为段内转移。

指令的操作是将 IP 的当前值加上计算出的地址位移量，形成新的 IP，并使 CS 保持不变，从而使程序按新地址继续运行（即实现了程序的转移）。

```
例如：MOV AX,BX
      JMP NEXT          ;无条件段内转移,转向符号地址 NEXT 处
      AND CL,0FH
      …
NEXT: OR CL,7FH
```

　　这里，NEXT 是一个段内标号，汇编程序计算出 JMP 的下条指令（即 AND CL，0FH）的地址到 NEXT 标号代表的地址之间的距离（也就是相对位移量）。执行 JMP 指令时，将这个位移量加到 IP 上，于是在执行完 JMP 指令后，不再执行 AND CL，7FH 指令（因为 IP 已经改变），而转去执行 OR CL，7FH 指令（因为此时 IP 指向这条指令）。

二、段内间接转移

　　指令格式：`JMP OPRD`

　　指令中的操作数 OPRD 是 16 位的寄存器或存储器地址。它可采用各种寻址方式。指令的执行是用指定的 16 位寄存器内容或存储器两单元内容作为转移目标的偏移地址，用其内容取代原来 IP 的内容，从而实现程序的转移。

```
例如： MOV BX,1000H
       JMP BX                    ; IP←(BX),即 IP←1000H
再如： MOV AX,2000H              ; AX←2000H
       MOV DS,AX                 ; DS←2000H
       MOV BX,1000H              ; BX←1000H
       JMP WORD PTR [BX+20H]     ; 从 DS:[BX+20H]单元取一个字送到 IP 中
```

　　上条指令中操作数是存储器，所以加上类型指示符 WORD PTR，以说明后边的存储器操作数是一个字（因为要送到 IP 的偏移地址是 16 位的）。另外，由于是段内转移，其范围一定在当前代码段内，因此 CS 的内容不变。

三、段间直接转移

　　采用这种方式，指令中直接提供了要转移的 16 位段地址和 16 位的偏移地址。

　　指令格式：`JMP FAR LABEL`

　　这里，FAR 表明其后的 LABEL 是一个远标号，即它在另一个代码段内。汇编程序根据 LABEL 的位置确定出 LABEL 所在的段基地址和偏移地址，然后将段地址送入 CS，偏移地址送入 IP，结果使程序转移到另一个代码段（CS:IP）继续执行。

```
例如： JMP FAR PTR NEXT        ; 转移到 NEXT 处
       JMP 8000H:1200H         ; IP←1200H,CS←8000H
```

四、段间间接转移

　　指令格式：`JMP OPRD`

　　这里操作数是一个 32 位的存储器地址。指令的执行是将指定的连续 4 个内存单元的内容送入 IP 和 CS（低字内容送 IP，高字内容送 CS），从而程序转移到另一个代码段继续执行。此处的存储单元地址可采用前面介绍过的各种寻址方式（立即数和寄存器方式除外）。

　　例如：`JMP DWORD PTR [BX]`

　　设指令执行前，DS=3000H，BX=3000H，[33000H]=0BH，[33001]=20H，[33002H]=10H，[33003H]=80H；则指令执行后，IP=200BH，CS=8010H。转移的目标地址=8210BH。

　　由于段间转移是控制程序转移到另一个代码段中，不仅 IP 的内容要改变，CS 的内容也要改变，即转移地址一定是 32 位长。因此，操作数前要加上 DWORD PTR，表示其后的操作数为双字。

JMP 指令对标志位无影响。

4.3.5.2 条件转移指令

指令格式：JCC SHORT_LABEL

在汇编语言程序设计中，常利用条件转移指令来构成条件分支。指令助记符中的"CC"表示条件。这种指令的执行包括两个过程：第 1 步，测试规定的条件；第 2 步，如果条件满足则转移到目标地址，否则继续顺序执行。

条件转移指令只有一个操作数，用以指明转移的目标地址，且这个操作数必须是一个短标号。也就是说，所有的条件转移指令都是 2 字节指令，第一字节是操作码，第二字节则是相对偏移量 DISP8。转移指令的下一条指令到目标地址之间的距离必须在 $-128 \sim +127$ 的范围内。如果指令规定的条件满足，则将这个位移量加到 IP 寄存器上，即 IP←（IP）+DISP8，实现程序的转移。

绝大多数条件转移指令（除 JCXZ 指令外）将状态标志位的状态作为测试的条件，这些状态位包括 CF、SF、PF、OF 和 ZF，但不包括 AF。因此，首先应执行影响有关的状态标志位的指令，然后才能用条件转移指令测试这些标志，以确定程序是否转移。CMP 与 TEST 指令常与条件转移指令配合使用，因为这两条指令不改变目标操作数的内容，但可影响状态标志寄存器。所有的条件转移指令见表 4-4。

表 4-4 条 件 转 移 指 令 列 表

分类		助记符	测试条件	转 移 条 件
对寄存器		JCXZ	（CX）=0	当 CX 寄存器的值等于 0
对单个状态位	CF	JC	（CF）=1	当 CF 标志位为 1
		JNC	（CF）=0	当 CF 标志位为 0
	ZF	JZ/JE	（ZF）=1	当 ZF 标志位为 1/当相等
		JNZ/JNE	（ZF）=0	当 ZF 标志位为 0/当不相等
	SF	JS	（SF）=1	当 SF 标志位为 1
		JNS	（SF）=0	当 SF 标志位为 0
	OF	JO	（OF）=1	当 OF 标志位为 1
		JNO	（OF）=0	当 OF 标志位为 0
	PF	JP/JPE	（PF）=1	当 PF 标志位为 1
		JNP/JPO	（PF）=0	当 PF 标志位为 0
对无符号数		JA/JNBE	CF=0 且 ZF=0	当结果高于/当不低于等于
		JAE/JNB/JNC	CF=0 或 ZF=1	当结果高于等于/当不低于/当进位为 0
		JB/JNAE/JC	CF=1 且 ZF=0	当结果低于/当不高于等于/当进位为 1
		JBE/JNA	CF=1 或 ZF=1	当结果低于等于/当不高于
对有符号数		JG/JNLE	SF⊕OF=0 且 ZF=0	当结果大于/当不小于等于
		JGE/JNL	SF⊕OF=0 或 ZF=1	当结果大于等于/当不小于
		JL/JNGE	SF⊕OF=1 且 ZF=0	当结果小于/当不大于等于
		JLE/JNG	SF⊕OF=1 或 ZF=1	当结果小于等于/当不大于

按判断条件的具体含义可分为以下 4 种情况：

（1）取决于计数寄存器 CX。

（2）取决于单个条件码，指 CF、ZF、SF、OF 和 PF 5 个标志位。

（3）取决于两个无符号数的比较结果，结果分相等、不等、大于、小于、大于等于和小于等于 6 种情况。

（4）取决于两个有符号数的比较结果，结果也分相等、不等、大于、小于、大于等于和小于等于 6 种情况。

【例 4-9】　测试 AL 中的 D_4 位，如果 D_4=1，则转移到标号 LOP1 所指示的位置。

```
        TEST AL, 00010000B      ; 测试 AL 的 D₄位,其他位屏蔽
        JNZ LOP1                ; 若 D₄=1,则肯定整个结果不等于 0,故 ZF=0,转移到 LOP1
        …                       ; 若 D₄=0,则顺序执行本处语句
LOP1: …                         ; 标号 LOP1 位置
```

【例 4-10】　比较有符号数 0FEH 和 01H 的大小，把大的送到 AL 寄存器中。

```
        MOV AL, 0FEH            ; AL←0FEH
        CMP AL, 01H             ; 与 01H 比较
        JG EXIT1                ; 当 0FEH 大于 01H 时,转移到 EXIT1 标号所处位置
        MOV AL, 01H             ; 不转移,若 0FEH 大于等于 01H,则将 01H 送到 AL 中
EXIT1: …                        ; 处理完毕,结束本判断
```

4.3.5.3　循环控制指令

循环也叫重复，是指反复执行某一段程度、代码。循环控制指令所控制的目标地址一般都用符号地址—标号来表示，该标号都在距当前 IP 距离–128～+127 字节的范围内。换句话说，循环控制指令都是段内直接短转移，是相对 IP 的寻址。循环控制指令的执行结果不影响标志位。

循环控制指令都是循环最大次数已知的计数型循环，所以在循环程序开始前应初始化计数器 CX。循环控制指令是依据给定的条件是否满足来决定程序走向的，当满足条件时，发生程序转移，否则顺序向下执行程序。该条件就是计数器 CX 的值，循环控制指令执行时，先使 CX 的值自动减 1，再用 CX 的值是否为 0 作为转移条件，或者把 CX 的值是否为 0 与 ZF 状态位的值相结合作为转移条件。当满足条件时，程序就转移到指令给出的标号地址执行，即实行循环，否则 IP 值不变，即退出循环，继续执行下一条指令。由循环指令构成的一般循环结构如下：

```
        MOV CX, N
          ⋮
AGAIN: ⋯
          ⋮
        LOOP AGAIN
```

此处的 AGAIN 即前面提到的标号，是循环体中第一条指令所在位置。

8086/8088 指令系统包含 5 条循环控制指令。

一、LOOP 指令

指令格式：LOOP LABEL

指令的执行是先将 CX 内容减 1，再判断 CX 是否为 0，若 CX 不为 0，则转至目标地址继续循环；否则就退出循环，执行下一条指令。

【例 4-11】　把当前数据段中从有效地址为 1000H 开始的 50H 个字节传送给当前附加段中从有效地址为 2000H 开始的存储区中，用循环指令实现。

解

```
        MOV SI,1000H       ; 指针 SI 和 DI 初始化
        MOV DI,2000H
        MOV CX,50H         ; 计数器初始化
LOP:    MOV AL,[SI]        ; 循环体,取出内存中的源数据
        MOV ES : [DI],AL   ; 写到目标位置
        INC SI             ; 修改指针,指向下一个数据
        INC DI
        LOOP LOP           ; 循环控制
```

二、LOOPZ（或 LOOPE）指令

指令格式：LOOPZ LABEL 或 LOOPE LABEL

指令的执行是先将 CX 内容减 1，再根据 CX 中的值及 ZF 的值来决定是否继续循环。继续循环的条件是：CX 不为 0 且 ZF 等于 1；若 CX 等于 0 或 ZF 等于 0，则退出循环。

三、LOOPNZ（或 LOOPNE）指令

指令格式：LOOPNZ LABEL 或 LOOPNE LABEL

该指令与 LOOPZ 指令类似，只是其中 ZF 条件与之相反。它先将 CX 内容减 1，然后再判断 CX 和 ZF 的内容。当 CX 不为 0 且 ZF 等于 0 时，就转移至目标地址继续循环，否则退出循环。

4.3.5.4　过程调用与返回指令（CALL 与 RET）

如果有一些程序段需要在不同的地方反复多次地出现，则可将这些程序段设计为子程序，每次需要时进行调用。过程结束后，再返回原来调用的地方。采用这种方法不仅可以使源程序的总长度大大缩短，而且有利于实行模块化的程序设计，使程序的编制、阅读和修改都比较方便。

被调用的过程可以在本代码段内，这时就是近过程，调用属于近调用、段内调用；也可以在其他代码段，这时就是远过程，调用属于远调用、段间调用。调用的过程地址可以用直接的方式给出，也可用间接的方式给出。过程调用指令和返回指令对状态标志位都没有影响。

一般称调用子程序的程序为主程序。主程序调用子程序用 CALL 指令实现，子程序结束时应安排一条返回指令返回主程序，RET 指令来完成这个任务。与 JMP 指令不同的是，CALL 指令执行时，必须保存主程序中 CALL 指令后面的第一条指令的地址，通常称这个地址是断点地址。这个断点地址，因为在 CPU 读取 CALL 指令字节时，IP 的内容已经自动递增，指向其下一条指令的存储单元地址，为此，CALL 指令的功能必须先将断点地址压入堆栈，即将 IP 或 CS 与 IP 两者都压入堆栈。然后再将子程序的首地址装入 IP 或 CS 与 IP 中，从而将程序转移到子程序的入口，再顺序执行子程序中的程序代码。

在子程序中，至少应安排一条 RET 指令，当这条指令执行时，会从堆栈中弹出断点地址，重新装入 IP 或 CS 与 IP 中，从当初主程序中 CALL 指令语句后面的下一条语句开始执行，从而达到返回主程序的目的。

一、子程序调用指令 CALL

指令格式：CALL 子程序入口地址

按子程序入口地址和当前 CALL 指令所在地址的关系，可以分为以下 4 种情况：

（1）段内直接调用。

指令格式：CALL NEAR PROC

PROC 是一个近过程的符号地址，表示指令调用的过程是在当前代码段内。指令在汇编后，会得到 CALL 指令的下一条指令与被调用过程的入口地址之间相差 16 位的相对位移量。

CALL 指令执行时，先将下面一条指令的偏移地址压入堆栈，然后将指令中 16 位的相对位移量和当前 IP 的内容相加，新的 IP 内容即为所调用过程的入口地址（确切地说，是入口地址的偏移地址）。执行过程表示如下：

$$SP \leftarrow SP-2$$
$$SP+1 \leftarrow IP_H$$
$$SP \leftarrow IP_L$$
$$IP \leftarrow IP+16 位偏移量$$

对于段内调用，指令中的 NEAR 可以省略。

（2）段内间接调用。

指令格式：CALL OPRD

OPRD 为 16 位寄存器或两个存储器单元的内容。这个内容代表的是一个近过程的入口地址。指令的操作是将 CALL 指令的下一条指令的偏移地址压入堆栈，若指令中的操作数是一个 16 位通用寄存器，则将寄存器的内容送 IP；若是存储单元，则将存储器的两个单元内容送 IP。

例如：CALL AX   ; IP←AX，子程序的入口地址由 AX 给出
      CALL WORD PTR[BX]   ; IP←([BX+1]：[BX])，子程序的入口地址为数据段[BX+1] 和[BX]两存储单元的内容

（3）段间直接调用。

指令格式：CALL FAR PROC

PROC 是一个远过程的符号地址，表示指令调用的过程在另外的代码段内。

指令在执行时先将 CALL 指令的下一条指令的地址，即 CS 和 IP 寄存器的内容压入堆栈，然后用指令中给出的段地址取代 CS 的内容，偏移地址取代 IP 的内容。执行过程如下：

$$SP \leftarrow SP-2，（[SP+1]：[SP]）\leftarrow CS \quad ; CS \leftarrow 被调用过程入口的段地址$$
$$SP \leftarrow SP-2，（[SP+1]：[SP]）\leftarrow IP \quad ; IP \leftarrow 被调用过程入口的偏移地址$$

（4）段间间接调用。

指令格式：CALL OPRD

OPRD 为 32 位的存储器地址。指令的操作是将 CALL 指令的下一条指令的地址，即 CS 和 IP 的内容压入堆栈，然后把指令中指定的连续 4 个存储单元中的内容送入 IP 及 CS，低地址的两个单元内容为偏移地址，送入 IP；高地址的两个单元内容为段地址，送入 CS。

【例 4-12】 分析以下指令的调用类型。

```
CALL  BX
CALL  WORD PTR [BX]
CALL  1000H : 0100H
CALL  FAR PTR SUB_PROC
```

解 第 1 条指令是段内间接调用，IP 压入堆栈后，IP←(BX)，即 BX 是子程序的入口地址。

第 2 条指令是段内间接调用，IP 压入堆栈后，IP←(DS：[BX])，即这个内存单元的内容

是子程序的入口地址。

第 3 条指令是段间直接调用，IP 和 CS 压入堆栈后，IP←0100H，CS←1000H。即 1000H：0100H 是子程序的入口地址。

第 4 条指令是段间间接调用，子程序的入口地址以子程序名 SUB_PROC 的形式出现。

二、过程返回指令 RET

指令格式：RET

过程返回指令与调用指令执行相反的操作。对于近过程（与主程序在同一段内），用 RET 返回主程序时，只需从堆栈顶部弹出一个字的内容给 IP，作为返回的偏移地址。对于远过程（与主程序不在同一段），用 RET 返回主程序时，需从堆栈顶部弹出两个字作为返回地址，先弹出一个字的内容给 IP，作为返回的偏移地址，再弹出一个字的内容给 CS，作为返回的段地址。无论是段间返回还是段内返回，返回指令在形式上都是 RET。

返回指令一般作为子程序的最后一条语句。所有的返回指令都不影响标志位。

4.3.5.5 中断指令

中断是一种软硬件结合的技术，当硬件或外设有意外情况发生时，CPU 需要暂停当前程序，转去执行一段服务程序。引起中断的原因各不相同，因此需要许多不同的中断服务程序来处理不同的中断过程。

80X86 把这些服务程序的地址存放在绝对地址 0 开始、总长为 1KB（1024 BYTE）的存储空间内，其中 1KB 称为中断向量表。每个表项占 4 字节，叫做一个中断向量，对应于处理某个中断的专门程序中第一条指令的位置，也就是中断服务程序入口地址。高位字存放服务程序段地址，即将来送入 CS 的值；低位字存放段内偏移，即将来送入 IP 的值。

80X86 允许操作系统和用户在中断向量表内安排一些通用的、常驻的子程序地址，并提供中断指令，以方便系统和用户程序调用这些通用子程序，这些子程序一般叫做中断服务子程序，简称 ISR。

在中断信号中，区别引起中断的原因的办法是：对不同的中断原因给出各不相同的唯一的编号—中断类型号，即中断向量在中断向量表中的序号，也叫中断号，取值在 0~255 之间。

8086 中断分为外部中断和内部中断。外部中断通过外部设备接口向 CPU 的中断请求引脚发出请求；内部中断则由 CPU 执行中断指令而产生，再由 CPU 通过获取其中断号予以区分。

一、INT 指令

指令格式：INT n

n 是中断号，它是一个常数，取值在 0~255。

指令执行时，CPU 根据中断号 n 的值算出中断向量的地址，然后从该地址取出中断服务程序的入口地址，并转到该中断服务子程序去执行。中断向量地址的计算方法是将中断号 n 乘 4。

INT 指令的具体操作步骤如下：

（1）将标志寄存器 FLAGS 的内容压入堆栈，相当于 PUSH FLAGS。

（2）TF←0，IF←0，清除 IF 和 TF，保证不会中断正在执行的中断子程序，并且不响应单步中断。

（3）将 INT 指令下一条指令的地址压入堆栈（即把 CS 和 IP 的内容压入堆栈）。

（4）IP←（[n×4+1]：[n×4]），CS←（[n×4+3]：[n×4+2]），由 n×4 得到中断向量地址，并进而

得到中断处理子程序的入口地址。

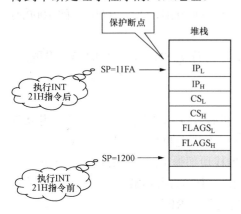

图 4-15 INT 指令执行第一步操作示意图

以上操作完成后，CS:IP 就指向中断服务程序的第一条指令，此后 CPU 开始执行中断服务子程序。INT 指令只影响 IF 和 TF，对其余标志位无影响。INT 指令可用于调用系统服务程序，如 INT 21H。

【例 4-13】 简述 INT 21H 指令的操作过程。

解 （1）先做保护标志 FLAGS 和保护断点地址 CS:IP，如图 4-15 所示。

（2）再做跳转到子程序。因为 n=21H，所以 n×4=84H。如图 4-16 所示，（0:0084H）=2000H:1123H，所以 CS=2000H，IP=1123H。

二、中断返回指令 IRET

中断返回指令 IRET 用于从中断服务子程序返回到被中断的程序继续执行。任何中断服务子程序无论是由外部中断引起的还是由内部中断引起的，其最后一条指令都是 IRET。该指令首先将堆栈中的断点地址弹出到 IP 和 CS，接着将 INT 指令执行时的压入堆栈的标志字弹出到标志寄存器，以恢复中断前的标志状态。显然本指令对各标志位均有影响。指令的操作为：

（1）IP←（[SP+1]：[SP]），SP←SP+2

（2）CS←（[SP+1]：[SP]），SP←SP+2

（3）FLAGS←（[SP+1]：[SP]），SP←SP+2

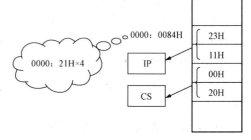

图 4-16 INT 指令执行第二步操作示意图

 注 意

IRET 指令功能不完全与 RET 指令功能相同。

4.3.6 处理器控制类指令

处理器控制类指令用来对 CPU 进行控制，如修改标志寄存器、使 CPU 暂停、使 CPU 与外部设备同步等。处理器控制类指令共分为两大类：标志位操作指令和外部同步指令。各指令功能见表 4-5。

表 4-5 处理器控制类指令功能

汇编格式		操 作
标志位操作指令	CLC	CF←0 ；清进位标志位
	STC	CF←1 ；进位标志位置位
	CMC	CF←$\overline{CF}$ ；进位标志位取反
	CLD	DF←0 ；清方向标志位，串操作从低地址到高地址
	STD	DF←1 ；方向标志位置位，串操作从高地址到低地址
	CLI	IF←0 ；清中断标志位，即关中断
	STI	IF←1 ；中断标志位置位，即开中断

续表

汇编格式		操　　作
外部同步指令	HLT	暂停指令，使 CPU 处于暂停状态，常用于等待中断的产生
	WAIT	当 TEST 引脚为高电平时，执行 WAIT 指令会使 CPU 进入等待状态。主要用于 8088 与协处理器和外部设备同步
	ESC	处理器交权指令，用于与协处理器配合工作时
	LOCK	总线锁定命令，主要为多机共享资源设计
	NOP	空操作指令，常用于程序的延时

习 题 与 思 考 题

4-1　什么叫寻址方式？8086/8088CPU 共有哪几种寻址方式？

4-2　指出下列指令中源操作数和目的操作数的寻址方式。

（1）MOV AX,[SI]

（2）MOV DI,100

（3）MOV [BX], AL

（4）MOV [BX+SI],CX

（5）ADD DX,106H[SI]

4-3　判读以下指令的对错。

（1）STI

（2）CALL 1000H

（3）DIV AX,DL

（4）SHL AL,4

（5）POP AX

（6）IN AL,[30H]

（7）INC CS

（8）OUT 40H,AL

4-4　根据已知条件，计算划线部分的物理地址。已知：SS=1000H，ES=2000H，DS=3000H，CS=4000H，BX=5000H，DI=1200H，BP=2300H。

（1）MOV AX,[2300H]

（2）MOV [BX][DI],AX

（3）ADD AX,ES:[2100H]

（4）SUB DX,[BP+6]

（5）MOV AX,[DI]

4-5　设 SP 初值为 2400H，AX=4000H，BX=3600H，则执行指令 PUSH AX 后，SP 为多少？再执行 PUSH BX 和 POP AX 后，SP 为多少？

4-6　依次执行 MOV AX,84A0H 和 ADD AX,9460H 两条指令后，FLAGS 的 6 个状态位各为什么状态？

4-7 判断下列程序段执行后 BX 中的内容。

```
MOV CL,3
MOV BX,0B7H
ROL BX,1
ROR BX,CL
```

4-8 说明指令 MOV BX,5[BX]与指令 LEA BX,5[BX]的区别。

4-9 已知 AX=8060H，DX=03F8H，端口 PORT1 的地址是 48H，内容为 40H，请指出下列指令执行后的结果。

（1）OUT DX,AL

（2）IN AL,PORT1

（3）OUT DX,AX

（4）IN AX,48H

4-10 按要求写指令。

（1）写出两条使 AX 内容为 0 的指令。

（2）使 BL 寄存器的高 4 位和低 4 位互换。

（3）屏蔽 CX 寄存器的 b11、b7 和 b3 位。

4-11 指出下列指令的错误原因。

（1）MOV AH,CX

（2）MOV 33H,AL

（3）MOV AX,[SI+DI]

（4）MOV [BX],[SI]

（5）ADD BYTE PTR [BP],256

（6）MOV DATA[SI],ES:AX

4-12 若两个数比较大小，可以使用 CMP 指令，请说明如何通过判断符号位来确定大小（包括有、无符号数）？

4-13 无条件转移指令与条件转移指令、调用指令与中断指令有什么异同点？

4-14 试编写程序，统计 BUFFER 为起始地址的连续 200 个单元中 0 的个数。

4-15 试编写程序，将 AX 寄存器的内容按相反的顺序存入 BX 寄存器中。

4-16 试编写程序，将偏移地址为 BUFF1 的 20 个字节型的数据传送到首地址为 BUFF2 的内存区。

4-17 设 AL=85H，BL=2AH，均为带符号数，则执行指令 IMUL BL 后，AX 为多少？标志位 CF、OF 为多少？

4-18 已知 AL=7BH，BL=38H，请问执行指令 ADD AL,BL 后，AF、CF、OF、PF、SF、ZF 的值各为多少？

4-19 无条件转移指令和条件转移指令有什么异同点？

4-20 分析下列程序段功能。

```
CLD
LEA DI, [1200H]
MOV CX, 0F00H
XOR AX, AX
REP STOSW
```

第5章 汇编语言程序设计

本章内容将为后面学习微机接口的编程打好软件基础。本章将介绍汇编语言的指令格式、DOS 系统功能调用、汇编语言程序结构等内容，为了使读者能进一步提高汇编语言编程的兴趣与能力，还介绍了在 EMU8086 环境下的软件定时闹钟程序的实现。本章重点为伪指令、宏指令、系统功能调用、程序调试和汇编语言的顺序、分支、循环以及子程序 4 种程序结构设计方法。本章难点为子程序程序设计、汇编语言的算法确定以及内存工作单元的合理分配等内容。

5.1 计算机语言的分类

计算机的应用给我们带来了很大方便，但要想使计算机完成我们预想的工作，就需要利用计算机语言编制程序，告知计算机如何工作。

计算机语言伴随计算机的发明与应用而出现，至今已经历了多个时期，也出现了许多种语言，根据计算机语言是更接近人类还是更接近于计算机，可将其分为三类。

5.1.1 机器语言

机器语言是用二进制代码来表示指令和数据的语言，是计算机硬件系统唯一能够直接理解和执行的语言。

每台计算机都有自己的指令系统，计算机根据指令来完成各种操作。当指令和地址都用二进制代码表示时，机器能够直接识别，因而称之为机器语言。机器语言是"面向机器"的。这种机器语言对人来说，难写、难读和难以交流，且随计算机的机种、型号不同而异，所以通用性差。然而，机器语言程序是计算机唯一能够直接理解和执行的程序，具有执行速度快、占用内存少等优点，缺点是不易理解和记忆，因此编写、阅读、修改程序都比较麻烦。无论人们使用其他什么语言编写程序，最终都必须翻译成机器语言，机器方能理解和执行。

5.1.2 汇编语言

汇编语言是一种采用助记符表示的程序设计语言，即用助记符来表示指令的操作码和操作数，用标号或符号代表地址、常量或变量。助记符一般是英文缩写，是用便于记忆的英语单词表示的指令操作码。它反映了指令的功能和主要特征，便于人们理解和记忆，因而方便人们书写、阅读和检查。

用汇编语言编写的程序叫汇编语言源程序。由汇编语言编写的汇编语言源程序是机器语言程序的符号表示，汇编语言源程序与其经过汇编所产生的目标代码程序之间有明显的一一对应关系，汇编语言弥补了机器语言的不足，它编写、阅读和修改都比较方便，不易出错，但汇编语言和机器语言一样，都是面向具体机器的语言。

用汇编语言编写程序能够直接利用硬件系统的特性（如寄存器、标志、中断系统等），直接对位、字节、字、寄存器或储存单元、I/O 端口进行处理，同时也能直接使用 CPU 指令系统和指令系统提供的各种寻址方式，绘制出高质量的程序，这样的程序占用内存空间少，执行速度快。

　　汇编语言编写的源程序在交付计算机执行之前，需要翻译成目标代码程序，机器方能执行。这个翻译过程称为汇编，完成汇编任务的程序称为汇编程序。图 5-1 为汇编过程示意图。

图 5-1　汇编过程示意图

　　汇编程序是计算机系统软件之一，它提供组成汇编语言程序的语言规则，所以在使用汇编语言编程之前，应首先熟悉相应的汇编程序。

5.1.3　高级语言

　　高级语言是"面向过程"的语言。利用这种语言编程，可以完全不考虑机器的结构特点，不必了解和熟悉机器的指令系统，仅使用一些接近人类自然语言的语句和数学表达式，以及图形描述等编制程序的语言。这样编写的程序与问题本身的数学模型之间有着良好的对应关系，可在各种机器上通用（不同机器之间仅作少量修改）。但是，这种高级语言编写的高级语言源程序并不能在机器上直接执行，需要被翻译成对应的目标程序（即机器语言程序），机器才能执行。这种翻译作用的程序称为解释程序或编译程序。

　　通常编译程序或解释程序比汇编程序复杂得多，需占用更多的内存，编译或解释的过程也要花费更多的时间。

5.2　汇编语言源程序

5.2.1　汇编语言的语句类型

　　编制汇编语言源程序，必须符合 MASM 汇编程序的规范，才能通过 MASM 汇编成目标程序，使计算机得以执行。在这部分，我们将学习汇编语句的类型和格式。

　　一、汇编语句的元素

　　同高级语言程序一样，语句仍是汇编语言程序的基本组成单位。汇编程序的语句构成元素有：

　　（1）标号。指令的符号地址，用来代表指令在存储器中的地址。只能出现在指令性语句中，标号后应加上冒号。

　　（2）名字。段、过程、变量的名字，用来代表它们在存储器中的地址。只能出现在指示性语句中，名字后不加冒号。

　　（3）指令助记符。8086 助记符、伪指令。

　　（4）操作数。即指令的操作对象。操作数之间以逗号分隔，可以是寄存器、存储单元、常数或表达式。

　　（5）注释。以分号开头，可放在指令后，也可单独一行。不影响程序的功能，只为程序可读。

　　二、汇编语句的种类

　　一个汇编语言源程序中包含有两种基本语句：

　　（1）指令性语句（真指令）。由 CPU 执行，完成某功能的语句。每一条指令性语句都有一条机器码指令与其对应。指令性语句是由指令助记符组成的，第 4 章中介绍的所有指令都属于指令性语句。

　　每条指令性语句与机器代码都是一一对应的，在汇编时均会产生一个可提供机器执行的目标代码，所以这种语句又称可执行语句，指令性语句的格式为：

标号：指令助记符   目的操作数，源操作数；   注释

例如：LPP: MOV CX, 100   ;循环计数器置初值 100

（2）指示性语句（伪指令）。指出汇编程序应如何对源程序进行汇编，如何定义变量、分配存储单元以及指示程序开始和结束等，是 CPU 不执行的指令。指示性语句无机器码指令与其相对应。

伪指令语句本身不产生对应的机器代码，只是通知汇编程序在汇编时所需要的信息，如标号类型、向内存装数、给变量赋值、变量类型。指示性语句的格式为：

名字   伪指令   操作数 1，操作数 2，…，操作数 n；   注释

例如：STRING DB 'hello,world!', 0DH, 0AH,'$';定义字符串

三、汇编语言源程序举例

【例 5-1】 编写一个在屏幕上显示字符串 hello,world!的程序。

解
```
data    SEGMENT                      ;定义数据段
    Hello  DB  'Hello, world!',0DH,0AH,'$'  ;定义字符串
data    ENDS                         ;数据段结束
code    SEGMENT
        ASSUME  CS: code, DS: data   ;定义代码段
start:   MOV  AX, data
         MOV  DS, AX                 ;数据段初始化
         LEA  DX, Hello              ;取字符串首地址
         MOV  AH,9
         INT  21H                    ;显示字符串
         MOV  AH,4CH
         INT  21H                    ;退回 DOS
code    ENDS                         ;代码段结束
         END  start                  ;程序结束
```

5.2.2 汇编语句的分类和格式

这部分主要介绍汇编程序的基本规则。

一、标识符

指令中的语句标号和伪指令中的符号名统称为标识符，是指令或数据所在内存单元的符号地址。

标号与符号名的区别是前者有冒号，后者无冒号；前者与具体地址相联系，可作为跳转调用指令操作数，后者用于定义变量名、过程名、段名使用；前者可任选或省略，后者可强制、任选、省略。标识符的组成规则如下：

（1）字符个数为 31 个字符以内。

（2）第 1 个字符必须是字母、"？"或"_"。

（3）不能使用系统专用的保留字。

标识符具有 3 种属性：段值、偏移量、类型。

（1）段值属性。定义标识符所在段。

（2）偏移量属性。定义标识符所在段的偏移量。

（3）类型属性。标号的类型有两种：NEAR（近距离）可被段内调用，FAR（远距离）

可被其他段引用。符号名中变量分为 BYTE 字节属性、WORD 字属性、DWORD 双字属性。

例如：

正确的：　　　LP1, AGAIN, NEXT, _GO, OK_1
错误的：　　　4M, LOOP, AAA, #HELP, +ONE

二、操作数

（1）常数。常数为指令中出现的没有任何属性的纯数值，在汇编期间它的值已完全确定，且在程序运行过程中不会发生变化。例如：立即数寻址中的立即数、直接寻址中的地址、数据定义伪指令中的数据。常用的常数有以下几种类型：

1）二进制数（B）、八进制数（O）、十进制数（D）、十六进制数（H）等，对于以字母开头的数据需在前面加一个 0，用以区别变量。

2）字符串常数，用单引号引起来的字符串，以相应的 ASCII 码存放。

3）还可以用科学表示法、十六进制实数等表示，但小汇编不支持。

（2）变量。变量代表存放在某一存储器中的数据，其在程序运行期间可以修改，常以变量名的形式出现在程序中，变量名可以看成变量在存储器中的符号地址。

（3）表达式。表达式可以作为操作数。数值表达式：产生一个没有属性的数值；地址表达式：产生一个地址，其具有三种属性（段值属性、偏移量属性、类型属性）。表达式中可由运算符将常量或变量连接起来实现。表达式中常用的有以下几种运算符：

1）算术运算符。常用的算术运算符有+（加）、－（减）、*（乘）、/（除）、MOD（模）。

算术运算符可用于数值表达式，经过运算可以得到确定的结果（是一个数值），也就是说数值表达式中只能是数字常量、字符常量、已赋值的常量符号和算术运算符。若用在地址表达式中通常只使用其中的+和－（加和减）两种运算符。

例如：MOV AX, 4*1024
　　　LEA SI, TAB+3

2）逻辑运算符。逻辑运算符有 AND（逻辑"与"）、OR（逻辑"或"）、XOR（逻辑"异或"）、NOT（逻辑"非"）。

逻辑运算符只用于数值表达式中对数值进行按位逻辑运算，并得到一个数值结果。对地址进行逻辑运算是没有意义的。

例如：MOV CL,36H AND 0FH
经汇编后：MOV CL, 06H

 注 意

不要把逻辑运算符与逻辑运算指令混淆。

例如：AND AX,3FC0H AND 0FF00H
汇编后源操作数被翻译为：3F00H，所以上述指令与 AND AX, 3F00H 等价。

3）关系运算符。关系运算符有 EQ（=）、NE（≠）、LT（<）、GT（>）、LE（≤）、GE（≥）。参与关系运算的必须是两个数值，或同一段中的两个储存单元地址，但运算结果只可能是两个特定的数值之一：当关系不成立（假）时，结果为 0000H；当关系成立（真）时，结果为 0FFFFH。

例如：MOV BX, PORT GT 300H

若 **PORT** 的值大于 **300H** 为真，则汇编后为：

MOV BX, 0FFFFH

若为假，则汇编后为：

MOV BX, 0

4）分析运算符。分析运算符又称数值返回运算符，通过运算后得到的是数值。它可分为以下 5 条：

（a）SEG。加在变量名或标号前面，将得到变量名或标号的段基值。

（b）OFFSET。加在变量名或标号前面，将得到变量名或标号的偏移量。

（c）TYPE。加在变量名或标号前面，返回结果是数值，其值为变量名或标号的类型值，如 1（字节）、2（字）、4（双字）、–1（NEAR）、–2（FAR）。

（d）LENGTH。加在变量名前面，运算结果为变量元素的基本单元的个数，若用 DUP 说明符，则外层值作为返回值。

（e）SIZE。加在变量名前，返回的数为变量总字节数。

例如：

```
a)   MOV AX, SEG DATA
     MOV DS, AX
b)   MOV SI, OFFSET  DATA      ;相当于 LEA  SI, DATA
c)   V0  DB  10H DUP（0）
     V1  DB  'ABCDE'
     V2  DW  1234H,5678H
     V3  DD  V2
     V4  DW  20H DUP（0）
     …
     MOV AL, TYPE  V1          ; AL=1
     MOV BL, TYPE  V2          ; BL=2
     MOV CL, TYPE  V3          ; CL=4
     MOV AL, LENGTH V0         ; AL=10H
     MOV BL, LENGTH V1         ; BL=1
     MOV CL, LENGTH V3         ; CL=1
     MOV AL, SIZE V0           ; AL=10H
     MOV BL, SIZE V2           ; BL=2
     MOV CL, SIZE V4           ; CL=40H
```

5）合成运算符。它又称属性修改运算符，是对变量、标号或内存操作数的类型进行修改的运算符，共有 3 条：

（a）PTR。指定由地址表达式确定的存储单元类型（BYTE 字节、WORD 字、DWORD 双字、NEAR 近、FAR 远）。其格式为：

类型 PTR 地址表达式

（b）THIS。把运算符后面指出的类型属性赋给当前的存储单元，其他属性不变。其格式为：

THIS   类型

（c）SHORT。指定一个标号的类型为短标号，即该标号到调用该标号指令间的距离在

$-128\sim+127$ 之间。

例如：

a）INC BYTE PTR[BX]　　　　　　; 一个字节单元内容增一

　　SUB WORD PTR [SI], 30H　　　; 一个字单元中的数减 0030H 结果→内存

　　JMB FAR PTR SUB1　　　　　　; 跳转到其他段中 SUB1 处

b）DA_BYTE EQU THIS BYTE　　　　; DA_BYTE 为一个字节变量

　　DA_WORD DW 20H DUP（0）　　; DA_WORD 占 32 个字单元（64 个字节单元）且清零

定义 20H 个字单元，如果对其按字节访问用 DA_BYTE，如果按字访问用标号 DA_WORD。

c）JUMP_FAR　　　EQU　THIS FAR　　; 定义 JUMP_FAR 为远标号

　　JUMP_NEAR: MOV AL, 30H　　　; 标号 JUMP_NEAR 为近标号

当段内调用时，使用标号 JUMP_NEAR；当从另一个代码段调用时，使用标号 JUMP_FAR。

6）其他运算符。

（a）方括号[ ]。间接寻址指令的存储器操作数要在寄存器名外面加上方括号，以表示存储器地址；变址寻址指令的存储器操作数既要用算术运算符将 SI 或 DI 与一个位移量作运算，又要在外面加上方括号来表示存储器地址。

例如：MOV CL, [BX]

　　　 MOV AL, [SI+5]

（b）段超越运算符"："。运算符"："跟在段寄存名之后标示段超越，用以给一个存储区操作数指定一个段属性，而不管其原来隐含的段是什么。

例如：MOV BX, ES:[DX]

　　　 SUB DS:[BP+2], CX

（c）HIGH 和 LOW。运算符 HIGH 和 LOW 分别得到一个数值或地址表达式的高位和地位字节。

例如：DATA EQU 4567H

　　　 MOV AL, LOW DATA　　; AL=67H

　　　 MOV AH, HIGH DATA　 ; AH=45H

5.3　伪　指　令

汇编语言中的指令在经过汇编程序汇编时，产生一个目标码，代表机器能执行的某种操作。这种指令称为真指令。与此相对应，有一类指令，它主要是为汇编程序服务的，如定义变量、分配存储地址以及实现某些其他的程序处理功能等。这类指令称为伪指令，因为它们的大多数不能形成目标码，所以它们根本不能被执行。

MASM 宏汇编程序提供了很多伪指令，大致可分为数据定义、符号定义、类型定义、段定义、过程定义、宏定义、结束等。

5.3.1　数据定义伪指令

这种指令主要给数据项分配存储单元并预置初值，它用一个符号名与这些存储单元联系，

并为这些单元提供规定的初值,用于定义变量,即内存单元或数据区,与数据项相联系的符号名称为变量。

一、格式

数据定义伪指令的语句格式为:

变量名 数据定义伪指令 操作数,操作数…

常用的数据定义伪指令有以下几种:

(1)DB。定义变量为字节类型。变量中的每个操作数占用 1 个字节。DB 伪指令也用来定义字符串。

(2)DW。定义变量为字类型。变量中的每个操作数都占用 2 个字节。在内存中存放时,低字节在低地址,高字节在高地址。

(3)DD。定义变量为双字类型。变量中的每个操作数都占用 4 个字节。在内存中存放时,低字节在低地址,高字节在高地址。

(4)DQ。定义变量为四字类型。变量中的每个操作数都占用 8 个字节。在内存中存放时,同样低字节在低地址,高字节在高地址。

(5)DT。定义变量为十字节类型。变量中的每个操作数都为 10 个字节的压缩 BCD 码。

二、操作数

操作数可以是常数、变量或表达式。其中表达式可以有以下几种情况:

(1)数值表达式。

例如:DA_B DB 50H, -50, 10110110B
      DA_W DW 0A34H, 26/5+3*2, 100

(2)字符串表达式。

例如:STR1 DB 'ABCD'
      STR2 DW 'AB','CD'
      STR3 DD 'AB'

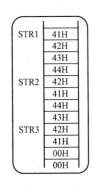

其内存数据存放格式如图 5-2 所示。

图 5-2 内存数据存放格式

> **注 意**
>
> (1)引号内部不超过 255 个字符。
>
> (2)对于 DB,字符的地址由左向右增地址。
>
> (3)对于 DW,每个数据项不得超过 2 个字符,且前面为高字节,后面为低字节,存放时先放低字节、后放高字节。
>
> (4)DD 伪指令分配给 4 个单元,每个数据项不能超过 4 个字符,如果少于 4 个字符,则高位 4 个 0 补上。

(3)带 DUP 表达式。DUP 为定义重复数据操作符,其格式为:

变量名 数据定义伪指令 重复次数 DUP(操作数,操作数…)

若操作数中使用"$",则表示的是地址计数器的当前值。若操作数中使用"?",则表示保留存储空间,但不存入数据。

例如：DB0 DB 1,2,3,4,8,16　　　　　　　　　; 用数据定义语句定义一个表
　　　DB1 DB 20H DUP（?）　　　　　　　　; 保留 32 个字节单元,不设置任何初值
　　　DB2 DB 10H DUP（'ABCD'）　　　　　; 重复16遍'ABCD'字符串,共占40H个字节单元
　　　DB3 DW 10H DUP（4）　　　　　　　; 重复16个字单元,每个字预置0004H
　　　DB4 DB 5 DUP（2 DUP（2）,7）　　　; 重复5遍'2,2,7'
　　　DA_B DB ?, ?　　　　　　　　　　　; 要求汇编时分配2个字节单元给 DA_B
　　　DA_W DW ?, ?　　　　　　　　　　　; 要求汇编时分配4个字节单元给 DA_W

5.3.2　符号定义伪指令

符号定义伪指令的用途是给一个符号重新命名，或定义新的类型属性等。应用时常把某些数据、地址等用一特定符号表示，使编程方便，但必须在源程序前赋值。

符号定义伪指令有两种：EQU、=，两者均不占用存储空间，仅是给符号赋值。

一、等值语句

格式：符号　EQU　表达式

该语句的含义是把表达式的值或符号赋给 EQU 左边的符号，其中表达式可以为：

（1）常数或数值表达式。

例如：COUNT EQU 5　　　　　;可使标号等于一个数值
　　　NUM EQU 13+5-4

（2）地址表达式。

例如：ADK1 EQU DS: [BP+4]

（3）变量、标号或指令助记符。

例如：CREQ EQU CX　　　　　　　　;也可使一标号等于另一标号
　　　CCC　EQU DAA
　　　L1　　EQU SUBSTART
　　　WO　　EQU WORD PTR DA_BYTE

注 意

同一程序中，同一符号不能用 EQU 重复定义。

二、等号语句

格式：符号=表达式

语句含义和表达式内容值同等的语句，可以重复定义。

例如：COUNT=5*4/7
　　　NUM=14H
　　　…
　　　NUM=NUM+10H
　　　CBD=DAA
　　　…
　　　CBD=ADD

三、解除语句

除了等值语句和等号语句外，还有一个解除语句 PURGE。即当 EQU 已定义了某符号，如果不再用，可以用此语句解除，解除后便可重新定义。

格式：PURGE 符号 1，符号 2，…，符号 *n*

5.3.3 类型定义伪指令

（1）标号是一条指令目标代码的符号地址。每个标号有 3 个属性：

1）段属性（SEG）。表示这条指令目标代码在哪个逻辑段中。

2）偏移量属性（OFFSET）。表示这条指令目标代码的首字节距段基值的距离。

3）类型属性（TYPE）。表示本标号作为段内引用还是段间引用。

（2）按标号类型分。

1）NEAR（近）。本标号只能被段内的转移指令、调用指令访问。

2）FAR（远）。本标号可被其他段的转移或调用指令访问。

（3）设置标号属性。

1）隐含方式。在指令语句中，使用了标号后，它就隐含了 NEAR 属性。

例如：LOP: MOV AX,30H

2）用 LABEL 伪指令赋予标号的类型属性，格式如下：

$$\left.\begin{matrix} \text{BYTE} \\ \text{WORD} \\ \text{DWORD} \end{matrix}\right\} \text{变量的类型属性}$$

$$\text{名称} \quad \text{LABEL} \quad \left.\begin{matrix} \text{NEAR} \\ \text{FAR} \end{matrix}\right\} \text{标号的类型属性}$$

LABLE 有以下两种使用情况：

（a）LABLE 与指令连用。

例如：SUB1_FAR LABEL FAR
      SUB1: MOV AX,30H

两个标号逻辑地址相同，但类型属性不同。若这个标号为对应入口，则在段内调用时用 SUB1，而其他段调用时可采用 SUB1_FAR。

（b）LABEL 与变量连用。

例如：DABYTE LABEL BYTE
      DAWORD DW 20H DUP(?)

两个变量具有相同的逻辑地址，但有不同的类型属性。字操作用 DAWORD，字节操作用 DABYTE。

5.3.4 段定义伪指令

汇编语言程序是按段来组织程序和数据的。一个程序常按用途划分为几个段（至少一个段）。与存储器的物理段相对应，汇编语言程序中的段称为逻辑段，汇编连接后被映射到物理段中。如存放数据用的数据段、做堆栈使用的堆栈段、放主程序的代码段，子程序可与主程序放在同一段内，也可以处于另一代码段，而且各个段可以是一个，也可以是几个。

段定义伪指令的用途是在汇编语言源程序中定义逻辑段。常用的段定义伪指令有 SEGMENT、ENDS 和 ASSUME 等。

一、段定义伪指令 SEGMENT/ENDS

格式：段名 SEGMENT [定位类型] [组合方式] [类别]

<汇编语言语句>

段名 ENDS

在汇编语言源程序中，SEGMENT（段的起始）和 ENDS（段结束）两个伪指令是成对出现的，二者前面的段名必须一致，常选用与本段用途相关的名字。两个语句之间的部分即是该逻辑段的内容。对数据段和堆栈段，段中的语句一般是变量定义；对代码段，则是指令语句。后面方括号中为可选项，空格分开，但不可以改变顺序。它规定了该逻辑段的一些其他特性，下面分别加以介绍：

（1）定位类型。定位类型告诉汇编程序如何确定逻辑段的边界在存储器中的位置。定位类型有以下 4 种：

1）PAGE（页）。表示从一页的边界开始，一页为 256 个字节，故段的起始地址一定能被256 整除，即低 8 位一定全为 0，所定义段的起始地址=XXX00H。

2）PARA（节）。表示本段从一个节的边界开始（一节为 16 个字节），故段的起始地址一定能被 16 整除，最后 4 位总是 0000B。若语句中没有给出定位类型，则默认为 PARA。所定义段的起始地址=XXXX0H。

3）WORD（字）。表示本段从一个偶字节地址开始，即段起始地址一定能被 2 整除，即最后一位总是 0。所定义段的起始地址=XXXX XXXX XXXX XXXX XXX0 B。

4）BYTE（字节）。表示本段起始单元从任意地址开始。

（2）组合类型。组合类型主要用在具有多个模块的程序中。它告诉汇编程序当一个逻辑段装入存储器时，指定段与段之间是怎样连接和定位的，共有以下 6 种选择：

1）NONE。即隐含选择，也就是此选项为缺省状态，则表示本段与其他段无连接关系。

2）PUBLIC。在满足定位类型的前提下，本段与同名的段邻接在一起，形成一个新的逻辑段，公用一个段基值，所有偏移量调整为相对新段的起始地址。

3）COMMON。产生一个覆盖段，在两个模块连接时，把本段与其他也用 COMMON 说明的同名段置成相同的起始地址，共享相同的存储区，其长度由同名的最大段确定。

4）STACK。把所有堆栈段连成一个连续段，且系统自动对 SS 初始化在新段的首址，SP设置在新段最大地址+1 处。

5）AT 表达式。表示本段可定位在表达式计算出的值所指示的节边界上。

6）MEMORY。表示当几个逻辑段连接时，本段在存储器中应定位在所有被连接在一起其他段的最高地址。

（3）类别。SEGMENT 伪指令的第三个任选项是类别，类别名必须放在单引号内。类别的作用是在连接时决定各逻辑的装入顺序。当几个程序模块进行连接时，其中具有相同类别名的段被装入连续的内存区，并按出现逻辑的先后顺序排列。没有类别名的逻辑段，与其他无类别名的逻辑段一起连续装入内存。

二、设定段寄存器伪指令 ASSUME

SEGMENT/ENDS 只是定义了段的开始和结束的位置，并给该段定义了一个名字，但是并没有定义段的属性，也就是说没有定义该段是什么段。ASSUME 伪指令将通知汇编程序每个逻辑段的属性，即明确指出源程序中的各逻辑段是数据段还是堆栈段、代码段。说明的方法是将逻辑段的段名与对应的段寄存器联系起来。ASSUME 伪指令中段寄存器名可以是 CS、DS、SS、ES，该伪指令的一般格式为：

ASSUME 段寄存器名：段名，段寄存器名：段名…

例如：ASSUME CS: code, DS: data, ES: data, SS: stack

语句中的 code 和 data 为段名，这个语句说明 CS 将指向名字为 code 的代码段，DS 和 ES 将指向名字为 data 的数据段。

例如：

```
…
CODE   SEGMENT
       ASSUME CS:CODE,DS: DATA,ES:EDATA,SS:STACK
START:MOV AX, DATA
       MOV DS, AX                ; 将数据段的段地址送入 DS
       MOV AX,EDATA
       MOV ES,AX                 ; 将附加段的段地址送入 ES
       MOV AX,STACK
       MOV SS,AX                 ; 将栈段的段地址送入 SS
       …
CODE   ENDS
       END  START
```

5.3.5　过程定义伪指令

如果在一个程序中的多个地方或多个程序中的多个地方用到了同一段程序，则可将这段程序抽取出来单独存放在内存某一区域，每当需要执行这段程序时，就用调用指令转到这段程序去，执行完毕再返回到原来的程序。抽取出来的这段程序叫做子程序或过程，而调用它的程序称为主程序或调用程序。主程序向子程序的转移叫子程序调用或过程调用。

使用子程序是程序设计的一种重要方法。这样可有效地简化程序的编制，也缩短了程序的长度，从而节省了磁盘或内存空间。

过程定义伪指令的格式为：

```
<过程名>    PROC  [NEAR/FAR 类型]
            …
            …
            RET
<过程名>    ENDP
```

过程名实际上是过程入口的符号地址，PROC 和 ENDP 必须成对出现。过程的类型有两种：NEAR 表示段内调用 （默认类型）、FAR 表示段间调用。

子程序调用与返回由 CALL 和 RET 指令实现。调用一个过程的格式为：

```
CALL  <过程名>
```

子程序调用实际是程序的转移，但它与转移指令有所不同，转入子程序的指令 CALL 在执行时将自动保护返回地址（即 CALL 指令的下一条指令的地址，称为断点），而转移指令则不考虑返回问题。每个子程序都有 RET 返回指令，它负责把保护的返回地址（即断点）恢复到 IP（段内返回）或 CS:IP（段间返回）中，从而实现子程序返回。

5.3.6　宏定义伪指令

在汇编语言源程序中，宏指令是一个指令序列，其作用在于如果需要多次使用同一个程序段，即把一段重复性较强的程序段定义成一条宏指令，即用宏指令代替这段程序，以后若遇需此段程序处放上该宏指令即可。

宏定义伪指令的格式为：

```
<宏指令名>  MACRO  [形参表]
           <宏定义体>
           ENDM
```

例如：两个数之和的宏定义和宏调用。

宏定义为：

```
DADD  MACRO  X，Y，Z
      MOV  AX，X
      ADD  AX，Y
      MOV  Z，AX
      ENDM
```

上面宏定义中，X、Y、Z 是形式参数。

调用宏 DADD 时可写为：

```
DADD   DATA1，DATA2，SUM
```

上面宏调用中，DATA1、DATA2、SUM 是实际参数，由它们替换定义中的 X、Y、Z，即形实结合。

显然，宏调用与过程（子程序）调用有相同点，都是一次定义，多次调用。但这两种编程方法在使用上是有差别的。

（1）执行形式。宏命令伪指令由宏汇编程序在汇编过程中进行处理；而 CALL、RET 则是由 CPU 执行的指令。

（2）汇编结果。宏命令伪指令汇编后被展开。

（3）执行速度。宏命令执行速度较快（因无调用转移）。

（4）占用内存。宏指令简化了源程序，但不能简化目标程序，并不节省内存单元，使用子程序可以节省代码（源程序和目标程序）占用的内存空间。

5.3.7　汇编结束伪指令

汇编语言源程序的最后，要加汇编结束伪指令 END，以使汇编程序结束汇编。其格式为：

```
END   [表达式或标号]
```

END 后跟的表达式通常就是程序第一条指令的标号，指示程序的启动地址（要执行的第一条指令的地址），自动将起始地址装入 CS:IP，结束源程序。

5.4　DOS 系统功能调用

在我们的程序中，总会有数据的输入和输出。实现数据的输入与输出将涉及输入、输出设备的管理，而对输入、输出设备管理的具体操作是十分繁琐的，好在系统为我们提供了方便。实际上，无论是用户程序还是 DOS 操作系统（Disk Operation System）本身，都离不开输入、输出操作，PC DOS 系统将输入、输出管理程序编写成一系列子程序，不仅系统可以使用，用户也可以像调子程序一样方便地使用它们。在 IBM PC 系统中，除了 DOS 系统中有一组输入、输出子程序可供用户调用外，在系统的 ROM 中也有一组输入、输出管理程序可供用户使用,这组程序通常称为 ROM BIOS（ROM Input/Output System），也简称为 BIOS（Basic

Input/Output System）。

DOS 和 BIOS 为用户提供两组系统服务程序，前者也称高级调用，后者也称低级调用。用户程序可以调用这些系统服务程序来实现相应的具体功能。但在调用时：①不用 CALL 命令；②不用这些系统服务程序的名称，而采用软中断指令 INT n；③用户程序也不必与这些服务程序的代码连接。因此，使用 DOS 和 BIOS 调用编写的程序简单、清晰，可读性好且代码紧凑，调试方便。BIOS 功能与 DOS 功能都是通过软件中断调用的。在中断调用前需要把功能号装入 AH 寄存器，把子功能号装入 AL 寄存器，除此而外，通常还需在 CPU 寄存器中提供专门的调用参数。一般地说，调用 DOS 或 BIOS 功能时，有以下几个基本步骤：①将调用参数装入指定的寄存器中；②如需功能号，把它装入 AH；③如需子功能号，把它装入 AL；④按中断号调用 DOS 或 BIOS 中断；⑤检查返回参数是否正确。当 n=5～1FH 时，调用 BIOS 中的服务程序；当 n=20～3FH 时，调用 DOS 中的服务程序。

5.4.1　DOS 软中断

为给编写汇编语言源程序提供方便，DOS 系统中设置了几十个独立的中断服务程序，它们的入口已由系统置入中断入口地址表中，在汇编语言源程序中可用软中断指令 INT n 调用它们。每执行一条软中断指令，就调用一个相应的中断服务程序。

一般我们常用的 DOS 软中断指令有 8 条，系统规定它们的中断类型码为 20H～27H，见表 5-1。

表 5-1　　　　　　　　　　　常用的有 8 条 DOS 软中断指令

软中断命令	功　　能	入口参数	出口参数
INT 20H	系统正常退出	无	无
INT 21H	系统功能调用	AH=功能号，相应入口号	相应出口号
INT 22H	结束退出		
INT 23H	Ctrl-Break 处理		
INT 24H	出错退出		
INT 25H	读磁盘	AL=驱动器号； CX=读入扇区数； DS=起始逻辑扇区号； DS:BX=内存缓冲区地址	CF=0 成功； CF=1 出错
INT 26H	写磁盘	AL=驱动器号； CX=读入扇区数； DS=起始逻辑扇区号； DS:BX=内存缓冲区地址	CF=0 成功； CF=1 出错
INT 27H	驻留退出	DS:DX=程序长度	

5.4.2　DOS 系统功能调用

DOS 系统功能调用主要是由软中断指令 INT 21H 实现的，这是一条功能极强的指令。当累加器 AH 中设置不同的值时，指令将完成 90 多个不同的功能，我们称 AH 中设置的内容为功能号，其编号从 0～62H。该指令的功能大体可分为输入/输出设备管理、文件管理及目录管理三个方面。

在调用系统功能时，程序员不必了解所使用设备的物理特性、接口方式及内存分配等，不必编写繁琐的控制程序。调用它们时采用统一的格式，只需要使用 3 部分语句：①传送入口参数到指定位置（有时不需要）；②功能号送入 AH 寄存器中；③INT 21H。

有的功能程序无入口参数，则只需安排后两条语句，调用结束后，系统将出口参数送到指定位置中或从屏幕显示出来。最常用的几个 INT 21H 功能见表 5-2。

表 5-2   常用 DOS 系统功能调用（INT 21H）

功能号	功　　　能	入　口　参　数	出　口　参　数
01H	键盘输入		AL=输入字符
02H	显示器输出	DL=输出字符	
09H	显示字符串	DS:DX=字符缓冲区首址	
0AH	带缓冲的键盘输入（字符串）	DS:DX=键盘缓冲区首址	
0BH	检查键盘输入状态		AL=FFH 有键盘输入；AL=00H 无键盘输入
4CH	终止当前程序，返回调用程序	AL=退出码	

一、带回显的键盘输入（1 号功能）

1 号功能子程序等待键盘输入，直到按一个键（输入一个字符），把字符的 ASCII 码送入 AL，并在屏幕上显示字符。如果按下的键是 Ctrl-C 组合键，则停止程序运行，若按下 TAB 制表键，屏幕上光标自动扩展到紧接着的 8 字位置后面。本调用不需入口参量，出口参量在 AL 中。

调用格式为：

```
MOV  AH, 01H
INT  21H
<AL 中有键入的字符>
```

功能号 1、7、8 都可以接收键盘输入的单字符，且输入的字符都以 ASII 码形式存放在 AL 寄存器中，区别在于 7、8 号功能调用没有回显。（调用时，仅等待到有键按下时为止，而键盘输入的字符不在屏幕上显示。8 号调用时，检查 Ctrl-Break 键，7 号调用时，若按下 Ctrl-Break、Ctrl-C 组合键和 TAB 制表键无反应。）

例如：程序中有时需要用户对提示做出应答。

```
GET:  MOV  AH,1          ; 等待键入字符
      INT  21H           ; 结果在 AL 中
      CMP  AL,'Y'        ; 是'Y'?
      JZ   YES           ; 是,转 YES
      CMP  AL,'N'        ; 是'N'?
      JZ   NO            ; 是,转 NO
      JMP  GET           ; 否则继续等待输入
YES:  …
      …
NO:   …
      …
```

二、字符串输入（0AH 功能）

前面 1、7、8 功能调用都是调用一次，从键盘输入一个字符；而 0AH 号功能能在一次调

用时从键盘接收一串字符，以回车作为键盘输入结束标志。在使用本功能调用前，应在内存中建立一个输入缓冲区。缓冲区第一个字节存放它能保存的最大字符数 N（1～255，不能为 0），该值由用户程序自己事先设置。第二字节存放用户本次调用时实际输入的字符数（回车键除外），这个数由 DOS 返回时自动填入。用户从键盘输入的字符从第三字节开始存放，直到用户输入回车键为止，并将回车码（0DH）加在刚才输入字符串的末尾上。所以设置缓冲区最大长度时，要比所希望输入的最多字符数多 3 个字节。字符串输入缓冲区的定义格式如图 5-3 所示。

缓冲区长度N	实际读入的字符个数	N个字节的预留内存区（DOS从键盘读入的字符放在此处）

图 5-3　字符串输入缓冲区的定义格式

调用格式为：

```
MOV  AH, 0AH
LEA  DX, <字符串缓冲区首地址>
INT  21H
```

例如：设在数据段定义键盘缓冲区如下：

```
STR1  DB  10,?,10 DUP（?）
```

调用 DOS 功能的 0AH 号功能的程序段为：

```
LEA  DX, STR1
MOV  AH，0AH
INT  21H
```

此程序段最多从键盘接收 10 个按键（包括回车）。

三、字符串显示（9 号功能）

9 号功能子程序能在屏幕上显示多于一个字符串。要显示的字符串必须先放在内存—数据区中，且字符串以美元符号 "$" 作为结束标志（注意，被显示的字符串必须以 "$" 作为结束符）。非显示字符（如回车、换行等）可以将其 ASCII 码插入字符串中间。进行 9 号功能的调用时，先把待显示的字符串首地址的段基值和偏移量分别存放在 DS 和 DX 中，再调 09H 号功能。

调用格式为：

```
MOV  AH, 9
LEA  DX, <字符串>
INT  21H
```

 注 意

被显示的字符串必须以 "$" 结束。

例如：在屏幕上显示 'HELLO, WORLD!' 字符串，且光标换行。

```
DATA  SEGMENT
CR  EQU  0DH
LF  EQU  0AH
```

```
    STR1  DB  'HELLO,WORLD! ', CR, LF, '$'          ; 在数据段定义字符串
DATA  ENDS
CODE  SEGMENT
    ASSUME  CS:CODE, DS:DATA
MAIN: MOV AX, DATA
    MOV DS, AX
    MOV DX, OFFSET STR1                            ; 也可用 LEA  DX, STR1
    MOV  AH,9
    INT  21H
CODE  ENDS
    END  MAIN
```

四、字符显示（2 号功能）

本功能子程序仅在屏幕上显示单个字符。要显示字符的 ASCII 码（入口参数）存放在 DL 中。如果 DL 中存放退格键编码（08H），在屏幕上便向左移一个字符位置，并使该位置成为空格。移动后光标停留在那里。由于 2 号功能可显示任意字符，如美元符号'$'(24H)，而 9 号功能却不能显示'$'符号，所以它可作为 9 号功能的补充。

调用格式为：

```
MOV  AH, 2
MOV  DL, <要显示的字符>
INT  21H
```

例如：显示字符'A'字：

```
MOV DL, 'A'
MOV AH, 2
INT 21H
```

五、返回操作系统（4CH 号功能）

本功能子程序没有入口参数，执行结果是结束当前正在执行的程序，并返回操作系统。

调用格式为：

```
MOV AH , 4CH
INT  21H
```

5.4.3　BIOS 功能调用及 DOS 和 BIOS 两种功能调用的比较

BIOS 可以视为是永久地记录在 ROM 中的一个软件，是操作系统输入、输出管理系统的一部分。它包括 post 自检程序、基本启动程序、基本的硬件驱动程序等。它主要用来负责机器的启动和系统中重要硬件的控制和驱动，并为高层软件提供基层调用。因 ROM 中主要存储的就是 BIOS，因此，也可混称为 ROM BIOS，或系统 ROM BIOS。此外，操作系统还在硬盘上存储了一个重要文件 IO.SYS—输入、输出接口模块，主要提供操作系统与硬件的接口，并扩充了 ROM BIOS 的某些功能。

BIOS 中的主要中断类型如下：INT 10H—屏幕显示；INT 13H—磁盘操作；INT 14H—串行口操作；INT 16H—键盘操作；INT 17H—打印机操作。每类中断包含许多子功能，调用时通过功能号指定。下面仅介绍显示器输出服务和键盘输入服务。

（1）INT 10H（显示器输出）。

INT 10H 包含了与显示器有关的功能，可用来设置显示方式、设置光标大小和位置、显

示字符等。

1）AH=0AH：显示字符。

入口参数：AL=欲显示字符的 ASCII 码。

2）AH=0EH：显示字符。

入口参数：AL=欲显示字符的 ASCII 码。

功能：类似于 0AH 功能，但显示字符后，光标随之移动，并可解释回车、换行和退格等控制符。

（2）INT　16H（键盘输入）。

1）AH=0：从键盘读一键。

出口参数：AL=ASCII 码，AH=扫描码。

功能：从键盘读入一个键后返回，按键不显示在屏幕上。对于无相应 ASCII 码的键，如功能键等，AL 返回 0。

2）AH=1：判断是否有键可读。

出口参数：若 ZF=0，则有键可读，AL=ASCII 码，AH=扫描码；否则，无键可读。

3）AH=2：返回变换键的当前状态。

出口参数：AL=变换键的状态。

BIOS 中断程序处于 DOS 功能调用和硬件环境之间，与 DOS 功能调用相比，其优点是效率高，缺点是编程相对复杂；与直接对硬件进行汇编语言编程相比，其优点是实现相对容易，缺点是效率相对较低。

在一些情况下既能选择 DOS 中断也能选择 BIOS 中断来执行同样的功能。例如，打印机输出一个字符的功能，可用 DOS 中断 21H 的功能 5，也可用 BIOS 中断 17H 的功能 0。由于 BIOS 比 DOS 更靠近硬件，故一般情况下，尽可能地使用 DOS 功能，但在少数情况下必须使用 BIOS 功能。例如，BIOS 中断 17H 的功能 2 为读打印机状态，DOS 就没有等效的功能。

因此，对 BIOS 和 DOS 功能调用的选择原则是：无法使用 DOS 功能调用（或 DOS 没有提供）而 BIOS 提供了功能的情况下可以考虑使用 BIOS 中断。

5.5　EMU8086 仿真软件简介

数据可视化是近年来新兴的计算机热门技术，并在科学计算可视化和程序界面可视化等方面获得较大进展。EMU8086 是 Digital River 公司推出的 16 位 CPU8086 的仿真软件，它将汇编语言程序设计和虚拟接口技术有机地结合起来，其内部集成了汇编程序编译器、连接器、参考例程、学习指南，并提供了交通灯、机器人、步进电机等 7 个虚拟外设，是学习 Intel 8086 微处理器的理想工具。EMU8086 的工作界面为纯 Windows，界面友好，由菜单栏、快捷按钮栏和用户工作区构成，它能模拟真实微处理器工作的每一步骤，通过单步调试显示指令执行后 CPU 内部寄存器、存储器、堆栈、变量和标志寄存器的当前值，操作简单直观，通过它学生可以很快掌握汇编程序设计和接口技术等知识。

5.5.1　EMU8086 的功能

以 Intel8086/8088 为 CPU 的 16 位微机系统 IBM PC/XT 是目前最有代表性的主流机型，因此学习 8086 有关知识非常具有代表性。EMU8086 是基于 8086 CPU 的仿真软件，有着与

8086 十分相近的功能。EMU8086 是交互式学习汇编语言（Assembly Language）、计算机结构（Computer Architecture）和逆向工程（Reverse Engineering）的完整仿真体系。其内部集成了汇编程序汇编器、连接器、参考资料、例程、学习指南和虚拟硬件等。EMU8086 是学习 Intel8086 微处理器的理想工具，它模拟真实微处理器的每一步骤，并显示内部寄存器、存储器、堆栈、变量和标志寄存器，而且其中任何一个数值都可通过鼠标双击来改变。同时它还虚拟了微机显示器、直流步进电机、交通红绿灯、LED 等外设。

5.5.2　EMU8086 的安装及运行

EMU8086 的安装过程与其他 Windows 软件相似，安装时有向导提示，其工作界面风格与 VB、VC 类似。用户界面具有菜单栏、快捷按钮栏和用户工作区。用户工作区用于编写汇编源程序，通过菜单选项或快捷按钮命令可对源程序进行一系列操作。

5.5.3　EMU8086 的应用

一、EMU8086 的汇编语言程序设计

首先在用户工作区中编写一个源程序，单击 Emulate 按钮，EMU8086 自动完成对源程序的编译、连接，如果有错误，会交互式提供出错信息。正确连接后，自动进入到指令调试界面，此状态称为 8086 Microprocessor Emulator（简称 Emulator），如图 5-4 所示。Emulator 提供了单步执行指令方式，每一步可方便地观察 CPU 内部寄存器值和状态，还可观察机器码及其反汇编指令和指令的地址，同时也提供了连续运行方式，连续运行每条指令的执行间隔从 0~400 ms 可调节。

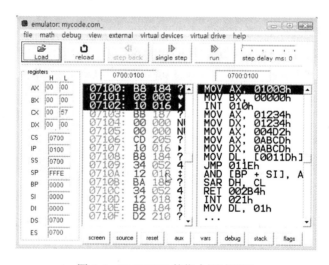

图 5-4　EMU8086 的指令调试界面

通过 Emulator 快捷按钮可弹出小窗口显示 ALU（算术逻辑单元）中的二进制数以及所有通用寄存器、段寄存器、FLAGS（标志）寄存器和 STACK（堆栈）区的值，供学习者全面理解 CPU 的工作原理并监视 CPU 工作状态。

EMU8086 VER4. 03 版本中提供了 88 个软件和硬件例程供使用者学习和参考，通过这些典型的例程，能学习到汇编语言软件和微机接口技术等方面的知识。另外，EMU8086 的用户指南中提供了全面而详细的软件中断资料和所有指令的格式、使用方法以及指令使用的例子。

二、EMU8086 的虚拟接口

EMU8086 提供了 8 个典型的虚拟外设,包括 LCD(液晶显示器)、交通灯、机器人、打印机、步进电机、简单 I/O 接口、温度加热控制系统和 LED(数码管)。每个虚拟外设相当于一个接口电路,并分配有一个或多个固定端口地址,通过这些端口地址即可访问该地址对应的虚拟外设。

虚拟外设的访问方法与真实外设的访问方法一样,例如图 5-5 中交通灯(Traffic Lights)具有端口地址 04H,则其输出指令为 OUT 04H,AX,对交通灯中红、绿、黄三色等的控制变为对 AX 中二进制位的操作,运行程序时还可观察到交通灯的切换效果,与实际交通灯效果非常相似。

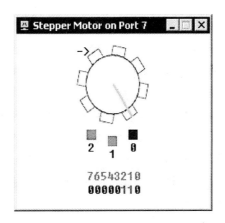
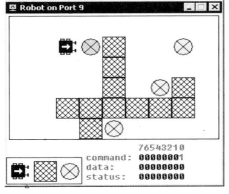
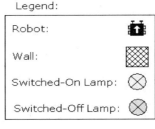

图 5-5   EMU8086 的部分虚拟外设

三、EMU8086 的高级功能扩展

EMU8086 能够生成纯二进制代码文件(*.bin)和基于软磁盘的小型操作系统,这种 bin 文件类似于 com 文件,但它的大小不受内存段界限的限制。

除了直接利用 EMU8086 提供的虚拟外设,还可以通过 JAVA、C 语言、.NET、BASIC 语言或汇编语言设计出特定功能的虚拟外设,以达到扩展虚拟外设的目的。

四、EMU8086 的实用工具

EMU8086 集成了计算器、数据转换器、ASCII 表等工具,使用者可以很方便地使用这些工具找到所需的数据及转换形式。数据可视化计算机教学的意义在于:①可以激励学生学习,也可以帮助他们将观点储存在长期记忆中；②利用图标或其他方式展示算法所执行的过程，可以帮助学生更容易地理解算法；③可以更好地吸引学生注意力；④可将图片、投影片、影片整合在一起；⑤可以让学生体会在大量数据下，算法执行效率的差异；⑥学生在课后可利用可视化软件来探索算法的执行过程。

5.6　汇编语言程序结构

前面我们已讲过 80X86 CPU 工作在实模式下时，把存储器分成若干段。段是 80X86 系列汇编语言程序的基础，一段就是一些指令和数据的集合，80X86 汇编语言源程序就是建立在段结构的基础上。凭借 4 个段寄存器（CS、DS、SS、ES）对各段进行访问，所以在编制汇编语言源程序时，必须按段构造程序。通常按照程序中的用途划分成几个段，如存放数据的数据段、作堆栈使用的堆栈段、存放程序的程序段，以及存放子程序或过程的过程段。由于每个段的物理空间都小于等于 64KB，因此上述用途的各段可以分别是一个或几个（顺序可任意）。

一个完整的汇编语言源程序通常由若干个逻辑段组成，但一个源程序模块只可以有一个代码段、一个数据段、一个附加段和一个堆栈段。每个逻辑段以 SEGMENT 语句开始，以 ENDS 语句结束，整个源程序以 END 语句结尾。

通过程序设计用计算机解决某一问题时，一般须按以下步骤进行：

（1）分析问题。

（2）建立所研究问题的模型。

（3）确定算法或解决方案。

（4）绘制程序流程图。

（5）内存空间的分配。

（6）编制程序与静态检查。

（7）程序调试。

不难看出，汇编语言的程序设计与高级语言的程序设计一样。可以根据具体情况选择上述的编程步骤使用。

汇编语言程序设计与执行过程如图 5-6 所示，主要步骤如下：

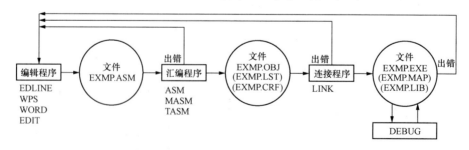

图 5-6　汇编语言程序设计与执行过程

（1）输入汇编语言源程序，EDIT/NOTEPAD 等，源文件.ASM。

（2）汇编（编译），MASM /ASM 等，目标文件.OBJ。

（3）链接，LINK 等，可执行文件.EXE。

（4）调试，DEBUG/TD 等，最终正确的程序.EXE。

目前都把上述的软件集成在统一的环境下，以方便用户使用。

一个基本的汇编语言程序框架如下：

```
data    SEGMENT
        <数据、变量在此定义>                              }  数据段
data    ENDS
code    SEGMENT
        ASSUME  CS:code, DS:data
start:  MOV   AX, data
        MOV   DS, AX
        <此处加入你自己的程序段>              真指令     }  代码段
        MOV   AL, 4CH
        INT   21H
code    ENDS
        END   start
```

【**例 5-2**】 给出一个完整的汇编语言源程序，该程序的功能是完成两个字节数据相加。

解
```
        DATA    SEGMENT                  ; 段定义开始(DATA 段)
        BUF1    DB      34H              ; 第 1 个加数
        BUF2    DB      2AH              ; 第 2 个加数
        SUM     DB      ?                ; 准备用来存放和数的单元
        DATA    ENDS                     ; 段定义结束(DATA 段)
        CODE    SEGMENT                  ; 段定义开始(CODE 段)
        ASSUME CS:CODE,DS:DATA           ; 规定 DATA、CODE 分别为数据段和代码段
START:MOV     AX, DATA
        MOV     DS,AX                    ; 给数据段寄存器 DS 赋值
        MOV     AL,BUF1                  ; 取第 1 个加数
        ADD     AL,BUF2                  ; 和第 2 个加数相加
        MOV     SUM, AL                  ; 存放结果
        MOV     AH, 4CH
        INT     21H                      ; 返回 DOS 状态
CODE    ENDS                             ; 段定义结束(CODE 段)
        END     START                    ; 整个源程序结束
```

任何一个复杂的程序都是由简单的基本程序构成的，同高级语言类似，汇编语言程序设计也有顺序程序、分支程序、循环程序、子程序等基本程序结构。

下面通过举例详细说明这几种基本程序结构的设计方法。

5.6.1 顺序程序

顺序程序又称简单程序。这种程序的形式最简单，计算机执行程序的方式是"从头到尾"，逐条执行指令语句，每条指令必须执行一次而且只执行一次，直到程序的最后指令执行完成（即程序结束）为止，这是程序的最基本形式，任何程序都离不开这种形式。顺序程序是最常见、最基本的程序结构，CPU 按照指令的排列顺序逐条执行。

【**例 5-3**】 试编制汇编语言源程序实现 $Z=[(X+Y)*8-X]/2$，其中 $X=6$ 和 $Y=7$ 是内存中无符号字节数，Z 将存入内存。

解 设无符号数 X、Y 分别存于内存 VARX、VARY 两个字节单元中，Z 将存入 RESULT

单元中。$(X+Y)*8 \leq 2$ 个字节，若采用字操作，可不考虑进位。*8 采用左移 3 次方法，/2 可采用右移 1 次方法。该程序流程图如图 5-7 所示。

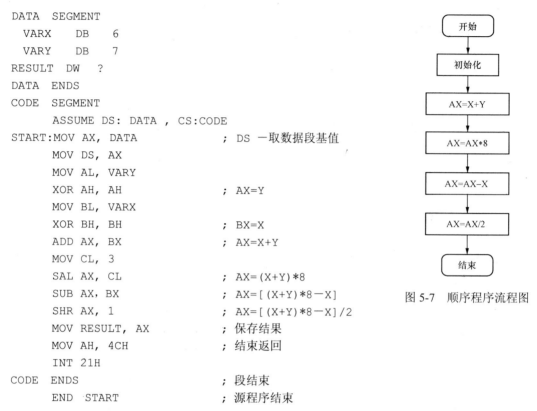

```
DATA  SEGMENT
   VARX    DB    6
   VARY    DB    7
RESULT  DW    ?
DATA  ENDS
CODE  SEGMENT
        ASSUME DS: DATA , CS:CODE
START:MOV AX, DATA          ; DS —取数据段基值
        MOV DS, AX
        MOV AL, VARY
        XOR AH, AH          ; AX=Y
        MOV BL, VARX
        XOR BH, BH          ; BX=X
        ADD AX, BX          ; AX=X+Y
        MOV CL, 3
        SAL AX, CL          ; AX=(X+Y)*8
        SUB AX, BX          ; AX=[(X+Y)*8-X]
        SHR AX, 1           ; AX=[(X+Y)*8-X]/2
        MOV RESULT, AX      ; 保存结果
        MOV AH, 4CH         ; 结束返回
        INT 21H
CODE  ENDS                  ; 段结束
        END  START          ; 源程序结束
```

图 5-7　顺序程序流程图

为了使程序的执行过程更直观地展现在大家面前，我们可利用 EMU8086 模拟器来调试汇编语言源程序，它可方便地观察寄存器的值和状态。

5.6.2　分支程序

分支程序是按照给定的条件进行判断，然后根据不同的结构（条件成立或不成立）使程序发生移去并进行不同的处理，关键在于如何判断分支的条件。分支程序常用的有以下两种结构形式：

（1）比较/测试分支程序。在分支产生前，通常利用比较指令（CMP）或数据操作及位检测指令等来改变标志寄存器各个标志位（OF、SF、SF、ZF、AF、PF、CF），然后再选用适当条件转移指令，以实现不同情况的分支转移。

（2）分支表（跳转表）结构。如果某程序需要 n 路分支，每路程序的入口地址分别为 SUB1、SUB2、…、SUBn。把这些转移的入口地址组成一个表，叫跳转表。表内每两个字节存放一个入口地址的偏移量。表内也可以由若干跳转指令组成，这时用无条件转移指令，且每条指令的目标的代码长度要一致。

【例 5-4】 编制程序求 AX 和 BX 中的两个无符号数之差的绝对值，结果放在内存 RESULT 单元中。

解　AX 和 BX 中的数是不知道的，显然应该先知道哪一个数稍大些，然后再用大数减小数的方法，才可求得绝对值。该程序流程图如图 5-8 所示。

```
DATA    SEGMENT
    RESULT  DW  ?
DATA    ENDS
CODE    SEGMENT
        ASSUME CS:CODE, DS:DATA
START:  MOV DX, DATA
        MOV DS, DX
        MOV DX, AX
        SUB AX, BX          ; AX←AX−BX
        JC NEXT1            ; AX<BX 时转移
        MOV RESULT,AX       ; 结果送 RESULT
        JMP NEXT2
NEXT1:  SUB BX, DX          ; BX←BX−DX
        MOV RESULT, BX
NEXT2:  MOV AH,4CH
        INT 21H            ; 结束返回
CODE    ENDS
        END    START
```

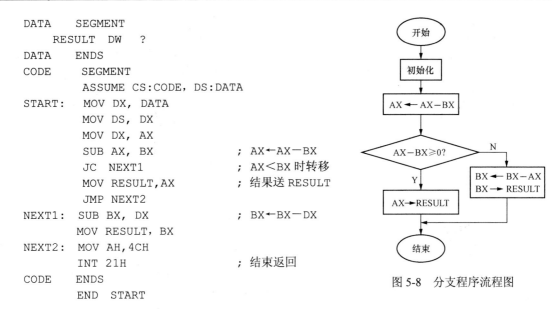

图 5-8　分支程序流程图

【例 5-5】　在当前数据段的 DATA1 开始的顺序 10 个单元中，存放着 10 位同学的考试成绩（0～100 分）。编写程序统计 90 分以上、80～89 分、70～79 分、60～69 分和 60 分以下的人数，并将结果放到同一数据段的 DATA2 开始的 5 个单元中。

解　这是一个具有多分支的分支程序，需要将每一位学生的成绩依次与 90、80、70、60 进行比较。因为是无符号数，所以用 CF 标志作为分支条件，相应指令为 JC。最后把统计结果送入一个数组中存放。

```
DATA    SEGMENT
  DATA1 DB 98,97,87,68,57,77,65,72,95,80    ;存放学生成绩的单元
  DATA2 DB 5 DUP（0）                        ;存放统计结果的数组
DATA    ENDS
CODE    SEGMENT
        ASSUME CS:CODE, DS:DATA
START:MOV AX, DATA
      MOV DS, AX
      MOV CX, 10                            ;统计人数
      LEA SI,DATA1                          ;SI 指向学生成绩
      LEA DI,DATA2                          ;DI 指向统计结果
AGAIN:MOV AL,[SI]                           ;取学生成绩
      CMP AL,90                             ;比 90 大吗
      JC NEXT1                              ;若不大,继续判断比较
      INC BYTE PTR[DI]                      ;若大,90 分以上统计结果加 1
      JMP  STO                              ;转循环控制处理
NEXT1:CMP AL,80                             ;比 80 大吗
      JC NEXT2                              ;若不大,继续判断比较
      INC BYTE PTR[DI+1]                    ;若大,80 分以上统计结果加 1
      JMP STO
NEXT2:CMP AL,70                             ;比 70 大吗
      JC NEXT3                              ;若不大,继续判断比较
      INC BYTE PTR[DI+2]                    ;若大,70 分以上统计结果加 1
```

```
        JMP STO
NEXT3:CMP AL,60                          ;比 60 大吗
        JC NEXT4                         ;若不大,继续判断比较
        INC BYTE PTR[DI+3]               ;若大,60 分以上统计结果加 1
        JMP STO
NEXT4:INC BYTE PTR[DI+4]                 ;60 分以下统计结果加 1
STO:    INC SI                           ;取下一个学生成绩
        LOOP AGAIN
        MOV AH,4CH
        INT 21H                          ; 结束返回
CODE    ENDS
        END  START
```

5.6.3　循环程序

循环程序是强制 CPU 重复执行某一指令系列（程序段）的一种程序结构形式。凡是要重复执行的程序段都可以按循环结构设计。循环程序的基本结构如图 5-9 所示。

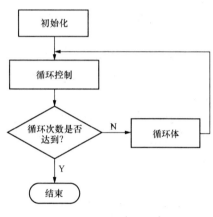

图 5-9　循环程序的基本结构

（1）初始化。完成建立循环次数计数器，设定变量和存放数据的内存地址指针的初值，装入暂存单元的初值等。

（2）循环体。这是程序的处理部分。

（3）循环控制。包括修改变量、修改指针以及为下一次循环做准备，循环计数器（计数器减 1）判断循环次数是否达到。

（4）结束处理。主要用来分析和存放程序的结果。

循环程序分为单循环和多重循环，两重以上的循环叫多重循环。

循环控制方式有计数控制、条件/状态控制等。

（1）计数控制。事先已知循环次数，每次循环计数器都需要做加或减的调整工作，当达到计数次数后将自动退出循环，执行下一次指令。

（2）条件/状态控制。事先不知循环次数，在执行循环时判定某种条件或状态的真假来达到控制循环。或由外界干预，测试得到的开关状态，决定是否循环。

【例 5-6】　从自然数 1 开始累加，要求累加和不大于 1000，统计被累加的自然数的个数，并把统计的个数送入 n 单元，把累加和送入 sum 单元。

解　本题仍采用循环的方法来实现自然数的累加，但是被累加的自然数的个数事先是未知的，也就是说，循环的次数是未知的，因此不能用计数器方法控制循环。然而题目中给定一个重要条件：累加和不大于 1000，即当累加和大于 1000 则停止累加。因此，可以根据这一条件来控制循环。

用 CX 寄存器统计自然数的个数，用 AX 寄存器存放累加和，用 BX 寄存器存放每次取得的自然数。程序流程图如图 5-10 所示。

```
DATA  SEGMENT
  n   DW  ?
```

```
     sum  DW  ?
DATA  ENDS
CODE  SEGMENT
      ASSUME CS:CODE,DS:DATA
START:MOV  AX, DATA
      MOV  DS, AX
      MOV  AX, 0
      MOV  BX, 0
      MOV  CX, 0
LOP:  MOV  n, CX              ; 保存自然数个数
      MOV  SUM,AX             ; 保存累加值
      INC  BX                 ; 自然数加 1
      ADD  AX,BX              ; 累加一个自然数
      INC  CX                 ; 自然数个数加 1
      CMP  AX,1000
      JBE  LOP
      MOV  AH,4CH
      INT  21H
CODE  ENDS
      END START
```

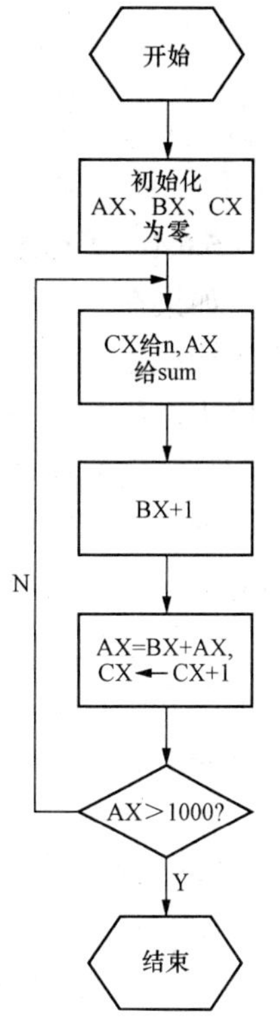

图 5-10　程序流程图

【例 5-7】　从 MEM 单元开始的 10 个 16 位无符号数按照从大到小的顺序排列。

解　这是一个排序问题，使用冒泡排序算法来完成功能。先使第一个数与下一个数比较，若大则使其位置保持不变，小则将大数放低地址，小数放高地址（即交换）。程序需要使用一个双重循环来完成功能。

编写的原程序如下：

```
DATA SEGMENT
   MEM  DW  5566H,1122H,0EEFFH,3344H,0CCDDH,7788H
        DW  99AAH, 0AABBH, 0BBCCH, 0DDEEH
DATA ENDS
CODE  SEGMENT
      ASSUME CS:CODE,DS:DATA
START:  MOV  AX, DATA
        MOV  DS, AX
        LEA  DI, MEM          ; DI 指向待排序数的首地址
        MOV  BL, 9            ; N 个数需要比较 N-1 次
NEXT1:  MOV  SI, DI           ; SI 指向当前要比较的数
        MOV  CL, BL           ; CL 为内循环计数器
NEXT2:  MOV  AX, [SI]         ; 取第一个数 NI
        ADD  SI, 2            ; 指向下一个数 NJ
        CMP  AX, [SI]         ; NI>=NJ 吗
        JNC  NEXT3            ; 若大于,则不动
        MOV  DX, [SI]         ; 否则交换
        MOV  [SI-2], DX
        MOV  [SI], AX
NEXT3:  DEC  CL               ; 内循环结束
        JNZ  NEXT2            ; 若为结束,则继续
        DEC  BL               ; 外循环次数减 1
```

```
        JNZ    NEXT1              ; 若外循环没有结束，则继续
        MOV    AH,4CH
        INT    21H
CODE    ENDS
        END    START
```

5.6.4　子程序

如果在一个程序中的多个地方或多个程序中的多个地方用到了同一段程序，则可将这段程序抽取出来单独存放在内存某一区域，每当需要执行这段程序时，就用调用指令转到这段程序去，执行完毕再返回原来的程序。抽取出来的这段程序叫做子程序或过程，而调用它的程序称为主程序或调用程序。主程序向子程序的转移叫子程序调用或过程调用。

使用子程序是程序设计的一种重要方法。这样可用有效地简化程序的编制，也缩短了程序的长度，从而节省了磁盘或内存空间。

子程序是用过程定义伪指令 PROC 和 ENDP 来定义的。有关伪指令 PROC 和 ENDP 已在前面介绍过了，这里只对其类型属性作一些说明，因为它是一个过程能否正确执行的保证。过程类型属性的确定原则有：

（1）调用程序和过程若在同一代码段中，则使用 NEAR 属性。

（2）调用程序和过程若不在同一代码段中，则使用 FAR 属性。

（3）主程序应定义为 FAR 属性。因为把程序的主过程看做 DOS 调用的一个子程序，而 DOS 对主过程的调用和返回都是 FAR 属性。

另外，过程定义允许嵌套，即在一个过程定义中允许包含多个过程定义。子程序调用与返回由 CALL 和 RET 指令实现。子程序调用方式有段内调用、段间调用、直接调用和间接调用。子程序调用实际是程序的转移，但它与转移指令有所不同，转入子程序的指令 CALL 在执行时将自动保护返回地址（即 CALL 指令的下一条指令的地址，称为断点），而转移指令则不考虑返回问题。每个子程序都有 RET 返回指令，其负责把保护的返回地址（即断点）恢复到 IP（段内返回）或 CS:IP（段间返回）中，从而实现子程序返回。子程序的正确调用和正确返回是正确执行子程序的保证。为了使子程序正确地执行，有两点应特别注意：

（1）正确选择过程的属性。

（2）正确使用堆栈，因为在调用程序中执行 CALL 指令时，将把断点地址压入堆栈。这个地址正是由子程序返回到调用程序的地址。当在子程序中执行 RET 指令时，便把这个返回地址由堆栈弹出（称为恢复断点），返回调用程序自此继续往下执行。若在子程序中不能正确地使用堆栈，而造成执行 RET 前堆栈指针 SP 并未指向进入子程序时的返回地址，则必然会导致运行出错。因此在子程序中使用堆栈要特别注意。

子程序设计与应用应注意的问题：

一、现场保护与恢复

调用子程序后，CPU 处理权转到了子程序，在转子程序前，CPU 有关决策权和内存有关单元是父程序的工作现场，若这个现场信息还有用处，那么在调用子程序前要设法保护这个现场。保护现场的方式有很多。多数情况是在调用子程序后由子程序前部操作完成现场保护，再由子程序后部完成现场恢复。现场信息可以压入栈区或传送到不被占用的存储单元，也可以避开这些有用的寄存器或存储单元，达到保护现场目的。恢复现场是保护现场的逆操作。

当用栈区保护现场时，还应注意恢复现场的顺序不能搞错，否则不能正确地恢复父程序的现场。例如，若子程序 SUBP 中改变了寄存器 AX、BX、CX 的内容，则在子程序的开始处将这些寄存器的内容入栈保存，在子程序的返回指令之前用出栈指令依次恢复，具体实现方法如下：

```
SUBP PROC
  PUSH AX
  PUSH BX
  PUSH CX
  ...
  POP CX
  POP BX
  POP AX
SUBP ENDP
```

二、参数传递

调用程序在调用子程序时，往往需要向子程序传递一些参数；同样地子程序运行后，也经常要把一些结果参数传回给调用程序。调用程序与子程序之间的这种信息传递称为参数传递。传递参数需要父程序与子程序默契配合，否则会产生错误结果，或造成死机。参数传递有以下 3 种主要的方式：

（1）通过寄存器传递参数。此方式就是子程序的入口参数和出口参数都在约定的寄存器中。此法的优点是参数传递快，编程也较方便，且节省内存单元。但由于寄存器个数有限，而且在处理过程中要经常使用寄存器，如果要传递的参数很多，将导致无空闲寄存器供编写程序使用。因此，寄存器法只适用于要传递参数较少的一些简单程序情况。

（2）通过地址表传递参数地址。此方式就是入口参数和出口参数都在约定的内存或外设端口的地址表中，通过地址表传递参数的地址。此法的优点是每个子程序要处理的数据或送出的结果都有独立的存储单元，编写程序时不易出错，它适合于参数较多的情况，但要求事先建立地址表，地址表可以在内存中或外设端口中，它要占用一定数量的内、外存单元。

（3）通过堆栈传递参数。为了利用堆栈传递参数，必须在主程序中任何调用子程序之前的地方，把这些参数压入堆栈，然后利用在子程序中的指令从堆栈弹出而取得参数。同样，要从子程序传递回调用程序的参数也被压入堆栈内，然后由主程序中的指令把这些参数从堆栈中取出。

三、子程序说明

由于子程序有共享性，可被其他程序调用，因此每个子程序应有必要的使用注释，它一般包括子程序名、功能和技术指示（如执行时间等）、占用的寄存器和存储单元、入口和出口参数、嵌套了哪些子程序。有些子程序在说明中还应列举调用实例，以供使用者参考。

四、子程序调用技巧

子程序应用比较灵活，常用的技巧有：

（1）子程序嵌套。子程序调用子程序的过程称为子程序嵌套。

（2）子程序递归。子程序调用自身的过程称为子程序递归。

（3）可重入子程序。子程序被调用后没有执行完又被另一程序重复调用称为可重入。

（4）协同子程序。两个以上子程序协同完成一项任务，且又相互调用，直到任务结束。

【例 5-8】 已知 10 个学生的成绩存放在 STU 变量定义的存储单元中，求 10 个学生的总分和平均成绩，并且显示总分和平均成绩。

解 显示总分和平均成绩时，要把二进制数变成 ASCII 码，然后通过 DOS 功能调用输出到显示器。

程序编写如下：

```
DATA     SEGMENT                                ;DATA 数据段
         STU DB 70,80,90,50,60,61,71,82,91,95   ;学生成绩
         SUM1 DW ?                              ;存放总分,二进制
         SUM2 DB ?,?,?,?,?,20H,20H,'$'          ;存放总分,ASCII 码
         PJ DB ?,?,?,?,?,20H,20H,'$'            ;存放平均成绩,ASCII 码
DATA     ENDS
STACK    SEGMENT                                ;STACK 堆栈段
    DW 100 DUP（?）                             ;堆栈段的大小
    TOS LABEL WORD                             ;栈底偏移地址
STACK    ENDS
CODE     SEGMENT                                ;代码段 CODE
MAIN     PROC    FAR                            ;MAIN 程序作为 DOS 的远过程
         ASSUME CS:CODE,DS:DATA,SS:STACK
START:  MOV   AX,DATA
        MOV DS,AX
        MOV AX,STACK
        MOV SS,AX
        MOV SP,OFFSET TOS
        MOV CX,10                              ;CX 作为计数器,学生人数
        MOV AX,0                               ;AX 保存中间结果,初值为 0
        MOV BX,OFFSET STU                      ;取 STU 偏移地址
L1:     ADD AL,[BX]
        ADC AH,0                               ;有进位加到 AH
        INC BX                                 ;偏移地址加 1
        LOOP L1                                ;CX－1,不为 0,循环
        MOV SUM1,AX
        LEA BX,SUM2                            ;取偏移地址 SUM2,
        CALL BTOASC                            ;总分变 ASCII 码,保存
        MOV AX,SUM1                            ;求平均值,变 ASCII
        MOV CL,10
        DIV CL
        MOV AH,0
        LEA BX,PJ                              ;取 PJ 偏移地址
        CALL BTOASC                            ;变换成 ASCII 码,保存
        LEA DX,SUM2                            ;总分 ASCII 码显示
        MOV AH,9
        INT 21H
        LEA DX,PJ                              ;平均成绩 ASCII 码显示
        MOV AH,9
        INT 21H
        MOV AX,4C00H
        INT 21H
MAIN    ENDP
BTOASC PROC NEAR
```

```
        MOV SI,5
        MOV CX,10
BTOASC1:XOR DX,DX              ;DX: AX 除以 CX,(DX)=0
        DIV CX
        ADD DL,30H             ;余数是分离出的十进制数,加 30H 变成 ASCII 码
        DEC SI
        MOV [BX][SI],DL        ;保存 ASCII 码
        OR SI,SI
        JNZ BTOASC1
        RET
BTOASC ENDP

CODE    ENDS
        END    START
```

5.6.5 程序设计举例

下面介绍一些常见的汇编语言程序设计的实例,以供进一步学习。

【例 5-9】 二进制数加法。

解 将两个 3 字节的二进制数相加,保存结果,采用循环结构。

```
DATA1   SEGMENT                ;DATA1 段开始,作为数据段
        ARRAY1 DB 35H,26H,4BH  ;加数
        ARRAY2 DB 36H,88H,52H  ;另一个加数
        LEGH DW 3              ;数据个数
        SUM DB 0,0,0           ;存放和
DATA1 ENDS                     ;DATA1 段结束

CODE    SEGMENT                ;代码段 CODE 开始
MAIN    PROC    FAR            ;MAIN 程序作为 DOS 的远过程
        ASSUME  CS:CODE, DS:DATA1
START:MOV AX, DATA1
        MOV DS, AX
        LEA SI, ARRAY1
        LEA BX, ARRAY2
        LEA DI, SUM
        MOV CX, LEGH
        CLC                    ;CF 为 0
L2:     MOV AL,[SI]            ;取加数
        ADC AL,[BX]            ;带进位加另一个加数
        MOV [DI],AL            ;保存和
        INC BX                 ;修改加数偏移地址
        INC SI                 ;修改另一个加数偏移地址
        INC DI                 ;修改和偏移地址
        LOOP L2                ;CX-1 不为 0,循环转 L2
        MOV AH,4CH
        INT 21H
MAIN    ENDP
CODE    ENDS
        END    START
```

【例 5-10】 从键盘输入两个整数,并求其和。

解 因键入为 ASCII,故要进行如下转换:ASCII 转换为整数二进制数。这种转换很简单,高 4 位清零即可得到非压缩的 BCD 码,采用以下方法:((((0+千位数)*10+百位数)*10)

+十位数）*10+个位数，这样就把非压缩的 BCD 码转换为整数二进制数。

程序编写如下：

```
DATA SEGMENT
STR1 DB  10,?,10 DUP(?)              ;第一个数的输入缓冲区
STR2 DB  10,?,10 DUP(?)              ;第二个数的输入缓冲区
NUM  DW  ?,?                         ;存转换后的二进制数
SUM  DW  0                           ;存和
OVER DB  'Overflow!',13,10,'$'
DATA ENDS
CODE  SEGMENT
      ASSUME  CS:CODE,DS:DATA
MAIN PROC  FAR
START:    MOV AX,DATA
          MOV DS,AX
          MOV AH,0AH
          LEA DX,STR1
          INT 21H                    ;输入第一个数字串(设为 26)
          MOV AH,0AH
          LEA DX,STR2
          INT 21H                    ;输入第二个数字串(设为 33)
          LEA BX,STR1                ;串 1 的首地址送 BX
          LEA DI,NUM                 ;存二进制首地址送 DI
          CALL CHANGE                ;将串 1 ASCII 码→二进制
          LEA BX,STR2                ;串 2 的首地址送 BX
          LEA DI,NUM+2
          CALL CHANGE                ;将串 2 ASCII 码→二进制
          MOV AX,NUM                 ;（AX）=[NUM]=001AH
          ADD AX,NUM+2               ;两数相加,(AX)=003BH
          MOV SUM,AX                 ;存和
          JNO NEXT                   ;无溢出,转 NEXT
          LEA DX,OVER
          MOV AH,9
          INT 21H                    ;显示'Overflow!'
NEXT:     MOV AH,4CH
          INT 21H                    ;返回 DOS
MAIN      ENDP
CHANGE    PROC
          MOV CL,[BX+1]              ;实际字符数送 CL
          MOV AL,[BX+2]              ;第一个字符送 AL
          MOV CH,AL                  ;暂存在 CH
          CMP AL,'-'                 ;第一个字符是负号吗
          JNZ NEXT1                  ;不是,转 NEXT1
          DEC CL                     ;字符数减 1
          INC BX
NEXT1:    ADD BX, 2                  ;指向第一个数字字符
          MOV AX, 0                  ;清零 AX,存二进制数
LP1:      DEC CL
          JZ NEXT2                   ;若(CL)=0,转 NEXT2
```

```
            MOV DL,[BX]                 ;取字符
            AND DL,0FH                  ;转换成 BCD 码
            ADD AL,DL                   ;加到中间结果上
            ADC AH,0
            MOV DX,10
            MUL DX                      ;*10
            INC BX                      ;指向下一个字符
            JMP SHORT LP1
NEXT2:      MOV DL,[BX]                 ;取个位数
            AND DL,0FH                  ;个位 ASCII 未组合 BCD
            ADD AX,DX                   ;加个位数,(AX)=001AH
            CMP CH,'-'                  ;是'-'吗
            JNZ NEXT3                   ;该数非负,转 NEXT3
            NEG AX                      ;若为负,求补
NEXT3:      MOV [DI],AX                 ;存二进制结果
            RET
CHANGE  ENDP

CODE    ENDS
        END  START
```

【例 5-11】 在 10 个无符号数中找最大数。

解 此程序同时有循环和分支结构来完成功能。

```
DATA1   SEGMENT
  ARRAY1 DW 3735H,5426H,444BH,2345H,0987H
         DW 0F88H,8836H,0A88H,5218H,5612H
  COUNT  EQU 10-1
MAX     DW  ?
DATA1 ENDS
CODE    SEGMENT
MAIN    PROC    FAR                 ;MAIN 程序作为 DOS 的远过程
        ASSUME  CS:CODE,DS:DATA1
START:  MOV AX,DATA1
        MOV DS,AX
        MOV CX,COUNT                ;设置比较次数
        LEA DI,ARRAY1               ;设置数据偏移地址
        MOV AX,[DI]                 ;取第一个数据
LOOP3:  ADD DI,2                    ;DI 指向下一个数据
        CMP AX,[DI]
        JAE NEXT                    ;如果 AX 内容大于等于[DI]指向数据,转移到 NEXT
        MOV AX,[DI]                 ;大数取到 AX 中间
NEXT:   LOOP LOOP3                  ;CX-1,不等于 0 循环
        MOV MAX,AX                  ;大数存 MAX 单元
        MOV AH,4CH
        INT 21H
MAIN    ENDP
CODE    ENDS
        END  START
```

5.7　基于 EMU8086 的软件定时闹钟程序

为了进一步提升学生学习兴趣和巩固教学内容，在本节将借助于 EMU8086 仿真软件和 8086 的 DOS 中断，采用 8086 汇编语言，在 PC 微机桌面上实现一个软件定时闹钟的程序。通过它，使读者在寓教于乐中体会汇编语言的乐趣与奥秘。

5.7.1　软件定时闹钟程序的实现环境与条件

EMU8086 是 Digital River 公司推出的 16 位 CPU8086 的仿真软件，它将汇编语言程序设计和虚拟接口技术有机地结合起来，是在现代桌面计算机环境下学习 Intel 8086 微处理器汇编语言编程和程序仿真调试的理想工具。EMU8086 是交互式学习汇编语言、计算机结构和逆向工程的完整仿真体系。其内部集成了汇编程序汇编器、连接器、参考资料、例程、学习指南和虚拟硬件等。它模拟真实微处理器的每一步骤，并显示内部寄存器、存储器、堆栈、变量和标志寄存器等。

在程序中需要调用 DOS 系统功能的时候，只要使用一条 INT 21H 指令即可。它本身包含 90 多个功能子程序，每个功能子程序对应一个功能号。在调用系统功能时，程序员不必了解所使用设备的物理特性、接口方式及内存分配等，不必编写繁琐的控制的程序。调用它们时采用统一的格式，只需要使用 3 部分语句：①传送入口参数到指定位置（有时不需要）；②功能号送入 AH 寄存器中；③INT 21H。

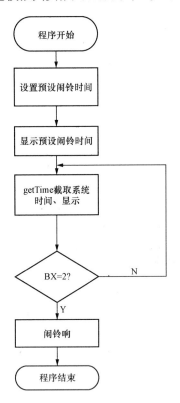

图 5-11　软件定时闹钟主程序流程图

5.7.2　软件定时闹钟程序

（1）软件定时闹钟程序构成。

1）main 主程序。定时闹钟主程序，现实输入时间，并实时计数；当时间到，会声光闹铃提醒。

2）cleanLine 子程序。用于清除一行的字符。

3）changeLine 子程序。用于显示一个回车换行符。

4）inputNegativeNumber 子程序。用于从键盘中接受一个十进制数，存到 BX 寄存器中。

5）outputNumber 子程序。用于输出 AX 寄存器中的一个数字。

6）setRingTime 子程序。用于设置响铃时间。

7）showRingTime 子程序。用于显示响铃时间。

8）getTime 子程序。用于截取系统时间。

（2）软件定时闹钟主程序流程图如图 5-11 所示。

```
main    proc far
        push ds
        sub ax,ax
        push ax
        mov ax,data
        mov ds,ax                  ;输出设置响铃时间的提示
        mov ah,9h
```

```
        lea dx,s1
        int 21h
        call setRingTime
        call cleanLine      ;清除屏幕上光标所在这一行上的字符串,并把光标移动到行首
        mov ah,9h
        lea dx,s2
        int 21h
        call showRingTime   ;输出设置好的响铃时间
        call changeline
        call changeline
time:                       ;用于每过 1s 刷新一次显示的时间
        mov ah,9h
        lea dx,s3
        int 21h
        call getTime
        cmp bx,2            ;如果 bx=2,则已经到了设定的响铃时间
        je ring
        mov ah,2h
        mov dl,0dh
        int 21h
        jmp time
ring:                       ;响铃
        call changeline
        call changeline
        call changeline
        mov ah,9h
        lea dx,s4
        int 21h
        mov cx,4
last:
        mov ah,2h
        mov dl,07h
        int 21h
        loop last
finish:
        ret
main endp
```

（3）软件定时闹钟程序运行结果如图 5-12 所示。

图 5-12　软件定时闹钟程序运行结果

（4）软件定时闹钟程序。

```
data segment
    hour dw ?                          ;响铃时的小时数
    minute dw ?                        ;响铃时的分钟数
ten dw 10
    s1 db 'please set the time when the clock will ring (set it as Hour:Minite) : $'
    s2 db 'the ringing time is: $'
    s3 db 'current time is: $'
    s4 db 'Ring Ring Ring Ring Ring Ring Ring !!!!!!! $'
error db 'set time error!$'
data ends

code segment
assume cs:code,ds:data
;用于清除一行的字符
cleanLine  proc
  push ax
  push bx
  push cx
  push dx
  mov cx,85
  mov ah,2h
  mov dl,0dh
  int 21h
clean: mov dl,' '
  int 21h
  loop clean
  mov dl,0dh
  int 21h
  pop dx
  pop cx
  pop bx
  pop ax
  ret
cleanLine endp

;用于显示一个回车换行
changeLine proc
  push ax
  push bx
  push cx
  push dx
  mov ah,2h
  mov dl,0dh
  int 21h
  mov dl,0ah
  int 21h
  pop dx
  pop cx
  pop bx
  pop ax
  ret
changeLine endp
```

```
;用于从键盘中接受一个十进制数，存到bx中
inputNegativeNumber proc
  push ax
  push cx
  push dx
  mov bx,0
  mov cl,0
  mov ah,1
  int 21h
  cmp al,'-'
  je k4
k0:cmp al,30h
  jb k3
  cmp al,39h
  ja k3
  sub al,30h
  mov ah,0
  xchg ax,bx
  push cx
  mov cx,10
  mul cx                    ;考虑溢出
  pop cx
  add bx,ax                 ;考虑溢出
k1:mov ah,1
  int 21h
  jmp k0
k4:mov cl,1
  jmp k1
k3:cmp cl,1
  jne over
  neg bx
over:pop dx
  pop cx
  pop ax
  ret
inputNegativeNumber endp
;输出ax中的一个数字
outputNumber proc
  push ax
  push bx
  push cx
  push dx
  mov cx,0
  mov bx,10
  cmp ax,0
  jge p0
  push ax
  mov ah,2h
  mov dl,'-'
  int 21h
```

```
        pop ax
        neg ax
p0: mov dx,0
     div bx
     push dx
     inc cx
     cmp ax,0
     jnz p0
     mov ah,2
     cmp cx,2
     jae p1
     mov dx,0
     push dx
     inc cx
p1: pop dx
     add dx,30h
     int 21h
     loop p1
     pop dx
     pop cx
     pop bx
     pop ax
     ret
outputNumber endp

;用于设置响铃时间
setRingTime proc
     push ax
     push bx
     push cx
     push dx
     mov bx,0
h: mov ah,1h
     int 21h
     cmp al,30h
     jb wrong
     cmp al,32h
     ja wrong
     sub al,30h
     mov ah,0
     xchg ax,bx
     mul ten
     add bx,ax
     mov ah,1h
     int 21h
     cmp al,30h
     jb wrong
     cmp al,39h
     ja wrong
     sub al,30h
     mov ah,0
```

```
        xchg ax,bx
        mul ten
        add bx,ax
        mov hour,bx
        mov ah,1h
        int 21h
        cmp al,':'
        jnz wrong
        mov bx,0
m:      mov ah,1h
        int 21h
        cmp al,30h
        jb wrong
        cmp al,36h
        jae wrong
        sub al,30h
        mov ah,0
        xchg ax,bx
        mul ten
        add bx,ax
        mov ah,1h
        int 21h
        cmp al,30h
        jb wrong
        cmp al,39h
        ja wrong
        sub al,30h
        mov ah,0
        xchg ax,bx
        mul ten
        add bx,ax
        mov minute,bx
        jmp o
wrong:  call changeline
        call changeline
        mov ah,9h
        lea dx,error
        int 21h
        mov ah,4ch
        int 21h
o:pop dx
  pop cx
  pop bx
  pop ax
  ret
setRingTime endp

;用于显示响铃时间
showRingTime proc
  push ax
  push bx
```

```
    push cx
    push dx
    lea bx,hour
    mov ax,[bx]
    call outputNumber
    mov ah,2h
    mov dl,':'
    int 21h
    add bx,2
    mov ax,[bx]
    call outputNumber
    pop dx
    pop cx
    pop bx
    pop ax
    ret
showRingTime endp

;用于截取系统时间
getTime proc
    push ax
    mov bx,0
    mov ah,2ch
    int 21h
    mov al,ch
    mov ah,0
    cmp ax,hour
    je e1
g1: call outputNumber
    mov ah,2h
    mov dl,':'
    int 21h
    mov ah,0
    mov al,cl
    cbw
    cmp minute,ax
    je e2
g2: call outputNumber
    mov ah,2h
    mov dl,':'
    int 21h
    mov ah,0
    mov al,dh
    cbw
    call outputNumber
    jmp ed
e1: inc bx
    jmp g1
e2: inc bx
    jmp g2
ed: pop ax
```

```
   ret
getTime endp

main proc far
; 主程序见 5.7.2
main endp
code ends
end main
```

习 题 与 思 考 题

5-1　程序中的数据定义如下:

```
LNAME        DB  'ber Q dp',-20, 100, '$'
ADDRESS      DB  15 DUP(0)
ENTRY        DB  3
CODE_LIST    DB  11,7,8,3,2
```

(1) 假设 LNAME 相对于某数据段偏移为 0,试画出内存分配图。

(2) 用一条 MOV 指令将 LNAME 的偏移地址放入 AX。

5-2　STRING DB 'AB', 0, 0, 'CD', 0, 0, 'EF', 0, 0,请用 DW 伪指令改写上述数据定义语句,要求改写后,保持内存单元中内容不变。

5-3　某数据段定义如下,试列出经汇编后,各存储单元的内容是什么? COUNT 值是多少?

```
BUF1   DB  1, -1, 'AB'
       DB  2 DUP(?,1)
BUF2   DB  2 DUP(?), 10
COUNT  EQU BUF2-BUF1
```

5-4　有以下程序段:

```
(1) PUSH    AX              ;设 AX=2000H
    PUSH    BX              ;设 BX=3000H
    MOV     AX,BX
    POP     AX
    POP     BX
```

则执行上列指令后,AX=_____, BX=_____。

```
(2) SAL     AL,1
    MOV     BL,AL
    MOV     CL,2
    SAL     AL,CL
    ADD     AL,BL
```

若初值 AL=0AH,则执行上列程序后,AL=_____, BL=_____。

5-5　读程序:

```
DSEG  SEGMENT
  NUM  DB 12,13
DSEG  ENDS
;
```

```
CSEG    SEGMENT
        ASSUME  CS: CSEG,DS: DSEG
START:  MOV     AX,DSEG
        MOV     DS,AX
        LEA     BX,NUM
        MOV     AL,[BX]
        AND     AL,01H
        JNZ     EEE
        MOV     AL,[BX+1]
        AND     AL,01H
        JNZ     DDD
        INC     BYTE PTR [BX]
        INC     BYTE PTR [BX+1]
EEE:    MOV     AH,4CH
        INT     21H
DDD:    MOV     CL,[BX+1]
        MOV     [BX],CL
        JMP     EEE
CSEG    ENDS
        END     START
```

完成以下要求：

（1）简述程序的功能。

（2）程序执行后，（NUM）=＿＿＿＿＿＿H，（NUM+1）=＿＿＿＿＿＿H。

5-6　编写一个汇编语言程序，把 30 个字节的数组分成正数数组和负数数组，并分别计算两个数组中数据的个数。

5-7　调用 2 号 DOS 中断，在屏幕上输出 '#' 字符，试编程。

5-8　若两个数比较大小，可以使用 CMP 指令，请说明如何通过判断符号位来确定大小（包括有、无符号数）。

5-9　在 3000H 开始的 100 个单元中连续存放着 100 个字节的无符号数，请编程找出其中的最小值，放到 4000H 单元中去。

5-10　简述宏调用与子程序调用的异同。

5-11　分析程序：

```
        MOV   AX,50
MOV   CX, 5
LOP:  SUB   AX,CX
        LOOP  LOP
        MOV  BUF,AX
        HLT
```

上述程序段执行后，[BUF]=＿＿＿＿＿＿＿＿。

5-12　分析程序：

```
MOV  CL,3
MOV  BX,0B7H
ROL  BX,1
ROR  BX,CL
```

执行上述程序段后，BX 的内容是_____。

5-13 阅读下面的程序，说明它实现的功能是什么？

```
        STRING  DB  'AVBNDGH!234%Y*'
        COUNT   DW  ?
        …
        MOV BX, OFFSET  STRING
        MOV CX, 0
LOP: MOV AL, [BX]
        CMP AL, '*'
        JE      DONE
        INC CX
        INC BX
        JMP LOP
DONE: MOV  COUNT, CX
        HLT
```

5-14 编写计算斐波那契数列前 10 个数的程序。斐波那契数列的定义如下：

F(0)=0;F(1)=1;当 n>=2 时,F(n)=F(n−1)+F(n−2)
DATA SEGMENT
F DW 0,1,8 DUP(?)
DATA ENDS

5-15 DAT 为首地址的两个存储单元存放了两个无符号字节数，将它们的差的绝对值存入 ABS 单元中，把 ABS 单元的值以十进制形式显示出来，然后返回 DOS 系统。要求显示程序用中断类型号为 60H 的中断服务子程序来完成。

5-16 在存储单元中，以 DAT 为首地址存放了 10 个无符号数（范围为 0～255），对这 10 个数进行以下处理：去掉一个最大值和一个最小值后，求余下 8 个数的平均值并存入 AVG 单元中。请编写一个完整的汇编语言源程序实现。

5-17 编写程序完成两个多位十进制数相加，设相加的两个 5 位十进制数以其非压缩的 BCD 码形式已分别存入 DATA1 和 DATA2 开始的单元中，要求将其存入 DATA3 单元并显示输出在 CRT 上，如 6211098+218067=839265。

5-18 编写程序将键盘输入的 ASCII 码转换成二进制。

5-19 编写程序，把从 BUFFER 开始的 100 个字节的内存区域初始化成 55H，0AAH，55H，0AAH，…，55H，0AAH。

5-20 编写程序，将 BUFFER 中的一个 8 位二进制数转换为 ASCII 码，并按照位数高低顺序存放在 ANSWER 开始的内存单元中。

5-21 对 5.7.2 软件定时闹钟程序中的 inputNegativeNumber 子程序，用流程图加以表达。

5-22 对 5.7.2 软件定时闹钟程序中的 outputNumber 子程序，用流程图加以表达。

5-23 对 5.7.2 软件定时闹钟程序中的 showRingTime 子程序，用流程图加以表达。

5-24 对 5.7.2 软件定时闹钟程序中的 getTime 子程序，用流程图加以表达。

第6章　I/O 接口技术与 DMA 技术

　　输入/输出（Input/Output）设备是计算机系统的重要组成部分，而 I/O 设备需通过 I/O 接口才能与计算机连接在一起。因此，I/O 接口技术是计算机接口技术涉及的首要问题。本章主要内容有 I/O 基本概念、接口的功能作用、CPU 与外设数据传送的方式（包括无条件方式、查询方式、中断方式和 DMA 方式）以及 INTEL8237 DMA 芯片。本章重点是 CPU 和外设之间的四种数据传送方式；本章难点是中断方式和 DMA 方式。

6.1　接口技术的基本概念

6.1.1　接口的概念与功能

　　从硬件角度讲，一个微机系统由 CPU、存储器、接口电路、I/O 设备、电源及系统总线构成，存储器和各类 I/O 设备都是通过各自的接口电路连接到系统总线上。而不同的 I/O 设备，配置相应的接口电路（接口卡）可以构成不同用途的应用系统。

　　接口是指 CPU 与存储器、I/O 设备、两种 I/O 设备之间，或者两种机器之间通过系统总线进行连接的逻辑部件（或称电路），它是 CPU 与外界进行信息交换的中转站。源程序和原始数据通过接口从输入设备（如键盘）送入，运算结果通过接口向输出设备（如 CRT 显示器、打印机）送出。控制命令通过接口发出去（如步进电动机），现场信息通过接口取进来（如温度值、转速值）。要使这些 I/O 设备正常工作，一是要设计正确的接口电路，二是要编制相应的软件，因此接口技术是采用硬件与软件相结合的方法研究微处理器如何与外部世界进行最佳耦合与匹配，从而实现 CPU 与外界高效且可靠的信息交换的一门技术。

一、接口特点

　　输入/输出系统是计算机系统中最具多样性和复杂性的部分，主要具有以下 4 个方面的特点。

　　（1）复杂性。现代计算机输入/输出系统的复杂性主要表现在两个方面。一是输入/输出设备的复杂性。I/O 设备的品种繁多，功能各异。在工作时序、信号类型、电平形式等各方面都不相同；另外，I/O 设备还涉及机、光、电、磁、自动控制等多种学科。设备的复杂性使得输入/输出系统成为计算机系统中最具多样性和复杂性的部分。为了使一般用户只通过一些简单命令和程序就能调用和管理各种 I/O 设备，而无需了解设备的具体工作细节，现代计算机系统中都将输入/输出系统的复杂性隐藏在操作系统中。二是处理器本身和操作的复杂性。I/O 操作所产生的一系列随机事件也要调用输入/输出系统进行处理，如中断的请求与响应。

　　（2）异步性。CPU 的各种操作都是在统一的时钟信号作用下完成的，各种操作都有自己的总线周期，而不同的外部设备也有各自不同的定时与控制逻辑，且大都与 CPU 时序不一致，它们与 CPU 的工作通常都是异步进行的。当某个输入设备有准备好的数据需要向 CPU 传送或输出设备的数据寄存器空且可以接收数据时，一般要先向 CPU 提出服务请求；如果 CPU 响应请求，就转去执行相应的服务。对 CPU 来讲，这种请求可能是随机的，输入/输出系统相对于 CPU 就存在操作上的异步性和时间上的任意性。

　　（3）实时性。用作实时控制系统的计算机对时间的要求很高。实时性是指处理器对每一个连接到它的外设或处理器本身，在需要或出现异常时，如电源故障、运算溢出、非法指令等，都要能够给予及时的处理，以防止错过服务时机，使数据丢失或产生错误。另外，外部设备的种类很多，信息的传送速率相差也很大。因此，要求输入/输出系统保证处理器对不同设备提出的请求都能提供及时的服务，这就是输入/输出系统的实时性要求。

（4）与设备无关性。CPU 与输入/输出设备在信号电平、信号形式、信息格式及时序等方面的差异，使得它们与 CPU 之间不能够直接地连接，而必须通过一个中间环节，这就是输入/输出接口（Input/Output Interface）。为了适应与不同外设的连接，规定了一些独立于具体设备之外的标准接口，如串行接口、并行接口等。不同型号的外设可根据自己的特点和要求，选择一种标准接口与处理器相连。对连接到同一种接口上的外设，它们之间的差异由设备本身的控制器通过软件和硬件来填补。这样，CPU 能够通过统一的软件和硬件来管理各种各样的外部设备，而不需要了解各种外设的具体细节。

二、接口功能

基于以上提到的 I/O 接口的特点，CPU 与 I/O 设备之间的接口应具有以下各种功能。

（1）数据的寄存和缓冲功能。I/O 设备如打印机等的工作速度与主机相比相差甚远。为了充分发挥 CPU 的工作效率，接口内部设置有数据寄存器或用 RAM 芯片组成的数据缓冲区，使之成为数据交换的中转站。接口的数据保持能力在一定程度上缓解了主机与 I/O 设备速度差异所造成的冲突，并为主机与 I/O 设备的批量数据传输创造了条件。

（2）设备选择功能。系统中一般带有多种 I/O 设备，同一种 I/O 设备也可能有多台，而 CPU 在同一时间只能与其中某一台 I/O 设备交换信息，这就要借助接口的地址译码来选定 I/O 设备。只有被选定的 I/O 设备才能与 CPU 进行数据交换或通信。

（3）信号转换功能。I/O 设备大都是复杂的机电设备，其电气信号电平往往不是 TTL 电平或 CMOS 电平，常需要用接口电路来完成信号的电平转换。另外，为了防止干扰，常使用光电耦合技术，使主机与 I/O 设备在电气上隔离。

系统总线上传送的数据与 I/O 设备使用的数据，在数据位数、格式、信号电平等方面往往也存在很大的差异。这就涉及 I/O 接口的信号转换功能。

（4）对 I/O 设备的控制和检测功能。接口接收 CPU 送来的命令字或控制信号，实施对 I/O 设备的控制和管理。I/O 设备的工作状态以状态字或应答信号的形式通过接口返回给 CPU，以"握手联络"的过程来保证主机与 I/O 设备输入/输出操作的同步。

（5）中断或 DMA 管理功能。为了满足实时性以及主机与 I/O 设备并行工作的要求，需要采用中断传送的方式，为了提高传送的速率有时又采用 DMA 的传送方式。这就要求接口有产生中断请求和 DMA 请求的能力，以及中断和 DMA 管理的能力。

（6）可编程功能。现在的芯片大多数都是可编程的，这样在不改变硬件的情况下，只需要修改程序就可以改变接口的工作方式，大大增加了接口的灵活性和可扩充性，使接口向智能化方向发展。当然，并不是所有接口都具有上述全部功能。但是，设备选择、数据寄存与缓冲，以及输入/输出操作的同步能力是各种接口都应具备的基本能力。

6.1.2　CPU 与 I/O 设备之间的接口信息

CPU 与 I/O 设备之间要传送的信息，通常包括数据信息、状态信息和控制信息这三种信息。

一、数据信息

微机中的数据，按位宽通常分为 8、16 位或 32 位，而本书主要涉及 8 位和 16 位的数据传递。

（1）数字量。由键盘、鼠标等读入的信息，或者由微机送到 CRT、打印机、绘图仪器等输出的信息是以二进制形式表示的或以 ASCII 码表示的数或字符。

（2）模拟量。当微机用于工业生产控制时，如温度、压力、流量、位移等各种非电量的现场信息，经由传感器及调理电路转换成的电量，大多是模拟电压或电流，这些模拟量必须先经过 ADC 转换后才能输入微机。微机的控制输出必须先经过 DAC 转换后，才能去控制执行机构。

（3）开关量。这是一些只有两个状态的量，如开关的合与断、阀门的开与关等。开关量只要一位二进制数即可，故字长为 8 位的微机一次输入或输出可直接控制 8 个开关量。

二、状态信息

输入时，CPU 常要先查询输入设备的信息是否准备好（Ready），准备好才能接收；输出时，CPU 常要查询输出设备是否有空闲（Empty），数据寄存器中数据是否已全部输出。如输出设备正在输出信息，则以忙（Busy）指示，此时 CPU 不能输出新的数据。这些信息就是 CPU 要读取的状态信息。

三、控制信息

CPU 通过端口向外设发出的控制动作，如控制 I/O 设备启动或停止等信息。

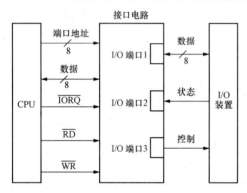

图 6-1　CPU 与 I/O 设备之间的接口

状态信息和控制信息是与数据信息性质完全不同的信息，必须分别传送。但在大多数微机中，只有通用的 IN 和 OUT 指令来实现。因此，I/O 设备的状态信息也必须作为一种数据输入，而 CPU 的控制命令则应作为一种数据输出。为使三者之间能区分开，它们必须各自有不同的端口地址，如图 6-1 所示。所以一个 I/O 设备往往要有几个端口地址，CPU 寻址的是端口，而不是笼统的 I/O 设备。一个端口的寄存器往往是 8 位的，通常一个 I/O 设备的数据端口也是 8 位的，而状态与控制端口只用其中的一位或两位，故不同的 I/O 设备的状态和控制信息可以共用一个端口。

6.1.3　端口的编址方式

端口的编址方式有两种：存储器映射（Memory-Mapped）方式和 I/O 映射（I/O-Mapped）方式，也称为 I/O 端口与内存单元统一编址方式和 I/O 端口独立编址方式，如图 6-2 所示。

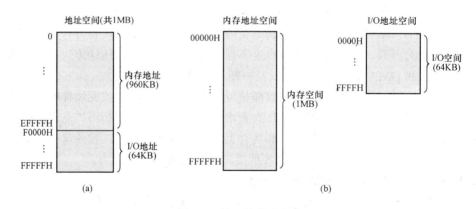

图 6-2　端口的编址方式

（a）存储器映射方式；（b）I/O 映射方式

一、存储器映射方式（I/O 端口与内存单元统一编址）

这种方式下的端口和存储单元统一编址，即存储空间中划出一部分给 I/O 设备端口来使用。CPU 访问端口和访问存储器的指令形式完全一样，只能从地址范围来区分这两种操作。

存储器映射编址的主要优点有：

（1）对 I/O 接口的操作与对存储器的操作完全相同，任何存储器操作指令都可用来操作 I/O 接口，而不必使用专用的 I/O 指令。系统中存储器操作指令是较丰富的，这可大大增强系统的 I/O 功能，使访问 I/O 设备端口的操作方便、灵活，不仅可对端口进行数据传送，还可对端口内容进行移位和算术逻辑运算等。

（2）可以使 I/O 设备数目或 I/O 寄存器数目只受总存储容量的限制，从而大大增加系统的功效。

存储器映射编址的主要缺点有：

（1）端口占用存储器空间地址，使存储器容量变小，使本已资源紧张的内存空间更加捉襟见肘。

（2）端口指令的长度增加，执行时间长，端口地址译码器较复杂。

二、I/O 映射方式（I/O 端口独立编址）

这种方式是将 I/O 端口单独编址，而不和存储空间合在一起，即两者的地址空间是互相独立的，即 I/O 结构不会影响存储器的地址空间。大型计算机一般采用这种方式，本书所采用的 CPU，即 Intel 的 x86 系列也是采用这种 I/O 编址方式。

I/O 映射编址的主要优点有：

（1）I/O 端口地址不占用存储器地址空间。由于系统需要的 I/O 端口寄存器一般比存储器单元要少得多，比如设置 $2^{16}=65536$ 个端口对一般微机系统已绰绰有余，因此选择 I/O 端口只需用 8～16 根的地址线即可。

（2）使用专用 I/O 指令和真正的存储器访问指令有明显区别，可使程序编制得更加清晰，便于理解和检查。

I/O 映射编址的主要缺点有：

（1）专用 I/O 指令类型少，仅有 IN 与 OUT 这两条指令。它远不如存储器访问指令丰富，使程序设计灵活性较差。这也使 I/O 指令一般只能在寄存器和 I/O 端口间交换信息，处理能力不如存储器映像方式强。

（2）要求处理器能提供存储器读/写，以及 I/O 端口读/写两组控制信号，这不仅增加了控制逻辑的复杂性，而且对于引脚线本来就紧张的 CPU 芯片来说是一个负担。

Intel 系列 PC 微机的 I/O 地址线有 16 根，可用的 I/O 端口编址可达 65536 个。

关于输入/输出指令 IN 与 OUT 的使用方法与语法结构，请见第 4 章 8086 的指令系统中有关 IN、OUT 命令的内容。

6.2　简单接口电路

6.2.1　接口电路的基本构成

CPU 通过接口与外部设备的连接如图 6-1 所示。负责把信息从外部设备送入 CPU 的接口（端口）叫做输入接口（端口），而将信息从 CPU 输出到外部设备的接口（端口）称为输出接口（端口）。

在输入数据时，由于外设处理数据的时间一般要比 CPU 长得多，数据在外部总线上保持的时间相对较长，因此要求输入接口必须要具有对数据的控制能力，即只有当外部数据准备好、CPU 可以读取时才将数据送上系统数据总线。若外设本身具有数据保持能力，通常可以仅用一个三态门缓冲器作为输入接口。当三态门控制端信号有效时，三态门导通，外设与数据总线连通，CPU 将外设准备好的数据读入；当其控制端信号无效时，三态门断开，该外设就从数据总线脱离，数据总线又可用于其他信息的传送。

在输出数据时，同样由于外设的速度比较慢，要使数据能正确写入外设，CPU 输出的数据一定要能够保持一段时间。如果这个"保持"的工作由 CPU 来完成，则对其资源就必然是个浪费。实际上，从前面介绍的"总线写"时序图（参见图 2-13 8086 最小模式下的总线读操作时序和图 2-14 8086 最小模式下的总线写操作时序）可以看出，CPU 送到总线上的数据只能保持几个微秒。因此，要求输出接口必须要具有数据的锁存能力。CPU 输出的数据通过总线送入接口锁存，由接口将数据一直保持到被外设取走。简单的输出接口一般由锁存器构成。

以上三态门和锁存器的控制端一般与 I/O 地址译码器的输出信号线相连，当 CPU 执行 I/O 指令时，指令中指定的 I/O 地址经译码后使控制信号有效，打开三态门（对外设读时）或触发锁存器导通，将数据锁入锁存器（对外设写时）。

下面以 74LS244 和 74LS273 为例，简要介绍结构简单又较常用的通用接口芯片，同时，讲解三态门及锁存器的一般工作原理，并通过举例说明它们的使用方法。

6.2.2　三态门接口 74LS244

一个典型的三态门芯片 74LS244 如图 6-3 所示。从图中不难看出，该芯片由 8 个三态门构成。74LS244 有 2 个控制端：$\overline{E_1}$ 和 $\overline{E_2}$。每个控制端各连接 4 个三态门。当某一控制端有效（低电平）时，相应的 4 个三态门导通；否则，相应的三态门呈现高阻状态（断开）。实际使用中，通常是将两个控制端并联，这样就可用一个控制信号来使 8 个三态门同时导通或同时断开。

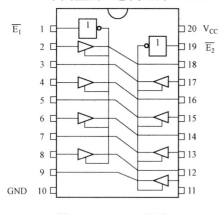

图 6-3　74LS244 芯片

由于三态门具有"通断"控制能力的特点，故可利用其作为输入接口。利用三态门作为输入信号接口时，要求信号的状态是能够保持的。这是因为三态门本身没有对信号的保持或锁存能力。

用一片 74LS244 芯片作为输入接口最多可以连接 8 个开关或其他具有信号保持能力的外设。当然也可只接一个外设而让其他端悬空。对空闲未用的端，其对应位的数据是任意值，在程序中常用逻辑"与"指令将其屏蔽掉。

74LS244 芯片除用作输入接口外，还可作为信号的驱动器。

【例 6-1】　74LS244 开关量输入。

编写程序判断图 6-4 中的开关的状态。如果所有的开关都闭合，则程序转向标号为 NEXT1 的程序段执行，否则转向标号为 NEXT2 的程序段执行。

图 6-4 中，作为输入接口的三态门 74LS244，其 I/O 地址采用了部分地址译码，地址线 A_1 和 A_0 未参加译码，故它所占用的地址为 83FCH～83FFH。我们可以用其中任何一个地址，而其他重叠的 3 个地址空着不用。另外，由图 6-4 可以看出，当开关闭合时输入低电平（0）。

程序段如下：

```
MOV    DX, 83FCH
IN     AL, DX
AND    AL, 0FFH
JZ     NEXT1
JMP    NEXT2
```

可见，利用三态门作为输入接口，使用和连接都是很容易的。

6.2.3　锁存器接口 74LS273

由于上面提到的三态门器件不具备数据的保存（或称锁存）能力，它要求信号源能够将信号保持足够长的时间直到被 CPU 读取，因此它一般只用作输入接口，而不能直接用作数据输出接口。

数据输出接口通常采用具有信息存储能力的双稳态触发器来实现。最简单的输出接口可用 D 触发器构成。例如，常用的锁存器 74LS273，它内部包含了 8

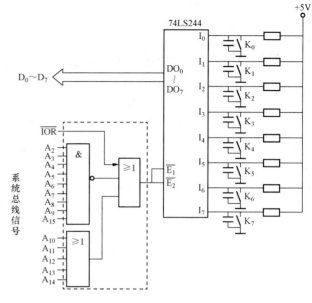

图 6-4　三态门输入接口

个 D 触发器。其引脚图和真值表如图 6-5 所示。74LS273 共有 8 个数据输入端 $D_0 \sim D_7$ 和 8 个数据输出端 $Q_0 \sim Q_7$。S 为复位端，低电平有效。CP 为脉冲输入端，在每个脉冲的上升沿将输入端 D_i 的状态锁存到 Q_i 输出端，并将此状态保持到下一个时钟脉冲的上升沿。

74LS273 常用作并行输出接口。

【例 6-2】　74LS273 LED 输出。

图 6-6 所示的是应用 74LS273 作为输出接口的例子。8 个 Q 端与 8 个发光二极管相连接，要使 Q_0 端和 Q_7 端的发光二极管发光，其对应的 Q_0、Q_7 端须为"1"状态，而其他 Q 端则为"0"状态。假定该输出接口的地址为 0FFFFH，则程序段如下：

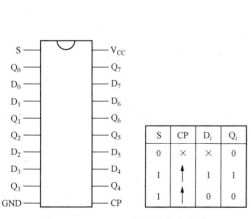

图 6-5　74LS273 引脚图和真值表

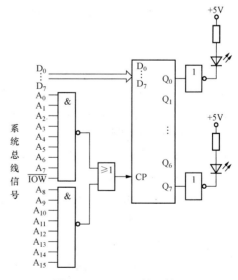

图 6-6　74LS273 输出接口

```
MOV DX, 0FFFFH
MOV AL, 10000001B
OUT DX, AL
```

74LS273 的数据锁存输出端 Q 是通过一个一般的门（二态门）输出的。也就是说，只要 74LS273 正常工作，其 Q 端总有一个确定的逻辑状态（0 或 1）输出。因此，74LS273 无法直接用作输入接口，即它的 Q_i 端绝对不允许直接与系统的数据总线相连接。

这里简单介绍一下带有三态输出的锁存器 74LS374。它既可以作为输入接口，也可以作为输出接口。74LS374 引脚图和真值表如图 6-7 所示。从引线上可以看出，它比 74LS273 多了一个输出允许端 $\overline{OE}$。只有当 $\overline{OE}$=0 时，74LS374 的输出三态门才导通；$\overline{OE}$=1 时，则呈高阻状态。图 6-8 所示为 74LS374 中锁存器的结构图，74LS374 在 D 触发器输出端加有一个三态门。

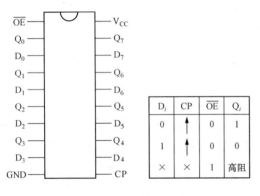

图 6-7　74LS374 引脚图和真值表

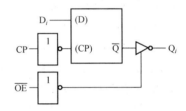

图 6-8　74LS374 中锁存器的结构图

74LS374 用作输入接口时，端口地址信号经译码电路接到 $\overline{OE}$ 端，外设数据由外设提供的选通脉冲锁存在 74LS374 内部。当 CPU 读该接口时，译码器输出低电平，使 74LS374 的输出三态门打开，读出外设的数据；如果用作输出接口时，也可将 $\overline{OE}$ 端接地，使其输出三态门一直处于导通状态，这样就与 74LS273 一样使用了。

6.3　输入/输出传送方式

主机与 I/O 设备之间传送数据的方式大致分为 4 种：无条件传送方式、查询传送方式、中断传送方式和直接存储器存取（DMA）方式。下面将分别介绍。

6.3.1　无条件传送方式

这是一种最简单的传送方式，它适合的 I/O 设备（如各种机械或电子开关设备）总是处于准备好的情况。主机对开关设备的操作是读取开关状态或者设置开关状态，而此时外设对 CPU 而言，一切准备就绪，随时可以进行数据传递。

一、无条件方式输入

无条件传送的输入方式如图 6-9 所示。输入时认为来自 I/O 设备的数据已经出现在三态缓冲器的输入端。CPU 执行输入指令，指定的端口经系统地址总线（PC 为 $A_0 \sim A_9$）送至地址译码器，译码后产生 $\overline{Y}$ 信号。$\overline{Y}$ 为低电平说明地址线上出现的地址正是本端口的地址，AEN

为低电平说明 CPU 控制总线。端口读控制信号 $\overline{\text{IOR}}$ 有效（低电平）时，说明 CPU 正处在端口读周期。三者为低电平时，经与非门后产生低电平，开启三态缓冲器，使来自 I/O 设备的数据进入系统数据总线。

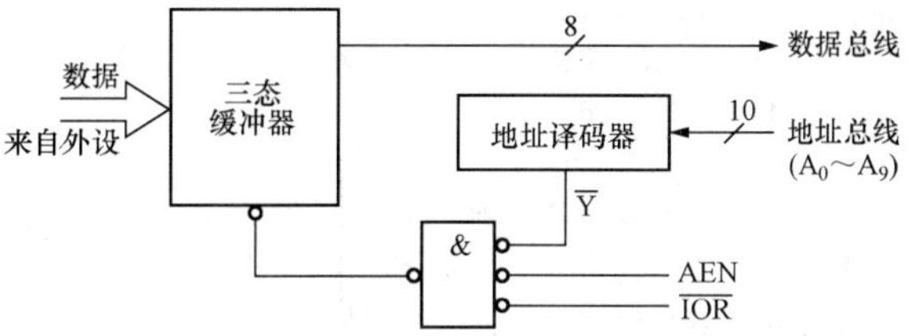

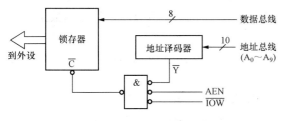

图 6-9　无条件传送的输入方式

二、无条件方式输出

无条件传送的输出方式如图 6-10 所示。在输出时，CPU 的输出数据经数据总线加至输出锁存器的输入端，端口地址译码信号 $\overline{\text{Y}}$ 与 AEN 和 $\overline{\text{IOW}}$ 信号相与非后产生锁存器的控制信号。锁存器控制端 C 为高电平时，其输出端维持上次输出数据；C 为低电平时，输出端锁存输入端的数据，送到 I/O 设备。

图 6-10　无条件传送的输出方式

【例 6-3】　采用同步传送的数据采集系统如图 6-11 所示。被采样的数据是 8 个模拟量，由继电器绕组 P_0、P_1、…、P_7 控制接触点 K_0、K_1、…、K_7 逐个接通。用一个 4 位的十进制数字电压表测量，把被采样的模拟量转换成 16 位 BCD 代码，高 8 位和低 8 位通过两个不同的端口输入，其地址分别是 10 和 11。CPU 通过端口 20 输出控制信号，从而控制继电器的吸合顺序，实现采集不同的模拟量。

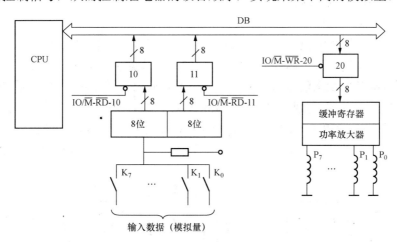

图 6-11　采用同步传送的数据采集系统

```
BEGIN:  MOV DX,0100H              ;00H:断开所有继电器代码;01H:置合第一个继电器代码
        LEA BX,DSTOCK
        XOR AL,AL
CYCLE:  MOV AL,DL
        OUT 20H,AL               ;断开所有继电器绕组
        CALL NEAR DELAY1         ;模拟继电器触点的释放时间
        MOV AL,DH
        OUT 20H,AL               ;首次使 P0 吸合,然后是 P1～P7
        CALL NEAR DELAY          ;模拟触点闭合及数字电压表的转换时间
        IN AX,10H                ;从 10,11 端口读入转换的 16 位 BCD 码
```

```
        MOV [BX],AX
        INC BX
        INC BX
        RCL DH,1
        JNC  CYCLE
CONTI:…
```

6.3.2　查询传送方式

无条件传送方式可以用来处理开关设备，但不能用来处理许多复杂的机电设备，如打印机。CPU 可以以极高的速度成组地向这些设备输出数据（微秒级），但这些设备的机械动作速度很慢（毫秒级）。如果 CPU 不查询打印机的状态，不停地向打印机输出数据，打印机来不及打印，后续的数据必然覆盖前面的数据而造成数据丢失。查询传送方式就是在传送前先查询一下 I/O 设备的状态，当 I/O 设备准备好了才传送；若未准备好，则 CPU 等待。

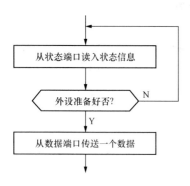

图 6-12　查询方式输入程序流程图

一、查询方式输入

查询方式输入程序的流程图如图 6-12 所示。CPU 先从状态口输入 I/O 设备的状态信息，检查一下 I/O 设备是否已准备好数据。若未准备好，则 CPU 进入循环等待，直到准备好才退出循环，输入数据。所以，查询方式输入除了必须配备数据口外，还必须占用状态端口的一根线。

【例 6-4】　查询方式输入。

分析：查询方式输入的接口电路如图 6-13 所示。当输入装置的数据准备好以后，发出一个选通信号（如一定宽度的负脉冲）。该信号一方面把数据送入锁存器，另一方面将 D 触发器置 "1"，即置准备好状态信号 READY 为真，并将此信号送至状态口的输入端。锁存器输出端连接数据口的输入端，数据口的输出端接到系统数据总线。状态口的输出也连接至系统数据总线中的某一条。CPU 先读状态口，查 READY 信号是否为高（准备好），若为高就输入数据，同时使 D 触发器清零，使 READY 信号失效；若未准备好，则 CPU 等待。

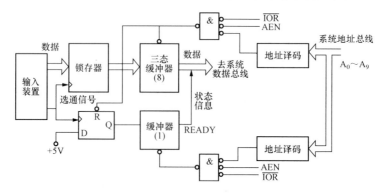

图 6-13　查询方式输入接口电路

查询方式输入的程序如下：

```
POLL: MOV DX,STATUS_PORT                    ;DX 状态端口号
```

```
        IN AL,DX                        ;输入状态信息
        TEST AL,80H                     ;检查 READY 是否为高
        JE POLL                         ;未准备好,循环等待
        MOV DX,DATA_PORT                ;准备好,读入数据
        IN AL,DX
```

二、查询方式输出

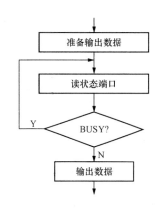

查询方式输出时,CPU 必须先检查 I/O 设备的 BUSY 状态,判断 I/O 设备的数据缓冲区是否已空。所谓"空"就是 I/O 设备已将数据缓冲区的数据输出,数据缓冲区就可以接收 CPU 输出的新数据。若数据缓冲区空,BUSY 信号为假(0),则 CPU 执行输出指令;否则 BUSY 为真(1),CPU 就等待。查询方式输出程序流程图如图 6-14 所示。

【例 6-5】 查询方式输出。

分析:查询方式输出的接口电路如图 6-15 所示。输出装置把 CPU 输出的数据输出后,发一个 ACK(Acknowledge)信号,使 D 触发器清零,即 BUSY 线变为"0"。CPU 读状态口后知道 I/O 设备已"空",于是就执行输出指令。在 AEN、$\overline{\text{IOW}}$ 和数据端口地址译码器

图 6-14　查询方式输出程序流程图

输出信号共同作用下,数据锁存到锁存器中,同时使 D 触发器置"1"。它一方面通知 I/O 设备数据已准备好,可以执行输出操作;另一方面在输出装置尚未完成输出以前,一直维持 BUSY=1,阻止 CPU 输出新的后续数据。

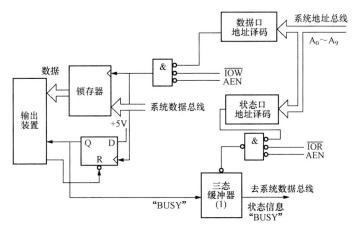

图 6-15　查询方式输出接口电路

查询方式输出的程序如下:

```
POLL: MOV DX, STATUS_PORT              ;DX 状态端口号
      IN  AL, DX                       ;输入状态信息
      TEST AL, 80H                     ;检查 BUSY 是否为高
      JNE POLL                         ;BUSY 则循环等待
      MOV DX, DATA_PORT                ;否则准备输出数据
      MOV AL, BUFFER                   ;从缓冲区取数据
      OUT DX, AL                       ;输出数据
```

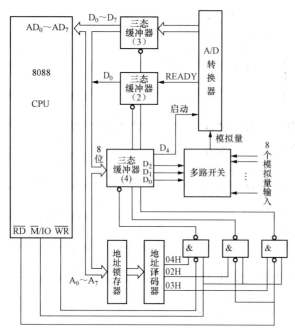

图 6-16　8 个模拟量输入的数据采集系统

三、查询交换方式

查询交换方式也称应答式交换方式，相应的状态信息 READY 和 BUSY 称为联络（Handshake）信号。

【例 6-6】8 个模拟量输入的数据采集系统如图 6-16 所示，用查询方式与 CPU 传送信息。8 个输入模拟量经过多路开关（该多路开关由端口 4 的 3 位二进制码 D_0、D_1、D_2 控制），每次传送出一个模拟量至 A/D 转换器；同时，A/D 转换器由端口 4 输出的 D_4 位控制启动与停止。A/D 转换器的 READY 信号由端口 2 的 D_0 输入至 CPU 的数据总线；经 A/D 转换后的数据由端口 3 输入至数据总线。因此，这样的一个数据采集系统，需要用到 3 个独立的地址端口。

程序如下：

```
CLD                        ;下面用到字符串指令,地址指针自动增加
START:  MOV DL,11111000B    ;启动信号的初始状态,低3位选通多路开关通道
        LEA DI,DSTOR        ;设置数据区指针
AGAIN:  MOV AL,DL           ;读取启动信号
        AND AL,11101111B    ;使D₄=0
        OUT 04H,AL          ;停止A/D转换
        CALL DELAY          ;等待停止A/D转换的完成
        MOV AL,DL
        OR AL,00010000B     ;将端口4的D₄置为1
        OUT 04H,AL          ;选输入通道并启动A/D转换
POLL:   IN AL,02H           ;读入状态信息
        SHR AL,1            ;查AL的D₀
        JNC POLL            ;若D₀=0,未准备好则循环再查
        IN AL,03H           ;若已准备就绪,则经端口3将采样数据输至AL
        STOSB               ;输入数据存至内存单元
        INC DL              ;选择下一个模拟量输入
        JNE AGAIN           ;8个模拟量未输入完则循环
CONTI:  ...
```

6.3.3　中断传送方式

在查询传送方式中，CPU 要不断地查询 I/O 设备，当 I/O 设备未准备好时，CPU 不得不等待，这样就浪费了大量的时间。采用中断方式则可以免去 CPU 的查询等待时间，从而大大提高 CPU 的工作效率。在中断方式下，当 I/O 设备没有准备好时，CPU 可以去做其他的工作。图 6-17 所示为中断方式下 CPU 执行程序流程，下面以打印机为例说明其工作过程。

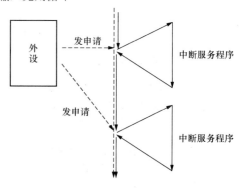

图 6-17　中断方式下 CPU 执行程序流程

（1）首先 CPU 启动打印机设备工作，然后就去继续自己的工作。

（2）当打印机准备好或已完成一个字符输出时，把设备置为就绪状态。

（3）I/O 接口在设备就绪时向 CPU 发出中断请求，要求服务。

（4）CPU 接到中断请求信号，暂停当前工作，响应中断，转入中断服务程序。服务程序实现发送下一个字符到 I/O 接口并选通到打印机。

（5）CPU 从中断服务程序返回，继续自己的工作。

（6）重复（2）～（5）步，直至整个文件输出结束后关闭打印机。

有了中断传送方式，就允许 CPU 与 1 个 I/O 设备或多个 I/O 设备同时工作。中断传送方式输入的接口电路如图 6-18 所示。当输入装置输入一个数据后，发片选信号，把数据存入锁存器，并使 D 触发器置 "1"，表示 I/O 设备已经准备好。D 触发器的输出经与门后去申请中断。CPU 接受了中断的请求后，等现行指令执行完毕，即暂停正在执行的程序，并发出中断响应信号 $\overline{\text{INTA}}$，在 $\overline{\text{INTA}}$ 信号的作用下，中断控制器把属于 I/O 设备的中断矢量送上系统数据总线让 CPU 读取，CPU 根据中断矢量可得中断服务程序入口地址，进而转入中断服务程序输入数据，同时清除中断请求标志。当中断处理完毕后，CPU 返回被中断的程序继续执行。

关于 8086 的中断机制和中断控制器 INTEL8259A 的工作原理，详细内容请参见第 7 章相关部分。

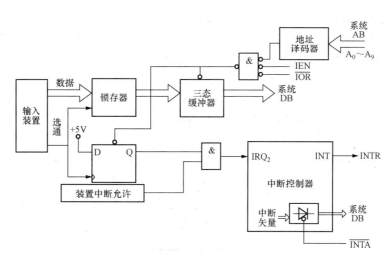

图 6-18　中断传送方式输入的接口电路

6.3.4　直接存储器存取（DMA）方式

中断传送方式相对于查询发送方式来说，大大提高了 CPU 的利用率，但是中断传送仍然必须由 CPU 通过指令来执行。每次中断，都要进行保护断点、保护现场、传送数据、存储数据，以及最后恢复现场、返回主程序等操作，需要执行多条指令，使得传送一个字节（或字）要几十微秒以上的时间。这对于高速的 I/O 设备（如磁盘）与内存间的信息交换来说，显然太慢了。

图 6-19 所示为 DMA 传送方式过程。DMA 传送方

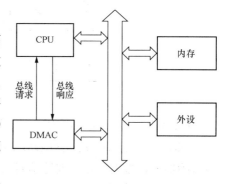

图 6-19　DMA 传送方式过程

式是 I/O 设备与主存之间在 DMA 控制器的控制下，直接进行数据交换而不通过 CPU。这样数据传送的速度上限主要取决于存储器的存储速度。当用 DMA 方式传送时，CPU 让出总线（即 CPU 连到这些总线上的引脚处于高阻状态），系统总线由 DMA 控制器接管，故 DMA 控制器必须具备以下功能。

（1）能接收 I/O 设备的 DMA 请求信号向 CPU 发出要求控制总线的 DMA 请求信号 HRQ（Hold Request）。

（2）当收到 CPU 发出的 HLDA（Hold Acknowledge）信号后能接管总线，进入 DMA 方式；同时，向 I/O 设备发出 DMA 响应信号。

（3）能发出地址信息对存储器寻址并能修改地址指针。

（4）能发出存储器和 I/O 设备的读、写控制信号。

（5）能决定传送的字节数，并能判断 DMA 传送是否结束。

（6）能发出 DMA 结束信号，使 CPU 恢复正常工作。

DMA 控制器框图如图 6-20 所示。当 I/O 设备把数据准备好以后，发出一个选通脉冲使 DMA 请求触发器置"1"。它一方面向 DMA 控制器发出 DMA 请求信号，另一方面将数据选通到数据缓冲寄存器并向状态控制端口发出准备就绪信号。于是 DMA 控制器向 CPU 发出 HRQ 信号，请求使用总线。CPU 在现行机器（即总线）周期结束后响应 DMA 请求，发出 HLDA 信号，表示 CPU 已让出总线。DMA 控制器收到 HLDA 信号就接管总线，向地址总线发出存储器地址信号，向 I/O 设备端口发出 DMA 响应信号和读控制信号，因而将 I/O 设备端口中的数据送上数据总线，并发出存储器写命令，这样就把 I/O 设备输入的数据直接写入到存储器中。DMA 工作波形如图 6-21 所示，在全部数据传送完后，DMA 控制器撤销总线请求信号 HRQ（变低），在下一个时钟周期的上升沿，CPU 就使 HLDA 变低，CPU 重新获得对总线的控制。

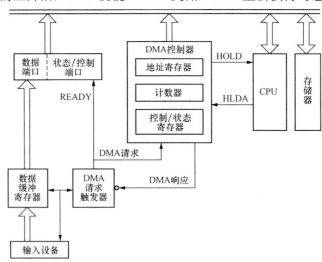

图 6-20　DMA 控制器框图

DMA 传送方式还可以实现在存储器两个区域或两种高速的 I/O 设备之间进行数据传递。

DMA 操作之前，应先对 DMA 控制器编程，把要传送的数据块长度、数据块在存储器中的起始地址、数据传送方向等信息发送给 DMA 控制器。

DMA 操作过程包括 DMA 请求、DMA 响应和数据传送及 DMA 传送结束 3 个阶段。

一、DMA 请求阶段

当外设要求以 DMA 方式为它服务时，发 DMA 请求信号 DREQ 到 DMAC。DMAC 检查该信号是否被屏蔽及其优先权，如确认该信号有效，则向 CPU 发送总线请求信号 HRQ（连到 CPU 的 HOLD），如图 6-22 所示。

二、DMA 响应和数据传送阶段

每个总线周期结束时 CPU 检测 HOLD，如为高电平，则响应 HOLD 请求进入保持状态，使三态总线 CPU 侧呈高阻态，并以总线保持响应信号 HLDA 通知 DMAC。DMAC 接管总线，并以 DACK

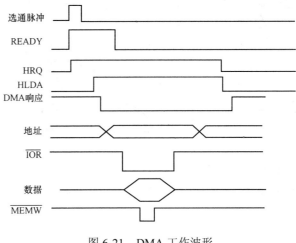

图 6-21　DMA 工作波形

信号通知外设，使之成为 DMA 传送时被选中的设备。同时，DMAC 给出内存地址以及 I/O 读写和存储器读写控制信号，在外设和存储器之间完成数据传送，如图 6-23 所示。

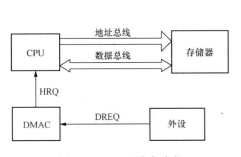

图 6-22　DMA 请求阶段

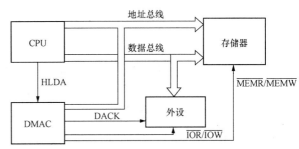

图 6-23　DMA 响应和数据传送阶段

三、DMA 传送结束阶段

传送完成后，DMAC 放弃总线，撤销总线请求（HRQ 为低），CPU 检测到 HRQ（HOLD）为低后，撤销 HLDA，CPU 重新获得总线控制权，如图 6-24 所示。

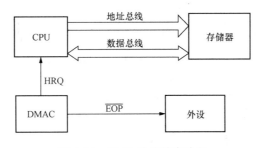

图 6-24　DMA 传送结束阶段

6.4　DMA 技术与 82C37A 控制器

4 种 I/O 接口数据传输方式中，DMA 方式称为直接存储器存取（Direct Memory Access），它是微机与高速外设之间进行数据交换的常用方式之一。它有效地保证了数据流的线性 I/O，因此在众多的可编程芯片上都有它的身影。例如，目前广泛使用的数字信号处理芯片上包含了多达 64 个通道的 DMA。

6.4.1 DMA 基本概念和 DMA 传输的原理

通过前面的学习知道，在数据交换过程中，采用查询和中断方式都是靠 CPU 执行程序指令来实现数据的输入、输出的。具体地说，CPU 要通过取指令、对指令进行译码，然后发出读/写信号，从而完成数据传输。另外，在中断方式下，每进行一次数据传送，CPU 都要暂停主程序的执行，转去执行中断服务程序。在中断服务程序中，还需要有保护现场及恢复现场的操作，虽然这些操作和数据传送没有直接关系，但仍要花费 CPU 的很多时间。也就是说，采用查询方式及中断方式时，数据的传输率不会很高。所以，对于高速外设，如高速磁盘装置或高速数据采集系统等，采用这样的传送方式，往往满足不了数据传输率的要求。而 DMA 方式不需要 CPU 干预（不需 CPU 执行程序指令），而是在专门硬件控制电路控制之下进行的外设与存储器间直接数据传送，这样的硬件控制器称为 DMAC（DMA 控制器）。在 DMA 方式下实现的外设与存储器间的数据传送路径和 CPU 执行程序指令的数据传送路径不同。图 6-25 表示了两种不同的数据传送路径，可以看出，执行程序指令的数据传送必须经过 CPU，而采用 DMA 方式的数据传送不需要经过 CPU，而且数据传送是在专门硬件（DMAC）控制下完

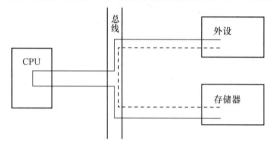

图 6-25　DMA 与程序指令数据传输的不同
—— 执行程序指令的数据传送路径；
--- ——DMA 方式数据传送路径

成的。由于 CPU 无需为传送数据执行相应的指令，而通过专门的硬件电路发出地址及读、写控制信号。因此，比靠执行程序指令来完成数据传输要快得多，并且不会影响当前 CPU 指令执行状态。

在 DMAC 的控制下，可以实现外设与内存之间、内存与内存之间或外设与外设之间的高速数据传送。

6.4.2 82C37A 直接内存通道方式控制器
一、82C37A 的结构

82C37A 是一个可编程的 DMA 控制器，内部由数据总线缓冲器、读/写逻辑控制器、总线控制逻辑、总线接口、工作寄存器、状态寄存器、优先选择逻辑以及 4 个 DMA 通道组成。82C37A 的内部结构如图 6-26 所示。

（1）DMA 通道。82C37A 芯片内部包含 4 个结构完全相同的 DMA 通道，每个通道内有两个 16 位地址寄存器（16 位基地址寄存器和 16 位当前地址寄存器）、两个 16 位字节计数寄存器（16 位基字节数计数器和 16 位当前字节数计数器）、一个模式寄存器、一个 DMA 请求寄存器和一个 DMA 屏蔽寄存器。此外，82C37A 还有一组寄存器，是 4 个通道共用的，它们是一个 8 位控制命令寄存器、一个 8 位状态寄存器、一个 8 位暂存寄存器。

（2）读/写逻辑部件。当 CPU 对 82C37A 进行初始化或对 82C37A 的寄存器进行读/写操作时，读/写逻辑部件接受 CPU 发出的 $\overline{\text{IOR}}$ 或 $\overline{\text{IOW}}$ 信号。当 $\overline{\text{IOR}}$ 为低电平时，CPU 读取 82C37A 内部寄存器的值；当 $\overline{\text{IOW}}$ 为低电平时，CPU 将数据写入 82C37A 的内部寄存器中。

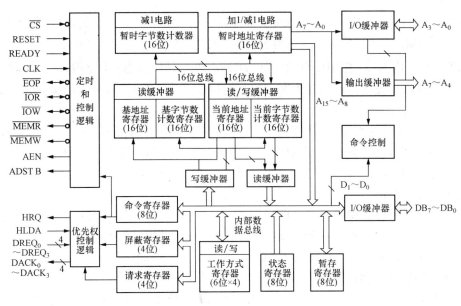

图 6-26　82C37A 内部结构

当 82C37A 处于 DMA 传送期间，82C37A 通过读/写逻辑部件，发出读/写控制信号和地址信息，且此时 $\overline{IOR}$ 和 $\overline{IOW}$ 均为输出线。前者是 82C37A 向外部设备发出的读命令，可从外部设备中读取数据；后者是 82C37A 向外部设备发出的写命令，可向外部设备写入数据。

（3）总线控制逻辑部件和总线接口。总线控制逻辑部件主要用于在进行 DMA 传送之前，根据 CPU 送来的有关 DMA 控制器的工作方式控制字和命令控制字，对系统进行初始化。在定时器控制下，向 CPU 发出 DMA 请求，得到 CPU 允许后进入主控状态。在 DMA 传送过程中，由它产生各种控制信号，控制 DMA 传送的整个操作过程。在 DMA 操作结束之后，向 CPU 发出中断请求和状态信息。总线接口实质上包括总线缓冲收发器、端口地址译码器、读/写控制信号变换器等电路；总线控制逻辑则包括总线占用优先控制逻辑、中断控制逻辑、级联控制逻辑等。

（4）优先权编码与总线判决器。它的作用是解决 DMA 控制器内部多个通道间的总线访问冲突问题。是否需要，取决于芯片内部是否有多个 DMA 通道，只要有多个通道，这部分就不可缺少。具体操作是对同时提出 DMA 请求的多个通道进行优先级排队判优。其采用的方式有两种，即固定方式和循环方式。采用固定方式时 4 个通道优先级别不变，即通道 0 为最高级，通道 3 为最低级；采用循环方式时 4 个通道的优先级别将随着 DMA 操作的进行不断发生变化。

二、82C37A 引脚

82C37A 是一个 40 引脚 DIP 封装的芯片。其引脚封装如图 6-27 所示。下面将分类介绍其引脚含义。

（1）控制信号。

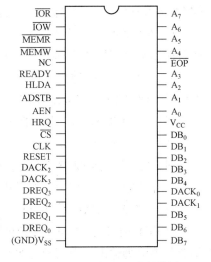

图 6-27　82C37A 引脚封装图

1）CLK：时钟输入端。它控制 82C37A 芯片内部操作和数据传送的速度，82C37A 的时钟频率最高为 8MHz，82C37A-5 最高为 5MHz，82C37A-12 最高可为 12MHz。

2）$\overline{\text{CS}}$：片选输入端，低电平有效。当 82C37A 处于从属状态（即空闲）时，此时 82C37A 仅作为一个 I/O 接口设备，该信号为 82C37A 的片选信号，有效时，CPU 向 82C37A 输出工作方式控制字、命令控制字或读入状态寄存器的内容。

3）RESET：复位输入端，高电平有效。该信号有效时清除控制寄存器、状态寄存器、请求寄存器和暂存寄存器（恢复为默认值），屏蔽寄存器被置为忽略所有响应。复位后 82C37A 处于空闲状态，并禁止 4 个通道的 DMA 操作。复位后必须对 82C37A 重新初始化，否则 82C37A 不能进行 DMA 操作。

4）READY：准备就绪信号，高电平有效。当所使用的存储器或 I/O 设备的速度比较慢时，需要延长传输时间，此时使 READY 处于低电平，82C37A 就处于等待状态。当传送完毕时，READY 变为高电平表示存储器或 I/O 设备已准备好。该信号用来扩展 82C37A 的读/写脉冲，以适应慢速存储器或外设。READY 在验证传输模式中被忽略。

5）ADSTB：地址选通信号，输出。ADSTB 是 16 位地址的高 8 位锁存器的输入选通信号。82C37A 芯片仅提供 8 位地址线，但外部设备与存储器或存储器与存储器之间传送数据，访问存储器地址需要 16 位。用 8 位地址线产生 16 位地址的方法是：DMA 控制器先通过 ADSTB 将存储器的高 8 位地址通过数据线送到外部地址锁存器进行锁存；再用 AEN 信号启动锁存器，把由地址锁存器锁存的地址信号送到高 8 位地址总线 $DB_7 \sim DB_0$ 和 82C37A 的地址线 $A_7 \sim A_0$ 输出的低 8 位地址信号，共同提供 16 位地址信息。该信号为高电平允许输入，低电平时锁存。

6）AEN：地址输出允许信号，高电平有效。使外部地址锁存器中的内容送上系统地址总线，与经 $A_7 \sim A_0$ 输出的低 8 位地址共同形成内存单元的 16 位地址。在 DMA 传送时，AEN 还使与 CPU 相连的地址锁存器失效，这样保证了地址总线上的信号来自 DMA 控制器，而不是来自 CPU。

7）$\overline{\text{MEMR}}$：存储器读信号，低电平有效。这是一个输出信号，只用于 DMA 传送。在 DMA 读或存储器至存储器传送期间，用来从被选中的存储单元读数据。

8）$\overline{\text{MEMW}}$：存储器写信号，低电平有效。输出信号，只用于 DMA 传送。在 DMA 写或存储器至存储器传送期间，用来将数据写入被选中的存储单元。

9）$\overline{\text{IOR}}$：输入/输出读信号，低电平有效，双向。当 82C37A 处于从属状态时，它是输入信号，此时 CPU 用来读取 82C37A 内部寄存器的值；当 82C37A 处于主控状态时，它是输出信号，与 $\overline{\text{MEMW}}$ 相配合，将来自 I/O 端口的数据送上系统数据总线，传送至存储器。

10）$\overline{\text{IOW}}$：输入/输出写信号，低电平有效，双向。其作用基本同 $\overline{\text{IOR}}$，当它作为输入信号时，由 CPU 向 82C37A 的内部寄存器写入数据；而作为输出信号时，与 $\overline{\text{MEMR}}$ 相配合，将来自存储器的数据送上系统数据总线，传至 I/O 端口。

11）$\overline{\text{EOP}}$：DMA 传送过程结束信号，低电平有效，双向信号。当外界向 DMA 控制器送一个 $\overline{\text{EOP}}$ 信号时，DMA 传送过程被强制结束；另外，DMA 控制器任意通道的计数结束时都会从该引脚输出一个有效电平作为 DMA 传送的结束信号。一旦 $\overline{\text{EOP}}$ 有效，82C37A 内部寄存器就会恢复为默认值。

（2）数据和地址信号。

1）$A_3 \sim A_0$：地址线低 4 位，双向信号线。当 82C37A 处于从属状态时，它们是输入信号，作为片内寄存器与计数器端口地址的选择；当 82C37A 处于主控状态时，它们是输出信号，作为 DMA 传送地址的低 4 位。

2）$A_7 \sim A_4$：高 4 位地址线，单向输出。在 DMA 传送期间，与 $A_3 \sim A_0$ 与共同形成访问存储器地址的低字节。

3）$DB_7 \sim DB_0$：8 位双向数据线，三态，与系统数据总线相连。这一组信号线有 3 个作用，一是在 82C37A 处于从属状态时，CPU 可以通过使 $\overline{IOR}$ 有效从 82C37A 中读取内部寄存器的值，送到 $DB_7 \sim DB_0$，读取 82C37A 的工作状态，也可以使 $\overline{IOW}$ 有效，而对 82C37A 的内部寄存器进行写入；二是在 82C37A 处于主控状态时，$DB_7 \sim DB_0$ 输出当前地址寄存器中的高 8 位，并通过 ADSTB 锁存到外部地址锁存器中，这样与 $A_7 \sim A_0$ 输出的低 8 位一起构成 16 位地址；三是可在进行 DMA 传送过程中，在读周期经 $DB_7 \sim DB_0$ 信号线将源存储器的数据送到数据缓冲器中保存，在写周期再把数据缓冲器中保存的数据经 $DB_7 \sim DB_0$ 送至目的存储器。

（3）请求和响应信号。

1）$DREQ_0 \sim DREQ_3$：通道 DMA 请求输入信号。这是外设发送给 82C37A 的请求信号，每个通道对应一个 DREQ 引脚信号，其优先级可通过编程来设置。在固定优先级情况下，$DREQ_0$ 的优先级别最高，$DREQ_3$ 的优先级别最低。在优先循环方式下，某通道的 DMA 请求被响应后，即被降为最低级。当外设的 I/O 接口要求 DMA 传送时，便使相应的 DREQ 处于有效电平，直到 82C37A 发出 DMA 应答信号 DACK 后，I/O 接口才撤除 DREQ 的有效信号。

2）$DACK_0 \sim DACK_3$：DMA 应答信号。这是 DMA 控制器送给外部 I/O 接口的应答信号。每个通道对应一个 DACK 引脚信号。当 82C37A 接到 DMA 请求时，则向 CPU 发出 DMA 请求信号 HRQ。在 82C37A 获得 CPU 送来的总线允许信号 HLDA 之后，就产生 DACK 信号，送到相应外设接口，表示 DMA 控制器响应外设的 DMA 请求，从而进入 DMA 传送过程。系统允许多个 DMA 请求信号 DREQ 同时有效，即几个外设可以同时提出 DMA 请求，但在同一时间，82C37A 只能有一个应答信号 DACK 有效。

3）HRQ：总线请求信号，高电平有效。由 82C37A 发给 CPU，作为系统的 DMA 请求信号。当外设 I/O 端口要进行 DMA 传送时，向 82C37A 发出 DREQ 信号，若相应的 DMA 通道屏蔽标志为 0，即该通道的 DMA 请求未被屏蔽，则 82C37A 的 HRQ 端输出有效电平，向 CPU 发出总线请求信号。

4）HLDA：总线响应信号，高电平有效。这是一个输入信号，它是 CPU 对 DMA 总线请求信号 HRQ 的应答信号，是由 CPU 发送给 DMA 控制器的。该信号有效时，表示 CPU 已经出让系统总线使用权。

由此可以看出，一次 DMA 通信，首先需要外设向 DMA 控制器发出请求，DMA 控制器会判断该请求是否满足响应条件，若满足则向 CPU 提出总线请求信号 HRQ，CPU 在结束当前总线周期后向 DMA 控制器发送 HLDA 信号，DMA 控制器接收到 CPU 的响应信号后，向外设发出响应信号 DACK，随后 DMA 控制器接管系统总线并开始数据传输。

三、82C37A 的工作模式

82C37A 在系统中可以扮演两种角色：其一是系统总线的主控者，这是它工作的主控状态。在它取代 CPU、控制 DMA 传送时，应提供存储器的地址和必要的读/写控制信号，数据在 I/O 设备与存储器之间通过数据总线直接通信。其二是在成为主控者之前，必须由 CPU 对它编程以确定通道的选择、数据传送的模式、存储器区域首地址、传送的总字节数等。在 DMA 传送之后，也有可能由 CPU 读取 DMA 控制器的状态。这时候 82C37A DMA 控制器如同一般的 I/O 端口设备一样，是系统总线的从设备，即 82C37A 的从属状态。

这里所指的工作模式是经 CPU 编程后，作为系统总线的主控者所具有的工作模式。

82C37A 具有 DMA 控制器的 3 种工作模式。

（1）单字节传送模式。这种传送模式是申请一次只传送一个字节。数据传送后字节计数器自动减量，若传送使字节数减为 0，则溢出信号发生，DMA 传送停止，或重新初始化地址。当 HRQ 变为无效时，释放系统总线。

在这种传送模式下，DREQ 信号必须保持有效，直至 DACK 信号变为有效，但是若 DREQ 有效的时间覆盖了单字节传送所需要的时间，则 82C37A 在传送完一个字节后，先释放总线，然后再产生下一个 DREQ，完成下一个字节的传送。

（2）块传送模式。82C37A 由 DREQ 启动后就连续地传送数据，直至字节数计数器减到 0，产生溢出，或者由外部输入有效的 $\overline{\text{EOP}}$ 信号来终止 DMA 传送。

在这种传送模式下，DREQ 信号只需要维持到 DACK 有效。在数据块传送结束后，或是终止操作，或是重新初始化。

（3）请求传送模式。在这种传送模式下，82C37A 可以进行连续的数据传送。当出现以下 3 种情况之一时停止传送：

1）节数计数器减到 0，产生溢出。

2）由外界送来一个有效的 $\overline{\text{EOP}}$ 信号。

3）外界的 DREQ 信号变为无效（外设来的数据已传送完）。

当由于第 3）种情况使传送停下来时，82C37A 释放总线，CPU 可以继续操作，而 82C37A 的地址和字节数的中间值，可以保持在相应通道的当前地址和字节数寄存器中。只要外设准备好了要传送的新的数据，由 DREQ 再次有效就可以使传送继续下去。

在这 3 种工作模式下，DMA 传送有 3 种类型：DMA 读、写和校验。DMA 读传送是把数据由存储器传送至外设，操作时由 $\overline{\text{MEMR}}$ 有效从存储器读出数据，由 $\overline{\text{IOW}}$ 有效把数据传送给外设。DMA 写传送是把由外设输入的数据写至存储器中，操作时由 $\overline{\text{IOR}}$ 信号有效从外设输入数据，由 $\overline{\text{MEMW}}$ 有效把数据写入内存。

存储器到存储器传送，82C37A 可以编程工作在这种方式，这时就要用到两个通道。通道 0 的地址寄存器编程为源区地址，通道 1 的地址寄存器编程为目的区地址，字节数寄存器编程为传送的字节数。传送由设置一个通道 0 的软件启动，82C37A 按正常方式向 CPU 发出 DMA 请求信号 HRQ，待 CPU 用 HLDA 信号响应后传送就可以开始。每传送一个字节要用 8 个时钟周期，4 个时钟周期以通道 0 为地址从源区读数据送入 82C37A 的暂存寄存器，另 4 个时钟周期以通道 1 为地址把暂存寄存器中的数据写入目的区。每传送一个字节，源地址和目的地址都要修改（可增量也可减量修改），字节数减量。传送一直进行到通道 1 的字节数计数器减到 0，产生溢出引起在 EOP 端输出一个脉冲，结束 DMA 传送。在存储器到存储器的传送中，也允许外部送来一个 $\overline{EOP}$ 信号停止 DMA 传送。这种方式用于数据块搜索。

四、82C37A 内部寄存器

82C37A 内部寄存器可分为两大类：一类是 4 个 DMA 通道共有的寄存器，另一类是每通道都有的寄存器。通过对这些寄存器的编程，可以实现 82C37A 工作方式、传输类型、优先级的设置，以及工作时序的配置和初始化等控制操作。82C37A 内部寄存器见表 6-1。

表 6-1　　　　　　　　　　　　　82C37A 内 部 寄 存 器

寄存器名称	寄存器大小	个数	寄存器名称	寄存器大小	个数
基地址寄存器	16 位	4	状态寄存器	8 位	1
基字节数计数器	16 位	4	控制寄存器	8 位	1
当前地址寄存器	16 位	4	暂存器	8 位	1
当前字节数计数器	16 位	4	模式寄存器	8 位	4
地址暂存器	16 位	1	屏蔽寄存器	3 位	4
字节数暂计数器	16 位	1	请求寄存器	3 位	4

（1）模式寄存器。82C37A 每个通道有一个模式寄存器用以规定通道的工作模式。82C37A 模式寄存器格式如图 6-28 所示。

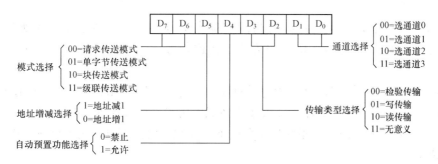

图 6-28　82C37A 模式寄存器格式

1）D_7D_6 用来设置工作模式，两位数 4 种组合用来选择 4 种模式（请求传输、单字节传输、块传输和级联传输）中的一种。

2）D_5 用来指出每次传输后地址寄存器的内容是增 1 还是减 1。$D_5=1$，地址减 1；反之，地址加 1。

3）D_4 是自动预置功能选择。$D_4=1$，选择自动预置功能，$D_4=0$，禁止自动预置。在 DMA 控制器开始工作之前，由 CPU 通过指令对基地址寄存器和基字节数计数器设置初值，这时现行地址寄存器和现行字节数计数器也置入相应的内容。如果设置成自动预置功能，则在计数值减 1 到达 0 时，当前地址寄存器和当前字节数计数器会自动从基地址寄存器和基字节数计数器取得初值。如果一个通道设置为自动预置功能，那么该通道的对应屏蔽位必须为 0。

4）D_3D_2 是传输类型选择。在写传输、读传输和校验传输 3 种中选择一种。写传输是数据由 I/O 接口写入内存。读传输是数据从存储器读出送到 I/O 接口。校验传输是一种空操作，82C37A 本身并不进行任何校验，而只是像 DMA 读或 DMA 写传送一样地产生时序，产生地址信号，但是存储器和 I/O 控制线保持无效，所以并不进行传送，而外设可以利用这样的时序进行校验。

5）D_1D_0 是选择通道。

（2）控制寄存器。控制寄存器控制 82C37A 的工作，其格式如图 6-29 所示。

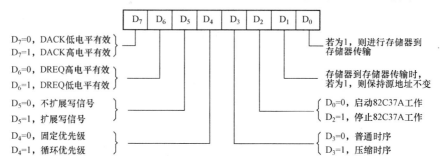

图 6-29　82C37A 控制寄存器格式

1）D_7 规定 DACK 信号的有效电平。$D_7=1$ 时，高电平有效；$D_7=0$ 时，低电平有效。

2）D_6 规定 DREQ 请求信号的有效电平。$D_6=0$ 时，高电平有效；$D_6=1$ 时，低电平有效。

3）$D_5=1$ 是扩展写信号的时序，它使 $\overline{\text{IOW}}$ 和 $\overline{\text{MEMW}}$ 信号的负脉冲加宽，并使它们提前到来。这有利于慢速设备利用 $\overline{\text{IOW}}$ 或 $\overline{\text{MEMW}}$ 信号的下降沿产生 READY 响应，插入等待状态。

4）D_4 决定优先级方式。$D_4=0$ 时为固定优先级方式，这时通道 0 优先级最高，通道 3 优先级最低；$D_4=1$ 时为循环优先级方式，在这种方式下刚服务过的通道的优先级变为最低。

5）D_3 决定时序类型。$D_3=0$ 时为普通时序，每进行一次 DMA 传输，一般用 3 个状态：S_2、S_3、S_4；$D_3=1$ 时为压缩时序，在大多数情况下用 2 个状态：S_2 和 S_4，只有在需要修改 $A_{15}\sim A_8$ 时才需要 3 个状态。当系统各部分的速度比较高时，可以采用压缩时序以提高 DMA 传输时的速率。

6）D_2 位用以启动（$D_2=0$ 时）或停止（$D_2=1$ 时）82C37A 的工作。

7）D_0 位为 1 时，指定 82C37A 进行存储器到存储器的传输。当 $D_0=1$ 时，若 $D_1=1$，源地址寄存器的值保持不变，可以使同一个数据传输到整个内存区域。

（3）请求寄存器。82C37A 的每个通道都配备一个 DMA 请求触发器，硬件的 DREQ 线的有效电平会使该触发器置 1，表示有 DMA 请求。也可以用软件设置 DMA 请求，这就是通过将请求字节写入请求寄存器的方法。82C37A 请求寄存器格式如图 6-30 所示。D_1D_0 选择通道。D_2 为请求标志，$D_2=1$ 时有 DMA 请求，$D_2=0$ 时则无 DMA 请求。当 $\overline{\text{EOP}}$ 端为有效电平时，DMA 请求标志将被清除。RESET 信号使整个寄存器清除。只有在数据块

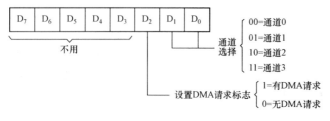

图 6-30　82C37A 请求寄存器格式

方式才允许使用软件请求，若进行存储器到存储器的传送，则 0 通道必须用软件请求，以启动传送过程。

（4）屏蔽寄存器。每个通道都有一个 DMA 屏蔽触发器，作为屏蔽标志。当一个通道的屏蔽标志为 1 时，这个通道就不能接受 DMA 请求了，不管是硬件的 DMA 请求还是软件的 DMA 请求都不会被受理。如果一个通道没有设置自动预置功能，那么当 $\overline{EOP}$ 信号有效时，就会自动设置屏蔽标志。DMA 的屏蔽标志是通过往屏蔽寄存器写入屏蔽字节来设置的，如图 6-31 所示。

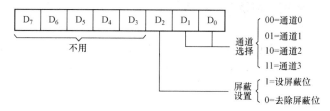

图 6-31　82C37A 屏蔽寄存器格式

此外，82C37A 还允许使用综合屏蔽命令来设置通道的屏蔽触发器，如图 6-32 所示。$D_3 \sim D_0$ 中的某一位为 1，就使对应的通道设置为屏蔽位。

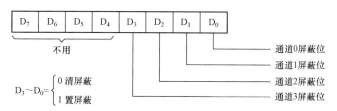

图 6-32　82C37A 综合屏蔽命令格式

（5）状态寄存器。82C37A 中有一个可由 CPU 读取的状态寄存器，其格式如图 6-33 所示。其低 4 位反映在读命令这个瞬间各通道的字节数计数器是否已减为 0，若其中某位为 1，则相应通道字节数减至 0。高 4 位反映各通道的请求情况，1 为有请求。

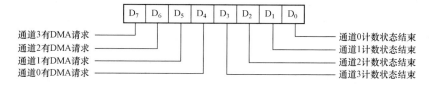

图 6-33　82C37A 状态寄存器格式

（6）暂存寄存器。在存储器到存储器传送方式时，暂存寄存器保存从源单元读出的数据，再由它写入目的单元。完成传送时，其中保留传送的最后一个字节，该字节可由 CPU 读出，RESET 使之复位。

（7）地址寄存器。每一个通道都有一个 16 位的基地址寄存器和一个 16 位的当前地址寄存器，所以这些地址寄存器具有自动修改地址值的功能。

基地址寄存器用来存放本通道 DMA 传送时地址的值，在 CPU 对 82C37A 编程时，基地址寄存器的值和当前地址寄存器同时写入。当进行 DMA 传送时，由当前地址寄存器向地址总线提供本次 DMA 传送的内部地址，每传送一个字节，由硬件自动对当前地址寄存器进行修改（增 1 或减 1）。在整个 DMA 传送期间，基地址寄存器保持不变。在自动预置方式下，一次传送完成，基地址寄存器的内容自动重新装载到当前地址寄存器中。

（8）字节计数寄存器。每个通道都有一个 16 位的基字节数计数器和一个 16 位的当前字节数计数器。基字节数计数器用于存放本通道 DMA 传送时字节数的初值，而当前字节数计数器存放本通道 DMA 传送的当前字节数。在自动预置方式下，一次传送完成，基字节数计数器的内容自动重新装载到当前字节数计数器中。

五、82C37A 操作命令

82C37A 的操作命令是通过对内部寄存器的写操作来完成的，而状态寄存器的读取也必须通过地址端口来访问。与 82C37A 相关端口地址操作命令的控制信号见表 6-2。

表 6-2　　　　　　　　　　与 82C37A 相关端口地址操作命令的控制信号

通道	寄存器	操作	端口地址	$\overline{CS}$	$\overline{IOR}$	$\overline{IOW}$	内部先后触发器	数据总线
0	基和当前地址	写	00H	0	1	0	0	$A_0\sim A_7$
			00H	0	1	0	1	$A_8\sim A_{15}$
	当前地址	读	00H	0	0	1	0	$A_0\sim A_7$
			00H	0	0	1	1	$A_8\sim A_{15}$
	基和当前字节数	写	01H	0	1	0	0	$W_0\sim W_7$
			01H	0	1	0	1	$W_8\sim W_{15}$
	当前字节数	读	01H	0	0	1	0	$W_0\sim W_7$
			01H	0	0	1	1	$W_8\sim W_{15}$
1	基和当前地址	写	02H	0	1	0	0	$A_0\sim A_7$
			02H	0	1	0	1	$A_8\sim A_{15}$
	当前地址	读	02H	0	0	1	0	$A_0\sim A_7$
			02H	0	0	1	1	$A_8\sim A_{15}$
	基和当前字节数	写	03H	0	1	0	0	$W_0\sim W_7$
			03H	0	1	0	1	$W_8\sim W_{15}$
	当前字节数	读	03H	0	0	1	0	$W_0\sim W_7$
			03H	0	0	1	1	$W_8\sim W_{15}$
2	基和当前地址	写	04H	0	1	0	0	$A_0\sim A_7$
			04H	0	1	0	1	$A_8\sim A_{15}$
	当前地址	读	04H	0	0	1	0	$A_0\sim A_7$
			04H	0	0	1	1	$A_8\sim A_{15}$
	基和当前字节数	写	05H	0	1	0	0	$W_0\sim W_7$
			05H	0	1	0	1	$W_8\sim W_{15}$
	当前字节数	读	05H	0	0	1	0	$W_0\sim W_7$
			05H	0	0	1	1	$W_8\sim W_{15}$
3	基和当前地址	写	06H	0	1	0	0	$A_0\sim A_7$
			06H	0	1	0	1	$A_8\sim A_{15}$
	当前地址	读	06H	0	0	1	0	$A_0\sim A_7$
			06H	0	0	1	1	$A_8\sim A_{15}$
	基和当前字节数	写	07H	0	1	0	0	$W_0\sim W_7$
			07H	0	1	0	1	$W_8\sim W_{15}$
	当前字节数	读	07H	0	0	1	0	$W_0\sim W_7$
			07H	0	0	1	1	$W_8\sim W_{15}$

82C37A 还有两种命令不需要通过数据总线写入控制字,而是通过 82C37A 直接对地址和控制信号译码来执行各自功能。

（1）主清除命令。该命令与硬件的 RESET 信号有相同的功能,它使控制、状态、请求、暂存等寄存器及内部先后触发器清零,使屏蔽寄存器置为全 1,使 82C37A 进入空闲周期,以便进行编程。

（2）清除先后触发器命令。82C37A 内部基地址寄存器和基字节寄存器是 16 位的,而 82C37A 的数据线是 8 位的,先后触发器用以控制写入、读出 16 位寄存器的是高字节还是低字节。当触发器为 0,则操作为低字节;为 1,则操作为高字节。每对 16 位寄存器进行一次操作（读或写 8 位）,此触发器就改变一次状态。复位后该触发器为 0,也可以用清除先后触发器命令使之变为 0。

除此之外,与 DMA 控制器共有的寄存器操作端口地址见表 6-3。

表 6-3   82C37A 操作命令与端口地址对应表

操 作 命 令	端口地址 $A_3 \sim A_0$	$\overline{\text{IOR}}$	$\overline{\text{IOW}}$
读状态寄存器	08H	0	1
写状态寄存器	08H	1	0
读 DMA 请求寄存器	09H	0	1
写 DMA 请求寄存器	09H	1	0
读控制寄存器	0AH	0	1
写 DMA 屏蔽寄存器某一位	0AH	1	0
读模式寄存器	0BH	0	1
写模式寄存器	0BH	1	0
置位先后触发器	0CH	0	1
清先后触发器	0CH	1	0
读暂存寄存器	0DH	0	1
发主清除指令	0DH	1	0
清模式寄存器计数器	0EH	0	1
清屏蔽寄存器	0EH	1	0
读所有屏蔽位	0FH	0	1
写所有屏蔽位	0FH	1	0

6.4.3 82C37A 工作时序

82C37A 从工作状态看,有两种工作状态,即主控状态和从属状态;从时间顺序看,有两种操作周期,即 DMA 空闲周期（从属状态）和 DMA 有效周期（主控状态）。每个操作周期由一定数量的时钟状态组成。其工作时序图如图 6-34 所示。

一、空闲周期 S_I

82C37A 在上电之后未初始化之前,或已初始化但还没有外设（或软件）请求 DMA 传送时,进入空闲周期 S_I。此时,82C37A 处于从属状态。在空闲周期内连续执行 S_I 时钟状态,个数不限。此时,82C37A 在每个时钟周期进行两种检测:一是对 $\overline{\text{CS}}$ 引脚端进行采样,以确认 CPU 是否要对 DMA 控制器进行初始化编程或从它读取信息；二是检测它的输入引脚 DREQ，确认是否有外设请求 DMA 服务。

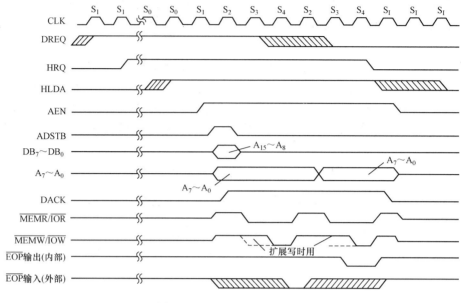

图 6-34　82C37A 工作时序图

当采样到 $\overline{CS}$ 引脚为有效（低电平），且无外设提出 DMA 请求（DREQ 为无效）时，则可认为是 CPU 对 82C37A 进行初始化编程，向 82C37A 的各寄存器写入各种命令、参数。此时 82C37A 作为 CPU 的一个外设。当 82C37A 检测到 DREQ 引脚信号有效时，就转入过渡周期。

二、过渡周期 S_0

82C37A 被初始化之后，若检测到 DREQ 请求有效，则表示有外设要求 DMA 传送，此时，DMAC 就向 CPU 发出总线请求信号 HRQ。DMAC 向 CPU 发出 HRQ 信号之后，DMAC 的时序从 S_1 状态跳出进入 S_0 状态，并重复执行 S_0 状态，直到收到 CPU 的应答信号 HLDA 才结束 S_0 状态，进入 S_1 状态，开始 DMA 有效周期。因此，S_0 是 82C37A 送出 HRQ 信号到它收到 HLDA 信号之间的状态周期，这是 82C37A 从属状态到主控状态的过渡阶段。

三、有效周期

在收到 CPU 的应答信号 HLDA 后，82C37A 就成为系统的主控者，进入 DMA 传送有效周期，开始传送数据。一个完整的 DMA 传送周期包括 S_1、S_2、S_3 和 S_4 共 4 个状态。

在 S_1 状态，82C37A 发出地址输出允许信号 AEN 并送出高 8 位地址。在 S_1 状态周期，82C37A 把高 8 位地址 $A_{15} \sim A_8$ 送到数据总线 $DB_7 \sim DB_0$ 上，并发地址选通信号 ADSTB，ADSTB 的下降沿（S_2 内）把地址信息锁存到地址锁存器中。S_1 是只在地址的低 8 位向高 8 位进位或借位时才出现的状态周期，也就是当需要对地址锁存器中的 $A_{15} \sim A_8$ 内容进行更新时才去执行 S_1 状态周期，否则，省去 S_1 状态周期。大多数情况下，都不会使用到 S_1 状态周期，只有在数据块传送时要跨越 256 字节的数据块传送才用到 S_1 周期。

在 S_2 状态，输出 16 位存储器地址并发 DACK 信号给被响应的 I/O 设备。在 S_2 状态周期，要完成两件事：一是输出 16 位地址到存储器，其中高 8 位地址由数据线 $DB_7 \sim DB_0$ 输出，用

ADSTB 下降沿锁存（S_3 状态时才稳定出现在 $A_{15} \sim A_8$ 上），低 8 位地址由地址线 $A_7 \sim A_0$ 输出。但由于在没有 S_1 的 DMA 周期中，高 8 位地址没有发生变动，因此输出未改变原来的高 8 位地址及修改后的低 8 位地址。二是 S_2 状态周期向请求 DMA 传送的外设发出请求应答信号 DACK，为数据传送做好准备，随后发出读/写命令。如果存储器或外设的速度跟不上，可在 S_2 和 S_3 之间插入等待状态周期 S_W。

S_3 状态是读周期，在此状态发出 $\overline{\text{MEMR}}$ （读存储器）或 $\overline{\text{IOR}}$ （读外设）信号。这时，把从内存或 I/O 端口读取的 8 位数据放到数据线 $DB_7 \sim DB_0$ 上，等待写信号 $\overline{\text{MEMW}}$ 或 $\overline{\text{IOW}}$ 的到来。

S_4 状态是写周期，在此状态发出 $\overline{\text{IOW}}$ （写向外设）或 $\overline{\text{MEMW}}$ （写向存储器）信号。此时把读周期得到的保存在数据线 $DB_7 \sim DB_0$ 上的数据字节写到存储器或 I/O 端口，至此就完成了一个字节的 DMA 传送。正是由于读周期所得到的数据并不送入 82C37A 内部保存，而是保存在数据线 $DB_7 \sim DB_0$ 上，因此，写周期一开始，即可快速地从数据线上直接写到存储器中或 I/O 端口上，这才是高速 DMA 传送提供直接通道的真正含义。

如果存储器或外设的速度跟不上，可在 S_4 之后插入等待状态周期 S_W。若采用提前写（扩展写），则在 S_3 中同时发出 $\overline{\text{IOR}}$ （或 $\overline{\text{MEMR}}$ ）和 $\overline{\text{MEMW}}$ （或 $\overline{\text{IOW}}$ ）信号，即把写信号提前，与读信号同时从 S_3 开始，或者说，写信号和读信号一样扩展为两个时钟周期。若采用压缩时序，则去掉 S_3 状态，将读信号的宽度压缩到写信号的宽度，即读周期和写周期同为 S_4。因此，在成组连续传送且不更新高 8 位地址的情况下，一次 DMA 传送可压缩到两个时钟周期（S_2 和 S_4），这可获得更高的数据吞吐率。

6.4.4　82C37A DMA 的初始化

在进行 DMA 传送之前，必须对 DMA 控制器 82C37A 中的各寄存器写入一定的内容，即对其进行初始化，以便得到所要求的功能。

82C37A 的初始化编程可按以下步骤进行：

（1）写入复位（主清除）命令。一般使用的清除命令有 3 个：第一个是总清除命令，通过它可以清除 82C37A 控制器中所有内部寄存器的内容；第二个是使用先/后触发器清零命令；第三个是使用清除屏蔽寄存器清零命令。

（2）写入基地址寄存器和当前地址寄存器。把 DMA 传送所涉及的存储区域首地址或末地址写入基地址寄存器和当前地址寄存器。先写入低 8 位（先/后触发器置 0），后写高 8 位（先/后触发器置 1）。

（3）写入基字节数计数器和当前字节数计数器。把要传送的字节数减 1，写入基本字节数计数器和当前字节数计数器。同样，先写低 8 位，后写高 8 位。

（4）写入模式控制字。将模式控制字写入模式寄存器，用来指定 DMA 传送所使用的通道号、工作方式、传送类型及是否采用自动预置等。

（5）写入屏蔽控制字。将屏蔽字写入屏蔽寄存器，在初始化编程时，一般先屏蔽要初始化的通道，以免在初始化未结束时接收到 DMA 请求，82C37A 就开始进行 DMA 传送，从而导致系统出错。在初始化编程结束时，必须解除对该通道的屏蔽，否则，将无法进行 DMA 传送操作。

（6）写入控制字。将控制字写入控制寄存器，以确定其进行 DMA 传送时所采用的工作时序、优先级方式等操作，并启动 82C37A 开始工作。

（7）启动 82C37A 传送操作。可使用硬件方法，等待 DMA 控制器的某个通道的引脚信号 DREQ 端发出 DMA 传送请求；也可使用软件方法，将请求 DMA 传送操作的控制字写入请求寄存器。

关于 82C37A 具体的程序，因其所涉及控制字较繁琐及篇幅所限，这里没有给出。

习 题 与 思 考 题

6-1　输入/输出系统主要由哪几个部分组成？主要有哪些特点？

6-2　I/O 接口的主要功能有哪些？有哪两种编址方式？在 8088/8086 系统中采用哪一种编址方式？

6-3　试比较 4 种基本输入/输出方法的优缺点。

6-4　主机与外部设备进行数据传送时，采用哪一种传送方式 CPU 的效率最高？

6-5　具备何种条件能够作为输入接口？具备何种条件能够作为输出接口？查阅资料，给出更多的输入/输出接口的例子。

6-6　为什么 74LS244 只能作为输入接口？而 74LS273 只能作为输出接口？

6-7　某输入接口的地址为 0E54H，输出接口的地址为 01FBH，分别利用 74LS244 和 74LS273 作为输入和输出接口。画出其与 8088 系统总线的连接图。编写程序，使当输入接口的 bit1、bit4 和 bit7 位同时为 1 时，CPU 将内存中 DATA 为首址的 20 个单元的数据从输出接口输出；若不满足上述条件则等待。

6-8　利用 74LS244 作为输入接口（端口地址：01F2H）连接 8 个开关 $K_0 \sim K_7$，用 74LS273 作为输出接口（端口地址：01F3H）连接 8 个发光二极管。请画出芯片与 8088 系统总线的连接图，并利用 74LS138 设计地址译码电路。

6-9　根据题 6-8 的内容和连接图，编写实现下述功能的程序段。

（1）若 8 个开关 $K_0 \sim K_7$ 全部闭合，则使 8 个发光二极管亮。

（2）若开关高 4 位（$K_4 \sim K_7$）全部闭合，则使连接到 74LS273 高 4 位的发光二极管亮。

（3）若开关低 4 位（$K_0 \sim K_3$）闭合，则使连接到 74 LS273 低 4 位的发光二极管亮。

6-10　简述 82C37A DMA 传送的 3 种工作方式。

6-11　DMA 控制器 82C37A 什么时候工作在主控状态？什么时候工作在从属状态？

6-12　在 82C37A 主控和从属两种情况下，系统总线的 $\overline{\text{IOR}}$、$\overline{\text{IOW}}$、$\overline{\text{MEMR}}$、$\overline{\text{MEMW}}$ 及地址线各处于什么状态？

6-13　简述 82C37A 的优先级管理方式。

6-14　对 DMA 82C37A 控制器的初始化包括哪些内容？具体步骤如何？

6-15　请列举查询方式数据传递的实例及简要程序。

6-16　请列举中断方式数据传递的实例及简要程序。

6-17　作为通用的输入/输出接口，至少应具有哪些功能？

6-18　设 82C37A 的端口地址为 00～0FH，使 0 号通道工作在块传输模式，地址加 1 变化，自动设置功能，把内存 2500H：0000H 开始的 1024 个字节传送给外设端口。DACK 为高电平有效，DREQ 为低电平有效，固定优先级方式，正常时序，不扩展写信号，其他通道无存储器到存储器传输模式。试设计 82C37A 的初始化程序。

6-19　试编写汇编程序，用 82C37A 实现内存到外设空间的数据块传送，把外设端口地址 FIFO_PORT 的 512 个字节数据传送到内存单元 RAM_DST 中。假设 82C37A 的端口地址为 0000H～000FH。

6-20　画出 8 个 I/O 端口地址 260H～267H 的译码电路（译码电路有 8 个输出端）。

第7章 中 断 技 术

通常处理器的运算速度相当快，而外部设备的运算速度相对较慢，快速的 CPU 与慢速的外部设备在传输数据的速率上存在矛盾。为了提高输入/输出数据的吞吐率，加快运算速度，便产生了中断技术。本章首先介绍了中断技术的概念、中断源、中断类型、中断矢量表、中断优先级和中断嵌套，以便对中断技术有一个整体的把握；然后介绍了 8086 CPU 的中断处理过程，以及可编程中断控制器 8259A 和 8086 微处理器的中断接口技术，以便对中断技术的实际应用有一个全面的掌握。本章重点是中断的基本知识、可屏蔽中断的处理过程、系统的中断嵌套以及可编程控制器 8259A 的结构、功能与应用。本章难点在于中断过程的理解、可编程中断控制器 8259A 的中断管理方式的掌握以及中断服务程序的编写。

7.1 中 断 概 述

7.1.1 中断的概念

中断是 CPU 在执行当前程序的过程中，当出现某些异常事件或某种外部请求时，使得 CPU 暂时停止正在执行的程序（即中断），转去执行外围设备服务的程序。当外围设备服务的程序执行完后，CPU 再返回暂时停止正在执行的程序处（即断点），继续执行原来的程序。这种中断就是人们通常所说的外部中断，如图 7-1 所示。

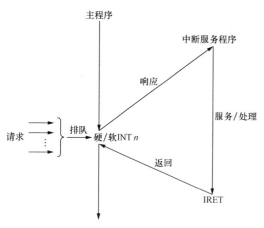

图 7-1 中断响应的整个过程示意图

中断过程与主程序调用子程序过程有一定相似性，但又有很大区别，调用子程序过程相对比较容易掌握。子程序是微机基本程序结构中的一种，基本程序结构包括顺序（简单）、分支（判断）、循环、子程序和查表 5 种。子程序是一组可以公用的指令序列，只要给出子程序的入口地址就能从主程序转入子程序。子程序在功能上具有相对的独立性，在执行主程序的过程中往往被多次调用，甚至被不同的程序所调用。一般微机首先执行主程序，碰到调用指令就转去执行子程序，子程序执行完后，返回指令就返回主程序断点（即调用指令的下一条指令），继续执行没有处理完的主程序，这一过程叫做（主程序）调用子程序过程。子程序结构可简化程序，防止重复书写错误，并可节省内存空间。计算机中经常把常用的各种通用的程序段编成子程序，提供给用户使用。

中断是计算机中央处理单元 CPU 与外设 I/O 交换数据的一种方式，除此方式外，还有无条件、条件（查询）、存储器直接存取 DMA 和 I/O 通道 4 种方式。由于无条件不可靠、条件效率低、DMA 和 I/O 通道两方式硬件复杂，而中断方式 CPU 效率高，因此一般大多采用中断方式。当计算机正在执行某一（主）程序时，收到中断请求，如果中断响应条件成立，计算机就把正在执行的程序暂停一下，去响应处理这一请求，执行中断服务程序，处理完服务程序后，中断返回指令使计算机返回原来还没有执行完的程序断点处继续执行，这一过程称为中断过程。有了中断，计算机才能具有并行处理、实时处理和故障处理等重要功能。

中断与调用子程序两过程属于完全不同的概念，但它们也有不少相似之处。两者都需要保护断点（即下一条指令地址）、跳至子程序或中断服务程序、保护现场、子程序或中断处理、恢复现场、恢复断点（即返回主程序）。两者都可实现嵌套，即正在执行的子程序再调另一子程序或正在处理的中断程序又被另一新中断请求所中断，嵌套可为多级。正是由于这些表面上的相似处，很容易使学生把两者混淆起来，特别是把中断也看做子程序，那就大错特错了。

中断过程与调用子程序过程相似点是表面的，从本质上讲两者是完全不一样的。两者的根本区别主要表现在服务时间与服务对象上。①首先，调用子程序过程发生的时间是已知和固定的，即在主程序中的调用指令（CALL）执行时发生主程序调用子程序，调用指令所在位置是已知和固定的。而中断过程发生的时间一般是随机的，CPU 在执行某一主程序时收到中断源提出的中断申请时，就发生中断过程，而中断申请一般是硬件电路产生，申请提出时间是随机的（软中断发生时间是固定的），也可以说，调用子程序是程序设计者事先安排的，而执行中断服务程序是由系统工作环境随机决定的。②其次，子程序是完全为主程序服务的，两者属于主从关系，主程序需要子程序时就去调用子程序，并把调用结果带回主程序继续执行。而中断服务程序与主程序两者一般是无关的，不存在谁为谁服务的问题，两者是平行关系。③再次，主程序调用子程序过程完全属于软件处理过程，不需要专门的硬件电路。而中断处理系统是一个软、硬件结合系统，需要专门的硬件电路才能完全中断处理的过程。④最后，子程序嵌套可实现若干级，嵌套的最多级数由计算机内存开辟的堆栈大小限制。而中断嵌套级数主要由中断优先级数来决定，一般优先级数不会很大。

随着计算机体系结构不断的更新换代和应用技术的日益提高，中断技术的发展也是非常迅速，中断的概念也随之延伸，中断的应用范围也随之扩大。除了传统的外围部件引起的硬件中断外，又出现了内部的软件中断概念。在 Pentium 中则更进一步丰富了软件中断的种类，延伸了中断的内涵。它把许多在执行指令过程中产生的错误也归并到了中断处理的范畴，并将它们和通常意义上的内部软件中断一起统称为异常，而将传统的外部中断简称为中断。由此可见，中断和异常对于 Pentium 微处理机来说是有区别的，其主要差别在于：中断用来处理 CPU 以外的异常事件；而异常则是用来处理在执行指令期间，由 CPU 本身对检测出来的某些异常事情做出的响应。由外围部件引起的硬件中断，一般来说与当前的执行程序无关；而当再次执行产生异常的程序或数据时，这种异常总是可以再次出现。但是，当中断和异常在使微处理机暂时停止执行当前的程序，去执行更高优先级别的程序时，却是一样的。

外部中断和内部软件中断构成了一个完整的中断系统。发出中断请求的来源非常多，不管是由外部事件而引起的外部中断，还是由软件执行过程而引发的内部软件中断，凡是能够提出中断请求的设备或异常故障，均被称为中断源。

应用中断技术的优点主要有：①实现 CPU 与外设的并行工作，提高 CPU 的效率；②实现实时处理；③实现故障处理。

7.1.2　中断源

引起中断的原因或发出中断请求的来源，称为中断源。中断源有以下几种：

（1）外设中断源。一般有键盘、打印机、磁盘、磁带等，工作中要求 CPU 为它服务时，会向 CPU 发送中断请求。

（2）故障中断源。当系统出现某些故障时（如存储器出错、运算溢出等），相关部件会向 CPU 发出中断请求，以便使 CPU 转去执行故障处理程序来解决故障。

（3）软件中断源。在程序中向 CPU 发出中断指令（8086 为 INT 指令），可迫使 CPU 转去执行某个特定的中断服务程序，而中断服务程序执行完后，CPU 又回到原程序中继续执行 INT 指令后面的指令。

（4）为调试而设置的中断源。系统提供的单步中断和断点中断，可以使被调试程序在执行一条指令或执行到某个特定位置处时自动产生中断，从而便于程序员检查中间结果，寻找错误所在。

7.1.3　中断类型

根据中断源是来自 CPU 内部还是外部，通常将所有中断源分为外部中断源和内部中断源两类，对应的中断称为外部中断或内部中断。

一、外部中断源和外部中断

外部中断源即硬件中断源，来自 CPU 外部。8086CPU 提供了两个引脚来接收外部中断源的中断请求信号，即可屏蔽中断请求引脚和不可屏蔽中断请求引脚。通过可屏蔽中断请求引脚输入的中断请求信号称作可屏蔽中断请求，对于这种中断请求，CPU 可响应，也可不响应，具体取决于标志寄存器中 IF 标志位的状态。通过不可屏蔽中断请求引脚输入的中断请求信号称作不可屏蔽中断请求，对于这种中断请求，CPU 必须响应。

二、内部中断源和内部中断

内部中断源是来自 CPU 内部的中断事件，这些事件都是特定事件，一旦发生，CPU 即调用预定的中断服务程序去处理。内部中断主要有以下几种情况：

（1）除法错误。当执行除法指令时，如果除数为 0 或商数超过了最大值，CPU 会自动产生类型为 0 的除法错误中断。

（2）软件中断。执行软件中断指令时，会产生软件中断。8086 系统中设置了 3 条中断指令，分别是：

1）中断指令 INT n。用户可以用 INT n 指令来产生一个类型为 n 的中断，以便让 CPU 执行 n 号中断的中断服务程序。

2）断点中断 INT 3。执行断点指令 INT 3 将引起类型为 3 的断点中断，这是调试程序专用的中断。

3）溢出中断 INTO。如果标志寄存器中溢出标志位 OF 为 1，在执行了 INTO 指令后，将产生类型为 4 的溢出中断。

（3）单步中断。当标志寄存器的标志位 TF 置 1 时，8086 CPU 处于单步工作方式。CPU 每执行完一条指令，自动产生类型为 1 的单步中断，直到将 TF 置 0 为止。单步中断和断点中断一般仅在调试程序时使用。调试程序通过为系统提供这两种中断的中断服务程序的方式，在发生断点或单步中断后获得 CPU 控制权，从而可以检查被调试程序（中断前 CPU 运行的程序）的状态。

为了解决多个中断同时申请时响应的先后顺序问题，系统将所有的中断划分为 4 级，以 0 级为最高，依次降低，各级情况如下：

0 级——除单步中断以外的所有内部中断。

1 级——不可屏蔽中断。

2 级——可屏蔽中断。

3 级——单步中断。

不同级别的中断同时申请时，CPU 根据级别高低依次决定响应顺序。

7.1.4　中断类型号

由于系统中存在许多中断源，当中断发生时，CPU 就要进行中断源的判断。只有知道了中断源，CPU 才能调用相应的中断服务程序来为其服务。为了标记中断源，人们给系统中的每个中断源指定了一个唯一的编号，称为中断类型号。CPU 对中断源的识别就是获取当前中断源的中断类型号，在 8086 系统中的实现如下所述：

（1）可屏蔽中断（硬件中断）。所有通过可屏蔽中断请求引脚向 CPU 发送的中断请求，都必须由中断控制器 8259A 管理。CPU 在准备响应其中断请求时，会给 8259A 发一个中断响应信号，8259A 收到这一信号后，会将发出中断申请外设的中断类型号通过系统数据总线发送给 CPU。

（2）软件中断。在中断指令 INT n 中，参数 n 即为中断类型号。

（3）除上面两种情况外，其余中断都是固定类型号，主要是内部中断，如除法错误（类型 0）、单步中断（类型 1）、断点中断 INT 3（类型 3）、溢出中断 INTO（类型 4）等。外部中断中不可屏蔽中断的类型号也是固定的（类型 2）。

8086/8088 系统中，中断类型号范围为 0～FFH，即最多有 256 个中断源。

7.1.5　中断矢量表

CPU 在响应中断时，要执行该中断源对应的中断服务程序，那么 CPU 如何知道这段程序在哪儿呢？答案是 CPU 通过查找中断矢量表来得知。中断服务程序的地址叫做中断矢量。将全部中断矢量集中在一张表中，即中断矢量表。中断矢量表的位置固定在内存的最低 1K 字节中，即 00000H～003FFH 处。这张表中存放着所有中断服务程序的入口地址，而且根据中断类型号从小到大依次排列，每一个中断服务程序的入口地址在表中占 4 个字节：前两个字节为偏移量，后两个字节为段基址。因系统中共有 256 个中断源，而每个中断服务程序入口地址又占 4 个字节，故中断矢量表共占 256×4＝1K 个字节，如图 7-2 所示。

那么，在系统中实际上由谁来提供中断服务程序并填写中断矢量表中的内容呢？主要是 ROM BIOS 和 DOS。它们填写了中断矢量表的大部分项目并提供了相应的中断服务程序。此外，主板上的各种硬件插卡（如果它们向系统提供中断服务）及在 DOS 下运行的以中断方式工作的内存驻留程序（如鼠标驱

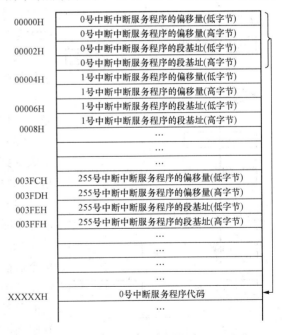

图 7-2　中断矢量表结构

动程序、后台打印程序等）也会填写部分中断矢量表项目并提供相应的中断服务程序。最后，还有部分中断矢量表项目无人填写，也无人提供对应的中断服务程序，这部分中断是保留给用户用的。

7.1.6　中断优先级

在实际系统中，常常遇到多个中断源同时请求中断的情况，这时 CPU 必须确定首先为哪一个中断源服务以及服务的次序。解决的方法是用中断优先排队的处理方法，即根据中断源要求的轻重缓急，排好中断处理的优先次序，即优先级（Priority），又称优先权。先响应优先级最高的中断请求。有的微处理器有两条或更多的中断请求线，而且已经安排好中断的优先级，但有的微处理器只有一条中断请求线。凡是遇到中断源的数目多于 CPU 的中断请求线的情况时，就需要采取适当的方法来解决中断优先级的问题。另外，当 CPU 正在处理中断时，也要能响应优先级更高的中断请求，而屏蔽掉同级或较低级的中断请求，即所谓多重中断的问题。

通常，解决中断的优先级的方法有以下几种：①软件查询确定中断优先级；②硬件查询确定中断优先级；③中断优先级编码电路。

7.1.7　中断的嵌套

当 CPU 执行优先级较低的中断服务程序时，允许响应优先级比它高的中断源请求中断，而挂起正在处理的中断，这就是中断嵌套或称多重中断。此时，CPU 将暂时中断正在进行着的级别较低的中断服务程序，优先为级别高的中断服务。待优先级高的中断服务结束后，再返回到刚才被中断的较低优先级的那一级，继续为它进行中断服务。

多重中断流程的编排与单级中断的区别有以下几点：

（1）加入屏蔽本级和较低级中断请求的环节。这是为了防止在进行中断处理时，不致受到来自本级和较低级中断的干扰，并允许优先级比它高的中断源进行中断。

（2）在进行中断服务之前，要开中断。因为如果中断仍然处于禁止状态，则将阻碍较高级中断的中断请求和响应，所以必须在保护现场、屏蔽本级及较低级中断完成之后，开中断以便允许进行中断嵌套。

（3）中断服务程序结束之后，为了使恢复现场过程不致受到任何中断请求的干扰，必须安排并执行关中断指令，将中断关闭，才能恢复现场。

（4）恢复现场后，应该安排并执行开中断指令，重新开中断，以便允许任何其他等待着的中断请求有可能被 CPU 响应。应当指出，只有在执行了紧跟在开中断指令后面的一条指令以后，CPU 才重新开中断。一般紧跟在开中断指令后的是返回指令 RET，它将把原来被中断的服务程序的断点地址弹回 IP 及 CS，然后 CPU 才能开中断，响应新的中断请求。多个中断源、单一中断请求线的中断处理过程如图 7-3 所示。

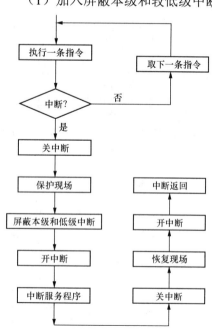

图 7-3　多个中断源、单一中断请求线的中断处理过程

7.2 8086CPU 的中断处理过程

虽然不同类型的计算机系统的中断系统有所不同，但实现中断的过程是相同的。中断的处理过程一般有中断请求、中断排队（判优）、中断响应、中断处理（服务）、中断返回 5 步。

7.2.1 中断请求

中断处理的第 1 步是中断源发出中断请求，计算机中的中断源有很多，CPU 必须识别是哪一个设备产生中断。识别中断源有两个方法：①软件查询，它将中断信号从数据总线读入，用程序进行判别；②硬件法（中断矢量法），它由中断源提供中断类型号，CPU 根据类型确定中断源。8086/8088 即采用后一种方法。

8086/8088 的中断请求过程随中断源类型的不同而呈现不同的特点，具体如下：

一、外部中断源的中断请求

当外部设备要求CPU为它服务时，需要发一个中断请求信号给CPU进行中断请求。8086 CPU 有两根外部中断请求引脚 INTR 和 NMI 供外设向其发送中断请求信号用，这两根引脚的区别在于 CPU 响应中断的条件不同。CPU 在执行完每条指令后，都要检测中断请求输入引脚，看是否有外设的中断请求信号。根据优先级，CPU 先检查 NMI 引脚再检查 INTR 引脚。INTR 引脚上的中断请求称为可屏蔽中断请求，CPU 是否响应这种请求取决于标志寄存器的 IF 标志位的值。IF＝1 为允许中断，CPU 可以响应 INTR 上的中断请求；IF＝0 为禁止中断，CPU 将不理会 INTR 上的中断请求。由于外部中断源有很多，而 CPU 的可屏蔽中断请求引脚只有一根，这又产生了如何使多个中断源合理共用一根中断请求引脚的问题。解决这个问题的方法是引入 8259A 中断控制器，由它先对多路外部中断请求进行排队，根据预先设定的优先级决定在有中断请求冲突时，允许哪一个中断源向 CPU 发送中断请求。NMI 引脚上的中断请求称为不可屏蔽中断请求（或非屏蔽中断请求），这种中断请求 CPU 必须响应，它不能被 IF 标志位所禁止。不可屏蔽中断请求通常用于处理应急事件。在 PC 系列机中，RAM 奇偶校验错、I/O 通道校验错和协处理器 8087 运算错等都能够产生不可屏蔽中断请求。

二、内部中断源的中断请求

CPU 的中断源除了外部硬件中断源外，还有内部中断源。内部中断请求不需要使用 CPU 的引脚，它由 CPU 在下列两种情况下自动触发：①在系统运行程序时，内部某些特殊事件发生（如除数为 0、运算溢出或单步跟踪及断点设置等）；②CPU 执行了软件中断指令 INT n。所有的内部中断都是不可屏蔽的，即 CPU 总是响应（不受 IF 限制）。8086 的中断结构如图 7-4 所示。

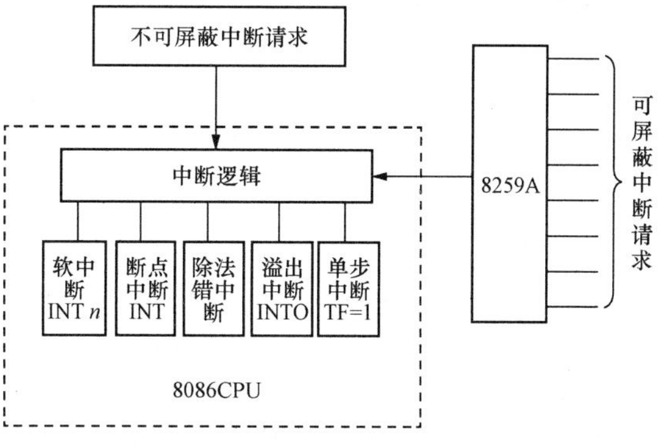

图 7-4 8086 的中断结构

7.2.2 中断排队

当多个中断源产生中断时，CPU 首先为谁服务？这实际上就是中断优先级排队问题。中断优先级控制要处理两种情况：①对同时产生的中断，应首先处理优先级别较高的中断；若优先级别相同，则按先来先服务的原则处理；②对非同时产生的中断，低优先级别的中断处理程序允许被高优先级别的中断源所中断，即允许中断嵌套。

中断优先级的控制方法主要有硬件判优和软件判优两种方法。其中硬件判优采用链式判优或者并行判优（中断向量法）两种电路来设置优先级；而软件判优则是采用软件来顺序查询中断请求，先查询的先服务（即先查询的优先级别高）。微机中通常将中断判优与中断源识别合并在一起进行处理。8086/8088CPU 的微机系统中，这项任务一般由 PIC（8259）和 CPU（8086/8088）共同来完成。

软件判优的硬件、软件示意图分别如图 7-5 和图 7-6 所示。其工作原理为：多个中断源发出中断请求，用软件查询方法确定中断优先权。中断优先权由查询顺序决定，最先查询的中断源具有最高的优先权。

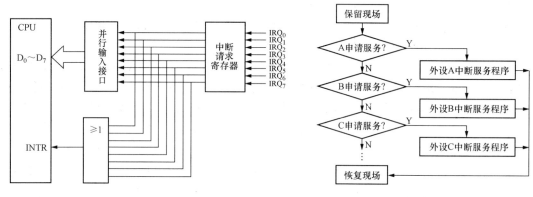

图 7-5 软件判优的硬件示意图   图 7-6 软件判优的软件示意图

软件判优的优点：①询问的次序即是优先权的次序，很显然，最先询问的，优先权的级别最高；②省硬件，它不需要有判断与确定优先权的硬件排队电路。但随之而来的缺点是由询问转至相应的服务程序入口的时间长，尤其是在中断源较多的情况下，会影响中断响应的实时性。

硬件优先权排队电路分为中断优先权编码电路和雏菊花环式（或称为链式）判优电路两种，其电路分别如图 7-7 和图 7-8 所示，图 7-8 中的具体菊花链逻辑电路如图 7-9 所示。

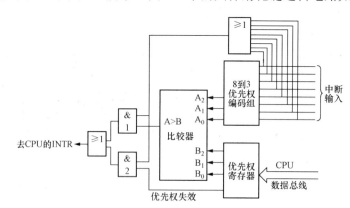

图 7-7 中断优先权编码电路

图 7-7 中的硬件判优电路由硬件编码器和比较器组成。它的工作原理为：它是利用外设

连接在排队电路的物理位置来决定其中断优先权的，排在最前面的优先权最高，排在最后面的优先权最低。若有 8 个中断源，当任一个有中断请求时，通过或门，即可有一个中断请求信号产生，但它能否送至 CPU 的中断请求线，还要受比较器的控制（若优先权失效信号为低电平，则与门 2 关闭）。8 条中断输入线的任一条，经过编码器可以产生三位二进制优先权编码 $A_2A_1A_0$，优先权最高的线的编码为 111，优先权最低的线的编码为 000。而且若有多个输入线同时输入，则编码器只输出优先权最高的编码。正在进行中断处理的外设的优先权编码，通过 CPU 的数据总线送至优先权寄存器，然后输出编码 $B_2B_1B_0$ 至比较器，以上过程是由硬件实现的。

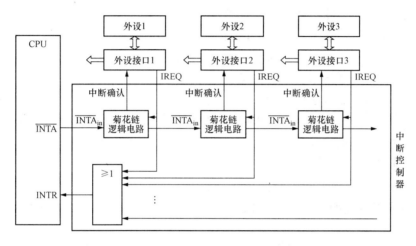

图 7-8 链式判优电路

比较器比较编码 $A_2A_1A_0$ 与 $B_2B_1B_0$ 的大小，若 $A \leqslant B$，则"A＞B"端输出低电平，封锁与门 1，就不向 CPU 发出新的中断申请（即当 CPU 正在处理中断时，当有同级或低级的中断源申请中断时，优先权排队线路就屏蔽它们的请求）；只有当 A＞B 时，比较器输出端才为高电平，打开与门 1，将中断请求信号送至 CPU的 INTR 输入端，CPU 就中断正在进行的中断处理程序，转去响应更高级的中断。若 CPU 不在进行中断处理时（即在执行主程序），则优先权失效信号为高电平，当有任一中断源请求中断时，都能通过与门 2 发出 INTR 信号。这样的优先权电路，是如何做到转入优先权最高的外设的服务程序入口的呢?当外设的个数小于等于 8 时，则它们公用一个产生中断矢量的电路，它有三位由比较器的编码 $A_2A_1A_0$ 供给，就能做到不同的编码转入不同的入口地址。

图 7-8 和图 7-9 的链式判优电路原理：设

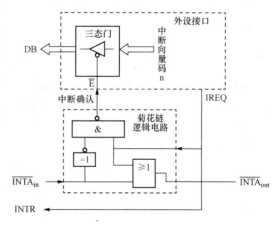

图 7-9 菊花链逻辑电路

某中断源请求中断"1"，则 INTR=1；CPU→INTA（0），第一级菊花链逻辑电路输出中断确认信号（1）；同时输出（0）到下一级菊花链逻辑电路，第二级菊花链逻辑电路输出中断确认信号（0）；同时输出（1）到下一级菊花链逻辑电路。

硬件判优的优点：① 查询速度快。依靠编码器和比较器实现了优先权判断，无需软件按查询方式判断，响应中断速度提高很多。② 优先权取决于排队电路的物理位置，排在最前面的优先权最高，排在最后面的优先权最低。它的缺点是不能随意改变中断优先级别。

7.2.3　中断响应

在每条指令的最后一个时钟周期，CPU 检测 INTR 或 NMI 信号。若以下中断响应条件成立，则 CPU 响应中断：① 当前指令执行完。②有中断请求发出且没有被屏蔽掉（中断请求可送到 CPU）。③ 对 INTR，还应满足以下特殊条件:若当前指令是 STI 和 IRET，则下条指令也要执行完；若当前指令带有 LOCK、REP 等指令前缀时，则把它们看成一个整体，要求完整地执行完。④ 对 INTR，CPU 应处于开中断状态，即 IF=1。⑤当前没有复位（RESET）和保持（HOLD）信号。⑥ 若 NMI 和 INTR 同时发生，则首先响应 NMI。

可见这一过程也随中断源类型的不同而出现不同的特点，具体如下：

一、可屏蔽外部中断请求的中断响应

该中断请求得到中断响必须满足以下 4 个条件：①一条指令执行结束；②CPU 处于开中断状态；③当前没有发生复位，保持和非屏蔽中断请求；④ 若当前执行的指令是开中断指令和中断返回指令，则它们执行完后再执行一条指令，CPU 才能响应 INTR 请求。

可屏蔽外部中断请求中断响应的特点是：

（1）由于外设（实际上是中断控制器 8259A，此处为求简单，统称为外设）不知道自己的中断请求能否被响应，因此 CPU 必须发信号（用 $\overline{\text{INTA}}$ 引脚）通知其中断请求已被响应。

（2）由于多个外设共用一根可屏蔽中断请求引脚，CPU 必须从中断控制器处取得中断请求外设的标识——中断类型号。当 CPU 检测到外设有中断请求（即 INTR 为高电平）时，CPU 又处于允许中断状态，则 CPU 就进入中断响应周期。在中断响应周期中，CPU 自动完成如下操作：

1）连续发出两个中断响应信号 $\overline{\text{INTA}}$，完成一个中断响应周期。

2）关中断，即将 IF 标志位置 0，以避免在中断过程中或进入中断服务程序后，再次被其他可屏蔽中断源中断。

3）保护处理机的现行状态，即保护现场。包括将断点地址（即下条要取出指令的段基址和偏移量，在 CS 和 IP 内）及标志寄存器 FLAGS 内容压入堆栈。

4）在中断响应周期的第二个总线周期中，中断控制器已将发出中断请求外设的中断类型号送到了系统数据总线上，CPU 读取此中断类型号，并根据此中断类型号查找中断矢量表，找到中断服务程序的入口地址，将入口地址中的段基址及偏移量分别装入 CS 及 IP，一旦装入完毕，中断服务程序就开始执行。

可屏蔽外部中断请求中断响应的时序图如图 7-10 所示。

二、不可屏蔽外部中断请求的中断响应

NMI 上中断请求的响应过程要简单一些。只要 NMI 上有中断请求信号（由低向高的正跳变，两个以上时钟周期），CPU 就会自动产生类型号为 2 的中断，并准备转入相应的中断服务程序。与可屏蔽中断请求的响应过程相比，它省略了第 1）步及第 4）步中的从数据线上读中断类型号，其余步骤相同。NMI 上中断请求的优先级比 INTR 上中断请求的优先级高，故这两个引脚上同时有中断请求时，CPU 先响应 NMI 上的中断请求。

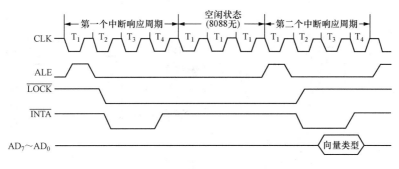

图 7-10　可屏蔽外部中断请求中断响应的时序图

三、内部中断的中断响应

内部中断是由 CPU 内部特定事件或程序中使用 INT 指令触发的，若由事件触发，则中断类型号是固定的；若由 INT 指令触发，则 INT 指令后的参数即为中断类型号。故中断发生时 CPU 已得到中断类型号，从而准备转入相应中断服务程序中去。除不用检测 NMI 引脚外，其余与不可屏蔽外部中断请求的中断响应相同。

7.2.4　中断处理

中断处理的过程就是 CPU 运行中断服务程序的过程，这一步骤对所有中断源都一样。所谓中断服务程序，就是为实现中断源所期望达到的功能而编写的处理程序。中断服务程序一般由保护现场、开中断、中断服务、关中断、恢复现场、中断返回 6 部分组成，图 7-11 所示为中断处理的过程。其中保护现场是因为有些寄存器可能在主程序被打断时存放有用的内容，为了保证返回后不破坏主程序在断点处的状态，应将有关寄存器的内容采用 PUSH 指令压入到堆栈保存。中断服务部分是整个中断服务程序的核心，其代码完成与外设的数据交换。恢复现场是指中断服务程序完成后，把原先压入堆栈的寄存器内容采用 POP 指令再弹回到 CPU 相应的寄存器中。有了保护现场和恢复现场的操作，就可保证在返回断点后，正确无误地继续执行原先被打断的程序。中断服务程序的最后部分是一条中断返回指令 IRET。开

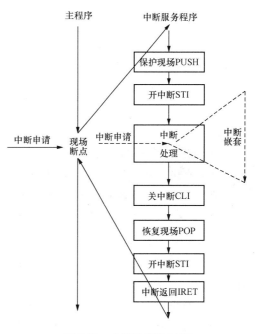

图 7-11　中断处理的过程

中断和关中断这两步主要是为了允许中断嵌套，如果不允许中断嵌套，则可省去这两步。

7.2.5　中断返回

在中断服务程序的最后，应安排一条中断返回指令 IRET。该指令完成如下功能：①从栈顶弹出一个字→IP；②再从栈顶弹出一个字→CS；③再从栈顶弹出一个字→FLAGS。IRET 指令执行完后，CS、IP 恢复为原中断前的值，CPU 从断点处继续执行原程序。

从上述过程可以看出，各类中断源的中断过程基本相同，以可屏蔽中断的过程最为复杂，下面就对可屏蔽中断的响应和处理过程再总结一下，如图 7-12 所示。

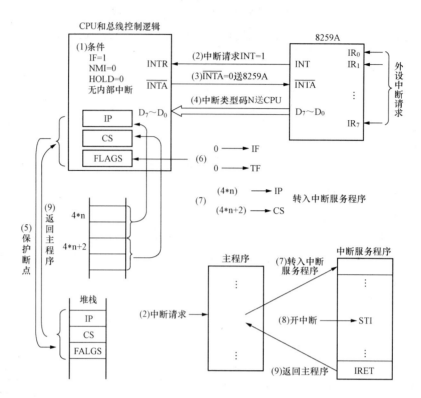

图 7-12 可屏蔽中断的响应和处理过程

说明：

（1）CPU 要响应可屏蔽中断请求，必须满足：中断允许标志位置 1（IF=1），没有内部中断，没有不可屏蔽中断请求（NMI=0），没有总线请求（HOLD=0）。

（2）外设通过中断控制器 8259A 向 CPU 发出中断请求。

（3）CPU 执行完当前指令后，向 8259A 发出中断响应信号（$\overline{INTA}$=0），表明 CPU 即将响应该可屏蔽中断请求。

（4）CPU 再发第二个 $\overline{INTA}$ 负脉冲，8259A 在第二个 $\overline{INTA}$ 负脉冲期间，通过数据总线将中断类型码送 CPU。

（5）断点保护，将标志寄存器、CS、IP 内容依次压入堆栈。

（6）清除 IF 及 TF 标志位（即置 IF=0、TF=0），在中断响应期间，默认禁止再响应可屏蔽中断或单步中断。

（7）根据中断类型号 n，从中断矢量表中获得相应中断服务程序的入口地址（段内偏移地址和段基址），并将其分别置入 IP 及 CS 中，其后 CPU 转入中断服务程序执行。

（8）中断服务程序一般包括保护现场、中断服务、恢复现场等部分。为了能够处理更高级中断，还可在中断服务程序中用 STI 指令开中断。

（9）中断服务程序执行完毕，最后执行一条中断返回指令 IRET，将中断前压入堆栈保存的标志寄存器内容及断点地址恢复到 FLAGS、CS、IP 中，CPU 即从断点处恢复执行原程序。

7.3 可编程中断控制器 8259A

由于 8086 CPU 可屏蔽中断请求引脚只有一条,而外部硬件中断源有多个,为了使多个外部中断源能共享这一条中断请求引脚,必须解决以下几个问题:

(1) 解决多个外部中断请求信号与 INTR 引脚的连接问题。

(2) CPU 如何识别是哪一个中断源发送的中断请求问题。

(3) 由于一次只能有一个外设发送中断请求,当多个中断源同时申请中断时,如何确定请求发送顺序问题。

中断控制器 8259A 就是为这个目的而设计的,它一端与多个外设的中断请求信号相连接,另一端与 CPU 的 INTR 引脚相连接,所有外设的可屏蔽中断请求都受其管理,通过编程可设置各中断源的优先级、中断矢量码等信息。

8259A 能与 8080/8085、8086/8088 等多种微处理器芯片组成中断控制系统。它有 8 个外部中断请求输入引脚,可直接管理 8 级中断。若系统中中断源多于 8 个,8259A 还可以实行两级级联工作,最多可用 9 片 8259A 级联管理 64 级中断。

7.3.1 8259A 的结构与引脚

一、8259A 的内部结构

8259A 的功能比较多,控制字也比较复杂,这给初学者学习带来了一定的难度,为彻底掌握 8259A 的一些编程概念,有必要先对 8259A 的内部结构及其工作原理作一了解。8259A 的内部结构如图 7-13 所示,它由 8 个部分组成。

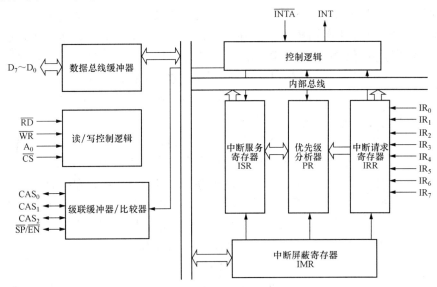

图 7-13 8259A 内部结构

(1) 数据总线缓冲器。这是一个 8 位双向三态缓冲器,是 8259A 与系统数据总线的接口。8259A 通过数据总线缓冲器接收微处理器发来的各种命令控制字、有关寄存器状态的读取,8259A 也通过数据总线缓冲器向微处理器送出中断类型码等。

(2) 读/写控制逻辑。该部件接收来自 CPU 的读/写命令,配合片选信号 $\overline{CS}$、读信号 $\overline{RD}$、

写信号 $\overline{WR}$ 和地址线 A_0 共同实现控制，完成规定的操作。

（3）级联缓冲器/比较器。8259A 既可工作于单片方式，也可工作于多片级联方式。这个部件在级联方式下用于标识主从设备，在缓冲方式下控制收发器的数据传送方向。

（4）中断请求寄存器 IRR。该寄存器是一个 8 位寄存器，用来锁存外部设备送来的 $IR_7 \sim IR_0$ 中断请求信号。每位对应着 8259A 的 8 个外部中断请求输入端 $IR_7 \sim IR_0$ 中的一位，当 $IR_7 \sim IR_0$ 中某引脚上有中断请求信号时，IRR 对应位置 1，当该中断请求被响应时该位复位。

（5）中断屏蔽寄存器 IMR。该寄存器是一个 8 位寄存器，用于设置中断请求的屏蔽信号。每位对应着 8259A 的 8 个外部中断请求输入端 $IR_7 \sim IR_0$ 中的一位。如果用软件将 IMR 的某位置 1，则其对应引脚上的中断请求将被 8259A 屏蔽，即使对应 IR_i 引脚上有中断请求信号输入也不会在 8259A 上产生中断请求输出；反之，若屏蔽位置 0，则不屏蔽，即产生中断请求。各个屏蔽位是相互独立的，某位被 1 不会影响其他未被屏蔽引脚的中断请求工作。

（6）中断服务寄存器 ISR。该寄存器是一个 8 位寄存器，用于记录当前正在被服务的所有中断级，包括尚未服务完而中途被更高优先级打断的中断级。每位对应着 8259A 的 8 个外部中断请求输入端 $IR_7 \sim IR_0$ 中的一位。若某个引脚上的中断请求被响应，则 ISR 中对应位被置 1，以表示这一中断源正在被服务。这一位何时被置 0 取决于中断结束方式。例如，若 IRR 的 IR_2 获得中断请求允许，则 ISR 中的 D_2 位置位，表明 IR_2 正处于被服务之中。ISR 的置位也允许嵌套，即如果已有 ISR 的某位置位，但 IRR 中又送来优先级更高的中断请求，判断优先级后相应的 ISR 位仍可置位，形成多重中断。

（7）优先权分析器 PR。优先权分析器用于识别和管理各中断请求信号的优先级别。当在 IR 输入端有几个中断请求信号同时出现时，通过 IRR 送到 PR（只有 IRR 中置 1 且 IMR 中对应位置 0 的位才能进入 PR）。PR 检查中断服务寄存器 ISR 的状态，判别有无优先级更高的中断正在被服务，若无则将中断请求寄存器 IRR 中优先级最高的中断请求送入中断服务寄存器 ISR，并通过控制逻辑向 CPU 发出中断请求信号 INT，且将 ISR 中的相应位置 "1"，用来表明该中断正在被服务；若中断请求的中断优先级等于或低于正在服务中的中断优先级，则 PR 不提出中断请求，同样不将 ISR 的相应位置位。

（8）控制逻辑。控制逻辑是 8259A 全部功能的控制核心。它包括一组初始化命令字寄存器 $ICW_1 \sim ICW_4$ 和一组操作命令字寄存器 $OCW_1 \sim OCW_4$ 以及有关的控制电路。初始化命令字在系统初始化时设定，工作过程中一般保持不变。操作命令字在工作过程中根据需要设定。控制逻辑电路按照编程设定的工作方式管理 8259A 的全部工作。

二、8259A 的引脚

8259A 为 28 脚双列直插式封装，其外部引脚如图 7-14 所示，各引脚的定义及功能如下：

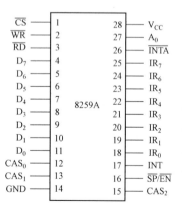

图 7-14　8259A 外部引脚

$\overline{CS}$：片选信号，输入，低电平有效。

$\overline{RD}$：读信号，输入，低电平有效。

$\overline{WR}$：写信号，输入，低电平有效。

$CAS_2 \sim CAS_0$：三根双向的级联线。

A_0：地址线，输入，用于内部端口选择。

V_{CC}：+5V 电源，输入。

GND：地，输入。

$\overline{SP}/\overline{EN}$：主从设备设定/缓冲器读写控制，双向双功能。

$IR_7 \sim IR_0$：外设向 8259A 发出的中断请求输入信号。

$D_7 \sim D_0$：双向数据线，接 CPU 的 $D_7 \sim D_0$。

INT：中断请求输出信号，高电平有效。此引脚连接到 CPU 的 INTR 引脚，用于向 CPU 发中断请求。

$\overline{INTA}$：中断响应输入信号，低电平有效。此引脚连接到 CPU 的 $\overline{INTA}$ 引脚，用来接收 CPU 发来的中断响应信号。

对部分引脚功能说明如下：

（1）A_0：端口选择引脚，用于指示 8259A 的哪个端口被访问。8259A 需要两个连续端口地址，把 $A_0=0$ 所对应的端口称为"偶端口"，另一个称为"奇端口"。

对于 8088 系统，将 8259A 的 $D_7 \sim D_0$ 与 CPU 的 $D_7 \sim D_0$ 相连接，8259A 的 A_0 与 CPU 的 A_0 相连接，即可满足 8259A 的地址要求。

对于 8086 系统，数据线为 16 根，一般也是将 8259A 的 $D_7 \sim D_0$ 与 CPU 的 $D_7 \sim D_0$ 相连接，但要将 CPU 的 A_1 与 8259A 的 A_0 相连接，将 CPU 的 $A_0=0$ 作为 8259A 的片选条件之一。这样，将 8086 的两个连续的偶地址（$A_1A_0=00$，$A_1A_0=10$）转换为 8259A 的一个偶地址和一个奇地址，从而满足了 8259A 的地址要求。

（2）$CAS_2 \sim CAS_0$：双向级联总线，8259A 单片工作时不用这些引脚。当级联工作时，主片 8259A 的 $CAS_2 \sim CAS_0$ 与从片 8259A 的 $CAS_2 \sim CAS_0$ 相连接，如图 7-15 所示。作为主片时，这三根引脚为输出，从片时为输入。图 7-15 中，设从片 1 与从片 2 同时对主片提出中断请求，而主片将从片 1 的中断请求发往 CPU 的 INTR 引脚，当 CPU 响应该中断请求后，发来第 1 个 INTA 脉冲，从片 1 和从片 2 均能收到这一信号，但不能确定是谁的中断请求被响应，由于从片 1 接在主片的 IR_0 引脚上，故主片在 $CAS_2 \sim CAS_0$ 放上"000"，表示接在 IR_0 引脚上的从片的请求被响应，从片 1 知道自己的 INT 引脚接在主片的 IR_0 输入端（详见初始化命令字 ICW_3），故收到"000"后知道自己的中断请求被响应，它会在第 2 个 INTA 脉冲到来后，将发出中断请求的外设的中断类型码放到系统数据线上供 CPU 读取。

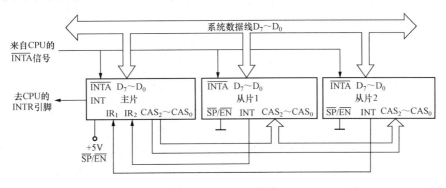

图 7-15　8259A 级联

（3）$\overline{SP}/\overline{EN}$：主从定义/缓冲器方向，这是一根双功能引脚。当 8259A 工作在缓冲方式时，它是输出引脚，用来控制收发器的传送方向。当 8259A 工作在非缓冲方式时，它是输入引脚，用来指明该片是主片还是从片，$\overline{SP}/\overline{EN}=1$，该片为主片；$\overline{SP}/\overline{EN}=0$，该片为从片。

7.3.2 8259A 中断响应时序

下面以 8259A 单片方式为例，结合 CPU 的动作说明中断的基本过程，以便更好地理解 8259A 的功能。

（1）当 $IR_7 \sim IR_0$ 中有一个或几个中断源变成高电平时，使相应的 IRR 位置位。

（2）8259A 对 IRR 和 IMR 提供的情况进行分析处理，当请求的中断源未被 IMR 屏蔽时，如果这个中断请求是唯一的，或请求的中断比正在处理的中断优先级高，就从 INT 端输出一个高电平，向 CPU 发出中断请求。

（3）CPU 在每个指令的最后一个时钟周期检查 INT 输入端的状态。当 IF 为"1"且无其他高优先级的中断（如 NMI）时，就响应这个中断，CPU 进入两个中断响应（$\overline{INTA}$）周期。

（4）在 CPU 第一个 $\overline{INTA}$ 周期中，8259A 接收第一个 $\overline{INTA}$ 信号时，将 ISR 中当前请求中断中优先级最高的相应位置位，而对应的 IRR 位则复位为 0。

（5）在 CPU 第二个 $\overline{INTA}$ 周期中，8259A 收到第二个 $\overline{INTA}$ 信号时，送出中断类型码 n。中断响应周期时序如图 7-16 所示。

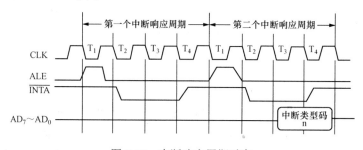

图 7-16　中断响应周期时序

7.3.3 8259A 的工作方式

8259A 具有设置灵活、功能丰富的特点，这主要体现在其众多的工作方式上，下面逐一介绍这些方式。

一、中断优先级的设置方式

8259A 对中断进行管理的核心是中断优先级的管理，8259A 对中断优先级的设置方式有 4 种。

（1）全嵌套方式。全嵌套方式是最常用和最基本的一种工作方式。在此方式下，外设中断请求的优先级是固定的。IR_0 最高，IR_7 最低，其他依次类推。

当有一个中断请求 IR_i 被响应时，中断服务寄存器 ISR 中的相应位置"1"，这个"1"将一直保持到 8259A 收到 CPU 发来中断结束命令 EOI 之前，以便作为优先级判别器 PR 的判优依据。

在全嵌套工作方式下，当一个中断被响应后，就会自动屏蔽同级及低级中断请求，但能开放高级中断请求。在极端情况下，依次出现从 $IR_7 \sim IR_0$ 上的中断请求时，最多可实现 8 级嵌套，即 ISR 中内容为 FFH。

（2）特殊全嵌套方式。在这种方式下，当一个中断被响应后，只屏蔽掉低级的中断请求，而允许同级及高级的中断请求。该方式一般用于多片 8259A 级联的系统中，主片采用此方式，而从片采用一般全嵌套方式。

在级联情况下，当从片收到一个比正在被服务的中断源的优先级更高的中断请求时，虽然从片会向主片发出中断请求，但对于主片来说，是属于同一级的中断请求，若按全嵌套方式的原则，则不会接收该中断请求，这样就破坏了允许高级中断打断低级中断的原则。若主片工作在特殊全嵌套方式，则可解决此问题。

在特殊全嵌套方式下，主片 ISR 中的某个置"1"位，可能对应着从片中的几次中断服务，这样，当从片中断源的中断服务程序结束时，不能简单地向主片发 EOI 命令让其清除这个置"1"位，而应先向该从片发一条特殊 EOI 命令，然后读取从片 ISR 的内容，检查其是否全为0，若全为 0，表示已无低级的中断服务，则可向主片发一条非特殊的 EOI 命令。否则，不向主片发结束命令。

（3）优先级自动循环方式。在这种方式下，某个中断源被服务后，其优先级自动降为最低，它后面的中断源按顺序递升一级。如 IR_3 刚被服务完，则各中断源的优先级次序为 IR_4、IR_5、IR_6、IR_7、IR_0、IR_1、IR_2、IR_3。这种方式中，刚开始时优先级仍是固定的，即 IR_0 最高，IR7 最低。这种方式适合于各个中断源的重要性等同的情况。

（4）优先级特殊循环方式。此方式同优先级自动循环方式，但一开始时的优先级可以设定。如一开始设定 IR_3 最低，则 IR_4 的优先级最高，其他依次类推。

二、中断结束方式

当一个中断请求被响应后，8259A 便在其内部的中断服务寄存器 ISR 中将对应位置"1"，表示正在对此外设服务。中断优先级判别器 PR 要利用这一位得知当前中断的优先级，作为判优的依据。当前中断服务程序结束时，要将 ISR 中的这一位置"0"，表示中断已结束，否则会造成后续中断判别的混乱。将 ISR 中对应位置"0"的方法，叫做中断结束方式，它在8259A 中共有 3 种。

（1）自动结束方式（AEOI 方式）。当一个中断请求被响应后，在收到第一个 $\overline{\text{INTA}}$ 信号后，8259A 将 ISR 中的对应位置"1"，在收到第二个 $\overline{\text{INTA}}$ 信号后，8259A 将 ISR 中的对应位置"0"。此刻，中断服务程序并没有结束（其实才刚开始运行），而在 8259A 中就认为其已结束。此时若有更低级的中断请求信号，8259A 仍可向 CPU 发送中断请求，从而会造成低级中断打断高级中断的情况。这种方式一般用于单片 8259A 且不会产生嵌套的情况。

（2）普通结束方式（普通 EOI 方式）。这种方式是在中断服务程序结束前（即 CPU 执行 IRET 指令），用 OUT 指令向 8259A 发一个中断结束命令字，8259A 收到此结束命令后，就会把 ISR 中优先级别最高的置"1"位清 0，表示当前正在处理的中断已结束。这种中断结束方式比较适合于全嵌套工作方式。

（3）特殊中断结束方式（特殊 EOI 方式）。在优先权循环的情况下，无法根据 ISR 的内容来确定哪一级中断是最后响应和处理的，即不能从 ISR 中"1"的位置确定当前的最高优先级。这样，若 8259A 只收到一个普通 EOI 命令，则只能知道一个中断服务程序已结束，但无法知道该将 ISR 中哪一位置"0"。所谓特殊 EOI 方式，就是中断服务程序向 8259A 发送特殊EOI 命令，该命令中指明将 ISR 中的哪一位置"0"。

普通 EOI 方式和特殊 EOI 方式都属于非自动结束方式。在级联方式下，一般应采用非自动结束方式。当一个中断服务程序结束时，应发二次结束命令，一次是针对主片的，另一次是针对从片的。

三、8259A 与系统总线的连接方式

8259A 与系统总线的连接方式有数据缓冲和非缓冲两种方式。

（1）数据缓冲方式。当系统中 8259A 片数较多时，考虑到系统总线带负载能力有限，应在 8259A 的数据总线与系统数据总线间加入双向总线驱动器（如 8286），即数据缓冲方式。在此方式下，8259A 的 $\overline{SP}/\overline{EN}$ 引脚为输出引脚（$\overline{EN}$ 起作用），用来控制收发器的收发方向。当为低电平时，控制数据收发器将数据从 8259A 传向 CPU；当为高电平时，反之。

（2）非缓冲方式。当系统中 8259A 的数量较少时，可将 8259A 直接与系统总线相连，此为非缓冲方式。在此方式下，8259A 的 $\overline{SP}/\overline{EN}$ 引脚为输入引脚（SP 起作用），决定 8259A 是主片还是从片，为 1 表示为主片，为 0 表示为从片。

7.3.4　8259A 的命令字

8259A 的各种功能都要通过编程设置来实现，8259A 提供了 4 个初始化命令字 $ICW_1 \sim ICW_4$ 和 3 个操作命令字 $OCW_1 \sim OCW_3$ 供程序员访问。初始化命令字应在一开始初始化 8259A 时使用，只能使用一次，一旦发出就不能改变，且 4 个命令字有固定的写入顺序，一般将其放在主程序的开头。操作命令字用来设置可在程序中动态改变的功能，可多次使用，也没有固定的使用顺序。8259A 的所有初始化命令字和操作命令字均为一字节，有的需要写入奇地址，有的需要写入偶地址，详见各个字的说明。

PC/XT 中，8259A 所占的端口地址为 20H、21H。

一、初始化命令字

初始化命令字必须按 $ICW_1 \sim ICW_4$ 的顺序依次写入，但若其中某个（ICW_3 或 ICW_4）不需要，则不用写入，而直接写入下一个命令字。

（1）初始化命令字 ICW_1。

A_0	D_7	D_6	D_5	D_4	D_3	D_2	D_1	D_0
0	×	×	×	1	LTIM	ADI	SNGL	IC$_4$

ICW_1 必须写入 8259A 的偶地址端口，即 $A_0=0$。

各位的控制功能为：

D_0：IC$_4$，用以决定初始化过程中是否需要设置 ICW_4。若 IC$_4=0$，则不要写入 ICW_4；若 IC$_4=1$，则需要写入 ICW_4。对于 8086/8088 系统来说，ICW_4 必须有，所以该位必须为"1"。

D_1：SNGL，用来设定 8259A 是单片使用还是多片级联使用。若系统中只有一片 8259A，则使 SNGL=1，且在初始化过程中不用设置命令字 ICW_3；反之，若采用级联方式，则 SNGL=0，且在命令字 ICW_1、ICW_2 之后必须设置命令字 ICW_3。

D_2：ADI，在 8080/8085CPU 方式下工作时，设定中断矢量的地址间隔大小。在 8086/8088 系统中此位无效。

D_3：LTIM，用来设定中断请求输入信号 IR_i 的触发方式。若 LTIM=0，设定为边沿触发方式，即在 IR_i 输入端检测到由低到高的正跳变时，且正电平保持到第一个 $\overline{INTA}$ 到来之后，

8259A 就认为有中断请求。若 LTIM=1，设定为电平触发方式，只要在 IR_i 输入端上检测到一个高电平，且在第一个 $\overline{INTA}$ 脉冲到来之后维持高电平，就认为有中断请求，并使 IRR 相应位置位。电平触发方式下，外设应在 IRR 复位前或 CPU 再允许下一次中断进入之前，撤销这个高电平，否则有可能出现一次高电平引起两次中断的现象。

D_4：标志位，$D_4=1$ 表示当前写入的是 ICW_1 初始化命令字。

$D_5 \sim D_7$：$D_5 \sim D_7$ 是 8080/8085 系统中断向量地址的 $A_5 \sim A_7$ 位。在 8086/8088 系统中，这 3 位不用。

无论何时，当微处理器向 8259A 送入一条 $A_0=0$、$D_4=1$ 的命令时，该命令被译码为 ICW_1，它启动 8259A 的初始化过程，相当于 RESET 信号的作用，自动完成下列操作：清除中断屏蔽寄存器 IMR，设置以 IR_0 为最高优先级、以 IR_7 为最低优先级的全嵌套方式，固定中断优先权排序。

【例 7-1】 在 8086 系统中，设置 8259A 为单片使用，上升沿触发，则程序段为：

```
MOV  AL,13H   ; ICW₁的内容
OUT  20H,AL   ; 写入偶地址端口
```

（2）初始化命令字 ICW_2。

A_0	D_7	D_6	D_5	D_4	D_3	D_2	D_1	D_0
1	T_7	T_6	T_5	T_4	T_3	0	0	0

ICW_2 必须写入奇地址端口。

该命令字用以设置 8259A 在第二个中断响应周期时提供给 CPU 的中断类型码。在 8086/8088 系统中，中断类型码为 8 位，其前 5 位由 ICW_2 的高 5 位 $T_7 \sim T_3$ 决定，后 3 位由 8259A 自动确定，对于 $IR_7 \sim IR_0$ 上的中断请求，最低 3 位依次为 000～111。

【例 7-2】 PC 机中要将 $IR_7 \sim IR_0$ 上的中断请求类型码设置为 $A_0 \sim A_7 H$。

分析：将 ICW_2 高 5 位设置为 10100 即可，对应程序段为：

```
MOV  AL,0A0H  ; ICW₂的内容
OUT  21H,AL   ; 写入奇地址端口
```

（3）初始化命令字 ICW_3。

ICW_3 必须写入奇地址端口。

本命令字用于级联方式下的主/从片设置。只有 ICW_1 的 SNGL=0，即系统中 8259A 使用级联方式工作时，才需要使用 ICW_3。对于主片或从片，ICW_3 的格式和含义是不相同的，所以主片或从片的命令字 ICW_3 要分别写入。

1）对于主片，ICW_3 的格式和各位含义如下：

A_0	D_7	D_6	D_5	D_4	D_3	D_2	D_1	D_0
1	IR_7	IR_6	IR_5	IR_4	IR_3	IR_2	IR_1	IR_0

在级联方式下，从片的中断请求输出（INT 引脚）作为主片的一个外设对待，接在主片的一个中断请求输入端 IR_i 上。那么，主片 8259A 如何知道哪一个中断请求输入端是一从片 8259A 而不是外设呢？通过设置主片的 ICW_3 完成此功能。ICW_3 的 $D_7 \sim D_0$ 与 8 个中断请求输入引脚 $IR_7 \sim IR_0$ 一一对应，ICW_3 的某位为 1，则对应的中断请求输入引脚是从片 8259A；

某位为 0，则对应的中断请求输入引脚是外设。

【例 7-3】　参照图 7-15，主片的 IR_0 与 IR_1 上接有从片，则主片的初始化程序段为：

```
MOV  AL，03H    ; ICW₃的内容
OUT  21H，AL    ; 写入奇地址端口
```

2）对于从片，ICW_3 的格式和各位含义如下：

A_0	D_7	D_6	D_5	D_4	D_3	D_2	D_1	D_0
1	0	0	0	0	0	IR_2	IR_1	IR_0

$ID_0 \sim ID_2$ 位从片标志位可有 8 种编码，表示从片的中断请求输出被连到主控制器的哪一个中断请求输入端 IR_i 上。

【例 7-4】　参照图 7-15，从片 1 的 INT 引脚接在主片的 IR_0 上，则从片 ICW_3 的低 3 位编码为 $ID_2 \sim ID_0 = 000$，该从片初始化程序为：

```
MOV  AL，00H    ; ICW₃的内容
OUT  21H，AL    ; 写入奇地址端口
```

（4）初始化命令字 ICW_4。

A_0	D_7	D_6	D_5	D_4	D_3	D_2	D_1	D_0
1	0	0	0	SFNM	BUF	M/S	AEOI	uPM

ICW_4 必须写入奇地址。

只有当 ICW_1 中的 $IC_4 = 1$ 时，才要设置 ICW_4，其各位含义为：

D_0：uPM，CPU 类型选择，用来指出 8259A 是在 16 位机系统中使用还是在 8 位机系统中使用。若 uPM = 1，则 8259A 用于 8086/8088 系统；若 uPM = 0，则 8259A 用于 8080/8085 系统。

D_1：AEOI，用于选择 8259A 的中断结束方式。当 AEOI = 1 时，设置中断结束方式为自动结束方式；当 AEOI = 0 时，8259A 工作在非自动结束方式。

D_2：M/S，用来规定 8259A 在缓冲方式下，本片是主片还是从片，即该位只有在缓冲方式（BUF = 1）时才有效。当 BUF = 1，且 M/S = 1 时，此 8259 为主片；当 BUF = 1，但 M/S = 0 时，此 8259 为从片。而 8259A 在非缓冲方式下（BUF = 0）工作时，M/S 位不起作用，此时的主、从方式由 $\overline{SP}/\overline{EN}$ 端的输入电平决定。

D_3：BUF，用来设置 8259A 是否在缓冲方式下工作。若 BUF = 1，则 8259A 在缓冲方式下工作；若 BUF = 0，则 8259A 在非缓冲方式下工作。

D_4：SFNM，用来设定 8259A 的中断嵌套方式。若 SFNM = 1，则 8259A 设置为特殊全嵌套方式；若 SFNM = 0，则 8259A 设置为一般全嵌套方式。

二、操作命令字

8259A 初始化后就进入了工作状态，此后便可使用操作命令字改变其工作方式。操作命令字可以在主程序中使用，也可以在中断服务程序中使用。

（1）操作命令字 OCW_1。

A_0	D_7	D_6	D_5	D_4	D_3	D_2	D_1	D_0
1	M_7	M_6	M_5	M_4	M_3	M_2	M_1	M_0

OCW$_1$ 必须写入 8259A 的奇地址端口。OCW$_1$ 是中断屏蔽操作字，其内容直接置入中断屏蔽寄存器 IMR 中。M$_7$～M$_0$ 分别对应 IR$_7$～IR$_0$ 上的中断请求，如某位置 1，相应的 IR$_i$ 输入被屏蔽，但不影响其他中断请求输入引脚；若某位置 0，则相应中断请求允许。

【例 7-5】 要使中断源 IR$_5$ 屏蔽，其余允许，则程序段为：

```
MOV  AL, 20H  ; OCW₁ 的内容
OUT  21H, AL  ; 写入奇地址端口
```

（2）操作命令字 OCW$_2$。

A$_0$		D$_7$	D$_6$	D$_5$	D$_4$	D$_3$	D$_2$	D$_1$	D$_0$
0		R	SL	EOI	0	0	L$_2$	L$_1$	L$_0$

OCW$_2$ 必须写入偶地址。OCW$_2$ 是中断结束方式和优先级循环方式操作命令字，命令字的 D$_4$D$_3$=00 作为 OCW$_2$ 的标志位，其余各位含义如下：

D$_7$：R 位，作为优先级循环控制位。R=1 为循环优先级，R=0 为固定优先级。

D$_6$：SL 位，指明 L$_2$～L$_0$ 是否有效。SL=1 时，L$_2$～L$_0$ 有效；SL=0 时，L$_2$～L$_0$ 无效。

D$_5$：EOI（中断结束命令）位。EOI=1，表示这是一个中断结束命令，8259A 收到此操作字后须将 ISR 中的相应位置 0；EOI=0，表示这是一个优先级的设置命令，而不是中断结束命令。

这 3 位组合形成的操作功能见表 7-1。

表 7-1   OCW$_2$ 功 能 小 结

R	SL	EOI	操 作 命 令
0	0	1	正常 EOI 中断结束命令，用于 8259A 采用普通 EO 方式时的中断服务程序中，通知 8259A 将 ISR 中优先级最高的置 1 位置 0
0	1	1	特殊 EOI 中断结束命令，用于 8259A 采用特殊 EO 方式时的中断服务程序中，命令中的 L$_2$～L$_0$ 指出了要将 ISR 中的哪一位置 0
1	0	1	正常 EOI 时循环命令，用于 8259A 采用普通 EOI 方式时的中断服务程序中，通知 8259A 将 ISR 中优先级最高的置 1 位置 0，且将其优先级置为最低，其下一级为最高，其余依次循环
1	0	0	自动 EOI 时循环置位命令，在 8259A 工作于自动 EOI 方式时用于设置优先级循环，使刚服务完的中断优先级置为最低，其下一级为最高，其余依次循环
0	0	0	自动 EOI 时循环复位命令，在 8259A 工作于自动 EOI 方式时用于取消优先级循环方式，恢复固定级
1	1	1	特殊 EOI 时循环命令，用于 8259A 采用特殊 EOI 方式时的中断服务程序中，命令中的 L$_2$～L$_0$ 指出了要将 ISR 中的哪一位置 0，且将其优先级置为最低，其下一级为最高，其余依次循环
1	1	0	优先级设定命令，设置 8259A 工作于优先级循环方式，将 L$_2$～L$_0$ 指定位的优先级置为最低，其下一级为最高，其余依次循环
0	1	0	无意义

【例 7-6】 已知 8259A 中 ISR 的 D$_3$ 位已置位，试将其清 0。

分析：通过特殊 EOI 中断结束命令来实现，OCW$_2$ 的格式应为 01100011B，即 63H。程序如下：

```
MOV  AL, 63H  ; OCW₁ 的内容
OUT  20H, AL  ; 写入偶地址端口
```

（3）操作命令字 OCW$_3$。

A_0	D_7	D_6	D_5	D_4	D_3	D_2	D_1	D_0
0	×	ESMM	SMM	0	1	P	RR	RIS

OCW$_3$ 必须写入 8259A 的偶地址端口。OCW$_3$ 的功能有 3 个：一是用来设置和撤销特殊屏蔽方式；二是读取 8259A 的内部寄存器 ISR 或 IRR 的内容；三是设置中断查询方式。命令字的 D_4D_3=01 作为标志位，其余各位组合完成如下功能：

1）读寄存器命令。

D_1：RR 读寄存器命令位。RR=1 时，允许读 IRR 或 ISR；RR=0 时，禁止读这两个寄存器。

D_0：RIS 读 IRR 或 ISR 的选择位。显然，这一位只有当 RR=1 时才有意义。当 RIS=1 时，下次读正在服务寄存器 ISR；当 RIS=0 时，下次读中断请求寄存器 IRR。读这两个寄存器内容的步骤是相同的，即先写入 OCW$_3$ 确定要读哪个寄存器，然后再对 OCW$_3$ 读一次（即对同一端口地址），就得到指定寄存器内容了。

【例 7-7】 读取 ISR 的内容。

```
MOV  AL,0BH   ; 发 OCW3,指定要读 ISR
OUT  20H,AL   ; 写入偶地址
NOP           ; 延时
IN   AL,20H   ; 读 ISR
```

中断屏蔽寄存器 IMR 内容的读出比较简单，直接从 OCW$_1$ 地址（即奇地址）读出即可。

2）查询。

D_2：P 位，8259A 的中断查询设置位。当 IF=1 时，CPU 不接受可屏蔽中断请求，但此时 CPU 若想知道有哪个中断源处于中断申请状态，可通过对 8259A 进行查询获得。当 P=1 时，8259A 被设置为中断查询方式工作；当 P=0 时，表示 8259A 未被设置为中断查询方式。查询时 CPU 先向 8259A 偶地址写入一个查询字 OCW$_3$=0CH，随后再用 IN 指令读偶地址，读出数据的格式为：

D_7	D_6	D_5	D_4	D_3	D_2	D_1	D_0
IR	×	×	×	×	W_2	W_1	W_0

IR 位表示有无中断请求，IR=1 表示有请求，此时 $W_2 \sim W_0$ 就是当前中断请求的最高优先级的编码；I=0 表示无中断请求。

3）中断屏蔽。

D_6D_5：ESMM、SMM，特殊屏蔽允许位，这两位组合含义如下：

ESMM、SMM=11：将 8259A 设置为特殊屏蔽方式，该方式下只屏蔽本级中断请求，开放高级或低级的中断请求。

ESMM、SMM=10：撤销特殊屏蔽方式，恢复原来的优先级控制。

ESMM、SMM=0×：无效。

以上详细介绍了 8259A 的所有控制字，下面再说一下 8259A 对控制字的识别问题。7 个控制字中，写入偶地址的有 3 个：ICW$_1$、OCW$_2$、OCW$_3$，写入奇地址的有 4 个：ICW$_2$、ICW$_3$、ICW$_4$、OCW$_1$。写入偶地址的 3 个控制字均有标志位，8259A 可据此识别。写入奇地址的 4 个控制字中，ICW$_2$、ICW$_3$、ICW$_4$ 必须紧随 ICW$_1$ 依次写入，故不必设单独的识别标志。这样，初始化结束后奇地址处只有 OCW$_1$ 一个控制字写入，故它也不必再设标志位。

7.3.5 8259A 的编程及其在微机中的应用

上一小节介绍了 8259A 的两类编程命令：初始化命令字 $ICW_1 \sim ICW_4$ 和操作命令字 $OCW_1 \sim OCW_3$。本小节介绍 8259A 的初始化顺序及几个实例，以进一步熟悉这几个控制字的用法。

一、8259A 的初始化顺序

8259A 初始化命令字的使用有严格的顺序，如图 7-17 所示。

二、8259A 在 8086 微机中的应用

在 PC/XT 系统中，8259A 的使用方法如下：单片使用，中断请求信号边沿触发，固定优先级，中断类型号范围为 08H～0FH，非自动 EOI 方式，端口地址为 20H、21H。硬件连接及 8 级中断源的情况如图 7-18 所示。

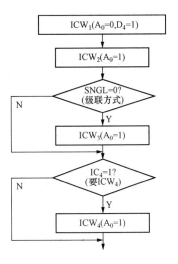

图 7-17 8259A 的初始化顺序

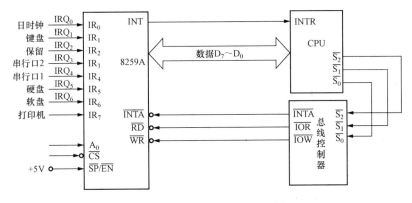

图 7-18 PC/XT 中 8259A 硬件连接图

初始化程序为：

```
MOV  AL,13H        ; 写 ICW₁:边沿触发、单片、需要 ICW₄
OUT  20H,AL
MOV  AL,08H        ; 写 ICW₂:中断类型号高 5 位
OUT  21H,AL
MOV  AL,01H        ; 写 ICW₄: 一般嵌
                     套,8086/8088CPU
OUT  21H,AL        ; 非自动结束
```

三、实际应用举例

图 7-19 所示为 8259A 实际应用的硬件连接电路，要求当用户每按下一次开关时，从 IRQ_7 端向 8259A 发送一次中断请求，该中断的服务是将 "THIS IS A IRQ_7 INT" 显示在屏幕上。IRQ_7 对应的中断向量为 0FH，中断控制器 8259A 的地址为 20H、21H。

程序为：

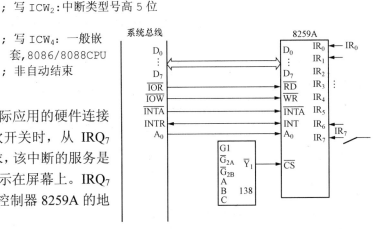

图 7-19 8259A 实际应用的硬件连接电路

```
DATA    SEGMENT
MESS    DB  'THIS IS A IRQ7 INT!'
DATA ENDS
CODE SEGMENT
        ASSUME  CS:CODE,DS:DATA
START:  CLI
        XOR    AX, AX
        MOV DS, AX
        MOV BX, 0F*4
        MOV [BX], OFFSET INT7
        MOV [BX+2], SEG INT7
        MOV AL, 13H                ;边沿触发
        OUT 20H, AL
        MOV AL, 08H                ;设置中断向量
        OUT 21H, AL
        MOV AL, 01H                ;全嵌套,一般 EOI
        OUT 21H, AL
        IN AL,21H                  ;读中断屏蔽寄存器
        AND AL,7FH                 ;开放 IRQ₇ 中断
        OUT 21H,AL                 ;写 OCW₁
        STI
LL:     JMP  LL
INT7:   PUSH AX                    ; 中断服务程序
        PUSH DX
        STI
        MOV DX,OFFSET MESS
        MOV AH,09                  ;显示每次中断的提示信息
        INT   21H
        CLI
        POP DX
        POP AX
        MOV AL,20H                 ;写 OCW₂
        OUT   20H,AL               ;发出 EOI 结束中断
        IRET
CODE    ENDS
        END   START
```

7.4　8086CPU 的中断接口技术

本节介绍 8086 微机的中断情况及 DOS 下中断服务程序的编写，由于在 Windows 中这些内容有很大不同，故只作简单介绍，以帮助读者加深理解前面所讲原理。

7.4.1　8086 微机中断分配情况

8086 系统中最多能处理 256 个中断，PC/XT 中这 256 个中断的分配情况见表 7-2。

表 7-2   PC/XT 中中断分配情况

中断号范围	分配情况	中断号	中断源	中断类型
0～1FH	BIOS 中断	0	除法溢出	内中断，硬中断
		1	单步	内中断，硬中断

续表

中断号范围	分配情况	中断号	中断源	中断类型
0~1FH	BIOS 中断	2	NMI	外中断，硬中断
		3	断点中断	内中断，软中断
		4	溢出中断	内中断，软中断
		5	BIOS 屏幕复制	内中断，硬中断
		8	定时器	外中断，硬中断
		9	键盘	外中断，硬中断
		B	COM$_2$	外中断，硬中断
		C	COM$_1$	外中断，硬中断
		D	硬盘控制器	外中断，硬中断
		E	软盘控制器	外中断，硬中断
		10H	显示服务	内中断，软中断
		11H	确认设备调用	内中断，软中断
		12H	取内存容量	内中断，软中断
		13H	磁盘 I/O	内中断，软中断
		14H	串行口通信	内中断，软中断
		15H	AT 扩充服务	内中断，软中断
		16H	键盘服务	内中断，软中断
		17H	打印服务	内中断，软中断
		18H	BASIC 调用	内中断，软中断
		19H	引导系统	内中断，软中断
		1AH	实时时钟	内中断，软中断
20H~3FH	DOS 中断	20H	程序结束	内中断，软中断
		21H	DOS 系统功能	内中断，软中断
		22H	DOS 结束地址	内中断，软中断
		23H	CTRL-BREAK	内中断，软中断
40H~5FH	BIOS 中断			内中断，软中断
60H~67H	用户使用			内中断，软中断
68H~6FH	保留			
70H~77H	BIOS 中断			外中断，硬中断
78H~FFH	保留			

7.4.2 DOS 下的中断服务程序

一、编写中断服务程序要注意的问题

（1）保护现场。由于中断是打断了主程序的执行来运行中断服务程序，因此在中断服务程序中要注意保护主程序的现场，凡是中断服务程序要用到的寄存器，事先都要入栈保存，在返回主程序前再进行恢复。但标志寄存器不用保存，因为在调用中断服务程序前 CPU 已进行了保存。

（2）开放中断。保护完现场后要及时开放中断，以便 CPU 响应更高级别的中断。

以上两项示意如下：保护现场→STI→中断服务程序主代码→CLI→恢复现场→中断返回。

说明：关中断恢复现场后，在中断返回前不必开中断，因为执行 IRET 指令后，会自动恢复中断前标志寄存器的状态。

（3）中断的返回要用专用的 IRET 指令，而不能用 RET。

（4）在中断服务程序中，尽量避免调用 DOS 功能 21H，因为它不可重入（但为简单起见，后面的例子还是调用了它）。

二、中断服务程序的安装问题

程序在运行后，主模块要完成中断服务程序的安装，即将中断服务程序的地址设置到中断矢量表的相应项目中。设置工作既可以用 MOV 指令直接写中断矢量表，也可以用相关 DOS 功能调用，最好是用后者，因为这样更安全一些。

与中断矢量设置与读取有关的 DOS 功能调用如下：

（1）设置中断矢量（25H 号调用）。

入口参数：AH=25H，AL=中断类型号，DS：DX=中断矢量。

出口参数：无。

（2）读取中断矢量（35H 号调用）。

入口参数：AH=35H，AL=中断类型号。

出口参数：ES：BX=中断矢量。

另外，在 256 个中断类型号中，60H～67H 是专为用户保留的中断，用户自己开发的中断一般应使用这些号。

【例 7-8】 中断服务程序的安装与调用。

本例演示了如何编写中断服务程序，如何安装（将中断服务程序的地址设置到中断矢量表中），以及如何通过软中断指令调用中断服务程序。为了突出重点，本例中中断服务程序代码未驻留内存。

```
CODE SEGMENT
ASSUME CS: CODE
INT_START: PUSH AX            ;以下是中断服务程序代码,它在屏幕上显示1个*号
PUSH DX
MOV AH,2
MOV DL,'*'
INT 21H
POP DX
POP AX
IRET                          ;中断服务程序到此结束
START: MOV AH,25H             ;安装中断服务程序的 DOS 功能调用
MOV AL,67H                    ;中断类型号
PUSH CS
POP DS                        ;中断服务程序的段基址（在 CS 内）赋给 DS
MOV DX,OFFSET INT_START       ;中断服务程序的偏移量赋给 DX
INT 21H                       ;进行中断矢量表设置
```

```
INT 67H                         ;调用 67H 号中断
MOV AH,4CH
INT 21H                         ;返回 DOS
CODE ENDS
END START
```

三、中断服务程序的内存驻留问题

在[例 7-8]中，当程序结束后其所占内存被 DOS 收回，中断服务程序变为不可用。若想让程序退出后中断服务程序所占内存仍然保留，以便为后续程序提供中断服务，则必须让中断服务程序驻留内存。

DOS 的功能调用 31H 可实现终止并驻留内存。

入口参数：DX=驻留内存节数，AL=退出码（如果后续程序不用，可任意设置）。

出口参数：无

DX 中要指出节数而不是字节数，一节等于 16 个字节。设需要驻留部分长度为 n 个字节，则计算公式为

$$DX=（n/16）＋1＋16$$

上式中加 1 是为了防止 n 不是 16 整数倍时将余数部分考虑上，再加 16 是因为 DOS 在启动应用程序时会在程序前加上一程序段前缀 PSP（DOS 管理程序用的数据结构），它需要和程序一块驻留内存，PSP 占 256 字节，正好是 16 节。

【例 7-9】　驻留内存的中断服务程序。

以下程序运行后将自己驻留部分的地址登记在中断矢量表中 5 号中断位置处，从而用自己的中断服务程序替换了系统原先的 5 号中断服务程序。5 号中断为屏幕打印中断，当按键盘上的 Print Screen 键时，会触发这一中断。旧的中断服务程序（BIOS 提供）的功能是将屏幕内容复制到打印机上，而此程序将其替换后，按 Print Screen 键时，将不再打印屏幕，而是在屏幕上显示一个星号。

```
CODE    SEGMENT
        ASSUME CS: CODE
                                ;以下是中断服务程序代码,它在屏幕上显示一个*号
INT_START: PUSH AX
        PUSH DX
        MOV AH, 2               ;显示字符功能调用
        MOV DL, '*'             ;显示字符 ASCII 码
        INT 21H
        POP DX
        POP AX
        IRET                    ;中断服务程序到此结束
START: PUSH CS
        POP DS                  ;中断服务程序的段基址（在 CS 内）赋给 DS
        MOV DX,OFFSET INT_START ;中断服务程序的偏移量赋给 DX
        MOV AH,25H
        MOV AL,05H
        INT 21H                 ;调用中断服务程序设置功能
        MOV DX,START-INT_START  ;START-INT_START 为需要驻留部分长度
        MOV CL,4
        SHR DX,CL               ;右移 4 位,即除以 16
```

```
        ADD DX,11H                          ;加上 17
        MOV AH,31H
        INT 21H                             ;终止并驻留
        CODE ENDS
        END START
```

四、硬件中断服务程序的编写

关于硬件中断服务程序的编写,有其特殊之处,那就是若 8259A 不工作在自动 EOI 方式时,必须在中断返回前向 8259A 发 EOI 命令。

【例 7-10】 PC/XT 机内 8259A 的端口地址为 20H 和 21H,机内的 8259A 已被初始化成边沿触发、固定优先级、一般中断结束方式。8 个中断源中 7 个已被系统使用,IRQ$_2$ 保留给用户使用,其中断类型号为 0AH。现有一外设,会定时通过 IRQ$_2$ 向 CPU 发中断,要求编写对应的中断服务程序。为简单起见,中断服务程序的功能为在屏幕上显示一串提示信息。

```
DATA SEGMENT
MESS DB 'THIS IS A IRQ2 INTERRUPT!',0AH, 0DH, '$'        ;中断服务程序中的提示信息
DATA ENDS
CODE SEGMENT
    ASSUME CS:CODE, DS:DATA

INT_START:PUSH DS
    PUSH AX
    PUSH DX
    MOV AX,DATA                     ;设置 DS 指向数据段
    MOV DS,AX
    MOV DX,OFFSET MESS              ;显示发生中断的信息
    MOV AH,09
    INT 21H
    MOV DX,20H                       ;PC/XT 系统中 8259A 的偶地址端口
    MOV AL,20H                       ;普通 EOI 中断结束命令
    OUT DX,AL                        ;发中断结束命令
    POP DX
    POP AX
    POP DS
NEXT: IRET                           ;中断返回
START: PUSH CS
    POP DS                           ;中断服务程序的段基址(在 CS 内)赋给 DS
    MOV DX,OFFSET INT_START          ;中断服务程序的偏移量赋给 DX
    MOV AH,25H
    MOV AL,0AH                       ;IRQ2 对应的中断类型码
    INT 21H                          ;调用中断服务程序设置功能
    MOV DX,START-INT_START           ;START-INT_START 为需要驻留部分长度
    MOV CL,4
    SHR DX,CL                        ;右移 4 位,即除以 16
    ADD DX,11H                       ;加上 17
    MOV AH,31H
    INT 21H                          ;终止并驻留
CODE ENDS
    END START
```

习 题 与 思 考 题

7-1　8086/8088 CPU 有哪几种中断？

7-2　软件中断和硬件中断有何特点？如何区别？

7-3　中断排队方法有哪些？

7-4　简述微机处理中断的过程。

7-5　简要说明 8086/8088 中断的特点。

7-6　简述 8086/8088 可屏蔽中断的响应过程。

7-7　什么是中断矢量表？它有何作用？位于内存的什么位置？

7-8　30H 号中断的中断服务程序地址存放在中断矢量表的什么位置？

7-9　8259A 对中断优先管理权和中断结束有哪几种方式？各自应用在什么场合？

7-10　8259A 中断控制器的作用是什么？

7-11　简述多个中断源、单一中断请求线的中断处理过程。

7-12　8259A 的中断自动结束方式与非自动结束方式对中断服务程序的编写有何影响？

7-13　某 8259A 初始化时，$ICW_1=1BH$，$ICW_2=30H$，$ICW_4=01H$，试说明 8259A 的工作情况。

7-14　某系统中有三片 8259A 接成主/从方式，两从片接在主片的 IR_3、IR_5 引脚上，试画出硬件接线图，并给出主片与两从片的初始化命令字 ICW_3。

7-15　当 8259A 需要级联使用时，在缓冲方式与非缓冲方式下分别如何设置主/从片？

7-16　简要说明 8259A 的 5 种中断优先权管理方式的特点。

7-17　8259A 仅有两个端口地址，如何识别 ICW 命令和 OCW 命令？

7-18　中断服务程序应包含哪几部分？保存和恢复现场有何意义？

7-19　如何安装中断服务程序？

7-20　中断硬件服务程序驻内存应该注意什么问题？

第 8 章 并行接口 8255 与人机接口技术

I/O 接口电路是介于主机和外设之间的一种缓冲电路。I/O 接口电路可分为并行接口和串行接口两大类。本章将讨论并行接口芯片 8255，首先介绍 8255 的内部结构及外部引脚，然后介绍 8255 的 3 种工作方式及其时序，最后列举多个 8255 的应用实例。本章重点是 8255 的各种工作方式、8255 编程和 8255 的典型应用、常用人机接口设计。本章难点在于 8255 工作方式的正确运用，以及采用 8255 进行外设接口设计（包括键盘、显示器、打印机等），特别是采用中断方式对 8255 进行 I/O 接口设计。

8.1 并行通信与并行接口芯片

随着大规模集成电路的发展，出现了许多通用的可编程的接口芯片。这些接口芯片按数据传送的方式可分为并行接口和串行接口两大类。并行接口和串行接口的通信方式为：并行通信——数据的各位同时传送，传输线多，成本高，速度快，适用于短距离数据传输；串行通信——数据一位一位顺序传送，传输线少，成本低，速度慢，适用于远距离数据传输。并行接口又分为硬线连接接口和可编程接口，其中硬线连接接口的接口工作方式及功能用硬线连接来设定，不能用软件编程的方法来改变，它可用普通的锁存器、缓冲器来设计；而可编程接口除了具有硬线连接接口的性能外，还可以通过程序改变接口的工作方式，它通常由可编程通用接口芯片组成。

可编程并行接口芯片通常应具有以下部件：

（1）两个或两个以上的具有锁存器或缓冲器的数据端口。

（2）每个数据端口都有与 CPU 用查询方式交换信号所必需的控制和状态信息，也有与外设交换信息所必需的选通、应答等信号。

（3）每个数据端口通常具有能用中断方式与 CPU 交换信息所必需的电路。

（4）具有片选和控制电路。

（5）通常这类接口芯片可用程序选择数据端口，选择端口的传送方向（输入、输出或双向），选择与 CPU 交换信息的方法（查询或中断等）。故芯片中要有能实现这些选择的控制字寄存器，它可以由 CPU 写入控制字。这些都可以通过初始化编程来实现。

可编程并行接口芯片种类较多，著名的有 Intel 公司的 8255/8155/8755、Motorola 公司的 MC6820 和 Zilog 公司的 Z80-PIO 等。本章仅介绍目前最常用的 Intel 公司为 x86 系列 CPU 配套的可编程并行接口芯片 8255。

8.2 8255 的 结 构

8255 是一个为 8088 以及 8086 微机系统设计的通用 I/O 接口芯片。它可以用程序来改变功能，通用性强，使用灵活。

8255 的内部结构框图如图 8-1 所示。

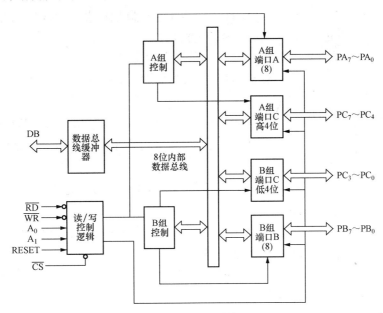

图 8-1　8255 内部结构框图

（1）与外设的接口部分，主要是数据端口 A、B、C。

它有 3 个输入/输出端口：端口 A、B、C。每一个端口都是 8 位，都可以选择作为输入或输出，但有着不同的功能。

1）端口 A。一个 8 位数据输出锁存/缓冲器，一个 8 位数据输入锁存器。

2）端口 B。一个 8 位数据输入/输出、锁存/缓冲器，一个 8 位数据输入缓冲器。

3）端口 C。一个 8 位数据输出锁存/缓冲器，一个 8 位数据输入缓冲器（输入没有锁存）。

通常端口 A 或端口 B 作为输入/输出的数据端口，而端口 C 作为与外设之间的控制或状态信息的端口，它在方式字的控制下，可以分成两个 4 位的端口，每个端口包含一个 4 位锁存器。它们分别与端口 A 和端口 B 配合使用，可作为控制信号输出至外设，或作为从外设输入的状态信号。

（2）8255 的内部控制逻辑，即 A 组和 B 组控制电路。

这是两组根据 CPU 的命令字控制 8255 工作方式的电路。它们有控制寄存器，接受 CPU 输出的命令字，然后分别决定两组的工作方式，也可以根据 CPU 的命令字对端口 C 的每一位实现按位 "复位" 或 "置位" 操作。

A 组控制电路控制端口 A 和端口 C 的上半部（$PC_7 \sim PC_4$）。

B 组控制电路控制端口 B 和端口 C 的下半部（$PC_3 \sim PC_0$）。

（3）8255 与 CPU 的接口部分。

1）数据总线缓冲器。这是一个三态双向 8 位缓冲器，它是 8255 与系统数据总线的接口。输入/输出的数据以及 CPU 发出的控制字和接口电路的状态信息，都是通过这个缓冲器传送的。

2）读/写和控制逻辑。它与 CPU 的地址总线中的 A_1、A_0 以及有关的控制信号（$\overline{RD}$、$\overline{WR}$、

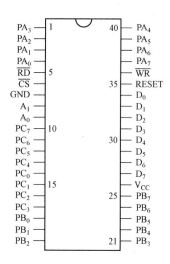

图 8-2　8255 外部引脚

RESET、IO/$\overline{\text{M}}$）相连，由它控制把 CPU 的控制命令或输出数据送至相应的端口，也由它控制把外设的状态信息或输入数据通过相应的端口送至 CPU。

（4）8255 的外部引脚功能。

8255 的外部引脚如图 8-2 所示，共有 40 个引脚，其功能如下：

1）D_0～D_7：双向数据信号线，用来传送数据和控制字。

2）$\overline{\text{CS}}$：片选信号，低电平有效。由它启动 CPU 与 8255 之间的通信。

3）$\overline{\text{RD}}$：读信号，低电平有效。它控制 8255 送出数据或状态信息至 CPU。

4）$\overline{\text{WR}}$：写信号，低电平有效。它控制把 CPU 输出的数据或命令信号写到 8255。

5）RESET：复位信号，高电平有效。它清除控制寄存器并置所有端口（A、B、C）为输入方式。

6）PA_0～PA_7：A 口的 8 条输入/输出线。这 8 条线是工作于输入/输出还是双向方式可由软件编程来决定。

7）PB_0～PB_7：B 口的 8 条输入/输出线。这 8 条线是工作于输入还是输出方式可由软件编程来决定。

8）PC_0～PC_7：C 口的 8 条线。根据其工作方式可以用作数据的输入或输出线，也可以用作控制信号的输出或状态信号的输入线。

（5）8255 的端口寻址。

8255 中有 A、B、C 三个 8 位的数据 I/O 端口，另外内部还有一个 8 位的控制字寄存器，共有 4 个端口，要有两个输入端来加以选择，这两个输入端通常接到微机的地址总线 AB 的最低两位 A_1 和 A_0。

A_1、A_0 和 $\overline{\text{RD}}$、$\overline{\text{WR}}$、$\overline{\text{CS}}$ 组合所实现的各种功能，见表 8-1。8255 与系统的连接图如图 8-3 所示。

表 8-1　　　　　　　　　　　　8255 的 功 能 表

A_1	A_0	$\overline{\text{RD}}$	$\overline{\text{WR}}$	$\overline{\text{CS}}$	操作
0	0	0	1	0	数据总线←端口 A
0	1	0	1	0	数据总线←端口 B
1	0	0	1	0	数据总线←端口 C
0	0	1	0	0	数据总线→端口 A
0	1	1	0	0	数据总线→端口 B
1	0	1	0	0	数据总线→端口 C
1	1	1	0	0	数据总线→控制端口
×	×	1	1	1	D_0～D_7 三态

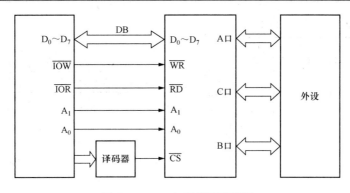

图 8-3　8255 与系统的连接图

8.3　8255 的方式控制字与方式选择

8255 有 3 种基本的工作方式：

（1）方式 0——基本 I/O，不需握手联络线的简单输入/输出单向方式。适用于与简单外设传送数据（如开关、发光二极管等）和查询方式的接口电路（一般 PA 或 PB 为数据口，而 PC 做成状态口）。

（2）方式 1——选通 I/O，需握手联络线的复杂输入/输出单向方式。适用于与单向传送数据的外设（如键盘、打印机等）传送数据，还适用于查询和中断方式的接口电路用来传送数据。

（3）方式 2——双向 I/O，需握手联络线的复杂输入/输出双向方式。适用于与双向传送数据的外设（如硬盘、软盘、光盘等）传送数据，还适用于查询和中断方式的接口电路用来传送数据。

8255 的工作方式，可以由 CPU 用 I/O 指令输出一个控制字到 8255 的控制字寄存器来选择。这个控制字可以分别选择端口 A 和端口 B 的工作方式，端口 C 分成两部分，上半部随端口 A，下半部随端口 B。端口 A 能工作于方式 0、1、2，端口 B 能工作于方式 0、1，而端口 C 只能工作于方式 0。

8255 的控制字有方式控制字和 C 口位控制字，两个控制字各位的含义如图 8-4 所示。其中方式控制字，见图 8-4（a），用于设定 3 个端口工作方式；C 口位控制字，见图 8-4（b），用于将 C 口某一位初始化为某个确定状态（置"0"或置"1"）。两个控制字均由 8 位二进制数组成，其最高位（Bit7）的状态决定当前的控制字是方式控制字还是 C 口的按位操作控制字。

一、方式控制字

当 Bit7=1 时，该控制字为方式控制字，用于确定各端口的工作状态。Bit6 ～Bit3 用来控制 A 组，即 A 口的 8 位和 C 口的高 4 位；Bit2 ～Bit0 用来控制 B 组，包括 B 口的 8 位和 C 口的低 4 位。

例如：设 A 端口工作于方式 0，输出；B 端口工作于方式 0，输入。

方式控制字：1000 0010B=82H。

二、C 口位控制字

当 Bit7=0 时，指定该控制字为对 C 口进行位操作控制——按位置位或复位。在必要时，

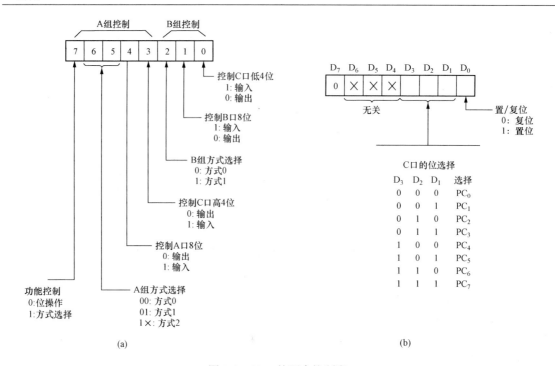

图 8-4 8255 的两个控制字

（a）方式控制字；（b）C 口位控制字

可利用该控制字使 C 口的某一位输出 0 或 1。

例如：设 8255A 的控制口地址为 00EEH，要求对端口 C 的 PC_7 置 1，则控制字为 00001111B=0FH，要求对端口 C 的 PC_3 置 0，则控制字为 00000110B=06H。

下面的程序可以实现上述要求：

```
MOV  AL , 0FH        ; 对 PC7 置 1 的控制字
MOV  DX , 00EEH      ; 控制口地址送 DX
OUT  DX , AL         ; 对 PC7 置 1 操作
MOV  AL , 06H        ; 对 PC3 置 0 的控制字
OUT  DX , AL         ; 对 PC3 进行置 0 的操作
```

8.4 8255 的 工 作 方 式

8.4.1 工作方式 0

方式 0 又称为基本 I/O 方式。在这种方式下：

（1）A 口、C 口的高 4 位、B 口以及 C 口的低 4 位可以分别定义为输入或输出，各端口互相独立，故共有 16 种不同的组合。

（2）在方式 0 下，C 口有按位进行置位和复位的能力。

方式 0 最适合用于无条件传送方式，由于传送数据的双方互相了解对方，因此既不需要发控制信号给对方，也不需要查询对方状态，故 CPU 只需直接执行输入/输出指令便可将数据读入或写出。

方式 0 也能用于查询工作方式，由于没有规定的应答信号，这时常将 C 口的高 4 位或低

4 位定义为输入口，用来接收外设的状态信号。而将 C 口的另外 4 位定义为输出口，输出控制信息。此时的 A、B 口可用来传送数据。

8.4.2 工作方式 1

方式 1 又称为选通 I/O 方式。在这种方式下，A 口和 B 口仍作为数据的输入口或输出口，但数据的输入/输出要在选通信号控制下来完成。这些选通信号利用 C 口的某些位来提供。A 口和 B 口可独立地由程序任意指定为数据的输入口或输出口。

一、方式 1 输入

当任一端口工作于方式 1 输入时，如图 8-5 所示，其中各个控制信号的意义介绍如下：

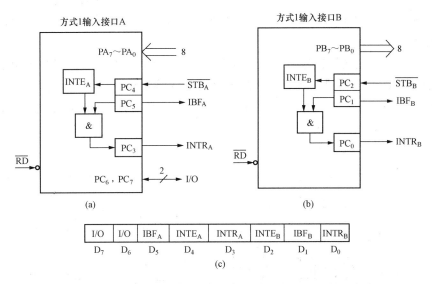

图 8-5 方式 1 下 A、B 口均为输入时的信号定义及其状态字

（a）A 口均为输入时的信号定义；（b）B 口均为输入时的信号定义；（c）方式 1 输入的状态字

（1）$\overline{STB}$——选通信号，低电平有效。这是由外设提供的输入信号，当其有效时，将输入设备送来的数据锁存至 8255 的输入锁存器。

（2）IBF——输入缓冲器满信号，高电平有效。这是 8255 输出的一个联络信号，当其有效时，表示数据已输入至输入锁存器。它由 $\overline{STB}$ 信号置位（高电平），而 $\overline{RD}$ 信号的上升沿使其复位。

（3）INTR——中断请求信号，高电平有效。这是 8255 的一个输出信号，可用于向 CPU 提出中断请求，要求 CPU 读取外设数据。它在当 $\overline{STB}$ 为高电平、IBF 为高电平和 INTE（中断允许）为高电平时被置为高电平，而由 $\overline{RD}$ 信号的下降沿清除。

（4）$INTE_A$——中断允许信号，高电平有效。端口 A 中断允许信号，可由用户通过对 PC_4 的置位/复位来控制（$PC_4=1$，允许中断）。而 $INTE_B$ 由 PC_2 的置位/复位控制。上述过程可用图 8-6 的简单时序图进一步说明。

在方式 1 下，8255 的 A 口和 B 口既可以同时为输入或输出，也可以一个为输入、另一个为输出，还可以使这两个端口一个工作于方式 1 而另一个工作于方式 0。这种灵活的工作特点是由其可编程的功能决定的。

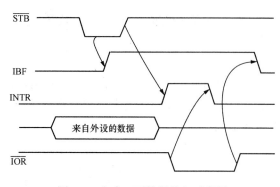

图 8-6　方式 1 下数据输入时序图

二、方式 1 输出

在方式 1 输出时，如图 8-7 所示，主要控制信号意义如下：

（1）$\overline{\text{OBF}}$——输出缓冲器满信号，低电平有效。这是 8255 输出给外设的一个控制信号。当其有效时，表示 CPU 已经把数据输出给指定的端口，外设可以把数据输出。它由 CPU 输出命令 $\overline{\text{WR}}$ 的上升沿设置为有效，由 $\overline{\text{ACK}}$ 的有效信号使其恢复为高电平。

（2）$\overline{\text{ACK}}$——低电平有效。这是一个外设的响应信号，指示 CPU 输出给 8255 的数据已经由外设接收。

（3）INTR——中断请求信号，高电平有效。当输出装置已经接收了 CPU 输出的数据后，它用来作为向 CPU 提出新的中断请求，要求 CPU 继续输出数据。当 $\overline{\text{ACK}}$ 为"1"（高电平）、$\overline{\text{OTF}}$ 为"1"（高电平）和 INTE 为"1"（高电平）时，使其置位（高电平），而 $\overline{\text{WR}}$ 信号的下降沿使其复位（低电平）。

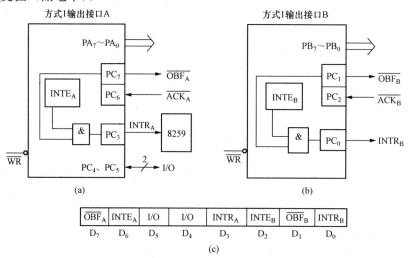

图 8-7　方式 1 下 A、B 口均为输出的选通信号定义及其状态字

（a）A 口均为输出时的信号定义；（b）B 口均为输出时的信号定义；（c）方式 1 输出的状态字

（4）INTE_A 和 INTE_B——INTE_A 由 PC_6 的置位/复位控制，而 INTE_B 由 PC_2 的置位/复位控制。方式 1 下的整个输出过程可以参考如图 8-8 所示的简单时序。

当 A 口和 B 口同时工作于方式 1 输出时，仅使用了 C 口的 6 条线，剩余的 2 条线可以工作于方式 0，实现数据的输入或输出，其数据的传送方向可用程序指定，也可通过位操作方式对它们进行置位或复位。当 A、B 两个口中仅有一个口工作在方式 1 时，只用去 C 口的 3 条线，

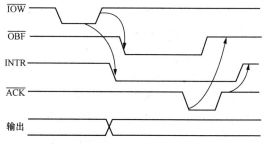

图 8-8　方式 1 下数据输出时序图

则剩下的 5 条线也可按方式 0 工作。

8.4.3　工作方式 2

方式 2 又称为双向 I/O 方式。只有 A 口可以工作在这种方式下。双向方式使外设能利用 8 位数据线与 CPU 进行双向通信，既能发送数据，也能接受数据。此时 A 口既作为输入口又作为输出口。与方式 1 类似，方式 2 要利用 C 口的 5 条线来提供双向传输所需的控制信号。当 A 口工作于方式 2 时，B 口可以工作在方式 0 或方式 1，而 C 口剩下的 3 条线可以作为输入/输出线使用，也可以作为 B 口方式 1 之下的控制线。当端口 A 工作于方式 2 时，如图 8-9 所示，主要控制信号的意义如下：

（1）INTR——中断请求信号，高电平有效。在输入和输出方式时，可用作向 CPU 发出的中断请求信号。

（2）$\overline{\text{OBF}}$——输出缓冲器满信号，低电平有效。它是对外设的一种命令信号，表示 CPU 已把数据输出至端口 A。

（3）$\overline{\text{ACK}}$——响应信号，低电平有效。$\overline{\text{ACK}}$ 的下降沿启动端口 A 的三态输出缓冲器，送出数据，否则输出缓冲器处于高阻状态。$\overline{\text{ACK}}$ 的上升沿是数据已输出的回答信号。

（4）INTE_1 和 INTE_2——INTE_1 是与输出缓冲器相关的中断屏蔽触发器，由 PC_6 的置位/复位控制；INTE_2 是与输入缓冲器相关的中断屏蔽触发器，由 PC_4 的置位/复位控制。

（5）$\overline{\text{STB}}$——选通输入，低电平有效。这是外设供给 8255 的选通信号，它把输入数据选通至输入锁存器。

（6）IBF——输入缓冲器满，高电平有效。它是一个控制信号，指示数据已进入输入锁存器。在 CPU 未把数据读走前，IBF 始终为高电平，阻止输入设备送来新的数据。

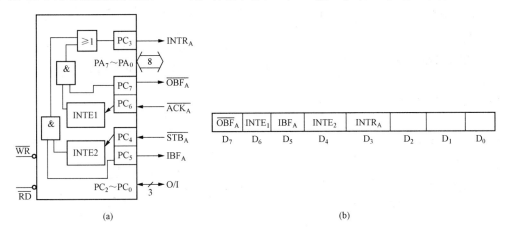

图 8-9　方式 2 下的信号定义及其状态字

（a）信号定义；（b）方式 2 状态字

方式 2 下的工作时序如图 8-10 所示。此时的 A 口可以认为是前面方式 1 的输入和输出相结合而分时工作。实际传输过程中，输入和输出的顺序以及各自操作的次数是任意的，只要 $\overline{\text{IOW}}$ 在 $\overline{\text{ACK}}$ 之前发出、$\overline{\text{STB}}$ 在 $\overline{\text{IOR}}$ 之前发出就可以了。

在输出时，CPU 发出写脉冲 $\overline{\text{IOW}}$，向 A 口写入数据。$\overline{\text{IOW}}$ 信号使 INTR 变为低电平，同时使 $\overline{\text{OBF}}$ 有效。外设接到 $\overline{\text{OBF}}$ 信号后发出 $\overline{\text{ACK}}$ 信号，从 A 口读出数据，$\overline{\text{ACK}}$ 信号使 $\overline{\text{OBF}}$

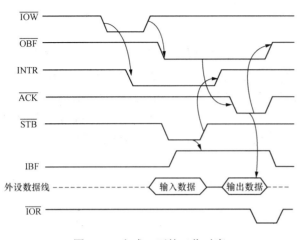

图 8-10　方式 2 下的工作时序

无效，并使 INTR 变为高电平，产生中断请求，准备输出下一个数据。

　　输入时，外设向 8255 送来数据，同时发 $\overline{STB}$ 信号给 8255，该信号将数据锁存到 8255 的 A 口，从而使 IBF 有效。$\overline{STB}$ 信号结束使 INTR 有效，向 CPU 请求中断。CPU 响应中断后，发出读信号 $\overline{IOR}$，从 A 口中将数据读走。$\overline{IOR}$ 信号会使 INTR 和 IBF 信号无效，从而开始下个数据的读入过程。

　　在方式 2 下，8255 的 $PA_0 \sim PA_7$ 引线上，随时可能出现输出到外设的数据，也可能出现外设输入给 8255 的数据，这需要防止 CPU 和外设同时竞争 $PA_0 \sim PA_7$ 数据线。

8.5　8255 的应用与人机接口技术

【例 8-1】（方式 0 应用）　利用 8255 实现开关（简单输入设备）检测和继电器（简单输出设备）控制电路，其中 8253 计数器 0 的时钟频率为 2MHz，如图 8-11 所示，要求：

　　（1）当开关 K 闭合时，使 8 个继电器通电动作。

　　（2）系统每隔 100ms 检测一次开关状态，实现相应的控制。

　　（3）初始状态下继电器都不动作。

　　分析：

　　（1）采用中断控制方式（每 100ms 中断一次）。

　　（2）使 8255 的 A 端口和 B 端口均工作于方式 0。

　　（3）8253 计数器 0 和计数器 1 均工作于方式 3，利用 OUT_0 的输出作为计数器 1 的时钟信号，使 OUT_0 输出频率为 2kHz，OUT_1 输出频率为 10Hz。用 OUT_1 信号作为中断源。

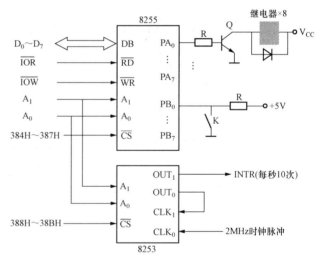

图 8-11　8255 实现开关检测和继电器控制电路

　　（4）8253 两个计数器的计数初值分别为：

　　CNT_0：2MHz/2kHz =1000。

　　CNT_1：100ms/0.5ms=200。

　　8255 初始化程序

```
MOV DX,387H
```

```
        MOV AL,82H
        OUT DX,AL            ;写入 8255 控制字
        XOR AL,AL            ;A 口输出全 0
        MOV DX,384H
        OUT DX,AL            ;所有继电器均断电
```

8253 的初始化—设置工作方式

```
        MOV DX,38BH          ;控制口
        MOV AL,36H           ;计数器 0 工作于方式 3
        OUT DX,AL
        MOV AL,56H           ;计数器 1 工作于方式 3
        OUT DX,AL
```

8253 的初始化—设置计数初值

```
        MOV DX,388H          ;计数器 0
        MOV AX,2000
        OUT DX,AL
        MOV AL,AH
        OUT DX,AL            ;写入计数器 0 的计数初值
        MOV DX,389H          ;计数器 1
        MOV AL,200
        OUT DX,AL            ;写入计数器 1 的计数初值
```

主程序及中断初始化部分略—主要为 8259 初始化及 CPU 中断打开等。

8253 中断服务程序中的 8255 控制程序段

```
        ...
        MOV DX,385H          ;PB 口地址（开关）
WAIT0:  IN AL,DX             ;读 PB₀ 状态
        AND AL,1             ;K 闭合吗
        JNZ WAIT0
        MOV DX,384H          ;PA 口地址（继电器）
        MOV AL,0FFH          ;所有继电器动作
        OUT DX,AL
        ...
```

【例 8-2】（方式 0 应用）　在工业控制过程中，经常需要检测某些开关的状态。例如，在某一系统中，有 8 个开关 $K_7 \sim K_0$，要求不断地检测它们的通断状态，并随时在发光二极管上显示，开关打开时，发光二极管亮。通过 8255 的端口 A 读入开关状态信息，使端口 B、C 连接的发光二极管的状态与端口 A 开关状态相呼应，并重复执行。假设 8255A 在系统中端口 A、B、C 及控制端口的地址分别为 100H、101H、102H、103H，如图 8-12 所示。

```
        MOV  DX,103H             ;控制寄存器的地址
        MOV  AL, 90H             ;端口 A 方式 0 输入,端口 B、C 方式 0 输出
        OUT  DX, AL             ;写入控制字
L1:     MOV  DX,100H            ;端口 A 地址
        IN   AL,DX             ;从端口 A 读入开关状态
        XOR  AL,0FFH           ;AL← AL 取反
        MOV  DX,101H           ;端口 B 的地址
        OUT  DX,AL             ;从端口 B 输出,控制 LED
        MOV  DX,102H           ;端口 C 的地址
        OUT  DX,AL             ;从端口 C 输出
        JMP  L1                ;循环
```

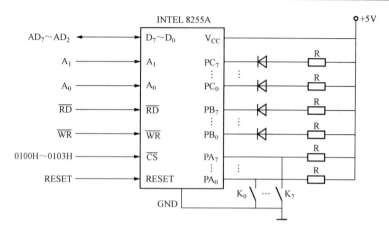

图 8-12 基本输入/输出的应用电路

【例 8-3】（方式 0 应用） 用 8255 对四相步进电机进行控制。如果对步进电机施加一定规则的连续控制的脉冲电压，它可以连续不断地转动。每相的脉冲信号控制步进电机的某一相绕阻，若按照某一相序改变一次绕组的通电状态，对应转过一定的角度（一个步距角）。当通电状态的改变完成一个循环时，转子转过一个齿距。四相步进电机可以在不同的通电方式下运行。常见的通电方式有单（单相绕组通电）四拍（A-B-C-D-A-…），双（双绕组通电）四拍（AB-BC-CD-DA-AB-…），单双八拍（A-AB-B-BC-C-CD-D-DA-A-…）等。按正序方向送电则正转，按反序方向送电则反转，本例采用双四拍通电方式控制步进电机正转运行。通过改变脉冲信号的频率，就可改变步进电机的转速。利用 8255 的 $PA_3 \sim PA_0$ 各控制一相，端口 A 工作在方式 0 的输出。三态缓冲器 74LS244 恒接地，该芯片处于直通状态，74LS244 用作对三极管 TIP122 的驱动。步进电机控制的相序和对应的控制字见表 8-2。假设 8255 的端口地址为 300H、301H、302H、303H，8255 控制步进电机原理图如图 8-13 所示。试编写连续正转的控制程序。

表 8-2   步进电机相序和控制编码表

控 制 顺 序	相 序 号	控 制 编 码
1	AB	03H
2	BC	06H
3	CD	0CH
4	DA	09H

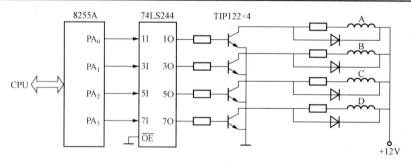

图 8-13 8255 控制步进电机原理图

工作方式控制字：10000000B=80H（端口 A 方式 0，输出）。

主要程序段为：

```
        MOV     AL,80H
        MOV     DX,303H          ;控制字端口的地址送给 DX
        OUT     DX,AL
        MOV     DX,300H          ;端口 A 地址
L1:     MOV     AL,03H           ;AB 相送电
        OUT     DX,AL
        CALL    DELAY1           ;调用延迟子程序
        MOV     AL,06H           ;BC 相送电
        OUT     DX,AL
        CALL    DELAY1
        MOV     AL,0CH           ;CD 相送电
        OUT     DX,AL
        CALL    DELAY1
        MOV     AL,09H           ;DA 相送电
        OUT     DX,AL
        CALL    DELAY1
        JMP     L1
DELAY1: MOV     CX,03FFFH        ;延时
DELAY2: LOOP    DELAY2
        RET
```

【例 8-4】（方式 0 应用）　查询式打印机接口及编程。打印机的工作时序如图 8-14 所示。CPU 通过 8255 接口将数据传送到打印机的 $D_0 \sim D_7$ 端，然后利用一个 $\overline{STROBE}$ 将数据锁存在打印机内部，以便打印机进行处理，同时打印机的 BUSY 端送出高电平信号，表示其正忙，仅当 BUSY 端信号变低后，CPU 才可以将下一个数据送给打印机。

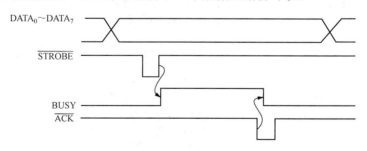

图 8-14　打印机工作时序

查询式打印机接口电路如图 8-15 所示。本例让 8255 工作于方式 0 输出，A 口作为输出口向打印机输出数据。C 口的 PC_6 用作选通输出，与 $\overline{STROBE}$ 连接；PC_1 用作状态输入，与打印机的忙信号 BUSY 连接。因此，可通过初始化使 C 口高 4 位为输出，C 口低 4 位为输入。B 口不使用，初始化时可任意定为输出或输入（本例定义为输出口）。另外由于数据输出后要通过 PC_6 端输出一个负脉冲，故在初始化时将 PC_6 初始化为高电平。由此可得出 8255 的初始化程序（8255 的地址范围为 0FBC0H～0FBC3H）。

8255 的控制字为：10000001B=81H。

8255 工作在方式 0，端口 A，输出；端口 C 高 4 位输出，低 4 位输入。

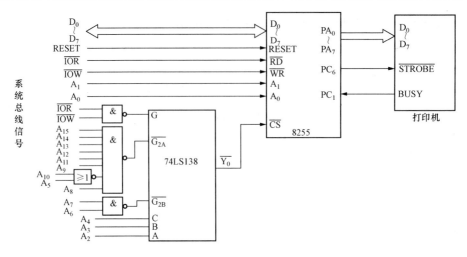

图 8-15 查询式打印机接口电路

PC_6 置位：00001101B=0DH。

PC_6 复位：00001100B=0CH。

打印机驱动程序如下：

```
        MOV   DX,0FBC3H          ;8255A 控制端口地址
        MOV   AL,81H             ;8255A 控制字
        OUT   DX,AL
        MOV   AL,0DH
        OUT   DX,AL              ;使 PC₆ 置 1,即 STROBE =1
        MOV   SI,OFFSET  DATA    ;取字符串首地址
        MOV   CX,0FFH            ;打印字节数
NEXT:   MOV   DX,0FBC2H          ;8255A 的 PC 口地址
        IN    AL,DX              ;读端口 C 数据,查询是否 PC₃=0
        AND   AL,02H
        JNZ   NEXT               ;打印机忙,则等待
        MOV   DX,0FBC0H          ;端口 A 地址送给 DX
        MOV   AL,[SI]            ;从内存取出一个字节
        OUT   DX,AL
        MOV   DX,0FBC3H          ;端口 C 地址送给 DX
        MOV   AL,0CH             ;设置 PC₆ 为 0
        OUT   DX,AL             ;使 STROBE 选通信号为低电平
        NOP
        NOP
        NOP                      ;适当延时
        MOV   AL,0DH
        OUT   DX,AL              ;使 STROBE 置 1
        INC   SI                 ;内存地址加 1
        LOOP  NEXT
        HLT
```

【例 8-5】（方式 1 应用） 将 [例 8-4] 中 8255 的工作方式改为方式 1,即端口 A 工作在方式 1 输出,外加一片中断控制器 8259,端口 A 的中断输出线 PC_3 通过 8259 向 CPU 申请中断,可以构成中断方式打印机接口电路,如图 8-16 所示。8259 端口地址为 FF00H~FF01H,

试编写打印机驱动程序。

从打印机的工作时序图可知，打印机每接受一个字符后，会送出一个低电平响应信号 $\overline{ACK}$。利用这个信号，可使工作于方式 1 的 8255 通过中断来打印字符。将 8255 设置为方式 1，A 口为数据输出口，此时 PC_7 自动作为 $\overline{OBF}$ 信号的输出端连接到打印机的选通信号，PC_6 自动作为 $\overline{ACK}$ 信号的输入端，用它作为打印机给 8255 的应答信号，8255 的中断请求输出信号 PC_3 接至中断控制器 8259 的 IR_2。

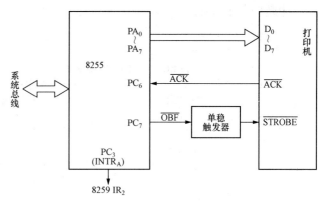

图 8-16　中断方式打印机接口电路

为简单起见，在初始化时，使 B 口工作于方式 0 输出，C 口其余 5 条线均定义为输出，故 8255 的控制字为 10100000B，即 0A0H。要使 PC_3 能够产生中断请求信号 INTR，还必须使 A 口的中断请求允许状态 INTE=1。这是通过将 PC_6 置 1 来实现的。C 口的位操作控制字为 00001101B，即 0DH。

输出时，先输出一个空字符，以引起中断过程。在中断时输出要打印的字符，利用 $\overline{OBF}$ 的下降沿触发一单稳触发器，产生打印机所需的 $\overline{STROBE}$ 脉冲，将字符锁存到打印机中。接收到字符后，打印机发出 $\overline{ACK}$，清除 $\overline{OBF}$ 标志并产生有效的 INTR 输出，形成新的中断请求信号，CPU 响应中断后输出下一个字符。

主程序：

```
MAIN: PUSH  DS
      LEA   DX,PRINT
      MOV   AX,SEG  PRINT
      MOV   DS,AX
      MOV   AL,0AH
      MOV   AH,25H
      INT   21H                 ;设置中断向量
      POP   DS
      MOV   DX,0FBC3H
      MOV   AL,0A0H             ;8255 初始化,A 口方式 1 输出,B 口方式 0 输出
      OUT   DX,AL
      MOV   AL,0DH              ;PC₆ 置 1（INTE=1）,允许 8255 产生中断
      OUT   DX,AL
      MOV   AL,00H
      MOV   DX,0FBC0H
      OUT   DX,AL              ;从 A 口输出一个空字符,引发第一次中断
      MOV   AX,OFFSET  DATA
      MOV   STR_PTR,AX         ;设置字符串偏移地址
      MOV   AX,SEG  DATA
      MOV   STR_PTR+2,AX       ;设置字符串段地址
      STI                      ;开中断
      …
```

中断服务子程序：

```
PRINT: PUSH  SI
       PUSH  AX
       PUSH  SI,DWORD PTR STR_PTR
NEXT:  LODSB                        ;取一个字符
       MOV  STR_PTR,SI              ;保存新的串指针
       MOV  DX,0FBC0H
       OUT  DX,AL                   ;输出字符到 8255 的 A 口
       MOV  AL,20H
       MOV  DX,0FF00H               ;8259 的 OCW2
       OUT  DX,AL                   ;送中断结束命令给 8259
       POP  DS
       POP  AX
       POP  SI
       IRET                         ;中断返回
```

利用上述接口通过中断方式输出打印一个字符串 'This is a string.',0ah,0dh。

要注意的问题：①如何在中断服务程序和主程序之间传递参数?利用共享的数据段中的指针确定要打印的字符；②如何启动打印机工作? 主程序调用一次中断服务程序；③如何确定整个字符串打印完毕? 可利用某个特定的字符作为结束符，打印的字符的数已知，通过某个标示变量反馈给主程序等方法实现。

数据段定义

```
data segment
     string   db 'This is a string.',0ah,0dh
     counter  db $-string
     addr dw ?
     flag db 0
     data ends
```

主程序功能：①修改中断向量；②设置 8259A 的中断屏蔽寄存器；③8255 芯片初始化（方式字、中断允许）；④控制 CPU 的中断允许标志；⑤启动打印机工作；⑥等待全部打印结束；⑦恢复屏蔽字、向量。

中断服务程序功能：①开中断；②保护现场；③如果字符串没有打印完毕，根据指针取一个字符打印；④修改指针和计数器的值；⑤若打印完毕，设置结束标志；⑥发送中断结束命令；⑦恢复现场，中断返回。

主程序设置中断向量

```
code    segment
        assume  cs: code, ds: data
start: cli
        mov dx, offset print
        mov ax, seg print
        mov ds, ax
        mov ax,250bh
        int 21h
        in  al,21h                   ;开放 8259 的屏蔽
        and al,11110111b
        out 21h,al
```

8255 初始化

```
        mov dx,0fffeh
        mov al,0a0h
        out  dx,al
        mov al,0dh              ; 使 INTEA(PC₆)为 1,开放中断
        out  dx, al
```

初始变量设置

```
        mov  ax, data
        mov  ds,ax
        lea  ax,string
        mov  addr,ax
        mov  flag,0

        sti                     ; 开放 CPU 中断
        int    0bh              ; 启动打印机工作
again:  cmp   flag,0            ; 等待打印结束
        jz     again

        in    al,21h            ; 屏蔽中断源
        or    al,08h
        out   21h,al

        mov  ax,4c00h
        int    21h
```

中断服务程序

```
    print   proc far
            push ds
            push ax
            push dx
            push si
            sti
            mov  ax,data        ;重新设置 DS
            mov  ds,ax
```

打印字符

```
        cmp  counter,0          ; 判断是否打印完毕
        jz   finish
        mov  si,[addr]          ; 取一个字符打印
        mov  al,[si]
        mov  dx,0fff8h
        out   dx,al
        inc   addr              ; 修改指针和计数器
        dec   counter
        jmp  exit
```

打印结束

```
    finish: mov  flag,1         ; 设置中断结束标志,供主程序查询
            mov  al,0ch
```

```
        mov  dx,0fffeh
        out  dx,al          ; 使 8255 的 INTE 为 0,不在发中断结束 8255 的中断操作
```

中断结束

```
exit:   mov  al,20h
        out  20h,al
        sti
        pop  si
        pop  dx
        pop  ax
        pop  ds
        iret
print endp
```

【例 8-6】 8255 在矩阵键盘输入中的应用。

键盘的结构有两种形式：线性键盘和矩阵键盘。

（1）线性键盘实际上就是若干个独立的开关。每个按键将其一端直接与微机某输入端口的一位相连，另一端接地。此形式占用的 I/O 端口太多，因此只用在只有几个键的小键盘中。

（2）矩阵键盘的按键排成 n 行 m 列的矩阵形式，每个键占据行列的一个交点，如图 8-17 所示。通常都使用矩阵结构的键盘，矩阵键盘按键的识别主要有扫描法和反转法两种。

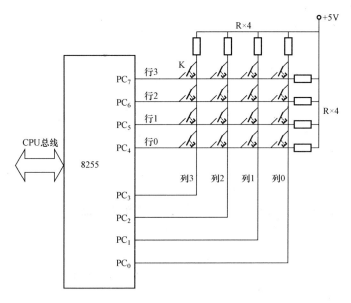

图 8-17 矩阵键盘接口电路原理图

8255C 口设置为方式 0，并将高 4 位设定为输出，低 4 位设定为输入。

一、扫描法

扫描法就是逐行输出 0，然后读入列值，并检查有无为 0 的位（与某一列相对应）。若有，则当前行该列的键被按下。实际应用中往往采用一些技巧来加快扫描速度。具体扫描步骤如下：

（1）识别是否有键被按下。$PC_7 \sim PC_4$ 输出全 0，然后从 $PC_3 \sim PC_0$ 读入，若读入的数据中有一位为 0，则表明有某个键被按下，转第（2）步，否则在本步骤中循环。

（2）去抖动。延时 20ms 左右，过滤掉按键的抖动，然后按第（1）步的方法再做一次，

若还有键闭合，则认为确实有一个键被按下，否则返回第（1）步。

（3）查找被按下的键。从第 0 行开始，顺序逐行扫描，即逐行输出 0，每扫描一行，读入列线数据，若数据中有一位为 0，则表示该位对应的列与当前扫描行的交点处的按键被按下。

用以上 3 个步骤即可检查出哪一个键被按下。

二、反转法

此法不需要逐行扫描，仅用两步即可找到被按下的键。

（1）将 $PC_7 \sim PC_4$ 设定为输出，$PC_3 \sim PC_0$ 设定为输入。然后向行线输出全 0（即 $PC_7 \sim PC_4$ 输出全 0），接着从 $PC_3 \sim PC_0$ 读入列线的值，若读入的数据中有一位为 0，则表明与该位对应的列线上有某个键被按下，存储此值作为"列值"，转第（2）步，否则在本步骤中循环。

（2）将 $PC_7 \sim PC_4$ 设定为输入，$PC_3 \sim PC_0$ 设定为输出。把第（1）步读入的值再输出到列线上（即把"列值"从 $PC_3 \sim PC_0$ 输出），接着从 $PC_7 \sim PC_4$ 读入行线的值，其中必有一位为 0，为 0 的位所对应的行线就是被按键所在的行，存储此值作为"行值"。将行值和列值组合在一起，用查表的方法即可得到按键的键号。

例如，第 0 行第 2 列（0，2）的键被按下，则第（1）步从列线读回的列值为 1011B。第（2）步再将 1011B 从列线输出，从行线读回的行值为 1110B，两者组合，得到该键行列值组合为 11101011B。

设 8255 端口 A 的地址为 40H～43H，反转法的按键识别程序为：

```
START:  MOV  AL,00000001B      ;方式 0,C 口高 4 位输出,低 4 位输入
        OUT  43H,AL
        MOV  AL,0
        OUT  42H,AL            ;各行线(PC₇～PC₄为 0)
WAIT1:  IN   AL,42H            ;读入列线(PC₃～PC₀)状态
        AND  AL,0FH            ;保留低 4 位
        CMP  AL,0FH            ;检查是否有键按下(是否存在为 0 的位)
        JE   WAIT1             ;全 1 表示无按键,循环继续检测
        MOV  AH,AL             ;保留列值
        MOV  AL,00001000B      ;方式 0,C 口高 4 位输入,低 4 位输出
        OUT  43H,AL            ;反转输入/输出方向
        MOV  AL,AH
        OUT  42H,AL            ;把列值反向输出到列线上
        IN   AL,42H            ;读入行线(PC₇～PC₄)状态
        AND  AL,0F0H           ;保留高 4 位
        OR   AL,AH             ;组合行值和列值
        <查表求出按键的键号>
        …
```

采用扫描法获得按键值的程序：

```
key1:   mov al,00
        mov dx,rowport        ; 行线口地址
        out dx,al             ; 使所有行线为低电平
        mov dx,colport        ; 列线口地址
        in al,dx              ; 读取列值
        cmp al,0ffh           ; 判定是否有列线为低电平
        jz key1               ; 无闭合键,循环等待
        call delay            ; 有,延迟 20ms 清除抖动
```

```
        mov cx,8                    ; 行数送 CX
        mov ah,0feh                 ; 扫描初值送 AH
key2:   mov al,ah
        mov dx,rowport
        out dx,al                   ; 输出行值(扫描值)
        mov dx,colport
        in al,dx                    ; 读进列值
        cmp al,0ffh                 ; 判断有无低电平的列线
        jnz key3                    ;有,则转下一步处理
        rol ah,1                    ;无,则移位扫描值
        loop key2                   ; 准备下一行扫描
        jmp key1                    ; 所有行都没有键按下,则返回继续检测
key3:   …                           ; 此时,al=列值,ah=行值
```

上面程序的行线口和列线口为不同的 8 位并行口,而图 8-17 的行线口和列线口为同一 8 位并行口,行线口、列线口分别为 C 口的高 4 位、低 4 位。

三、抖动和重键问题

(1)机械按键存在抖动现象。当按下或释放一个键时,往往会出现按键在闭合位置和断开位置之间跳几下才稳定到闭合状态的现象。抖动的持续时间通常不大于 10ms,抖动问题不解决就会引起对闭合键的错误识别。采用硬件消抖电路或软件延时方法可以得到解决。

(2)重键指两个或多个键同时闭合。出现重键时,读取的键值必然出现有一个以上的 0,于是就产生了识别哪一个键的问题。

重键问题的处理:①简单情况:不予识别,即认为重键是错误的按键。②通常情况:只承认先识别出来的键,对此时同时按下的其他键均不作识别,直到所有键都释放以后,才读入下一个键,称为连锁法。另外还有一种巡回法,它是等被识别的键释放以后,就可以对其他闭合键作识别,而不必等待全部键释放。显然巡回法比较适合于快速键入操作。③正常的组合键:都识别出来。

【例 8-7】 PC 机键盘输入,其控制电路如图 8-18 所示。

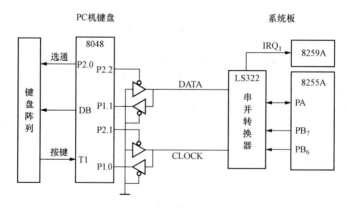

图 8-18　PC 机键盘输入控制电路

一、PC 机键盘的工作过程

(1)键盘电路正常工作时不断地扫描键盘矩阵。

(2)有按键,则确定按键位置之后以串行数据形式发送给系统板键盘接口电路。

（3）键按下时，发送该键的接通扫描码。

（4）键松开时，发送该键的断开扫描码。

（5）若一直按住某键，则以拍发速率（每秒 2～30 次）连续发送该键的接通扫描码。

二、键盘接口电路的工作过程

（1）接收一个串行形式字符以后，进行串并转换。

（2）产生键盘中断 IRQ_1 请求，等待读取键盘数据。

（3）CPU 响应中断，则进入 09H 键盘中断服务程序。

1）读取键盘扫描码，用 IN AL，60H 即可。

2）响应键盘，系统使 $PB_7=1$。

3）允许键盘工作，系统使 $PB_7=0$。

4）处理键盘数据。

5）给 8259A 中断结束 EOI 命令，中断返回。

三、PC 机键盘中断服务程序

（1）09H 号中断服务程序（kbint 过程）。完成常规的操作；处理键盘数据，将获取的扫描码通过查表转换为对应的 ASCII 码送缓冲区，对于不能显示的按键，则转换为 0，且不再送至缓冲区。

（2）键盘 I/O 功能程序（kbget 子程序）。从缓冲区中读取转换后的 ASCII 码。

（3）功能调用（主程序）。循环显示键入的字符。

键盘缓冲区

```
buffer      db 10 dup（0）
bufptr1     dw 0                    ;队列头指针
bufptr2     dw 0                    ;队列尾指针
```

键盘代码表

```
scantb      db 0,1,'1234567890-=',08h    ;键盘第 1 排的按键,从 ESC 到退格
            db 0,'qwertyuiop[]',0dh      ;键盘第 2 排的按键,从 Tab 到回车
            …
            db 0,0,'789-456+1230.'       ;右边小键盘,从 Num Lock 到 Del
```

设置中断向量

```
            mov ax,3509h                ;取中断向量
            int 21h
            push es
            push bx                     ;保存 09H 号原中断向量
            cli                         ;关中断
            push ds                     ;设置 09H 号新中断向量
            mov ax,seg kbint
            mov ds,ax
            mov dx,offset kbint
            mov ax,2509h                ;置中断向量
            int 21h
            pop ds
            in al,21h                   ;允许 IRQ₁中断,其他不变
            push ax
```

```
        and al,0fdh
        out 21h,al
        sti                                         ;开中断
```

调用并显示

```
start1: call kbget                                  ;获取按键的 ASCII 码
        cmp al,1
        jz start2                                   ;是 ESC 键,则退出
        push ax                                     ;保护字符
        mov dl,al                                   ;显示字符
        mov ah,2
        int 21h
        pop ax                                      ;恢复字符
        cmp al,0dh                                  ;该字符是回车符吗
        jnz start1                                  ;不是,取下一个按键字符
        mov dl,0ah                                  ;是回车符,则再进行换行
        mov ah,2
        int 21h
        jmp start1                                  ;继续取字符
```

恢复中断向量

```
start2: cli
        pop ax
        out 21h,al
        pop dx
        pop ds
        mov ax,2509h
        int 21h
        sti
        mov ax,4c00h                                ;返回 DOS
        int 21h
```

子程序：判断缓冲区是否为空

```
    kbget   proc
    kbget1: push bx                                 ;保护 BX
        cli
        mov bx,bufptr1                              ;取头指针
        cmp bx,bufptr2                              ;与尾指针是否相等
        jnz kbget2                                  ;不相等,说明缓冲区有字符,转移
        sti                                         ;相等,说明缓冲区空
        pop bx
        jmp kbget1                                  ;等待缓冲区有字符
```

子程序：获取按键字符

```
    kbget2:  mov al,buffer[bx]                      ;取字符送 AL
        inc bx                                      ;队列头指针增量
        cmp bx,10                                   ;是否指向队列末端
        jc kbget3                                   ;没有,则转移
        mov bx,0                                    ;指针指向队列末端,则循环,指向始端
    kbget3:  mov bufptr1,bx                         ;设定新队列头指针
```

```
        sti
        pop bx
        ret
    kbget endp
```

中断服务程序：响应键盘

```
Kbint   proc
        sti                         ;开中断
        push ax                     ;保护寄存器
        push bx
        in al,60h                   ;读取键盘扫描码
        push ax
        in al,61h                   ;使 PB₇＝1,响应键盘
        or al,80h
        out 61h,al
        and al,7fh                  ;使 PB₇＝0,允许键盘
        out 61h,al
```

中断服务程序：数据处理

```
        pop ax
        test al,80h                 ;是否为断开扫描码
        jnz kbint2                  ;是,则退出
        mov bx,offset scantb        ;接通扫描码,取表首地址
        xlat                        ;将扫描码转换成 ASCII 码
        cmp al,0                    ;是否为合法的 ASCII 码
        jz kbint2                   ;不是,则退出
```

中断服务程序：指针增量

```
        mov bx,bufptr2
        mov buffer[bx],al           ;将 ASCII 码存入缓冲区队列尾
        inc bx                      ;队列尾指针增量
        cmp bx,10                   ;是否指向队列末端
        jc kbint1                   ;没有,则转移
        mov bx,0                    ;指针指向队列末端,则循环,指向始端
```

中断服务程序：判断缓冲区满否

```
kbint1: cmp bx,buffptr1
        jz kbint2                   ;若队列满,则退出
        mov bufptr2,bx              ;若队列不满,则设置新的队列尾指针
```

中断服务程序：中断返回

```
kbint2: mov al,20h                  ;向 8259A 发送普通中断结束命令
        out 20h,al
        pop bx                      ;恢复寄存器
        pop ax
        iret                        ;中断返回
kbint   endp
```

【例 8-8】 8255 在 LED 数码管动态显示上应用。

发光二极管 LED 是最简单的显示设备,由 7 段 LED 就可以组成 LED 数码管。LED 数码

管广泛用于单板微型机、微型机控制系统及数字化仪器中，LED 数码管可以显示内存地址和数据等。

一、LED 数码管的工作原理

（1）主要部分是 7 段发光二极管。

（2）顺时针分别称为 a、b、c、d、e、f、g。

（3）有的产品还附带有一个小数点 dp。

（4）通过 7 个发光段的不同组合，主要显示 0～9，也可以显示 A～F（实现 16 进制数的显示），还可以显示个别特殊字符，如－、P 等。

LED 数码管结构及外形如图 8-19 所示，控制电路如图 8-20 所示。

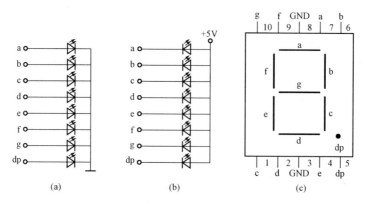

图 8-19　LED 数码管结构及外形

（a）共阴极；（b）共阳极；（c）外形及引脚

为使 LED 显示不同的符号或数字，要为 LED 提供段码（或称字型码）。提供给 LED 显示器的段码（字型码）正好是一个字节（8 段）。各段与字节中各位对应关系见表 8-3。

表 8-3　　　　　　　　　　LED 数码管各段与字节中各位对应关系

代码位	D_7	D_6	D_5	D_4	D_3	D_2	D_1	D_0
显示段	dp	g	f	e	d	c	b	a

按上述格式，8 段 LED 的段码见表 8-4。为了将一个十六进制数在一个 LED 上显示出来，就需要将十六进制数译为 LED 的 7 位显示代码。一种方法是采用专用的带驱动的 LED 段译码器，实现硬件译码。另一种常用的方法是软件译码。在程序设计时，将 0～F 这 16 个数字（也可为 0～9）对应的显示代码组成一个表，采用软件查表方式进行译码。

表 8-4　　　　　　　　　　　　LED 段码（8 段）

显示字符	共阴极段码	共阳极段码	显示字符	共阴极段码	共阳极段码
0	3FH	C0H	c	39H	C6H
1	06H	F9H	d	5EH	A1H
2	5BH	A4H	E	79H	86H
3	4FH	B0H	F	71H	8EH

续表

显示字符	共阴极段码	共阳极段码	显示字符	共阴极段码	共阳极段码
4	66H	99H	P	73H	8CH
5	6DH	92H	U	3EH	C1H
6	7DH	82H	T	31H	CEH
7	07H	F8H	y	6EH	91H
8	7FH	80H	H	76H	89H
9	6FH	90H	L	38H	C7H
A	77FH	88H	"灭"	00H	FFH
b	7CH	83H	…	…	…

二、单个 LED 数码管的显示（静态显示）

单个数码管的显示：

```
LEDtb db 3fh,06h,5bh,…              ;显示代码表
      …
      mov al,1                     ;AL←要显示的数字
      mov bx,offset LEDtb
      xlat                         ;换码:AL←DS:[BX＋AL]
      mov dx,port
      out dx,al                    ;输出显示
```

三、多个 LED 显示器工作原理

图 8-21 所示是 4 位 LED 显示器的结构原理图。N 个 LED 显示块有 N 位位选线和 8×N 根段码线。段码线控制显示的字型，位选线控制该显示位的亮或暗。

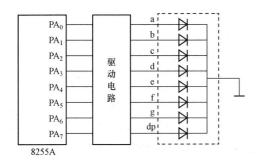

图 8-20　LED 数码管控制电路

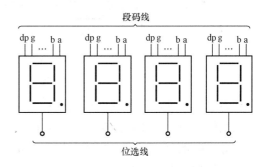

图 8-21　4 位 LED 显示器的结构原理图

（1）静态显示方式。各位的公共端连接在一起（接地或+5V）。每位的段码线（a～dp）分别与一个 8 位的锁存器输出相连。显示字符一旦确定,相应锁存器的段码输出将维持不变,直到送入另一个段码为止。静态显示的各数码管在显示过程中持续得到送显信号,与各数码管接口的 I/O 口线是专用的。静态显示的优点是无闪烁、显示亮度高、无需扫描、节省 CPU

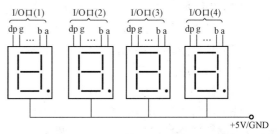

图 8-22　4 位静态 LED 显示器电路

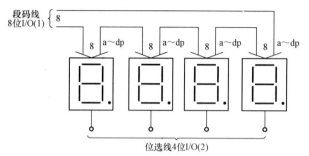

图 8-23 4 位 8 段 LED 动态显示电路

时间、编程简单，但使用元器件多、占 I/O 线多。图 8-22 所示为 4 位静态 LED 显示器电路。

（2）动态显示方式。所有位的段码线相应段并在一起，由一个 8 位 I/O 口控制，形成段码线的多路复用，各位的公共端分别由相应的 I/O 线控制，形成各位的分时选通。动态显示的各数码管在显示过程中轮流得到送显信号，与各数码管接口的 I/O 口线是共用的。动态显示的优点是使用元器件少、占 I/O 线少，但有闪烁、必须扫描、花费 CPU 时间多、编程复杂，特别是多个 LED 时尤为突出。图 8-23 所示为 4 位 8 段 LED 动态显示电路，其中段码线占用一个 8 位 I/O 口，而位选线占用一个 4 位 I/O 口。

图 8-24 所示为 8 位 LED 动态显示 2003.10.10 的过程。图 8-24（a）是显示过程，某一时刻，只有一位 LED 被选通显示，其余位则是熄灭的；图 8-24（b）是实际显示结果，人眼看到的是 8 位稳定的同时显示的字符。

显示字符	段码	位显码	位显器显示状态(微观)	位选通时序
0	3FH	FEH	⬜⬜⬜⬜⬜⬜⬜0	T_1
1	06H	FDH	⬜⬜⬜⬜⬜⬜1⬜	T_2
0	BFH	FBH	⬜⬜⬜⬜⬜0.⬜⬜	T_3
1	06H	F7H	⬜⬜⬜⬜1⬜⬜⬜	T_4
3	CFH	EFH	⬜⬜⬜3.⬜⬜⬜⬜	T_5
0	3FH	DFH	⬜⬜0⬜⬜⬜⬜⬜	T_6
0	3FH	BFH	⬜0⬜⬜⬜⬜⬜⬜	T_7
2	5BH	7FH	2⬜⬜⬜⬜⬜⬜⬜	T_8

（a）

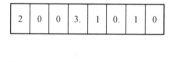

（b）

图 8-24 8 位 LED 动态显示 2003.10.10 的过程

（a）8 位 LED 动态显示过程；（b）人眼看到的显示结果

动态显示原理：只要 CPU 通过段控制端口送出段代码，然后通过位控制端口送出位代码，指定的数码管便显示相应的数字。如果 CPU 顺序地输出段码和位码，依次让每个数码管显示数字，并不断地重复，当重复频率达到一定程度，利用人眼的视觉暂留特性，从数码管上便可见到相当稳定的数字显示。

四、多个 LED 数码管的显示（动态显示）

（1）8 位数码管：用 2 个 8 位输出端口控制，如图 8-25 所示。

（2）硬件上用公用的驱动电路来驱动各数码管。

（3）软件上用扫描方法实现数码显示。

1）位控制端口作用。

（a）控制某个（位）数码管显示。

（b）当位控制端口的控制码某位为低电平时，经反相驱动，便在相应数码管的阳极加上了高电平，这个数码管就可以显示数据。

位控制端口电路如图 8-26 所示，位控制：$D_i = 0$，相应位发光。

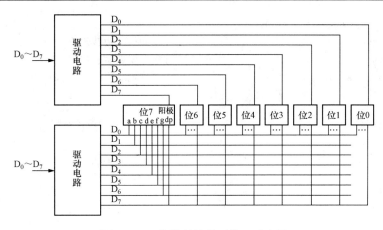

图 8-25　8 位数码管显示接口示意图

2）段控制端口作用。

（a）控制某个段显示，决定具体显示什么数码。

（b）段控制端口送出显示代码到数码管相应段。

（c）此端口由 8 个数码管共用。

段控制端口电路如图 8-27 所示，段控制：$D_i=0$，相应段发光。

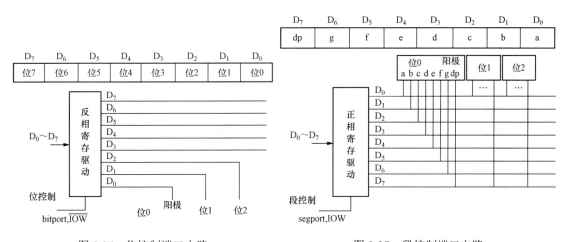

图 8-26　位控制端口电路　　　　　　　图 8-27　段控制端口电路

数据缓冲区

```
LEDdt   db  8 dup（0）          ;数码缓冲区
        …                       ;主程序
        mov si,offset LEDdt
        call LEDdisp             ;调用显示子程序
```

获取显示代码

```
LEDdisp proc
        push ax
        push bx
        push dx
```

```
        mov bx,offset LEDtb
        mov ah,0feh                        ;指向最左边数码管
LED1: lodsb                                ;取出要显示的数字
        xlat cs:LEDtb                      ;得到显示代码 AL←CS:[BX＋AL]
```

数码显示

```
        mov dx,segport                     ;segport 为段控制端口
        out dx,al                          ;送出段码
        mov al,ah                          ;取出位显示代码
        mov dx,bitport                     ;bitport 为位控制端口
        out dx,al                          ;送出位码
        call delay                         ;实现数码管延时显示
```

显示下位数码

```
        rol ah,1                           ;指向下一个数码管
        cmp ah,0feh                        ;最右边的数码管吗
        jnz LED1                           ;显示下一个数字
        mov al,0ffh
        mov dx,bitport
        out dx,al                          ;8 个数码管显示完毕后，关闭显示器
        pop dx
        pop bx
        pop ax
        ret                                ;8 位数码管都显示
LEDtb   db  0c0h,0f9h, …
LEDdisp  endp
```

软件延时

```
timer = 10                                 ;延时常量
delay proc
        push bx
        push cx
        mov bx,timer                       ;外循环:timer 确定的次数
delay1:xor cx,cx
delay2:loop delay2                         ;内循环:216 次循环
        dec bx
        jnz delay1
        pop cx
        pop bx
        ret
delay  endp
```

【例8-9】　8255A 与键盘和 LED 连接电路如图 8-28 所示。设 8255A 的端口地址为 344H～347H。由 16 个按键组成 4×4 矩阵式键盘，编写程序读取按键（定义键值为 0～F），将键值写入输出口，在数码管上显示，以观察输入的键位。

程序流程图如图 8-29 所示。

相应程序如下：

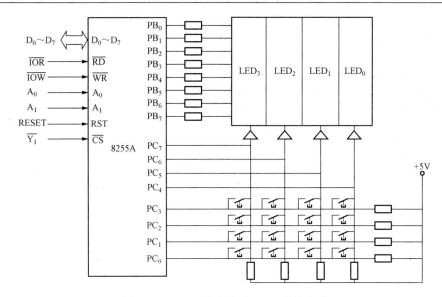

图 8-28 8255A 与键盘和 LED 连接电路

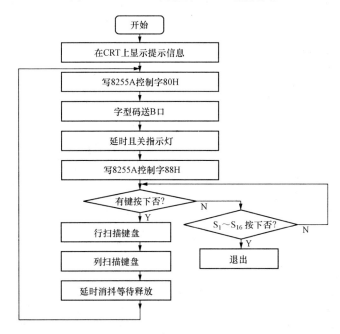

图 8-29 程序流程图

```
DATA  SEGMENT
      disc  DB  0BBH, 0A0H, 097H, 0B5H, 0ACH, 3DH
            DB  3FH, 0A1H, 0BFH, 0BDH, 0AFH, 3EH, 0B6H
            DB  1FH, 0FH                          ;0~f 显示段码表
      DISO  DB  ' Press any of the keys to quit !'. 24H ;提示信息
      DQQ   DB  0
DATA  Ends
CODE  SEGMENT
MAIN  PROC  FAR
          ASSUME   CS:CODE   DS:DATA
```

```
START:  MOV AL, 3                    ; 清屏幕
        MOV AH, 0
        INT 10H
        MOV AX, DATA                 ;显示提示信息
        MOV DS, AX
        MOV AH, 2                    ;光标定位
        MOV BH, 0
        MOV DX, 0614H
        INT 10H
        MOV DX, OFFSET DISO          ;显示："Press……"
QWE:    MOV DX, 347H                 ;8255A 控制寄存器初始化
        MOV AL, 80H                  ;B、C 口设为输出
        OUT DX, AL
        MOV DX, 345H                 ;345H 为 8255A 的 B 口地址
        MOV BL, DQQ
        MOV BH, 0
        MOV DI, BX
        MOV AL, [DI]                 ;取'0～F'显示字形码
        OUT DX, AL                   ;将显示字形码送 B 口
        MOV DX, 346H                 ;8255A  C 口地址
        MOV AL, 0E0H
        OUT DX, AL
        MOV BX, DLYC1
LP0:    MOV CX, DLYC2                ;延时
LP1:    LOOP LP1
        DEC BX
        JNZ LP0
KS:     MOV DX, 350H                 ;指示灯显示
        MOV AL, DQQ                  ;按下键的二进制值
        OUT DX, AL
        MOV DX, 347H                 ;8255A 初始化,写控制字 88H
        MOV AL, 88H                  ;PC_0～PC_3 为输出, PC_4～PC_7 为输入
        OUT DX, AL                   ;B 口输出, 方式 0, A 口输出
KSLP:   MOV DX, 346H                 ; 读键盘
        IN AL, DX
        AND AL, 0F0H
        CMP AL, 0F0H
        JNE KP                       ;有键按下,转处理判别
        MOV DX, 350H                 ;若键未按,查 S_1～S_16 键是否退出
        IN AL, DX
        AND AL, 0F0H
        CMP AL, 0F0H
        JNE KPR                      ;S_1～S_16 任一键按下,则转 KPR 退出
        JMP KSLP
KP:     MOV CX, 0F000H               ;扫描键盘
KP0:    LOOP KP0                     ;消抖延时
        MOV DX, 346H
        IN AL, DX
        AND AL, 0F0H
        CMP AL, 0F0H
        JE KSLP                      ;消抖后无键按下,则转回,视作干扰
```

```
        MOV CX, 0004H              ;扫描 4 行
        MOV DX, 346H
        MOV BX, 0F700H            ;BH 扫描输出行码,先扫第 0 行(PC₃=0),BL 键值
KP1:    MOV AL, BH                ;行扫描
        OUT DX, AL
        IN AL, DX
        AND AL, 0F0H
        CMP AL, 0F0H
        JNE KP2                    ;是这一行的键按下,转出判断列
        ADD BL, 04H               ;键值加 4
        ROR BH, 1                 ;准备扫描下一行
        LOOP KP1
        JMP QWE                    ;4 行扫完未找到,转显示
KP2:    MOV CX, 0004H             ;扫描 4 列
KP3:    ROL AL, 1                 ;列扫描
        TEST AL, 01
        JZ KP4                     ;AL=0,即是此列,转出
        INC BL                     ;键值加 1
        LOOP KP3
KP4:    MOV DQQ, BL               ;键盘送显示缓存
KS5:    MOV DX, 346H             ;等待键释放
        IN AL, DX
        AND AL, 0F0H
        CMP AL, 0F0H
        JNE KS5                    ;仍按下,继续等待
        MOV CX, 0F000H
KP6:    LOOP KP6                  ;消抖延时
        MOV DX, 346H
        IN AL, DX
        AND AL, 0F0H
        CMP AL, 0F0H
        JNE KS5
        JMP QWE                    ;键处理结束
KPR:    MOV AL, 0                 ;退出
        MOV DX, 0350H            ;关所有的 LED 灯
        OUT DX, AL
        MOV AX, 4C00H
        INT 21H
Main ENDP
        CODE  ENDS
        END  START
```

习 题 与 思 考 题

8-1　接口芯片的读写信号应与系统的哪些信号相连?

8-2　在输入过程和输出过程中,并行接口分别起什么作用?

8-3　试比较并行通信和串行通信的特点。

8-4　8255 内部有几个连续的端口? A0、A1 的作用是什么?

8-5　8255 的哪些信号与系统端相连，哪些信号与外设相连？

8-6　8255 的 A、B、C 三个端口在使用时有什么差别？

8-7　8255 有哪几种基本工作方式？对这些工作方式有什么规定？

8-8　8255 各端口分别可以工作在哪几种方式下？

8-9　8255 的方式 0 一般使用在什么场合？在方式 0 时，如果使用应答信号进行联络，应该怎么办？

8-10　8255 在方式 0 时，若进行读操作，CPU 和 8255 分别要发什么信号？对这些信号有什么要求？试画出方式 0 的输入时序。

8-11　8255 在方式 0 时，若进行写操作，CPU 和 8255 分别要发什么信号？对这些信号有什么要求？试画出这些信号之间的时序关系。

8-12　8255 的方式 1 有什么特点？用控制字设定端口 A 工作于方式 1，并作为输入口；端口 B 工作于方式 1，并作为输出口。说明各个控制信号与时序的关系。

8-13　当端口 A 工作在方式 2 时，端口 B 和端口 C 工作于什么方式下？

8-14　8255 的工作方式 2 使用在什么场合？说明端口 A 工作于方式 2 时各信号之间的时序关系。

8-15　在对 8255 的 C 端口进行初始化为按位置位或复位时，写入的端口地址应是什么地址？

8-16　8255 的方式选择控制字和按位操作控制字都是写入控制端口的，那么它们又是由什么来区别的？

8-17　某 8255 芯片的地址范围为 A380H～A383H，工作于方式 0，A、B 口为输出口，现欲将 PC_4 置 0、PC_7 置 1，试编写初始化程序。

8-18　设 8255 的 4 个端口地址为 0060H～0063H，试编写下列各种情况下的初始化程序。

（1）将 A 组和 B 组设置成方式 0，A、B 口为输入，C 口为输出。

（2）将 A 组工作方式设置为方式 2，B 组为方式 1，B 口为输出。

（3）将 A、B 口均设置成方式 1，均为输入，PC_6 和 PC_1 为输出。

（4）A 口工作在方式 1，输入；B 口工作在方式 0，输出；C 口高 4 位配合 A 口工作，低 4 位为输入。

8-19　设 8255 的接口地址范围为 03F8H～03FBH，A、B 组均工作于方式 0，A 口作为数据输出口，C 口低 4 位作为控制信号输入口，其他端口未使用。试画出该片 8255 与系统的电路连接图，并编写初始化程序。

8-20　现有 4 种简单外设：一组 8 位开关、一组 8 位 LED 指示灯、一个按钮开关、一个蜂鸣器。要求：

（1）用 8255 作为接口芯片，将这些外设构成一个简单的微机应用系统，画出接口连接图。

（2）编写 3 种驱动程序，每个程序必须包括至少有两种外设共同作用的操作，给出程序清单。

第9章 串行通信接口技术

计算机与计算机之间或计算机与外部设备之间的信息交换称为通信。计算机的通信有并行通信和串行通信两种基本方式，其中串行通信的数据采用逐位顺序传送。由于串行通信具有传输线少、成本低、适于远距离数据传输等优点，因此其应用非常广泛。本章将讲述计算机上的串行通信基本原理和 INTEL 8250 接口电路，并简单介绍目前流行的 USB 和 IEEE-1394 接口。本章的重点是串行通信基本概念、8250 对外信号以及连接关系、8250 的初始化编程及其应用。本章的难点是 8250 的编程，特别是采用中断方式时的编程。

9.1 串行通信基本原理

串行通信是指两个功能模块只通过一条或两条数据线进行数据交换。发送方将数据分解为二进制位，一位接一位地顺序通过单条数据线发送，接收方则一位一位地从单条数据线上接收，并将其重新组装成一个数据。串行通信数据线路少，造价低，适合于远距离传送。但由于数据是一位一位传送的，故传输速度较慢。串行通信额外的优势就是节省空间，适用于在寸土似金的便携机内部，如 RS-232 总线、USB 总线和 IEEE-1394 总线等。

发送方与接收方对于同一根线上一连串的数字信号，首先要分割成位，再按位组成字符，为了还原发送的信息，双方必须协调工作。这种协调方法，从原理上可分成两种：同步串行通信和异步串行通信。

9.1.1 两种通信方式

一、异步通信方式（ASYNC，ASYNchronous data Communication）

异步通信是指通信中两个字符之间的时间间隔是不固定的，而在一个字符内各位的时间间隔是固定的。异步通信时 CPU 与外设必须统一字符格式和波特率。

（1）字符格式。图 9-1 给出了异步串行通信中一个字符的传送格式。异步通信规定字符由起始位（start bit）、数据位（data bit）、奇偶校验位（parity bit）和停止位（stop bit）组成。起始位表示一个字符的开始，接收方可用起始位使自己的接收时钟与数据同步；停止位则表示一个字符的结束。这种用起始位开始、停止位结束所构成的一串信息称为帧（frame）。在传送一个字符时，由一位低电平的"0"起始位开始，接着传送数据位，数据位的位数为5～8 位。在传送时，按低位在前、高位在后的顺序传送。奇偶校验位（可略）用于检验数据传送的正确性，可由程序指定。最后传送的是高电平的"1"停止位，停止位可以是1、1.5 位

图 9-1　异步串行通信字符格式

或 2 位。停止位结束到下一个字符的起始位之间的空闲位要由高电平"1"来填充（只要不发送下一个字符，线路上就始终为空闲位）。

从以上叙述可以看出，在异步通信中，每接收一个字符，接收方都要重新与发送方同步一次，所以接收端的同步时钟信号并不需要严格地与发送方同步，只要它们在一个字符的传输时间范围内能保持同步即可。这也表示异步通信对时钟信号漂移的要求要比同步通信低得多。但是异步通信每传送一个字符，要增加大约 20%的附加信息位，所以传送效率比较低。

（2）波特率。波特率是指单位时间内传送二进制数据的位数，以位/秒为单位，所以有时也叫数据位率，它是衡量串行数据传送速度快慢的重要指标和参数。若某串行设备的波特率为 9600，也就意味着它的传输速度为 9600 位/秒。

二、同步通信方式（SYNC，SYNchronous data Communication）

同步通信是在约定的通信速率下，发送端和接收端的时钟信号频率和相位始终保持一致，保证了通信双方在发送和接收数据时具有完全一致的定时关系。同步通信把许多字符组成一个信息组，或称为信息帧，每帧的开始用同步字符来指示。由于发送和接收的双方采用同一时钟，因此在传送数据的同时还要传送时钟信号，以便接收方可以用时钟信号来确定每个信息位。同步传送的速度高于异步，一般可达到兆波特以上。

同步通信方式按控制规程可分为两类：面向字符型（Character-Oriented）和面向位型（Bit-Oriented）。

（1）面向字符型的数据格式。面向字符型的控制规程的特点是规定一些字符作为传输控制用，信息长度为 8 的整数倍位，传输速率为 200～4800 位/秒。面向字符型的数据格式又有单同步、双同步和外同步之分，如图 9-2 所示。

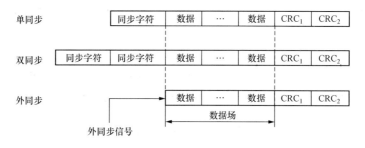

图 9-2　面向字符型的同步通信数据格式

单、双同步是指在传送数据块之前先传送一个或两个同步字符 SYNC，接收端检测到该同步字符后开始接收数据。外同步格式中数据之前不含同步字符，而是用一条专用控制线来传送同步字符，以实现收发双方的同步操作，任何一帧信息都以两个字节的循环冗余校验码 CRC 为结束。

（2）面向位型的数据格式。面向位型控制规程的概念是由 IBM 公司在 1969 年提出的。它的特点是没有采用传输控制字符，而是采用某些特定位组合作为控制用，其信息长度可变，传输速率在 2400 波特以上。这一类型中最有代表性的规程是 IBM 的同步数据链路控制规程（SDLC，Synchronous Data Link Control）和国际标准化组织（ISO，International Standards Organization）的高级数据链路控制规程（HDLC，High Level Data Link Control）。

SDLC/HDLC 规程规定，所有信息传输必须以一个标志字符开始，且以同一个字符结束，这个标志字符为 01111110。从开始标志到结束标志之间构成一个完整的信息单位，称为一帧。在 SDLC/HDLC 方式中，所有的信息都是以帧的形式传输的。SDLC/HDLC 的帧格式如图 9-3 所示。

起始标志 （F）	地址场	控制场	信息场	帧校验序列场	结束标志 （F）
01111110	A	C	I	FCS	01111110

图 9-3 SDLC/HDLC 的帧格式

这里要特别强调一下"0"位插入/删除技术。SDLC/HDLC 规程规定了以 01111110 为帧的标志字节，但在信息场中也完全有可能有同一种格式的字符在传递，比如"~"的 ASCII 码就是 01111110（7EH），为了把它与标志字符区分开来，所以采取了"0"位插入/删除技术。发送方在发送标志字符外的所有信息时，只要遇到连续 5 个"1"，就自动插入一个"0"。当然，当接收方在接收数据时（除去标志场），如果连续接收到 5 个"1"，就自动将其后的一个"0"删除，以恢复信息的原有形式。

由于同步通信技术较为复杂，在本章后续部分不再予以讨论，相关内容可查阅其他参考资料。

9.1.2 串行通信的数据传送方式

一、单工、半双工和全双工方式

在串行通信中，数据在通信线路上的传送方式有 3 种：单工方式、半双工方式和全双工方式。

（1）单工（Simplex）方式。单工方式只允许数据按一个固定的方向传送，如图 9-4（a）所示。

（2）半双工（Half-Duplex）方式。半双工方式如图 9-4（b）所示，A、B 之间只有一根传输线，信号只能分时在两个方向传输。

（3）全双工（Full-Duplex）方式。全双工方式如图 9-4（c）所示，A、B 双方既是发送器，又是接收器，且由于相互间有两根信号传输线，故 A、B 双方可以同时发送或接收数据。

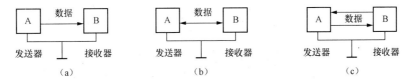

图 9-4 数据传送的 3 种方式
（a）单工方式；（b）半双工方式；（c）全双工方式

二、信号的调制和解调

计算机通信时发送/接收的信息均是数字信号，其占用的频带很宽，约为几兆赫兹甚至更高；但传统电话线路频带很窄，大约仅有 4kHz，仅适用于模拟信号的传递。若用传统电话线路直接传送数字信号，必然会造成信号的严重畸变，大大降低了通信的可靠性，如图 9-5 所示。因此，在长距离通信时，为了确保数据的正常传送，一般

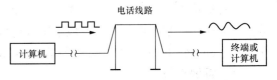

图 9-5 电话线频带的影响示意图

都要在传送前把信号转换成适合于传送的形式，传送到目的地后再恢复成原始信号。这个转换工作可利用调制解调器（modem）来实现，调制与解调的原理示意图如图9-6所示。

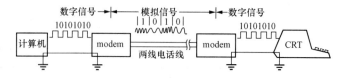

图9-6　调制与解调的原理示意图

在发送站，调制解调器把"1"和"0"的数字脉冲信号调制在载波信号上，承载了数字信息的载波信号在普通电话网络系统中传送；在目的站，调制解调器把承载了数字信息的载波信号再恢复成原来的"1"和"0"数字脉冲信号。

信号的调制方法主要有3种：调频、调幅和调相。当调制信号为数字信号时，这3种调制方法又分别称为频移键控法（Frequency Shift Keying，FSK）、幅移键控法（Amplitude Shift Keying，ASK）和相移键控法（Phase Shift Keying，PSK）。这3种调制方式的原理示意图如图9-7所示，其中，FSK就是把数字信号的"1"和"0"调制成不同频率的模拟信号（例如用1200Hz的信号表示"0"，用2400Hz的信号表示"1"），接收方根据载波信号的频率就可知道传输的信息是"1"还是"0"，即音频模拟信号$A\sin(\omega t+\varphi)$的频率ω；ASK就是把数字信号的"1"和"0"调制成不同幅度的模拟信号，但频率保持不变（例如载波信号的幅度大于3V时表示"1"，载波信号的幅度小于3V时表示"0"），即音频模拟信号$A\sin(\omega t+\varphi)$的振幅A；PSK就是把数字信号的"1"和"0"调制成不同相位的模拟信号，但频率和幅度均保持不变（例如载波信号的相位为0°时表示"0"，载波信号的相位为180°时表示"1"），即音频模拟信号$A\sin(\omega t+\varphi)$的初相位φ。

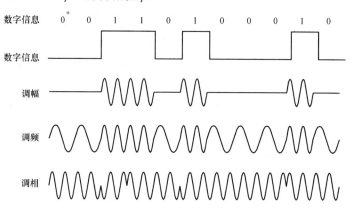

图9-7　3种调制方式的原理示意图

9.1.3　串行通信的校验方法

串行通信主要适用于远距离通信，因而噪声和干扰较大，为了保证高效而无差错地传送数据，对传送的数据进行校验就成了串行通信中必不可少的重要环节。常用的校验方法有奇偶校验（Parity Check）、循环冗余校验（Cyclic Redundancy Check，CRC）。

一、奇偶校验

奇偶校验方法主要用于对一个字符的传送过程进行校验。在发送时，在每一个字符的最高位之后（发送总是最低有效位 D0 先发送）都附加一个奇偶校验位，使所发送的任何字符中的"1"的个数始终为奇数则称为奇校验，若为偶数则称为偶校验。接收时，检查所接收的字符连同这个奇偶校验位，其为"1"的个数是否符合约定。

根据国际电报电话咨询委员会 CCITT 的建议：在异步操作中使用偶校验，而在同步操作中使用奇校验。奇偶校验位的产生和检验，可用软件或硬件的方法实现。

二、循环冗余校验 CRC

这是另一种常用的校验方法，它是对一个数据块进行校验，主要用于同步方式或 SDLC 方式。

一个二进制序列是由若干个"0"或"1"组成的。一个 8 位二进制数（$B_7B_6B_5B_4B_3B_2B_1B_0$）可以用一个 7 次二进制码多项式 $B_7X^7+B_6X^6+B_5X^5+B_4X^4+B_3X^3+B_2X^2+B_1X^1+B_0X^0$ 表示。例如，11000001 可表示为

$$B（X）=1X^7+1X^6+0X^5+0X^4+0X^3+0X^2+0X^1+1X^0=X^7+X^6+1$$

二进制多项式的乘除法与普通代数的多项式的乘除法相同。二进制多项式的加减法就是将对应项的系数按模 2 运算，即串加不进位。按照模 2 运算二进制多项式的加法和减法，其结果是一样的，即两个二进制多项式相减等于两个二进制多项式相加。

可以在一个信息长度为 K 位的二进制序列后附加上 $r=n-K$ 位校验位组成一个总长度为 n 位的循环码，如图 9-8 所示。

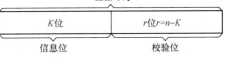

图 9-8 n 位循环码格式

每个循环码都有它自己的生成多项式 $G（X）$，循环码中的每一位都可由这个生成多项式生成。如果原来的信息码多项式用 $B（X）$ 表示，那么附加 r 位校验码后，$B（X）$ 提高了 X^r 阶，成为 $X^rB（X）$，$X^rB（X）$ 被生成多项式 $G（X）$ 除，则有

$$\frac{X^rB(X)}{G(X)}=Q(X)+\frac{R(X)}{G(X)}，\quad X^rB（X）=Q（X）G（X）+R（X）$$

因而

$$X^rB（X）-R（X）=Q（X）G（X）$$

如前所述多项式相减的结果与相加一样，则

$$X^rB（X）+R（X）=Q（X）G（X）$$

这说明信息码多项式 $B（X）$ 和余数多项式 $R（X）$ 可以合成一个新的多项式 $V（X）$，则这个多项式是生成多项式 $G（X）$ 的整数倍，能够被 $G（X）$ 除尽。而信息位和校验位是分开的，附加一个余数多项式 $R（X）$ 不会破坏信息码多项式 $B（X）$。整个循环码多项式 $V（X）=X^rB（X）+R（X）$ 中，高次多项式 $X^rB（X）$ 的系数仍是原信息码，而低次多项式就是余数多项式 $R（X）$，它的各项系数作为校验码，就是 CRC 校验码。所以 CRC 循环冗余校验码就是附加到信息位（数据位）之后，并且等于余数多项式 $R（X）$ 系数的附加字节。

同步串行通信中，通常采用两种生成多项式：

（1）CRC-16：$X^{16}+X^{15}+X^2+1$。

（2）CCITT：$X^{16}+X^{12}+X^5+1$。

在 SDLC 通信中，采用后一种多项式，所以此多项式又称为 SDLC 多项式。

显然发送方和接收方必须选用同一个生成多项式。发送方在发送信息位的同时，用信息

位除以生成多项式。在信息发送完之后，紧接着发送计算所得的余数，即 CRC 校验码。接收方在接收信息位，当信息位接收完之后，接着接收 CRC 校验码。用接收的信息位和 CRC 校验码除以同一个生成多项式，余数应为 0。如果结果不为 0，则传送出错。

9.1.4　异步串行通信的标准接口—RS-232C 接口

EIA RS-232C 是异步串行通信中应用最广的标准总线，它包括了按位串行传输的电气和机械方面的规定，适用于数据终端设备（DTE）和数据通信设备（DCE）之间的接口。一个完整的 RS-232C 接口有 22 根线，采用标准的 25 芯插头座。RS-232C 的信号引脚说明见表 9-1。其中 15 根引线（表中打*者）组成主信道通信，其他则为未定义和供辅信道使用的引线。辅信道也是一个串行通道，但其速率比主信道低得多，一般不使用。如果要使用的话，主要是传送通信线路两端所接的调制解调器的控制信号。

表 9-1　　　　　　　　　　　　　　　RS-232C 的信号引脚说明

引脚号	说　明	引脚号	说　明
1*	保护地	14	发送数据（辅信道）
2*	发送数据	15*	发送信号无定时（DCE 源）
3*	接收数据	16	接收数据（辅信道）
4*	请求发送（RTS）	17	接收信号无定时（DCE 源）
5*	允许发送（CTS，或清除发送）	18	未定义
6*	数传机（DCE）准备好	19	请求发送（RTS 辅信道）
7*	信号地	20*	数据终端准备好（DTR）
8*	接收线信号检测	21*	信号质量检测
9*	保留供数传机测试	22*	振铃指示
10	保留供数传机测试	23*	数据信号速率选择
11	未定义	24*	发送信号无定时（DTE 源）
12	接收信号检测（辅信道）	25	未定义
13	允许发送（CTS 辅信道）		

由于 RS-232C 是早期为促进公用电话网络进行数据通信而制定的标准，其逻辑电平对地是对称的，与 TTL、CMOS 逻辑电平不同。RS-232C 逻辑 0 电平规定为 +5～+15V 之间，逻辑 1 电平为 −15～−5V 之间。因此 RS-232C 驱动器与 TTL 电平连接必须经过电平转换。现在已有仅用 +5V 供电的电平转换芯片，即 MAX232 和 MAX232A（高速）双组 RS-232 发送器和接收器，其引脚电路图如图 9-9 所示。

RS-232C 由于发送器和接收器之间具有公共信号地，不可能使用双端信号，因此，共模噪声会耦合到信号系统中。这是迫使 RS-232C 使用较高传输电压的主要原因，即便如此，该标准的信号传输速率也只能达到 20Kbit/s，而且最大距离仅为 15m，只有在这种条件下才能可靠地进行数据传输。

图 9-10 为 RS-232C 的引脚连线，其中图 9-10（a）是计算机使用 MODEM 通过电话线的数据通信线路；图 9-10（b）是不使用 MODEM 来实现直接通信。这时有几根线必须实现交换连接。RS-232C 的简单连线法如图 9-11 所示，它仅需要 3 根线即可实现计算机与终端之间的数据传递。

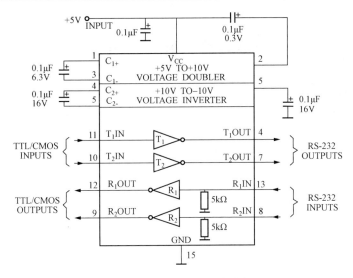

图 9-9　MAX232 引脚电路图

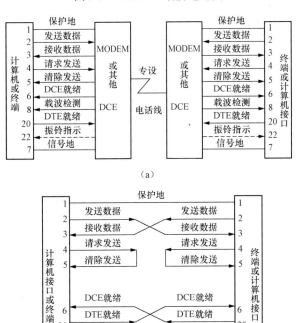

图 9-10　RS-232C 引脚连线

（a）使用 MODEM；（b）不使用 MODEM

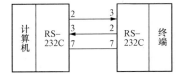

图 9-11　RS-232C 的简单连线法

9.2 可编程异步通信接口 INS8250

9.2.1 INS8250 的引脚

INS8250 与 INS8251 是计算机硬件教程中常用的串行通信芯片。INS8251 是 USART（串行通用同步/异步收发器），而 INS8250 是 UART（串行通用异步收发器）。本书以 INS8250 为例介绍计算机中的串行通信。

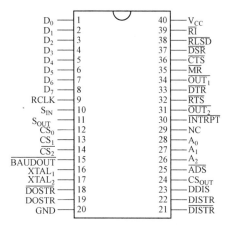

图 9-12　INS8250 引脚图

INS8250 的引脚图如图 9-12 所示，除电源线 V_{CC}（+5V）和地线（GND）外，INS8250 的引脚信号可以分成系统和外部通信设备两方面的信号。

一、系统的引脚信号

（1）$D_7 \sim D_0$：双向三态数据线，可直接连到系统数据总线。

（2）CS_0、CS_1、$\overline{CS_2}$：片选信号输入。当 $CS_0=CS_1=1$ 且 $\overline{CS_2}=0$ 时选中此片，即 3 个片选条件是相"与"关系，一般由高位地址译码，再加进必要的 I/O 控制信号产生。在 PC/XT 机中，只用到 $\overline{CS_2}$，而 CS_0 和 CS_1 都经过电阻接+5V。

（3）CS_{OUT}：片选输出。当 3 个片选输入同时有效时，$CS_{OUT}=1$，作为选中此片的指示，在 PC/XT 机中未用。

（4）$A_2 \sim A_0$：地址信号输入，参加 INS8250 内部译码，一般接系统地址总线 $A_2 \sim A_0$。

（5）$\overline{ADS}$：地址选通信号输入。当 $\overline{ADS}=0$ 时，选通上述片选和地址输入信号；当 $\overline{ADS}=1$ 时，INS8250 锁存以上信号，以保证内部稳定译码。在 PC/XT 机中，此信号固定接地。

（6）DISTR 和 $\overline{DISTR}$：数据输入选通信号，二者作用相同，但有效极性相反。在芯片选中时，或者 DISTR=1，或者 $\overline{DISTR}=0$，系统对芯片进行读操作。

（7）DOSTR 和 $\overline{DOSTR}$ 与上面类似，当二者之一有效时，系统数据写入本片。

在 PC/XT 机中 $\overline{DISTR}$ 接 $\overline{IOR}$，$\overline{DOSTR}$ 接 $\overline{IOW}$，而 DISTR 和 DOSTR 都接地未用。

（8）DDIS：驱动器禁止信号输出，高电平有效。当系统读 INS8250 时，DDIS=0（解除禁止），其他时间始终为高电平（禁止驱动）。因此若芯片向系统传送数据的通道上有三态驱动器，可用此信号来作其控制信号，平时禁止 INS8250 干扰系统数据总线。PC/XT 机中将此信号悬空未用。

（9）MR：主复位信号输入，高电平有效。一般接系统复位信号 RESET，用以复位芯片内部寄存器及有关信号，见表 9-2。表中未列出的数据发送寄存器、数据接收寄存器及除数寄存器不受复位信号影响。

（10）INTRPT：中断请求信号输出，高电位有效。INS8250 内部的中断控制电路在条件满足时对系统发出中断请求。在 PC/XT 机中，INIRPT 输出后还要经过 $\overline{OUT_2}$ 信号控制，只有 $\overline{OUT_2}=0$ 时，才能最终对系统形成中断请求。

表 9-2	INS8250 内部寄存器的复位	
寄存器或信号	复位控制	复位结果
中断允许寄存器	MR	$D_7 \sim D_0$ 全为零
中断识别寄存器	MR	$D_0=1$，其余全为零
线路控制寄存器	MR	全为零
线路状态寄存器	MR	$D_5=D_6=0$，其余全为 1
MODEM 控制寄存器	MR	全为零
MODEM 状态寄存器	MR	$D_3 \sim D_0$ 为零，其余取决于输入
中断识别寄存器 $D_2 \sim D_0$ 为 110	MR 或读线路状态寄存器	$D_0=1$，其余全为零
中断识别寄存器 $D_2 \sim D_0$ 为 100	MR 或读接收寄存器	
中断识别寄存器 $D_2 \sim D_0$ 为 010	MR、写发送寄存器或读中断识别寄存器	
中断识别寄存器 $D_2 \sim D_0$ 为 000	MR 或读 MODEM 状态寄存器	
信号 S_{OUT}、$\overline{OUT_1}$、$\overline{OUT_2}$、RTS、$\overline{DTR}$	MR	全为 1

二、外部通信设备的引脚信号

（1）S_{OUT}：串行数据输出。系统写入的数据以字符为单位，添加起始位、奇偶位及停止位等，按一定的波特率逐位由此送出。

（2）S_{IN}：串行数据输入。接收的串行数据从此进入 INS8250。

以上两个数据信号分别和 RS-232C 标准中的 TXD 及 RXD 对应。由于计算机内部使用正逻辑而 RS-232C 使用负逻辑，故中间添加了反相驱动器。

（3）$\overline{RTS}$ 和 $\overline{CTS}$：请求发送和清除发送，是一对低电平有效的握手信号，与 RS-232C 中的 RTS 和 CTS 对应。当 INS8250 准备好发送时，输出 $\overline{RTS}$ 信号，对方的设备收到信号后，若允许发送，则回答一个低电平信号作为 $\overline{CTS}$ 输入，于是握手成功，传送可以开始。

（4）$\overline{DTR}$ 和 $\overline{DSR}$：数据终端准备好和数据装置准备好，也是一对低电平有效的握手信号，工作过程与前述类似。

（5）$\overline{RLSD}$：接收线路信号检测输入，低电平有效，与 RS-232C 的 DCE 信号对应，从通信线路上检测到数据信号时有效，指示应开始接收。

（6）$\overline{RI}$：振铃信号输入，低电平有效，与 RS-232C 中 RI 同义。

在 PC/XT 机中，以上 6 个联络信号全部引至 RS-232C 接口。

（7）$\overline{OUT_1}$ 和 $\overline{OUT_2}$：芯片内部调制控制寄存器的 D_2D_3 两位的输出信号，用户可以编程置位或复位，以灵活地适应外部的控制要求。在 PC/XT 机中，$\overline{OUT_2}$ 用以控制 INS8250 的中断请求 INTRPT 信号。

（8）$XTAL_1$ 和 $XTAL_2$：时钟输入信号和时钟输出信号。也可以在两端间接一个石英晶体振荡器，在芯片内部产生时钟。此时钟信号是 INS8250 传输速率的时钟基准，其频率除以除数寄存器的值（分频）后得到发送数据的工作时钟。PC/XT 机用外部时钟 1.8432MHz 方波输入 $XTAL_1$。

（9）$\overline{BAUDOUT}$：波特率输出信号，即上述发送数据的工作时钟，其频率是发送波特率的 16 倍。因此在 PC/XT 机中，有

发送波特率=1.8432MHz/除数寄存器值/16

（10）RCLK：接收时钟输入，要求其频率为接收波特率的 16 倍。通常将其与 BAUDOUT 信号短接，使接收和发送的波特率相等。

9.2.2 INS8250 的结构

INS8250 的功能结构图如图 9-13 所示。除与系统相连的数据缓冲、地址选择及控制信号外，INS8250 还可分成 5 个功能模块，每模块内又包含 2 个寄存器，共 10 个寄存器。但芯片只引入 3 根地址线，在内部至多产生 8 个地址。因此将两个除数寄存器和其他寄存器共用地址，在寻址除数寄存器时先设立特征，即使线路控制寄存器的最高位 DLAB=1。当 DLAB=0 时，寻址除数寄存器以外的寄存器。INS8250 内部寄存器的详细寻址情况见表 9-3。表中还列出 PC/XT 机中 1 号异步串行通信口 COM$_1$ 所用 INS8250 各寄存器的物理地址。若将表中 3F8H～3FFH 改成 2F8H～2FFH，即是 2 号异步串行通信口 COM$_2$ 的地址表。

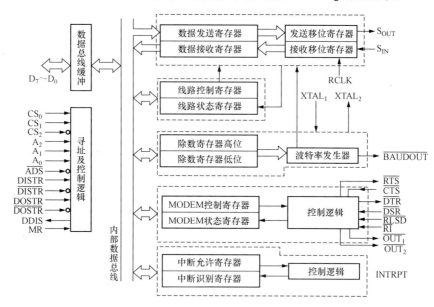

图 9-13　INS8250 的功能结构图

表 9-3　　　　　　　　　　　**INS8250 内部寄存器的详细寻址情况**

地址信号 $A_2A_1A_0$	标志位 DLAB	COM$_1$ 的地址	寄　存　器
000	0	3F8H	写发送寄存器/读接收寄存器
000	1	3F8H	除数寄存器低字节
001	1	3F9H	除数寄存器高字节
001	0	3F9H	中断允许
010	×	3FAH	中断识别
011	×	3FBH	线路控制
100	×	3FCH	MODEM 控制
101	×	3FDH	线路状态
110	×	3FEH	MODEM 状态
111	×	3FFH	不用

9.2.2.1　数据发送和接收部分

一、数据发送

数据发送部分包括数据发送寄存器和发送移位寄存器。

输出数据以字符为单位首先送到数据发送寄存器中，再进入发送移位寄存器，以上过程都是并行方式传送的。在发送移位寄存器中，按照事先和接收方约定的字符传输格式，加上起始位、奇偶校检位和停止位，然后再以约定的波特率（由波特率控制部分产生）先低位后高位地由 S_{OUT} 端串行移位送出。数据发送寄存器在将数据传给发送移位寄存器后（即发送寄存器空），CPU 即可对它写入下一个字符，而发送移位寄存器完全送出第一个字符各位（即发送移位寄存器空）后，又立即接收第二个字符，开始第二个字符的发送。"发送寄存器空"和"发送移位寄存器空"状态，使 CPU 可以用查询或中断方式访问，继续输出后续字符。

二、数据接收

数据接收部分包括接收移位寄存器和数据接收寄存器。

串行数据从 S_{IN} 端逐位进入接收移位寄存器。接收数据时，首先搜寻起始位，然后才读入数据位，这个过程如图 9-14 所示。

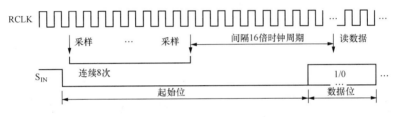

图 9-14　异步串行接收数据过程

接收电路始终用接收时钟 RCLK 选通采样串行输入的状态，每 16 个 RCLK 脉冲对应一个数据位。在检测到由 "1" 到 "0" 的变化时，若连续采样 8 次，S_{IN} 都保持为 "0"，则认定是数据起始位；否则认为是干扰信号，将重新采样。以后再每隔 16 个 RCLK 周期读取一次数据位（正好在每个数据位的中间点），读至停止位，一个字符接收完毕，周而复始地开始搜寻后续字符的起始位。这样的安排除了可以减少误判起始信号以外，还允许发送时钟和接收时钟的频率有一定误差，每个字符单独起始又避免了时钟误差的积累。

接收移位寄存器接收一个字符后，要进行格式检查，若不正确，则通过线路状态寄存器设置出错标志位；若格式正确，则将真正的数据位保留并传给数据接收寄存器，然后将线路状态寄存器中的"接收数据可用"位置"1"，CPU 可以通过查询或中断方式取走这个字符，清除"接收数据可用"位，以接收下一字符。显然，若接收的前一个字符在数据接收寄存器中尚未被 CPU 取走，后一个字符经接收移位寄存器接收完毕又要送至接收寄存器，就会丢失字符，这种情况称为"溢出错"。

9.2.2.2　线路控制及状态部分

一、通信线路控制寄存器

CPU 用 OUT 指令将一个 8 位的控制字写入通信线路控制寄存器，以决定通信中字符的格式。控制寄存器的内容也可以用 IN 指令读出，其各位的作用如图 9-15 所示。

（1）D_7 为访问除数寄存器的标记 DLAB。$D_7=1$ 时，执行的 I/O 指令应是访问波特率控制部分的除数寄存器；$D_7=0$ 时，即正常寻址，详细情况见表 9-3。

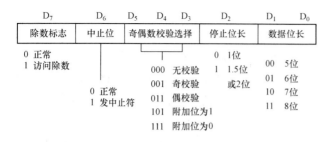

图 9-15　通信线路控制寄存器各位的作用

（2）$D_6=0$ 时，正常发送；$D_6=1$ 时，中止正常发送，串行输出端 S_{OUT} 保持为"0"。

（3）$D_5 \sim D_3$ 这 3 位规定了通信数据的奇偶校验规则。D_3 表示校验有或无，D_4 表示校验的奇偶性。D_5 的设置可以把发送方校验的奇偶性规定通过发送数据中的附加位去告诉接收方（即不必事先约定）。当 $D_5=1$ 时，在发送数据的奇偶校验位和停止位之间附加一个标志位，若采用偶校验则附加位为"0"，若采用奇校验则附加位为"1"。接收方收到数据后，只要将附加位分离出来，便可得知发送数据的奇偶校验规定。正常情况下，数据的奇偶性是事先约定的 $D_5=0$，也不附加标志位。图 9-15 中列出了这 3 位的几种常用组合。

（4）$D_2=0$ 时，表示只有一位停止位。$D_2=1$ 时，若数据位长为 5，则表示有一位半停止位；若数据位长为 6、7 或 8，则表示有两位停止位。

（5）$D_1 \sim D_0$ 规定了数据位的长度。

二、通信线路状态寄存器

CPU 读入通信线路状态寄存器，便可了解数据发送和接收的情况，如图 9-16 所示，其中 D_7 未用。

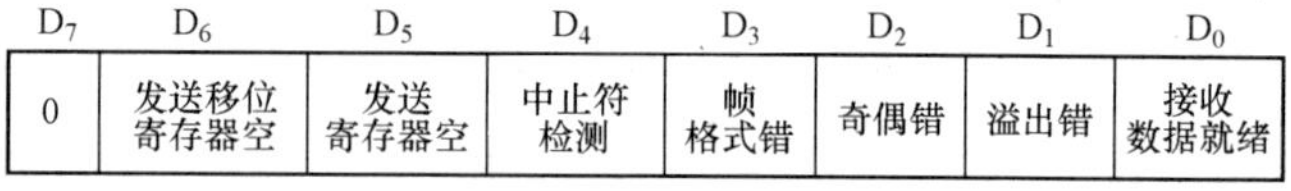

（1）$D_5=1$ 反映发送寄存器已将字符传送给移位寄存器，当发送移位寄存器将字符各位全部从 S_{OUT} 送出后，

D_7	D_6	D_5	D_4	D_3	D_2	D_1	D_0
0	发送移位寄存器空	发送寄存器空	中止符检测	帧格式错	奇偶错	溢出错	接收数据就绪

图 9-16　通信线路状态寄存器各位的作用

$D_6=1$。这两位不全为 1 时说明发送工作没有真正结束。

（2）其余位都反映接收数据的状态。当接收移位寄存器收全一个字符规定的位数时，使 $D_0=1$，设置"接收数据就绪"（也称"接收移位寄存器满"）状态标记。这个数据是否正确还要经过多方面检查，若发生错误，则将 $D_3 \sim D_1$ 相应位置"1"。若接收连续的"0"信号超过一个字符宽度时，认为对方已中止发送，则使 $D_4=1$。

（3）以上各位状态在 CPU 读线路状态寄存器后即被清零。除 D6 外其他位还可以被 CPU 写入，也可以产生中断请求。

9.2.2.3　波特率控制部分

这部分的可编程寄存器即除数寄存器，实际上是分频系数。外部输入时钟 $XTAL_1$ 的频率（PC/XT 系列中为 1.8432MHz）除以除数寄存器中的双字节数后，得到数据发送器的工作频率，再除以 16，才是真正的发送波特率，在 PC/XT 中也就是接收波特率。PC/XT 中波特率与除数的关系见表 9-4。

表 9-4　　　　　　　　　　　　　PC/XT 中波特率与除数的关系

波特率	除　　数		波特率	除　　数	
	高字节	低字节		高字节	低字节
50	09	00	1800	00	40
75	06	00	2000	00	3A

续表

波特率	除　数		波特率	除　数	
	高字节	低字节		高字节	低字节
110	04	17	2400	00	30
134.5	03	59	3600	00	20
150	03	00	4800	00	18
300	01	80	7200	00	10
600	00	C0	9600	00	0C
1200	00	60	19 200	00	06

9.2.2.4　MODEM 控制与状态

此模块实现通信过程中的联络功能，包括联络信号的生成及检测。

一、MODEM 控制寄存器

如图 9-17 所示，该寄存器的高 3 位未用。D_4 决定 INS8250 的工作方式：$D_4=0$，INS8250 正常工作：$D_4=1$，INS8250 处于自检状态，即其数据输入 S_{IN} 与外部断开，而在芯片内部与数据输出 S_{OUT} 接通，同时 4 个输入信号 $\overline{DSR}$、$\overline{CTS}$、$\overline{RLSD}$、$\overline{RI}$ 分别和 4 个输出信号 $\overline{DTR}$、$\overline{RTS}$、$\overline{OUT_1}$、$\overline{OUT_2}$ 在内部相连，于是就可以用自发自收的方式来检查芯片。$D_3{\sim}D_0$ 每一位控制一个输出信号。

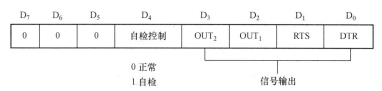

图 9-17　MODEM 控制寄存器各位的作用

二、MODEM 状态寄存器

如图 9-18 所示，其高 4 位即 4 个外部输入信号的状态，而低 4 位记录高 4 位的变化。每次读 MODEM 状态寄存器时，低 4 位被清零。以后若高 4 位中有某位状态发生改变（由 "0" 变到 "1" 或由 "1" 变到 "0"），则低 4 位中的相应位就置 "1"。这些状态位的变化，除了可以让 CPU 用输入指令查询外，也可以引起中断。

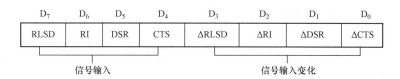

图 9-18　MODEM 状态寄存器各位的作用

9.2.2.5　中断允许及识别

INS8250 有很强的可编程中断管理功能，用户可以通过对中断允许寄存器及中断识别寄存器的读/写操作来设置和利用。

一、中断允许寄存器

INS8250 将芯片内的各种中断源分为 4 类，用中断允许寄存器的低 4 位来对各类中断源实现允许或者屏蔽控制，对应的关系如图 9-19 所示。

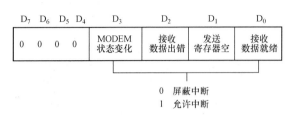

图 9-19　中断允许寄存器各位的作用

（1）中断允许寄存器的高 4 位固定为"0"，没有使用。

（2）若 $D_3=1$，则 MODEM 状态寄存器的高 4 位状态发生改变时，允许发出中断请求信号 INTRPT；若 $D_3=0$，则 MODEM 状态中断被屏蔽。

（3）$D_2 \sim D_0$ 决定线路状态寄存器引起的中断是否允许，同样也是为"1"的位允许中断，为"0"的位屏蔽中断。其中 D_2 对应接收数据错（包括溢出错、奇偶错及帧格式错）及中止符检测中断。

（4）中断允许寄存器的相应位为"1"，只是允许中断源产生 INTRPT 信号，还要经过 $\overline{\text{OUT}}_2$ 信号控制才可能最终产生中断请求 IRQ 信号送到 8259A。

二、中断识别寄存器

INS8250 对内部 4 类中断源各以两位二进制编码，在中断允许的前提下，将当前中断类型的识别码写入中断识别寄存器的 D_2D_1 两位中，同时将中断指示位置零（表示有中断请求）。4 类中断源具有不同的中断优先级。当不同级别的多个中断源同时申请时，仅将最高优先级的识别码写入中断识别寄存器中。各中断源的识别码及中断识别寄存器的构成如图 9-20 所示。其中接收数据错的中断优先级最高，其他逐级降低。

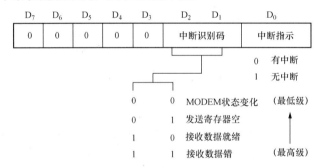

图 9-20　中断识别寄存器各位的作用

中断识别寄存器的内容只可读出。其低 3 位实时反映中断的发生情况，而高 5 位始终固定为"0"。这个特点常用来检查 INS8250 在系统中是否存在，或是否安装了异步串行通信口。

程序如下：

```
MOV  DX, 3FAH           ;指向 COM1 的中断识别寄存器
IN   AL, DX             ;读中断识别寄存器
TEST AL, 0F8H           ;测试高 5 位
JZ   INITIALIZATION     ;全零则转初始化
```

9.2.3　INS8250 的编程

INS8250 的编程分为初始化和工作两部分。初始化部分主要是约定数据通信规范，工作部分则是实现数据的发送和接收。

下面假设两台 PC/XT 通过各自的 1 号异步串行通信口 COM_1，按图 9-10 接线直接通信，通信的波特率选 110（波特率与除数关系见表 9-4）。

（1）初始化程序。初始化编程包括约定传送波特率（对除数寄存器编程）、通信的字符数据格式（对线路控制寄存器编程）及 INS8250 的操作方式（对 MODEM 控制寄存器及中断允许寄存器编程）。

（2）通信工作程序。上面初始化程序屏蔽了中断，因此只可用查询方式进行通信，即读入线路状态寄存器，先检查数据接收部分，再检查数据发送部分，在接收数据时，还要检查接收数据是否有错。只有正确的接收数据，才可让 CPU 读走。

（3）编程应用—PC 机之间的通信。

【例 9-1】 两台 PC 机之间的通信采用最简单也是最基本的通信配置。两台 PC 机采用三线零调制解调方式连接，如图 9-11 所示。收发双方以 110 波特率传送 100 个字符，并加以屏幕显示，下面给出配合该硬件配置的发送和接收程序。

一、发送程序

下面的程序接收键盘输入的 100 个字符，并通过 8250 发送到通信线上去。

```
stack  segment stack 'stack'
dw  32 dup （0）
stack  ends
code  segment
start  proc far
assume  ss: stack, cs: code
push ds
sub ax, ax
push ax
MOV DX, 38BH             ;初始化 8250  .
MOV AL, 80H
OUT DX, AL
MOV DX, 3F8H            ;置除数锁存器,将波特率设置为 110
MOV AL, 17H            ;查表 9-4,除数低字节 17H
OUT DX, AL
MOV DX, 3F9H
MOV AL, 04H            ;查表 9-4,除数高字节 04H
OUT DX, AL
MOV DX, 3FBH           ;设定数据格式
MOV AL, 0AH
OUT DX, AL
MOV DX, 3FCH           ;置调制解调器控制寄存器
MOV AL, 0FH
OUT DX, AL
MOV DX, 3F9H          ;置中断允许寄存器,禁止 8250 中断
MOV AL, 0
OUT DX, AL
MOV CX, 100
SEND:
MOV AH,1       ;调用 1 号 DOS 中断,从键盘接收 1 个字符
INT 21H
MOV DX, 3F8H          ;发送键入字符
OUT DX, AL
MOV DX, 3FDH          ;输入传输线状态,判别发送保持器
SW:
IN AL,  DX            ;是否处于空闲状态
TEST AL, 20H
JZ SW
LOOP SEND
ret
```

```
start endp
code ends
end start
```

二、接收程序

下面的程序接收来自通信线上的 100 个字符，并将这些字符在屏幕上显示出来。

```
stack   segment stack 'stack'
dw  32 dup （0）
stack  ends
data   segment
ERR  DB  'ERROR!$'
data  ends
code  segment
start  proc far
       assume  ss: stack, cs: code, ds: data
       push ds
       sub ax, ax
       push ax
       mov ax, data
       mov ds, ax
       MOV DX, 38BH              ;初始化 8250
       MOV AL, 80H
       OUT DX, AL
       MOV DX, 3F8H             ;置除数锁存器,将波特率设置为 110
       MOV AL, 17H             ;查表 9-4,除数低字节 17H
       OUT DX, AL
       MOV DX, 3F9H
       MOV AL, 04H             ;查表 9-4,除数高字节 04H
       OUT DX, AL
       MOV DX,  3FBH            ;设定数据格式
       MOV AL, 0AH
       OUT DX, AL
       MOV DX, 3FCH            ;置调制解调器控制寄存器
       MOV AL, 0FH
       OUT DX, AL
       MOV DX, 3F9H            ;置中断允许寄存器,禁止 8250 中断
       MOV AL,0
       OUT DX, AL
       MOV DX, 3F8H            ;空读一次
       IN AL, DX
       MOV CX, 100
REC:   MOV DX, 3FDH            : 判断输入状态
RW:    IN AL, DX
       TEST AL, 01H
       JZ RW
       TEST AL, 0EH
       JNZ ERRER
       MOV DX, 3F8H            ;接收字符
       IN AL, DX
       MOV DL, AL             ;调用 2 号 DOS 中断,屏幕显示接收字符
       MOV AH,2
```

```
        INT 21H
        LOOP REC
        RET
ERRER:MOV DX,  OFFSET ERR ;调用 9 号 DOS 中断,屏幕显示出错 "ERROR! "
        MOV AH,9
        INT 21H
        ret
start   endp
code    ends
end     start
```

9.3　通用串行总线 USB

USB（Universal Serial Bus，通用串行总线）和上述的异步通信接口 RS-232 一样，都属于串行通信总线，而 USB 的数据通信速率远快于 RS-232 总线。USB 总线是近年来广泛应用的通信总线技术，已经成为 PC 与多种外围设备连接和通信的主流标准接口，用户可以将所有的外设装置与其连接，包括鼠标、键盘、打印机、扫描仪、移动存储、通信设备和数字影音设备等，同时还可以为某些 USB 设备单独提供电源，支持即插即用功能，使得 USB 用途日益广泛普遍。

USB 最初是由 Compaq、DEC、IBM、Intel、Microsoft、NEC 和 North Telecom 7 家公司联合共同开发的一种新的外设连接技术，这一技术的提出是为了解决对串行设备和并行设备如何与计算机相连的争论，简化计算机与外设的连接过程。1995 年，由 7 家公司组建的 USB-IF（USB Implementer Forum, USB 实现者论坛）对 USB 技术进行了标准化，1996 年推出 USB 1.0 版本，2000 年推出了 USB2.0 版本，2001 年又推出了支持无主机数据传输的 USB-OTG 协议。USB 的设计初衷在于简化扩充 PC 外设的操作，对高速率数据传输提供廉价的解决方案，支持实时的数据传输，可用于同步的数据传输和异步的消息传输，提供一个标准接口可快速应用于生产，并适应未来发展需要。

USB 是一个通过 4 线连接的接口。这种总线采用的是分层的、星形的拓扑结构。它可支持多达 127 台外围设备，且全部在扩展集线器上，集线器可以置留在 PC 中任一个 USB 外围设备中，也可以是一个独立的集线器盒。尽管 USB 可以与多达 127 台外围设备相连接，但它们将共享传输带宽。也就是说，每增加一台外围设备，USB 总线速率就可能会降低一些。USB 总线的优点是，可以向外围设备供电，并且可以自我识别外围设备。这个特点大大简化了安装，因为完全不用为每一个外围设备而设置唯一的一个 ID 或标识符，这些都由 USB 总线自行处理。另外，USB 总线上的设备可以在计算机系统上进行热插拔，这就是说，每次当用户需要将一个外围设备连接到计算机上或从计算机系统上断开一个外围设备时，就不必关机或重新启动计算机。

对微机系统来说，像 USB 这样的接口的最大优点是只需要 PC 中的一个中断即可。这意味着，可以连接多达 127 个设备而不需要像分别接口那样使用离散的中断。节省中断资源，这是 USB 总线的一个最突出的优点。

USB 总线是一种基于信息的协议总线，它对在总线上传送的信息格式、组织、应答方式等均有一系列的规定，也就是通常所说的协议。USB 总线上的所有设备都必须遵照这个协议进行操作。

USB 总线有许多特点，现将主要特点说明如下：

（1）支持即插即用（Plug And Play）。在 Windows 等操作系统运行的情况下，随时可以插入或拔出 USB 设备。当首次将 USB 设备插入到 PC 系统时，其操作系统可以自动检测到 USB 设备插入，为其加载相应的设备驱动程序，并对插入的 USB 设备进行配置，用户不必进行任何多余的操作马上就可以使用该设备。

（2）现行软、硬件的支持。目前，不论是 Windows 操作系统，还是 Linux 操作系统，都对 USB 各种设备提供越来越强大、完善的支持。

（3）低成本、低功耗。为将外围设备方便地连接到 PC 上，USB 提供了一种低成本的解决方案。USB 配备了一套独特的电气机制，例如，若连续 3ms 没有总线操作，USB 总线就会自动进入挂起状态，且被挂起的 USB 设备消耗的电流不会超过 500μA，以保证其低功耗。

（4）价格低廉。由于不论是在硬件上还是在软件上都给 USB 提供了强有力的支持，IT 市场为 PC 用户提供了众多的 USB 产品，从而也降低了 USB 芯片和 USB 设备的价格。又由于 USB 软件协议上的复杂性，又给硬件上简化提供了一定的空间，进一步使系统成本降低。

（5）支持多达 127 个外围设备。USB 总线采用的是菊花链式的星形总线结构，最多可以支持 127 个外围设备同时连接到 USB 总线上。以 USB 集线器为"中转站"的连接模式，既满足了多种 USB 类外围设备的需要，又可大大降低 USB 负荷，提高 USB 类外围设备的稳定性。

（6）标准化的硬件。USB 协议为所有各类 USB 外围设备提供了单一的、便于操作的连接标准，这样就可以使不同的 USB 外围设备之间有了一个统一的硬件接插件，此举使得广大用户使用起来更加快捷、方便。

（7）支持多种类设备。USB 的接口采用的是统一的标准，这样既简化了 USB 接口的设计，又可以使各种类型的外围设备都可以使用同一个标准的接口。不论是音频设备、大容量存储器，还是打印机、键盘，都可以在 USB 中得到相应的支持。

（8）支持多种操作速度。USB 支持低速 1.5Mbit/s、全速 12Mbit/s、高速 480Mbit/s 3 种操作速度，以满足不同类型、不同操作速度外围设备的需要。像键盘、鼠标等就是属于低速且其成本也低的外围设备，这种类型的设备对传输速度要求不高，但对其低成本却要求很高。全速的外围设备应用领域比较宽广，完全可以满足工业上种类繁多的各种应用场合。而像大容量移动硬盘、光盘驱动器等高速的外围设备上，通常采用 480Mbit/s 操作速度，其成本也稍高。

（9）占用资源少。USB 总线占用的微机系统资源（像 I/O 端口地址、中断等）比 ISA、EISA、PCI 要少，USB 上的外围设备不需要内存储器和 I/O 地址空间，只占用相当于一个传统外围设备所需的资源。

（10）集中控制策略。USB 总线采用集中控制，进行的所有传输操作都是由 USB 主控制器引发的，所以在 USB 总线上进行的信息传输操作不会引起冲突。

由于 USB 是现代计算机应用中十分常见的设备，在此，不详细讨论 USB 的电气与机械特性，仅就其传输方式与协议进行简要说明。

9.3.1 USB 数据传输的方式

USB 协议支持单向或双向的数据传输，在 USB 主机和一个 USB 设备之间交换功能数据和控制信息。针对设备对系统资源需求的不同，USB 规定了 4 种不同的数据传输方式。

（1）控制传输（Control Transfers）。控制数据用于在 USB 接入总线时对其进行配置，其他的驱动软件可以根据具体的应用来选择使用控制传输。控制传输最为复杂，也极为重要。

（2）批量数据传输（Bulk Data Transfers）。批量数据传输主要应用于硬盘驱动器接口、光盘刻录接口及数码相机等大容量数据传输接口中，其数据传输是连续不中断的。通过在硬件中实现差错检测控制功能，并且有选择地进行一定的硬件重试操作，可以在硬件层次上保证数据交换的可靠性。而且，这种数据传输可以占用总线上所有可用的和其他传输类型中未使用的带宽。

（3）中断数据传输（Interrupt Data Transfers）。中断数据传输的数据量较小，但必须实时处理。一般中断数据传输由设备自发产生，可以由 USB 设备在任意时刻发起，而且 USB 总线以不低于设备要求的最小带宽进行数据传输。典型的应用是 USB 鼠标、USB 键盘等人机接口设备。

（4）同步数据传输（Synchronous Data Transfers）。同步数据传输在产生、传送和处理的过程是连续的和实时的。在同步发送和接收数据中隐含了定时信息。同步传输常用在如显示器、摄像头或音箱等需要恒定传输速度的音频数据传输中，传输过程不需要信息的交换，对数据的准确性也不那么严格，总线只是保证占用的带宽。

9.3.2 USB 协议

要想让通过 USB 总线连接起来的主机和各种外设能够协调工作，没有相关的一套通信规则和策略是不可能实现的。在此，限于篇幅，仅就 USB 协议相关内容做简要介绍。

9.3.2.1 USB 的位、帧及分组

USB 协议采用了与传统计算机网络与通信协议类似的概念及技术，如位（Bit）、帧（Frame）及分组（Packet）的概念，差错控制、流量控制技术等。实际上，由 USB 主机及外设的连接与通信所构成的系统，在一定意义就可以看做是一个以主机为中心的计算机网络通信系统，只不过 USB 的设计者在其具体实现中，又融入了自己的一些规范和特性。

与通常的计算机网络通信协议类似，USB 主机与外设之间的通信也是以位、帧及分组的形式进行的。需要说明的是，位、帧及分组是不同通信层次上的信息传输单元。

物理传输线上传送的这种串行位流是无结构的，它还必须构成 USB 设备（外设和主机）能够识别和同步的特定格式，即形成帧。帧是在比物理传输线更高一层的通信层次上传送的信息单元，按通常的计算机网络术语，称此通信层次为"数据链路层"或"帧层"。USB 的帧结构如图 9-21 所示，其中 SOF（Start Of Frame）称为帧头，EOF（End Of Frame）称为帧尾，帧头和帧尾之间是分组体（Packet Body）。可见，帧是为传输分组而进行的一种包装。

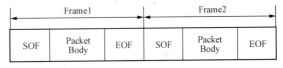

图 9-21 USB 帧结构

分组也称"包"，它是在帧层之上的通信层次（分组层）上传送的信息单元名称，是为实现各种 USB 通信功能而专门规定的信息组合格式。不同的通信功能，需要有不同的分组类型及信息组合格式。图 9-22 给出了 USB 中几种典型的分组格式，它们是标记分组（Token Packets）、帧起始分组（Start-Of-Frame Packets）、数据分组（Data Packets）及握手信号分组（Handshake Packets）。

9.3.2.2 USB 分组中的字段

一、PID（分组标识）字段

由图 9-22 可见，USB 分组由具有特定含义的字段（Field，域）所构成。不同类型的分组

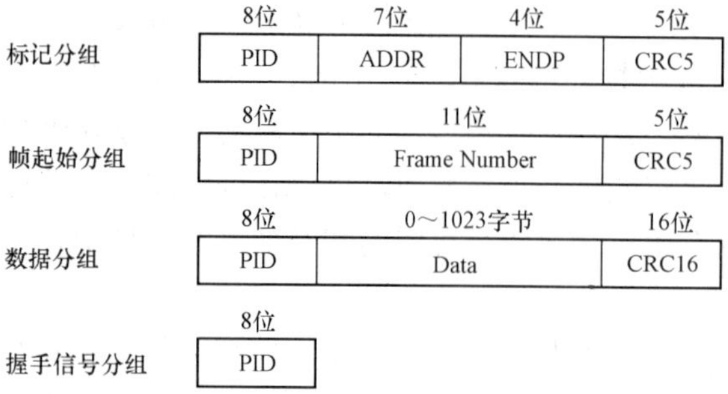

标记分组	8位	7位	4位	5位
	PID	ADDR	ENDP	CRC5

帧起始分组	8位	11位	5位
	PID	Frame Number	CRC5

数据分组	8位	0~1023字节	16位
	PID	Data	CRC16

握手信号分组	8位
	PID

图 9-22　USB 典型数据分组格式

所包含字段的情况也不相同。但从图 9-22 中不难看到，各分组中均包含一个 8 位的 PID（Packet Identifier，分组标识）字段，PID 字段用来指明分组类型及功能。实际上，在这 8 位 PID 代码中，仅用右边 4 位作为分组类型码，而左边 4 位则作为校验域，它总是右边 4 位的反码。例如，若右边 4 位分组类型码为 1000，则发送的 8 位 PID 代码为 0111 1000，这样可以起到对 PID 代码的校验作用。

即当一个分组被接收后，如果其 PID 代码的左、右 4 位不满足这种校验特性，则该分组的其余部分将被接收设备所忽略，或者说该 PID 是无效的。表 9-5 列出了 PID 代码及对应的分组名称、类型和功能描述。

表 9-5　　　　　　　　　　　　　　　PID 代 码 定 义

类型	PID 代码	分组名称	说　明
标记	E1H	OUT	地址+主机端点号→外设
	A5H	SOF	帧起始
	69H	IN	地址+功能设备端点号→主机
	2DH	SETUP	地址+主机端点号→控制端点设置命令
数据	C3H	Data0	数据分组
	4BH	Data1	数据分组
握手	D2H	ACK	接收无错肯定应答
	5AH	NAK	接收出错否定应答
	1EH	STALL	端点停止
特定	3CH	PRE	主机发出前同步信号

二、ADDR（地址）字段

USB 协议中的地址（Address）是一个较为抽象的概念。首先，USB 设备是由一组对用户有用的"功能"（Function）所组成的。每种功能有一个指定的地址，该地址即被置于分组的地址字段（ADDR）中。其次，地址需与端点号联合起来才能完全地标识一种功能。不具备有效的地址和端点号字段的分组将被设备所忽略。

地址字段的宽度为 7 位，即在给定的时间内，USB 总线上最多可有 128 个不同的地址。另外，只有 IN、OUT 和 SETUP 这 3 种标记分组才使用地址字段。

每种功能的地址是由主机在系统复位时或添加设备时定义的。当设备首次复位或加电时，地址默认值为 0，并保持该默认地址直至主机配置该设备时为止。

三、ENDP（端点）字段

上边已经提到，地址与端点号结合才能唯一地标识一种 USB 功能。ENDP 字段就是用来放置端点号的。ENDP 字段为 4 位，允许多个端点复用一个地址，即采用子通道（Sub-channel）的概念。与地址字段一样，只有 IN、OUT 和 SETUP 分组才使用端点字段。另外，端点 0 用作主机配置设备时的特殊控制端点。低速设备仅支持 2 个端点，而全速设备可支持 16 个端点。

四、帧号（Frame-Number）字段

每个帧都有一个唯一的编号，并被置于帧起始分组的帧号字段中。该字段为 11 位二进制数，每发送一帧，则由主机将其加 1，当加至最大值（7FFH）时，又回到 0 值（即以 2048 为模）。

五、数据（Data）字段

数据字段用于存放数据分组中的数据，其内容取决于当时总线上的操作。数据字段的长度为 0～1023 字节，依不同的传输类型而异。

六、CRC（Cyclic Redundancy Check）字段

由图 9-22 可见，在标记分组、帧起始分组及数据分组中均配有 CRC 字段，用以实现差错校验。主机（或外设）依据特定的 CRC 算法计算出 CRC "校验和"（Checksum），并存放在分组的 CRC 字段中。当接收该分组时，也按同样的算法来计算 CRC "校验和"，并与收到的 CRC 字段中的 "校验和" 进行比较，如果相同，则分组有效并被使用；如果不同，则说明出现差错，该分组被丢弃。发送方将在适当的时候重发该分组。

 注 意

CRC 计算并不包括分组中的 PID 字段，因为 PID 字段有其自身的校验措施。

9.3.2.3　USB 的分组说明

一、标记分组

标记分组只能由主机产生，用以指明出现在 USB 总线上的 "事务" 的类型及方向。"事务"（Transaction）是 USB 协议中的另一个专门术语，它实际上是通过一系列的分组传送形成的特定的通信过程（后面将给出 USB "事务" 的实例）。从表 9-5 可以看到，标记分组又分为 OUT、SETUP、IN 及 SOF 4 种类型。如果是 OUT 或 SETUP 分组，则说明 "事务" 的方向是主机到外设，此时分组中的 ADDR（地址）及 ENDP（端点）字段表明将由哪个端点接收紧随该标记分组之后传送的数据分组；相反，如果是 IN 分组，则 "事务" 的方向是从外设到主机。

二、帧起始分组

"帧起始分组" 主要起同步作用。该分组包含 PID 字段、帧号字段及 CRC 字段。它是一个单方向的分组，即不要求来自于接收设备的应答，所以不能确保设备一定能够收到帧起始分组。这就是说，系统应具有检测及处理丢失帧起始分组的能力。

三、数据分组

数据分组是任何 "事务" 都不能缺少的分组，它是主机或外设生成或处理的实体。由图 9-22 可见，数据分组后面跟有 16 位的 CRC 校验字段，用以实现差错校验。

数据分组有两种类型，即 Data0 和 Data1，这样可以实现数据传输时分组丢失的检测，因为接收器总是先期望接收 Data0，然后是 Data1，这样周而复始，反复进行。

四、握手信号分组

握手信号分组用来告知 "事务" 的状态，如数据已成功传送、流量控制及停止（STALL）等。

由图 9-22 可见，握手信号分组仅有 PID 字段。该分组有 3 种类型，即 ACK、NAK 及 STALL。

（1）ACK 分组表示 "事务" 中的数据分组已被正确接收。对于输入型 "事务"（数据由外设发送），ACK 分组是由主机发出；而对于输出型 "事务"（数据由主机发送），ACK 分组

则是由外设发出。

（2）NAK 分组表示外设不期望从主机接收数据（如果此时主机企图发送数据的话），或外设没有任何数据发送到主机（当主机企图从 USB 设备接收数据时）。

（3）STALL 分组是由外设返回给主机的，告诉主机它不能接收也不能发送数据，并且主机必须帮助它改变这种状况。一旦外设发出了 STALL 分组，则它将一直保持 STALL 状态，直至主机进行了某种干预之后（如复位该设备），外设才能脱离这种状态。注意：主机从不输出 STALL 分组。

9.3.2.4　USB "事务" 举例

USB "事务" 是通过主机和 USB 设备之间的一系列分组传送过程来实现的。不同类型的USB "事务" 包含的分组传送过程也不尽相同。

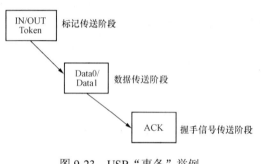

图 9-23　USB "事务" 举例

图 9-23 给出了一个 USB "事务" 的例子，由该图可见，它主要由 3 个阶段（也称相，Phase）构成，首先是标记（Token）传送阶段，通知系统一个"事务"将要发生；其次是数据传送阶段，完成数据分组的传送；最后是握手信号传送阶段，一个握手信号分组（ACK）从 USB 接收设备传送到发送设备，以便让它了解数据输出的结果如何。若出现了差错，则重发数据；否则，接着进行后续操作。

例如，假定主机希望发送一组音频数据（Audio Data）给 USB 扬声器装置。首先，主机输出标记分组 OUT，告诉扬声器即将收到的下一个分组含有转换为声音的数据；其次，主机发送装载音频数据的数据分组给扬声器。如果这些数据经检测后被扬声器正确接收，则扬声器将发送一个 ACK 握手信号分组给主机，表明它已正确接收了这些数据。否则，若由于某种原因扬声器不能接收这些数据，则它将发送一个 NAK 握手信号分组给主机。这种情况是有可能发生的，例如由于扬声器的输入缓冲器已满而不能物理地存储这些数据时。

9.3.3　软件体系结构

USB 是使用标准 Windows 系统 USB 类驱动程序访问 USBDI（Windows USB 驱动程序接口）的 USB 设备驱动程序。如图 9-24 所示，Windows 对构成一个 USB 主机的不同软件部分进行了十分清楚的划分。其中 USB 客户软件仅包含了用来控制不同的 USB 外设的设备驱动程序。USB 客户软件会通过一个 Windows 所定义的一个软件接口来与根集线器驱动程序进行通信。而 USB 根集线器驱动程序则要通过 USBDI 来实现与 USBD（通用串行总线驱动程序）的通信，然后 USBD 会选择两种主控制器驱动程序之一来与其下方的主控制器进行通信。主控制器驱动程序会经 PCI 枚举器直接实现对 USB 物理总线的访问。

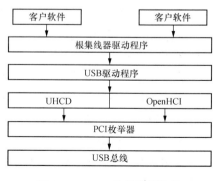

图 9-24　USB 软件体系结构

9.4　IEEE–1394 串行接口

9.4.1　技术特点

前面提及的 USB 总线是一种新型计算机外设标准接口，由于其具有支持"即插即用"、连接能力强、节省空间等优点，因此被广泛采用。但 USB 总线的数据传输主要还是适合于中、低速设备，而对于那些高速外设（如多媒体数字视听设备）就显得有些力不从心了。Apple 公司开发的 IEEE-1394（又称为火线，Fire Wire）同样是为了简化计算机的外部连线，并且为实时数据传输提供一个更高速的接口，其数据传输速率已达 800Mbit/s，即将达到 1.6Gbit/s 甚至 3.2Gbit/s。

IEEE-1394 串行总线一次最多允许 63 个 IEEE-1394 设备接入一个总线段，每个设备距离可远至 4.5m，如加装转发器，还可以相距更远，目前人们正在试验将距离延伸至 25m。通过网桥，总共允许 1000 个以上的总线段互联，留下了相当大的扩展潜力。IEEE-1394 是一种高速串行总线，是面向高速外设的，可提供比 USBl.1 至少高 30 倍以上的带宽，这样就解决了多媒体数据传输中的速率问题。它不需要任何主机进行控制，可以同时支持同步和异步传输模式。IEEE-1394 最大内部电源为 1.25A/12V，可以支持高电耗的设备。IEEE-1394 与 USB 的最大差异是：支持 IEEE-1394 的设备可相互连接传输，而无需经过电脑；另外，除了作数据传输外，火线还可当做电源线，为移动装置提供充电功能。由此可以看出，IEEE-1394 更适合于那些数据传输量大的设备，如视频设备或计算机硬盘等。

9.4.2　总线拓扑结构

IEEE-1394 串行总线的拓扑结构可分为两种环境：底板环境和线缆环境。不同环境间总线的连接需要总线桥。线缆环境下的物理拓扑结构是无环网络结构，由电缆连接各节点的端口且呈分支扩展，形成树状或菊花链状的网络拓扑。每个端口由收发器和一些简单的逻辑单元组成，线缆和端口的作用就是总线中继器（转发器），在网络节点间形成一条逻辑总线。底板环境中物理拓扑是一种多点接入（Multi-drop）的总线，在总线上分布着多个连接器，允许各节点直接接入，通过总线仲裁使各节点享用总线。IEEE-1394 串行总线可以和一组标准并行总线并存于设备的底板上。总线通过 IEEE-1394 总线标准中为串行通信保留的两根信号线，可以从底板环境扩展到线缆环境。在此主要介绍线缆环境下的网络拓扑结构。

使用 IEEE-1394 总线组成的各种拓扑网络，最多可以连接 63 个设备，各节点之间距离通常允许为 4.5m，若加入光电信号变换器，采用塑料光缆连接距离可达到 50～100m。IEEE-1394 网络拓扑结构可以是除环形以外的树形、星形、菊花链或其混合方式，所构成的网络是对等网络，即网络节点不分主从。由 1394 的桥接入 PCI 总线的 IEEE-1394 总线所构成的 PC 系统如图 9-25 所示。

一、端口节点和中继器

IEEE-1394 网络节点可能有一个或更多的端口。只有一个端口的节点是串行总线某分支的结束点，而有两个或更多端口的节点允许总线延续下去，如图 9-26 所示。多端口节点允许扩展总线拓扑结构。总线电缆连接是点到点的，也就是说，当一个多端口节点接收数据包时，数据包会被检测、接收，并且按中继器本地时钟重新等时化，然后经过其他节点端口再次传输。

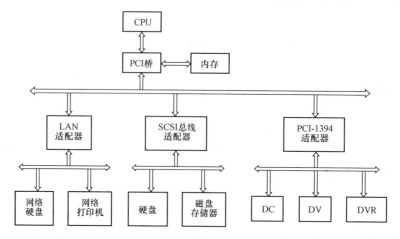

图 9-25　由接入 PCI 总线的 IEEE-1394 总线构成的 PC 系统

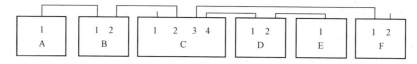

图 9-26　IEEE-1394 通过附加端口扩展总线拓扑结构

二、配置

当新设备加入或者移出 IEEE-1394 网络时，配置会动态地自动执行。配置过程中不需要计算机系统的干涉。

三、点到点的传输

与其他支持外部设备的串行总线（如通用 RS-232C 串行总线）不同，Fire Wire 支持点到点通信传输。这样，IEEE-1394 网络节点在传输数据时并不需要主系统的干涉。这将启用设备之间的高速输入、输出，同时也不会影响到计算机系统的性能。例如，当两者都位于同一根串行总线或位于通过桥相连的总线上时，摄像机（节点）可与盒式录像机（节点）建立一次传输。

四、DeviceBay（设备插架）

DeviceBay 可为将串行总线设备连接入计算机桌面系统提供一种标准机制。它是为 PC 专门设计的，并允许将串行总线设备（包括 IEEE-1394 和 USB 设备）加入对接设备。此对接设备被综合进计算机系统，而不要求总线线缆环境，这是为那些不需要将系统断电并载入驱动程序而加入桌面系统的，如硬盘驱动器、DVD 驱动器等而设计的。

9.4.3　总线协议

IEEE-1394 标准的一个重要特点是，它指定了一组四层协议来标准化主机，以及外设通过串行总线进行交互的方法，其分别为物理层、链路层、事务层和总线管理层。每层规范了一套相关的服务用于支持配置、总线管理及在应用程序和 IEEE-1394 协议层之间的通信。IEEE-1394 总线协议如图 9-27 所示。

一、总线管理层

总线管理层负责总线配置和每个总线节点的活动管理。一个复杂节点的总线管理层可以集总线管理器、等时资源管理器和循环控制器于一体。每个总线节点都应具有总线管理层，以支持包括配置、电源应用在内的多种功能，具体包含的总线管理支持取决于节点的实际能力。所有节点必须包含总线自动配置支持，而其他总线管理功能则是可选的。

二、事务层

事务层支持异步传输的读、写和锁定操作，并且负责为每个接收到的数据包提供确认。

三、链路层

链路层是事务层和物理层的接口，将事务层请求和响应转化为相应的数据包发送到串行总线上。链路层支持两种类型的传输：异步和等时传输。异步传输把信息数据以包的形式传送到一个显式地址，并回送一个响应信号，一般用在对数据传输率无固定要求的情况下。等时传输将信息数据以顺序定长包的形式，在规则区间进行传输，这种传输形式使用简单的地址方式，且无响应。链路层对等时或异步数据包进行寻址、数据校验和信道解码。对于异步传输，链路层还提供了基于与事务层相同层上的请求、响应的各种服务。

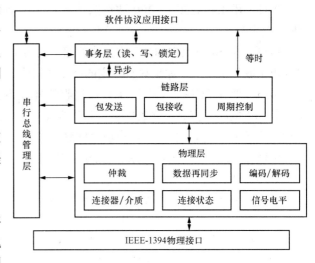

图 9-27 IEEE-1394 总线协议

四、物理层

物理层是串行总线的实际接口，提供了串行总线上传送的数据比特包和接收所必需的电气机械接口。

习题与思考题

9-1 一个异步串行发送器发送具有 8 位数据位的字符，在系统中使用一个奇偶校验位和两个停止位。若每秒发送 100 个字符，则其波特率和位周期为多少？

9-2 在异步串行通信中，为什么一般要使接收端的采样频率是传输波特率的 16 倍？

9-3 全双工和半双工通信的区别何在？在二线制电路上能否进行全双工通信？为什么？

9-4 什么情况下要使用 MODEM？通常有哪几种调制方法？试简述它们的调制原理。

9-5 异步通信和同步通信的根本区别是什么？

9-6 异步串行通信中是如何解决同步问题和实现正确采样的？

9-7 INS8250 中有多少个可访问的寄存器和多少个端口地址？请写出它们的对应关系。INS8250 可编程接口芯片中是如何解决寄存器多、端口地址少的矛盾的？

9-8 使用 INS8250 作串行接口时，若要求以 1200 的波特率发送一个字符，字符格式为：7 个数据位，1 个停止位，1 个奇校验位。试编写 8250 的初始化程序（设 8250 的基地址为 2F8H）。

9-9 使用 INS8250 芯片作异步串行数据传送接口，若传送的波特率为 2400，则发送器（或接收器）的时钟频率为多少？

9-10 某远程数据测量站，它的测量数据以 300、600、1200、2400、4800 及 9600 波特中的一种串行输出，在计算机中用 INS8250 接收这个串行数据，试设计它的硬件连接和初始化程序。

9-11　用 INS8250 以 300 波特的速率发送汉字编码信息，试为它编写合适的初始化程序（地址自定）。

9-12　在 SDLC/HDLC 工作方式的通信网络中，要使所有次站都能接收到主站发送来的信息，可采取什么措施？如果只有指定的次站能接收到主站发来的信息，又必须采取什么措施？

9-13　要在 PC/XT 上做一个自发自收的异步串行通信实验，要求通信波特率为 4800，每个字符由 1 位起始位、6 位数据位、1 个偶校验位、2 个停止位组成，实验前先要检查 0 号异步适配板的存在性，并填入板的基地址到基值区。试完成对 INS8250 的初始化编程。

9-14　简述 CRC 循环冗余校验的工作原理。

9-15　选择题

（1）异步通信传输信息时，其主要特点是（　　　）。

　　A．通信双方不必同步　　　　　　　　B．每个字符的发送是独立的

　　C．字符之间的间隔时间长度应相同　　D．字符发送速率由波特率确定

（2）同步通信传输信息时，其特点是（　　　）。

　　A．通信双方必须同步　　　　　　　　B．每个字符的发送不是独立的

　　C．字符之间的间隔时间长度可不同　　D．字符发送速率由数据传输率确定

（3）在数据传输率相同的情况下，同步字符传输速度要高于异步字符传输速度，其原因是（　　　）。

　　A．发生错误的概率少　　　　　　　　B．附加位信息总量少

　　C．双方通信同步　　　　　　　　　　D．字符之间无间隔

（4）数字基波在长距离传输过程中，除信号发生畸变外，还会引起信号（　　　）。

　　A．波形失真　　　　　　　　　　　　B．增加延时

　　C．幅值下降　　　　　　　　　　　　D．脉宽变窄

（5）RS-232C 标准规定连接器的物理结构是（　　　）。

　　A．DB-25 型　　　B．DB-15 型　　　C．DB-9 型　　　D．未定义

（6）RS-232C 定义的 EIA 电平范围对输出信号和输入信号允许有 2V 的压差，其目的是（　　　）。

　　A．增加传输距离　　　　　　　　　　B．减小波形失真

　　C．克服线路损耗　　　　　　　　　　D．提高抗干扰能力

（7）以下不属于串行通信协议的是（　　　）。

　　A．IEEE-1394　　　　　B．RS-232　　　　C．PCI　　　　D．USB

9-16　填空题

（1）串行通信中的传送方式有＿＿＿＿、＿＿＿＿和＿＿＿＿。

（2）串行通信一般采用＿＿＿和＿＿＿校验方法来保证串行通信数据的准确性。

（3）现行 USB 总线协议中支持＿＿＿＿、＿＿＿＿和＿＿＿＿3 种传输速率，其传输采用＿＿＿＿＿方式。

（4）IEEE-1394 的网络拓扑结构可以是＿＿＿＿、＿＿＿＿、＿＿＿＿或其混合结构。

9-17　简述调制与解调的 3 种方式的工作原理。

9-18　简述 USB 总线的特点。

9-19　简述 INS8250 与 INS8251 的区别。

9-20　查询资料，描述可以实现 TTL 电平与 RS-232C 负逻辑电平相互转化的器件。

第10章　定时/计数技术

本章详细介绍了 INTEL 系列的定时/计数芯片 8253 的内部结构、外部引脚及工作原理，重点介绍了 8253 的 6 种工作方式及工作时序，以及 8253 的初始化编程。本章应着重学习在不同的应用场合下如何选择 8253 的工作方式，计算初值及编程。本章重点是 8253 的内部结构、6 种工作方式及初始化编程应用。本章难点是 8253 的引脚结构、6 种工作方式的区别及使用场合、初始化编程的灵活应用。

10.1　概　　述

在计算机系统以及实时控制和处理系统中经常要用到定时信号，如计算机系统的日历时钟和扬声器的发声，系统内存 DRAM 的刷新定时，实时采样和控制时序的生成等，都要用到定时信号。

定时信号的产生可以通过软件和硬件两种方法获得。

（1）软件定时的方法就是利用微处理器执行一个延时程序段来实现。它设计有一个延时子程序，子程序中全部指令执行时间的总和就是该子程序的延时时间，即软件定时时间。软件定时与系统的时钟频率、每条指令密切相关，当时钟频率一定时，子程序的延时时间是由指令执行的数量决定的。软件定时较易实现，但是定时的时间不够精确。若要准确地获悉这一时间，需要对指令的执行时间进行严密地计算和精确地测试。尤其考虑到中断可能施加的影响，软件定时的时间无法预估。软件定时的另一个缺点是，延时期间，CPU 一直被占用，使得 CPU 的利用率降低。因此，在对时间要求严格的实时控制系统和多任务系统中很少采用，该方法适用于延时时间较短、重复次数较少的场合。

（2）硬件定时的方法就是利用专用的硬件电路来产生延时。硬件定时的具体实现方法又分为不可编程的硬件定时和可编程的硬件定时。

1）不可编程的硬件定时就是采用分频器、单稳电路或简易定时电路实现的定时或计数。例如，555 芯片就是常用的不可编程的定时器件。其工作方式单一，外接很少量的可变电阻和电容，其定时时间在一定范围内改变。在硬件连接好后，定时时间无法由程序改变，而且定时精度也不够高。

2）可编程的硬件定时就是通过软、硬件相结合，采用可编程定时器芯片构成一个方便灵活的定时电路。可编程定时器在简单的软件控制下能产生准确的延时。可编程定时器应用广泛，它的工作方式较多，通过改变它的控制字和初值可以改变其工作方式、定时时间和信号输出。其突出的优点是定时过程不占用 CPU 的时间，利用定时输出产生中断信号，可以帮助建立多作业的环境，从而大幅度地提高 CPU 的利用率。通常讲的硬件定时器就是指可编程定时器。

本章介绍的 8253 就是可编程的硬件定时器芯片。

10.2 8253 功能简介

10.2.1 基本功能

8253 是 INTEL 公司生产的三通道 16 位的可编程定时计数器，是专为 INTEL 公司 X86 系列 CPU 配置的外围接口芯片，可在多种场合用作定时和计数。8253 的功能特点总结如下：

（1）16 位减法计数器。

（2）最多提供 3 路独立的定时/计数通道。

（3）最高 2.6MHz 的计数频率。

（4）二进制和十进制两种计数模式。

（5）6 种工作方式可选择。

（6）所有引脚与 TTL 兼容。

10.2.2 计数原理

一、计数原理

可编程定时/计数器按其计数方式的不同可分为减法计数器和加法计数器。加法计数器是指计数模块每接收一个脉冲计数值就加 1，当加到预定值时，便产生一个输出信号，标志着本轮的加 1 计数过程结束。减法计数器是指计数模块每接收一个脉冲计数值就减 1，当初值被减到零时产生一个输出信号，标志着本轮的减 1 计数过程结束。该输出信号可能送给外部的 I/O 设备或者送给 CPU。可编程定时器 8253 属于减法计数器，其本质上是一个减"1"计数器。

无论定时器工作于计数模式还是定时模式，其计数的原理都是一样的。

二、定时与计数

可编程定时器的功能体现在定时和计数两个方面，即可充当定时器或计数器。

充当计数器时，可对标准的脉冲源或外部事件的脉冲进行计数，接收一个脉冲，计数器减 1，减到零时，输出一个信号便结束。因此，计数过程是一次性的。

充当定时器时，计数器对精准的高频脉冲源输入的脉冲进行减 1 计数，计数器减到零时，这一减 1 计数过程并没有就此结束，反而又开始了新一轮的计数。因此，定时输出的是一个循环往复的周期性的信号，输出的低频脉冲信号的周期是输入高频脉冲信号的若干倍。图 10-1 所示为 8253 工作于定时模式时的示意图。

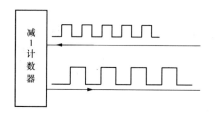

图 10-1 8253 工作于定时模式时的示意图

8253 的 6 种工作方式中有 2 种可以工作于定时模式，输出定时信号。定时信号可用于在多任务的分时系统中实现程序的切换，可为 I/O 设备提供精确定时，还可作为函数发生器使用。而 8253 工作于计数模式时可实现一个单一的时间延迟，为 I/O 设备向 CPU 提供一个中断申请信号或者向 IO 设备输出一个控制信号。

10.3 8253 外部引脚与内部结构

10.3.1 引脚及功能

8253 采用 NMOS 工艺制成，+5V 单一电源供电，是 24 引脚的双列直插式器件。8253 的外部引脚及逻辑功能如图 10-2 所示。

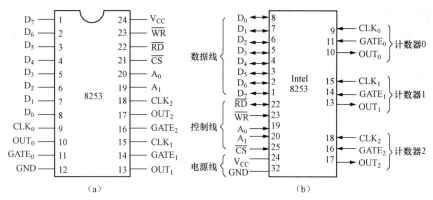

图 10-2　8253 的外部引脚及逻辑功能

（a）外部引脚；（b）逻辑功能

一、8253 与总线相连接的主要引脚

（1）$D_0 \sim D_7$：双向数据线，用来传送数据、控制字和计数初值。

（2）$\overline{CS}$：片选信号，输入管脚，低电平有效。它由系统高位 I/O 地址译码产生。当它有效时表示该 8253 芯片被选中，允许 CPU 对 8253 进行读/写操作；否则，8253 内部的数据总线缓冲器处于高阻态，与总线隔离，无法读/写。

（3）$\overline{RD}$：读信号，输入管脚，低电平有效。当它有效时表示 CPU 正在读选中的计数器通道的内容。

（4）$\overline{WR}$：写信号，输入管脚，低电平有效。当它有效时表示 CPU 正在将计数初值或控制字写入选中的计数器通道。

（5）A_0、A_1：地址信号线，经片内译码产生 4 个有效地址，分别对应片内 3 个计数器和 1 个控制寄存器。当 $A_0 A_1 = 00$ 时，选中计数通道 0；当 $A_0 A_1 = 01$ 时，选中计数通道 1；当 $A_0 A_1 = 10$ 时，选中计数通道 2；当 $A_0 A_1 = 11$ 时，选中控制寄存器。

二、8253 与 I/O 相连接的主要引脚

（1）$CLK_0 \sim CLK_2$：分别是计数器 0、1、2 的输入时钟，由脉冲源或系统时钟提供。

（2）$OUT_0 \sim OUT_2$：分别是计数器 0、1、2 的输出端。

（3）$GATE_0 \sim GATE_2$：分别是计数器 0、1、2 的门控脉冲输入端。

10.3.2　内部结构

8253 的内部结构如图 10-3 所示。它主要包括计数器、控制寄存器、数据总线缓冲器及读/写逻辑电路。

一、计数器

8253 芯片内部有 3 个 16 位计数通道：CN_0、CN_1 和 CN_2。3 个通道结构相同，功能相同，相互独立，可以分别按各自的方式并行工作。每个通道都包括 1 个 16 位的初值寄存器（CR）、1 个

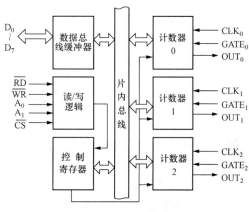

图 10-3　8253 的内部结构

16 位的计数执行部件（CE）和 1 个 16 位的输出锁存器（OL）。

二、控制寄存器

8253 内部的控制寄存器是用来存放控制字的。控制字决定了每个计数通道的工作方式、计数制以及计数初值的字长等信息。控制字在 8253 初始化时写入控制寄存器，控制寄存器只能写，不能读。

三、数据总线缓冲器

数据总线缓冲器是 8253 与 CPU 数据总线之间的 1 个 8 位的双向三态缓冲器。数据总线缓冲器通过片内总线与控制寄存器和各个计数模块相连。CPU 对 8253 进行读/写的所有信息都是由数据总线缓冲器进行暂存，包括控制字、计数初值等在内。

四、读/写逻辑电路

读/写逻辑电路是 8253 内部的控制部件，它接收来自系统总线的控制输入信号，经过逻辑变换产生对各个端口的控制信号。当片选信号无效时，数据总线缓冲器处于浮空状态，CPU无法对 8253 进行读/写。

10.4 8253 的工作原理

一、计数通道的内部结构

8253 内部的 3 个计数通道，结构完全相同，每个计数通道都包括 1 个 16 位的初值寄存器（CR）、1 个 16 位的计数执行部件（CE）和 1 个 16 位的输出锁存器（OL），如图 10-4 所示。

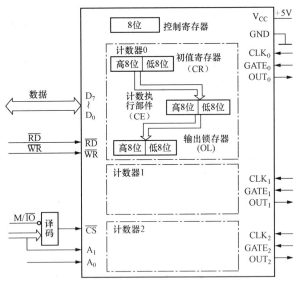

（1）初值寄存器 CR。初值寄存器用来存放 CPU 写入的计数初值。一旦写入数据，初值寄存器的内容将保持不变，直到 CPU 再次写入新的计数初值。

（2）输出锁存器 OL。输出锁存器时刻跟随计数执行部件 CE 变化而变化。只有当 CPU 执行锁存命令时，OL 则不再跟随 CE 变化，而是保持住当前计数值，直到 CPU 执行读命令，读出锁存器的内容后，OL 又再次跟随 CE 变化。因此，CPU 可以先后执行锁存命令和读命令读出当前计数值。

（3）计数执行部件 CE。计数执行部件是整个计数模块的核心。它本质上是一

图 10-4 8253 计数通道的内部结构

个减 "1" 计数器，接收来自 CR 的计数初值，在计数过程中的任何时刻，CPU 可通过读输出锁存器读出当前计数值。CE 的计数过程受来自外部的 CLK 和 GATE 两个输入引脚的控制。CLK 决定计数的速率。一般情况下，GATE=1 时，允许计数；GATE=0 时，禁止计数。

二、工作原理

CPU 通过端口输出指令将计数初值写入初值寄存器端口，8253 时刻检测门控信号 GATE

是否有效,当检测到门控信号有效时,初值寄存器 CR 就将计数初值输出到计数执行部件 CE。CE 接收到计数初值后就开始了减"1"计数,直到减到零,本轮计数结束。在计数模式下,计数过程是一次性的,计数到零,输出停止;而在定时模式下,这一计数过程是循环的,每当计数值归零后,初值寄存器 CR 又会向 CE 输出初值。于是,新一轮的计数过程开始。所以,定时模式下的计数过程是循环的,输出信号是连续的。

三、计数模块的特点

(1)设置初值寄存器 CR 的目的。计数执行部件 CE 总是从初值寄存器中获得计数初值,CE 不直接与 CPU 打交道。因此,当 CPU 修改初值寄存器的计数初值时,不会影响到计数执行部件的计数。

(2)设置输出锁存器 OL 的目的。CPU 在执行读命令时,读的是输出锁存器 OL,而不是直接读计数执行部件 CE。同样,读命令不会影响到计数执行部件的计数。

总结以上两点,在计数模块的内部结构中设置初值寄存器 CR 和输出锁存器 OL 的目的是一样的,都是为了在计数执行部件 CE 和 CPU 之间建立一种缓冲,避免 CPU 对计数器的读/写干扰了当前的计数操作,使计数结果出错。

四、定时/计数的工作过程

(1)设置 8253 的工作方式(6 种)。

(2)设置计数初值到初值寄存器。

(3)设置 GATE 门控信号,把计数"门"打开,使 CLK 可通过之并送入计数寄存器计数。

(4)第一个 CLK 信号使初值寄存器的内容置入计数寄存器。

(5)以后每来一个 CLK 信号,计数寄存器减 1。

(6)减到零时,OUT 端输出一特殊波形的信号。

说明:不同的工作方式,GATE 门控信号的开关"门"的信号可能不同。

10.5 8253 的 工 作 方 式

10.5.1 软启动与硬启动

CPU 通过端口输出指令向计数器模块写入的初值被装载到计数器模块内部的初值寄存器 CR。此时,计数执行部件尚未启动减"1"计数。当计数初值由初值寄存器 CR 输出至计数执行部件 CE 后的下一个脉冲的下降沿便立刻启动减"1"计数,每接收一个脉冲的下降沿都会使计数器减 1。即计数执行部件 CE 从获取初值那一刻起便启动减"1"计数过程。计数初值何时输出至计数执行部件 CE 受程序指令和门控信号 GATE 共同控制。

一、软启动(程序指令启动)

软启动是指 CPU 通过端口输出指令向计数器写入初值后就启动减 1 计数。在软启动方式下,GATE 必须始终保持为高电平,处于有效状态。8253 在初值写入后第一个脉冲的上升沿检测门控是否有效,当门控有效时,在下降沿实现初值输出至计数执行部件 CE,CE 获取初值后便立刻启动计数过程。

二、硬启动(外部电路信号启动)

硬启动是指写入初值后并不启动计数。计数执行部件 CE 获取初值的时刻受门控信号 GATE 控制。写入初值后,8253 在每一个 CLK 脉冲的上升沿采样门控,当采样到门控信号出现上升沿时，便立刻实现初值装载至计数执行部件，从而启动计数过程。

10.5.2　工作方式

8253 共有 6 种工作方式，每种工作方式的特点各不相同。下面逐一加以介绍。

一、方式 0——计数结束后产生中断

8253 工作于方式 0 时，为计数模式，一次性计数过程，非循环计数。写入控制字，输出端 OUT 立刻变为低电平。写入初值后，立即启动计数，同时使 OUT 端输出保持为低电平。计数结束时，OUT 端输出又变为高电平，信号波形如图 10-5 所示。该信号可作为中断请求信号使用。

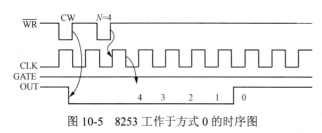

图 10-5　8253 工作于方式 0 的时序图

方式 0 为软启动模式，门控信号 GATE 为高电平时允许计数，为低电平时禁止计数。

二、方式 1——可重复触发的单稳态触发器

8253 工作于方式 1 时，为计数模式，一次性计数过程，非循环计数。写入控制字，输出端 OUT 立刻变为高电平。写入初值后，并不启动计数，要等待门控信号的上升沿启动计数。计数结束时，OUT 端输出一个宽度为 NT_{CLK} 的负脉冲。8253 工作于方式 1 的时序图如图 10-6 所示。

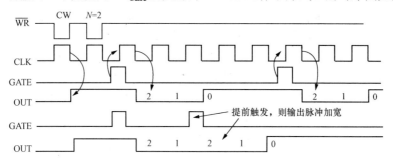

图 10-6　8253 工作于方式 1 的时序图

方式 3 为硬启动模式，GATE 电平高低不影响计数，只是上升沿启动计数。

CPU 若在计数过程中修改计数初值，则不会影响本轮的计数过程。但是，若在已形成单个负脉冲的计数过程中出现新的 GATE 上升沿，则停止当前计数，然后以新的计数初值开始新一轮的计数，这时负脉冲宽度将加宽。

三、方式 2——频率发生器

8253 工作于方式 2 时，为定时模式，可循环计数，OUT 连续输出宽度为 N–1 个 T_{CLK} 的高电平和 1 个 T_{CLK} 的低电平所组成的负脉冲。图 10-7 所示为 8253 工作于方式 2 的时序图。

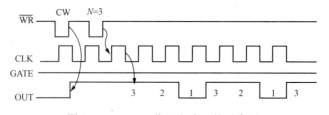

图 10-7　8253 工作于方式 2 的时序图

方式 3 可以为软启动模式，也可以为硬启动模式。在这种方式下，门控信号 GATE 用作控制信号。当 GATE 为低电平时，计数停止，强迫 OUT 输出高电平。当 GATE 变为高电平后的下一个时钟的下降沿，计数初值又被装载至计数执行部件，开始新一轮计数。

四、方式 3——方波发生器

8253 工作于方式 3 时，为定时模式，可循环计数，输出波形为连续的方波信号。当装入的计数初值为偶数时，输出完全对称的方波，其中 $N/2$ 个时钟周期 OUT 为高电平，另 $N/2$ 个时钟周期 OUT 为低电平。若初值为奇数时，输出不完全对称的方波，其中 $(N+1)/2$ 个时钟周期 OUT 为高电平，另 $(N-1)/2$ 个时钟周期 OUT 为低电平。8253 工作于方式 3 的时序图如图 10-8 所示。

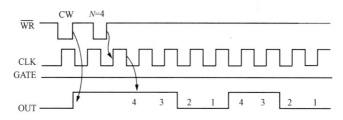

图 10-8　8253 工作于方式 3 的时序图

方式 3 为软启动模式，也可以为硬件启动模式。门控信号 GATE 为高电平时允许计数，为低电平时禁止计数。在计数过程中，CPU 修改计数初值，则方波会在当前半周期结束时，反映新的计数值所规定的方波宽度。

五、方式 4——软件触发选通

8253 工作于方式 4 时，为计数模式，一次性计数过程，非循环计数。写入控制字，输出端 OUT 立刻变为高电平。写入初值后，立即启动计数。计数结束时，OUT 端输出一个宽度为 1 个 T_{CLK} 的负脉冲。8253 工作于方式 4 的时序图如图 10-9 所示。

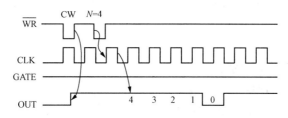

图 10-9　8253 工作于方式 4 的时序图

方式 3 为软启动模式，门控信号 GATE 为高电平时允许计数，为低电平时禁止计数。在计数过程中，CPU 修改计数初值，则计数器在当前计数结束并送出负脉冲后，立即以新的计数值开始计数。

六、方式 5——硬件触发选通

8253 工作于方式 5 时，为计数模式，一次性计数过程，非循环计数。写入控制字，输出端 OUT 立刻变为高电平。写入初值后，并不启动计数，当检测到 GATE 端出现上升沿时启动计数。计数结束时，OUT 端输出一个宽度为 1 个 T_{CLK} 的负脉冲。8253 工作于方式 5 的时序图如图 10-10 所示。

方式 3 为硬启动模式，GATE 电平高低不影响计数，只是上升沿启动计数。

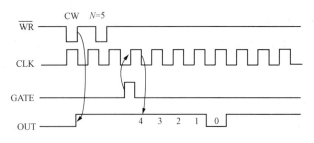

图 10-10　8253 工作于方式 5 的时序图

10.5.3　8253 的几种工作方式比较

一、方式 0 与方式 4 的比较（软件控制）

（1）相同点。都是软触发，无自动重装入能力；写入控制字及初值后，若 GATE=1 时，计数执行部件 CE 开始减 1 计数；当 CE=0 时，OUT 改变电平状态。

（2）不同点。方式 0 在计数期间 OUT=0，计数结束 OUT=1。

OUT ＿＿＿＿＿＿｜￣￣￣￣￣

方式 4 在计数期间 OUT=1，计数结束 OUT=负脉冲。

OUT ＿＿＿＿＿＿｜＿｜￣￣￣￣

二、方式 1 与方式 5 的比较（硬件触发）

（1）相同点。写入控制字及初值后，若 GATE 输入上升沿脉冲触发，计数执行部件 CE 开始减计数，当 CE=0 时，OUT 改变电平状态。

（2）不同点。方式 1 在计数期间 OUT=0，计数结束 OUT=1。

方式 5 在计数期间 OUT=1，计数结束 OUT=负脉冲。

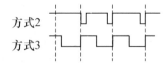

三、方式 2 与方式 3 的比较（波形输出）

（1）相同点。均输出连续周期波形，预置初值可自动重装入。

（2）不同点。方式 2 输出连续负脉冲周期波形，方式 3 输出连续方波周期波形。

方式2
方式3

10.5.4　8253 的工作方式小结

（1）方式 2、4、5 的输出波形是相同的，都是宽度为 1 个 T_{CLK} 的负脉冲，但方式 2 连续工作，方式 4 由软件触发启动，方式 5 由硬件触发启动。

（2）方式 5 与方式 1 启动方式相同，但输出波形不同，方式 1 输出的是宽度为 N 个 T_{CLK} 的低电平有效的脉冲（计数过程中输出为低），而方式 5 输出的是宽度为 1 个 T_{CLK} 的负脉冲（计数过程中输出为高）。

（3）输出端 OUT 的初始状态。方式 0 在写入方式字后输出为低电平，其余方式在写入控制字后，输出均能变为高电平。

（4）任一种方式均是在写入计数初值之后，才能开始计数。方式 0、2、3、4 都是在写入计数初值之后，开始计数的；而方式 1 和方式 5 需要外部触发启动，才开始计数。

（5）6 种工作方式中，只有方式 2 和方式 3 是连续计数，其他方式都是一次计数，要继续工作需要重新启动。方式 0、4 由软件启动，方式 1、5 由硬件启动。

（6）通过门控信号 GATE，可以干预 8253 某一通道的计数过程，在不同的工作方式下，门控信号起作用的方式也不一样，其中方式 0、2、3、4 是电平起作用，方式 1、5 是上升沿起作用。

（7）在计数过程中改变计数值，它们的作用有所不同。

（8）计数到 0 后计数器的状态。方式 0、1、4、5 继续倒计数，变为 FFH、FEH…；而方式 2、3 则自动装入计数初值继续计数。

10.6　8253 的控制字与初始化编程

10.6.1　8253 的控制字

8253 必须先初始化才能正常使用，CPU 通过端口输出指令将控制字写入控制寄存器端口，从而确定各个计数通道的工作方式。8253 的控制字格式如图 10-11 所示。控制字的每一位都被严格定义，其中 D_0 位是计数制选择位。$D_0=1$，表示 BCD 计数，即十进制计数；$D_0=0$，表示二进制计数。计数初值为 16 位时，二进制计数的计数范围是 0000～0FFFFH，BCD 计数的计数范围是 0000～9999。对于 16 位的减法计数器，其最大的计数初值为 0000H（相当于 10000H），在二进制下表示计数值为 65536，在十进制下表示计数值为 10000。

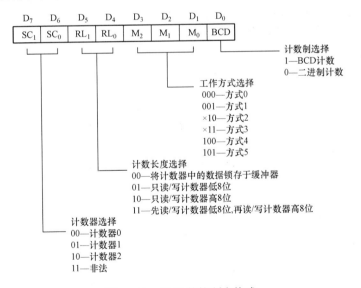

图 10-11　8253 的控制字格式

10.6.2　8253 的编程命令

8253 的编程命令分为读命令、写命令和锁存命令 3 类。

（1）读命令。读命令用来读取当前指定计数模块的当前计数值。

（2）写命令。写命令包括写控制字和写计数初值。控制字写入控制寄存器端口，计数初值写入计数模块的初值寄存器。需要注意的是，每个计数器的初值写入顺序一定是放在控制字的后面。初值是减"1"计数的起始值，分为 8 位初值和 16 位初值。若为 16 位初值，则必须使用连续两条输出指令。

（3）锁存命令。锁存命令也属于写命令。当 CPU 想要读取当前计数值时，先要使用锁存命令将输出锁存器中的内容锁住，然后再读出。因此，锁存命令应当与读命令配合使用。

10.6.3　8253 初始化编程

8253 初始化的编程主要分为两个方面：设置计数器的控制字和计数初值，即写控制字入控制寄存器端口和写初值入初值寄存器。对 3 个计数器的初始化顺序可任意排列，但是具体到每一个计数器，一定是控制字的写入在先、初值的写入在后。8253 的初始化顺序如图 10-12 所示。注意：写计数值高 8 位不是必须的。

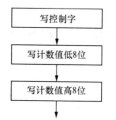

图 10-12　8253 的初始化顺序

【例 10-1】 采用 8253 作定时/计数器，其接口地址为 0120H～0123H。要求计数器 0 每 10ms 输出一个 CLK 脉冲宽的负脉冲；用计数器 1 产生 10kHz 的连续方波信号；计数器 2 在定时 5ms 后产生输出高电平。输入 8253 的时钟频率为 2MHz。

解　（1）计算计数初值。

CNT0：10ms/0.5μs=20000。

CNT1：2MHz/10kHz=200。

CNT2：5ms/0.5μs=10000。

（2）确定控制字。

CNT0：方式 2，输出负脉冲波，16 位计数值。

CNT1：方式 3，输出方波，低 8 位计数值。

CNT2：方式 0，输出高电平，16 位计数值。

初始化程序：

```
CNT0:MOV DX,0123H
     MOV AL,34H
     OUT DX,AL
     MOV DX,0120H
     MOV AX,20000
     OUT DX,AL
     MOV AL,AH
     OUT DX,AL
CNT1:MOV DX,0123H
     MOV AL,56H
     OUT DX,AL
     MOV DX,0121H
     MOV AL,200
     OUT DX,AL
CNT2:MOV DX,0123H
     MOV AL,0B0H
     OUT DX,AL
     MOV DX,0122H
     MOV AX,10000
     OUT DX,AL
```

```
MOV AL,AH
OUT DX,AL
```

10.7　8253 的 应 用 举 例

【例 10-2】　在 PC 机中使用了 1 片 8253，8253 在 PC 机中的连接简图如图 10-13 所示。其中，计数器 0 为电子时钟提供基准；计数器 1 为动态 RAM 提供刷新定时，刷新周期大约为 15μs；计数器 2 作为机内扬声器的音频信号源，产生频率为 1kHz 的方波。8253 的输入时钟频率为 1.193MHz，端口地址为 40H～43H。请写出 PC 机内 8253 的初始化编程。

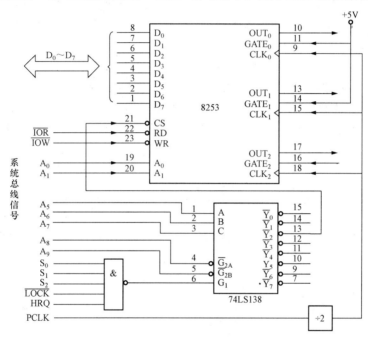

图 10-13　8253 在 PC 机中的连接简图

解　计数器 0 为系统的电子时钟提供时间基准，它的输出作为系统的中断源，因此，计数器 0 工作于方式 3，取最大初值为 0；计数器 1 产生对 DMAC 的总线请求，每 15μs 输出一个负脉冲，因而计数器 1 工作于方式 2，初值为 $N_1 = 15μs × 1.193MHz = 18$；方波信号经放大和驱动后送给扬声器，所以计数器 2 应工作于方式 3，初值为 $N_2 = 1.193MHz / 1kHz = 1193$。

初始化程序：

```
MOV AL,36H                    ;计数器0,读写16位,方式3,二进制计数
OUT 43H,AL
MOV AL,0                      ;计数器0初值
OUT 40H,AL
OUT 40H,AL
MOV AL,54H                    ;计数器1,读写低8位,方式2,二进制计数
OUT 43H,AL
MOV AL,18                     ;计数器1初值
OUT 41H,AL
MOV AL,0B6H                   ;计数器2,读写16位,方式3,二进制计数
OUT 43H,AL
```

```
    MOV AX,1193                          ;计数器 2 初值
    OUT 42H,AL
    MOV AL,AH
    OUT 42H,AL
```

【例 10-3】 现利用 8253 产生某实时控制和采样系统的控制时序和采样时序,该系统每隔 2s 钟需要采样一轮现场温度信号。其中,AD 的采样周期为 100ms,连续完成 5 次采样,即 500ms 后,本轮采样过程结束。已知 8253 的输入时钟频率为 1kHz,端口地址为 584H~587H,绘制 8253 连接硬件电路,并编程实现。

解 依据题目的要求,需要利用 8253 构造出一个采样时序。该时序信号由三路信号组合而成。一路是周期为 2s 的时序控制信号,一路是周期为 100ms 的采样脉冲信号,一路采样持续时间为 500ms 的电平信号。可令 8253 的计数器 2 工作于方式 3,输出周期为 2s 的方波;计数器 0 工作于方式 2,每 100ms 输出一个负脉冲;计数器 1 工作于方式 1,为可由 GATE 重复触发的单稳触发器,一次触发输出一个宽度为 500ms 的低电平信号。

8253 在采样控制系统连接示意图如图 10-14 所示,3 个计数器的脉冲输入端 CLK 都为 1kHz 高频脉冲。计数器 2 的 $GATE_2$ 端接+5V,OUT_2 连接计数器 1 的 $GATE_1$。计数器 1 的 OUT_1 取反后接计数器 0 的 $GATE_0$,计数器 0 的输出端 OUT_0 取反后接 ADC 的启动转换端 START。计数器 0 的输出 OUT_0 作为总的输出信号,如图 10-15 所示。温度信号经过 AD 转换后送到 8255,利用 8255 的 PC_3 作为中断请求信号,引发一个外部中断,并进入相应的中断服务程序。

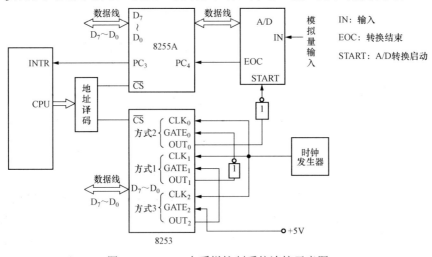

图 10-14　8253 在采样控制系统连接示意图

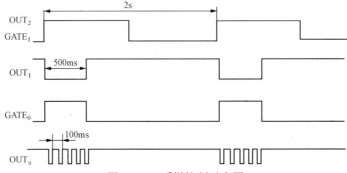

图 10-15　采样控制时序图

按照题目的要求，已知输入时钟频率 f=1000Hz，可以得出 3 个计数器的初值分别为：
N_2=T_2f=2×1000=2000；N_1=T_1f=0.5×1000=500；N_0=T_0f=0.1×1000=100。

8253 各个模块的初始化程序：

```
START:MOV DX,0587H
      MOV AL,00010100B              ;计数器0,读写8位,方式2,二进制计数
      OUT DX,AL
      MOV AL,01110010B              ;计数器1,读写低16位,方式1,二进制计数
      OUT DX,AL
      MOV AL,10110110B              ;计数器2,读写16位,方式3,二进制计数
      OUT DX,AL
      MOV DX,0584H                  ;计数器0的初值
      MOV AL,100
      OUT DX,AL
      MOV DX,0585H
      MOV AX,500                    ;计数器1的初值
      OUT DX,AL
      MOV AL,AH
      OUT DX,AL
      MOV DX,0586H
      MOV AX,2000                   ;计数器2的初值
      OUT DX,AL
      MOV AL,AH
      OUT DX,AL
      ...
```

【例 10-4】　以 2MHz 输入 8253，实现周期 5s 的脉冲（设 8253 端口地址为 40H～43H）。

解　8253 最大初值 65536，CLK=2MHz 可实现最大时间间隔为

$$2×10^6/65536=30.518（Hz）；1/30.518=32.768（ms）$$

周期图如图 10-16 所示。

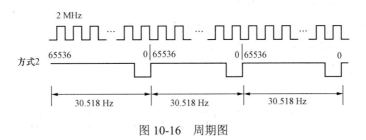

图 10-16　周期图

需要两个计数器串联：一个计数器的输出作为另一个计数器的输入。

计数器 1：模式 2，OUT_1 每 5ms 输出一个脉冲，初值$(2×10^6)/(1/0.005)$=10000。

计数器 0：模式 2，OUT_0 每 5s 输出一个脉冲，初值 5/0.005=1000。

程序如下：

```
MOV AL,74H                          ;计数器1,方式2
OUT 43H,AL
MOV AX,10000
OUT 41H,AL
MOV AL,AH
```

```
OUT 41H,AL

MOV AL,34H                                              ;计数器 0,方式 2
OUT 43H,AL
MOV AX,1000
OUT 40H,AL
MOV AL,AH
OUT 40H,AL
```

【例 10-5】 编写时钟中断处理程序——日时钟。

中断关系图如图 10-17 所示。

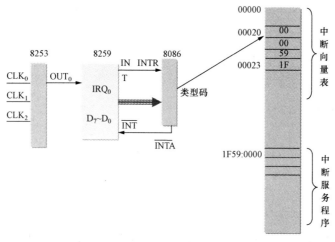

图 10-17 中断关系图

解

1. 时间常数的计算

要求 8253 每隔 10ms 发一次定时中断。

计数初值=PCLK/计数器输出频率=PCLK×计数器输出周期

$$=1.1931816×10^{6}×（10×10^{-3}）=11932$$

周期图如图 10-18 所示。

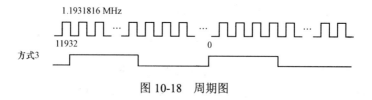

图 10-18 周期图

2. PC 机中 8253 地址分配

计数器 1、计数器 2、计数器 3 和控制寄存器的地址分别为 40H、41H、42H 和 43H。

程序如下：

```
stack   segment  para stack 'stack'
        db  256 dup(?)
stack   ends
```

```
data    segment  public 'data'
count100    db   100                     ; 100 计数器
Tenhour     db   0                       ; 时的十位数
hour        db   0                       ; 时的个位数
            db   ':'
tenmin      db   0                       ; 分的十位数
minute      db   0                       ; 分的个位数
            db   ':'
tensec      db   0                       ; 秒的十位数
second      db   0                       ; 秒的个位数,hh:mm:ss
data    ends
code    segment  para  public 'code'
start   proc  far
            assume  cs:code, da:data,es:data, ss:stack
begin:   push  ds
         xor  ax,ax
         push  ax
         mov  ax,data
         mov  ds,ax
         mov  ah,0                       ; 键盘功能调用——等待按键
         int  16h
         cli                             ; 关中断
         mov  bx,4*8h
         mov  ax,offset timer
         mov  [bx],ax
         int  bx
         int  bx
         mov  ax,set timer
         mov  [bx],ax                    ; 将中断向量存入中断向量表
         mov  al,36h                     ; 设 8253 控制字——选计数器 0,双字节写,方式 2
         out  43h,al                     ; 二进制计数
         mov  bx,11932                   ; 送计数值
         mov  al,bl
         out  40h,al
         mov  al,bh
         out  40h,al
         mov  al,fch                     ; 设 8259 屏蔽寄存器——允许时钟和键盘中断
         out  21h,al
         sti                             ; 开中断
forever: mov  bx,offset tenhour          ; 取 hh:mm:ss  8 个字串进行显示
         mov  cx,8
dispclk: mov  al,[bx]
         call  dispchar
         inc  bx
         loop  dispclk
         mov  al,second                  ; 取秒数
wait1:   cmp  al,second
         jz  wait1                       ; 等待变化
         jmp  forever                    ; 变了则重新显示
```

```
timer    proc  far
         push  ax
         dec   count100              ; 计数值减1,
         jnz   timerx                ; 不到 0,返回
         inc   second                ; 到 0,秒加 1
         cmp   second,'9'            ; 处理秒
         jle   timerx
         mov   second,'0'
         inc   tensec
         cmp   tensec,'6'
         jl timerx
         mov   tensec,'0'
         inc   minute                ; 处理分
         cmp   minute,'9'
         jle   timerx
         mov   minute,'0'
         inc   tenmin
         cmp   tenmin,'6'
         jl timerx
         inc   tenmin
         cmp   tenmin,'6'
         jl timerx
         mov   tenmin,'0'
         inc   hour                  ; 处理时
         cmp   hour,'4'
         jl timerx
         mov   hour,'0'
         inc   tenhour
         cmp   tenhour,'2'
         jl timerx
         mov   tenhour,'0'
timerx: mov   al,20h                 ; 对 8259 发 EOI 命令
         out   20h,al
         pop   ax
         iret
timer    endp

dispchar proc  near                  ; 显示
         push  bx
         mov   bx,0
         mov   ah,14h                ; 用显示器功能调用
         int   10h
         pop   bx
         ret
sispchar endp
start    endp
code        ends
            end begin
```

程序执行显示器显示结果：hh:mm:ss   00:01:39

习 题 与 思 考 题

10-1 软件定时与硬件定时各自有何优缺点？

10-2 简述可编程定时器 8253 计数器模块的内部结构及其技术特点。

10-3 简述可编程定时器 8253 的两种启动方式。

10-4 可编程定时器芯片有几个通道？可工作于哪几种方式下？

10-5 简述 8253 每一种工作方式的主要特点以及标志波形。

10-6 可编程定时器 8253 中时钟信号 CLK 所起的作用是什么？

10-7 简述可编程定时器 8253 在不同的工作方式下门控信号 GATE 的作用。

10-8 已知 8253 的计数器 1 的输入时钟频率为 1MHz，则该计数器的最大延时时间为多少？

10-9 试说明 8253 在二进制或 BCD 码计数体制下的最大初值。

10-10 8253 内部的所有寄存器是否都是 16 位的？

10-11 试说明 8253 的基本工作过程。

10-12 若利用 8253 定时器输出方波信号，当计数初值为奇数时，该方波信号具有什么样的特点？

10-13 已知 8253 定时器控制端口的地址为 0FFF3H，若 CPU 需要读取 8253 的计数通道 0 的当前计数值，请给出包括锁存和读出在内的程序片段。

10-14 若利用 8253 定时器芯片的计数器 2 提供动态 RAM 的刷新定时。要求 8253 工作于方式 2，8ms 的时间完成 256 行的刷新，输入的时钟频率为 2.432MHz。则输出的信号周期为多少？写出 8253 的初始化程序。

10-15 若利用 8253 定时器产生一个高电平有效的中断申请信号，应采用哪种工作方式？

10-16 试编程实现 8253 计数器 0 工作于方式 0，计数初值为 2000H；计数器 1 工作于方式 2，初值为 10，BCD 计数；计数器 2 工作于方式 4，初值为 6020H。

10-17 已知 8253 定时器端口的地址为 384H～387H，要求计数器 1 输出周期性信号，在每个周期中高电平的时间为 180μs，低电平的时间为 20μs，输入时钟频率为 1MHz。编写 8253 的初始化程序。

10-18 试编写 8253 的初始化程序，已知 8253 的端口地址为 04H～07H，时钟信号频率是 2MHz，现利用计数器 2 作为脉冲发生器，产生周期为 5ms 的连续负脉冲信号。

10-19 利用 8253 的计数器 0 对外部事件脉冲计数，每计满 1000 个脉冲向 CPU 发出一次中断申请，已知控制端口的地址为 03FBH，请写出 8253 的控制字、计数初值以及初始化编程。

10-20 某商品的包装系统，每经过一件商品就发出一个正脉冲，每经过 10 件商品就收到一个命令脉冲将商品打包。利用 8253 对该事件脉冲进行计数，并负责发送包装命令给包装系统。已知 8253 的端口地址为 270H～273H。试编写 8253 初始化程序。

第11章　模拟接口技术

　　模拟量输入/输出通道是微机与控制对象之间的一个主要接口，也是实现工业过程控制的重要组成部分。在工业生产中，需要测量和控制的对象往往是连续变化的物理量，如温度、压力、流量、位移等。为了利用计算机实现对工业生产过程的自动监测和控制，首先必须要能够将生产过程中监测设备输出的连续变化的模拟量转变为计算机能够识别和接受的数字量；其次，还要能够将计算机发出的控制命令转换为相应的模拟信号，去驱动模拟调节执行机构。这样两个过程，就需要模拟量的输入和输出通道来完成。

　　本章将围绕 D/A 和 A/D 转换器的工作原理、控制方法、实际应用及系统设计等方面的内容展开介绍，并详细讲述 DAC0832 芯片和 ADC0809 芯片。本章重点是实时控制系统框架、DAC0832 和 ADC0809 的工作原理及有关应用。本章难点在于 DAC0832 和 ADC0809 的编程应用。

11.1　模拟量的输入/输出通道

　　数/模和模/数转换技术是数字技术的一个重要基础，在微机应用系统中占有重要地位。众所周知，计算机处理的是二进制数字信息。然而在微机用于工业控制、电测技术和智能仪器仪表等场合，输入系统的信息绝大多数是模拟量，即数值随着时间在一定范围内连续变化的物理量。按其属性，可分为电量和非电量两类。对于温度、压力、流量、速度、位移等众多的非电量，采用相应的传感元器件可以转换为电量。为使微机能够对这些模拟量进行处理，首先必须采用模/数转换技术将模拟量转换成数字量。反之，在微机控制系统中，微机的输出控制信息往往必须先由数字量转换成模拟电量后，才能驱动执行部件完成相应的操作，以实现所需的控制。由此可见，模/数转换和数/模转换互为逆过程，其构成的器件分别称为模/数转换器（ADC）和数/模转换器（DAC）。

　　图 11-1 所示为实时控制系统的构成，可以看出 ADC 和 DAC 在系统中的作用和位置。图中信号处理环节给 ADC 提供足够的模拟信号幅度，驱动放大给执行部件提供足够的驱动能力。

　　图 11-1 中的系统可以看成是由两大部分组成的。一部分是将现场模拟信号变为数字信号送至计算机进行处理的测量系统；另一部分是由计算机、DAC、功放和执行部件构成的

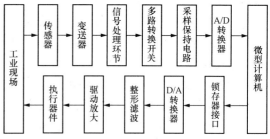

图 11-1　实时控制系统的构成

程序控制系统。实际应用中，这两部分都可以独立存在。下面简要介绍输入和输出通道中各环节的作用。

11.1.1　模拟量输入通道

　　典型的模拟量输入通道由以下几部分组成。

　　（1）传感器（Transducer）。传感器是用于将工业生产现场的某些非电物理量转换为电量

（电流、电压）的器件。例如，热电偶能够将温度这个物理量转换成几毫伏或几十毫伏的电压信号，所以可用它作为温度传感器；而压力传感器可以把物理量压力的变化转换为电信号。

（2）变送器（Transmitter）。一般来讲，传感器输出的电信号都比较微弱，有些传感器的输出甚至是电阻值、电容值等非电量。为了易于与信号处理环节衔接，就需要将这些微弱电信号及电阻值等电量转换成一种统一的电信号，变送器就是实现这一功能的器件。它将传感器的输出信号转换成 0～10mA、4～20mA 的统一电流信号或者 0～5V 等的电压信号。

（3）信号处理环节（Signal Processor）。信号处理环节主要包括信号的放大及干扰信号的去除。它将变送器输出的信号进行放大或处理成与 A/D 转换器所要求的输入相适应的电压水平。另外，传感器通常都安装在现场，环境比较恶劣，其输出常叠加有高频干扰信号。因此，信号处理环节通常是低通滤波电路，如 RC 滤波器或由运算放大器构成的有源滤波电路等。

（4）多路转换开关（Multiplexer）。在生产过程中，要监测或控制的模拟量往往不止一个，尤其是数据采集系统中，需要采集的模拟量一般比较多，而且不少模拟量是缓慢变化的信号。对这类模拟信号的采集，可采用多路模拟开关，使多个模拟信号共用一个 A/D 转换器进行采样和转换，以降低成本。

（5）采样保持电路（Sample Holder）。在数据采样期间，保持输入信号不变的电路称为采样保持电路。输入模拟信号是连续变化的，而 A/D 转换器完成一次转换需要一定的时间，这段时间称为转换时间。不同的 A/D 变换芯片，其转换时间不同。对变化较快的模拟输入信号，如果不在转换期间保持输入信号不变，就可能引起转换误差。A/D 转换芯片的转换时间越长，对同样频率模拟信号的转换精度的影响就越大。所以，在 A/D 转换器前面增加一级采样保持电路，以保证在转换过程中输入信号保持在其采样时的值不变。

（6）A/D 转换器（Analog to Digital）。这是模拟量输入通道的中心环节，它的作用是将输入的模拟信号转换成计算机能够识别的数字信号，以便计算机进行分析和处理。

11.1.2　模拟量输出通道

计算机的输出信号是数字信号，而有的控制元件或执行机构要求提供模拟的输入电流或电压信号，这就需要将计算机输出的数字量转换为模拟量，这个过程的实现由模拟量的输出通道来完成。输出通道的核心部件是数/模（Digital to Analog，D/A）转换器。由于将数字量转换为模拟量同样需要一定的转换时间，也就要求在整个转换过程中待转换的数字量要保持不变；而计算机的运行速度很快，其输出的数据在数据总线上稳定的时间很短。因此，在计算机与 D/A 转换器之间必须加一级锁存器以保持数字量的稳定。D/A 转换器的输出端一般还要加上低通滤波器，以平滑输出波形。另外，为了能够驱动执行器件，还需要将输出的小功率的模拟量加以放大。

11.2　数/模（D/A）转换器

11.2.1　数/模（D/A）转换器的基本原理
一、概述

D/A 转换器的作用是将数字量转换为相应的模拟量。数字量由二进制位组成，每个二进制位的权为 2^i，要把数字量转换为相应的模拟量电压（多数情况需要转换后的模拟信号以电压的形式输出），需要先把数字量的每一位上的代码按权转换成对应的模拟电流，再把模拟电流相加,最后由运算放大器将其转变成模拟电压。将数字量转换成对应模拟电流的工作由 D/A 转换器来完成。

　　DAC 的作用是将计算机输出的二进制代码转换成模拟量,它实际上是一种解码器,它的输入量是数字量 D 和模拟基准电压 V_R,它的输出量是模拟量 V_A。输入、输出之间的关系是

$$V_A = DV_R \tag{11-1}$$

式中:D 是小于 1 的 n 位二进制数,它可以表示为

$$D = a_1 2^{-1} + a_2 2^{-2} + \cdots + a_n 2^{-n} = \Sigma_{i=1}^n \frac{a_i}{2^i} \tag{11-2}$$

式中:n 为数字量的位数;a_i 为第 i 位代码,它为 1 或 0;$\frac{1}{2^i}$ 为第 i 位对应的权重。DAC 的输出为

$$V_A = DV_R = \frac{a_1}{2^1}V_R + \frac{a_2}{2^2}V_R + \cdots + \frac{a_n}{2^n}V_R = \Sigma_{i=1}^n \frac{a_i}{2^i}V_R \tag{11-3}$$

　　若 D 是大于 1 的 n 位二进制数,则它可以表示为

$$D = a_{n-1}2^{n-1} + a_{n-2}2^{n-2} + \cdots + a_1 2^1 + a_0 2^0 = \Sigma_{i=0}^{n-1} a_i 2^i \tag{11-4}$$

式中:n 为数字量的位数;a_i 为第 i 位代码,它为 1 或 0;2^i 为第 i 位对应的权重。这时,DAC 的输出为

$$V_A = \frac{DV_R}{2^n} = \frac{V_R}{2^n}(a_{n-1}2^{n-1} + a_{n-2}2^{n-2} + \cdots + a_1 2^1 + a_0 2^0) = \Sigma_{i=0}^{n-1} a_i \frac{V_R}{2^{n-i}} \tag{11-5}$$

　　从式(11-5)可见,DAC 的输出电压 V_A 等于代码为 1 的各位所对应的各分模拟电压之和,各种 DAC 都是根据这一基本原理设计的。

　　DAC 一般由数据基准电源、电阻解码网络、输出运算放大器和缓冲寄存器等部件组成。

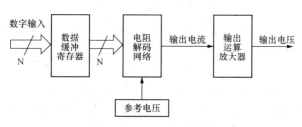

图 11-2　DAC 原理框图

下面介绍几种常用的转换方法。各种 DAC 都可用如图 11-2 所示的框图来概括,其中电阻解码网络是其核心部件,是任何一种 DAC 必备的环节。较完备的 DAC 还包括参考电源、数字接口及输出放大器等环节。

二、权电阻解码网络 DAC

　　权电阻解码网络 DAC 原理图如图 11-3 所示。从结构上看,它是一种最简单的数/模转换器,主要由权电阻解码网络和运算放大器组成,其中虚线框内的权电阻解码网络是实现数/模转换的关键部件。图中解码网络的每一位由一个权电阻和一个双向开关组成,每个开关的左方标出该位的权,开关的右方标出该位的权电阻阻值,它们是一一对应的。权电阻也是按二进制规律排列的,但排列的顺序和权值的排列顺序正好相反,即随着权值按二进制规律递减,权电阻的阻值按二进制规律递增,以保证流经各位权电阻的电流符合二进制规律的要求。

　　各位的开关由该位的二进制代码控制,代码 a_i 为 1 时,开关 S_i 上合,相应的权电阻接向基准电压 V_R;代码 a_i 为 0 时,开关 S_i 下合,相应的权电阻接地。当某一位 a_i 为 1 时,相应的开关 S_i 接到基准电压 V_R。这时流过该位权电阻 R_i 的电流为

$$I_{1i} = a_i \frac{V_R}{R_i} \tag{11-6}$$

式中：R_i 是权电阻，$R_i = 2^i R$。当某位为 0 时，相应的开关接地，没有电流流过相应的权电阻。根据运算放大器的特点，所有各位产生的电流都流向虚地（求和点）点 A，即

$$I_1 = I_{11} + I_{12} + \cdots + I_{1n} = \Sigma_{i=1}^n I_{1i} = \Sigma_{i=1}^n \frac{a_i}{2^i R} V_R \tag{11-7}$$

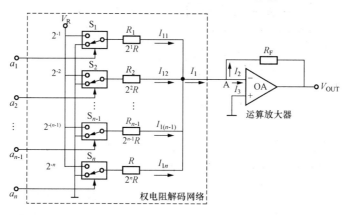

图 11-3   权电阻解码网络 DAC 原理图

流过反馈电阻 R_F 的电流为

$$I_2 = -\frac{V_{OUT}}{R_F} \tag{11-8}$$

由于运算放大器的输入阻抗极高，可以认为 $I_3 = 0$，因此 $I_1 = I_2$，将 I_1、I_2 的值代入，得

$$U_{OUT} = -\Sigma_{i=1}^n \frac{a_i R_F}{2^i R} V_R = -D \frac{R_F}{R} V_R \tag{11-9}$$

从式（11-7）可知，流入虚地点的电流是由代码为 1 的那些位产生的。从式（11-9）可知，转换器的输出电压正比于输入数字量 D，负号表示输出电压的极性与基准电压的极性相反。R_F 为反馈电阻，调整它的阻值可以改变输出电压的范围。

这种方法的优点是电路简单，缺点是需要的电阻阻值种类较多，不易配准。

三、T 形电阻解码网络 DAC

T 形电阻解码网络 DAC 有电压相加型和电流相加型两种。电流相加型的 T 形电阻解码网络 DAC 原理框图如图 11-4 所示。从图中可知，网络中只有 R 和 $2R$ 两种电阻，各节点电阻都接成 T 形，所以称为 T 形电阻解码网络。其中，$I = \frac{V_R}{R}$。

电压相加型的 T 形电阻解码网络 DAC 原理框图如图 11-5 所示。假如输入数字信号为 $d_3 d_2 d_1 d_0 = 0001$，这时只有开关 S_0 接到 V_R，而其他开关都接地，T 形电阻解码网络处在如图 11-6（a）所示的状态。

利用戴维南定理自 AA 端向右逐级化简，则不难看出，经过每一节点后输出电压都要减 1/2，因此加到 S_0 上的 V_R 在 DD 所提供的电压只有 $V_R /2^4$。同理，当 V_R 分别加到 S_1、S_2 和 S_3 上时，在 DD 端所提供的电压将分别为 $V_R /2^3$、$V_R /2^2$ 和 $V_R /2^1$，而 DD 端的等效输出电阻永远等于 R。

根据叠加原理将 V_R 加到每个开关上所产生的输出电压分量叠加，即得到 T 形电阻解码网

络的等效输出电压为

$$V_{\text{E}} = \frac{V_{\text{R}}}{2^4}(d_3 \times 2^3 + d_2 \times 2^2 + d_1 \times 2^1 + d_0 \times 2^0) \tag{11-10}$$

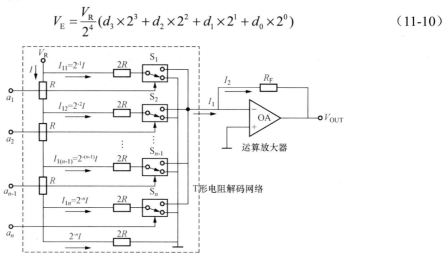

图 11-4　电流相加型的 T 形电阻解码网络 DAC 原理框图

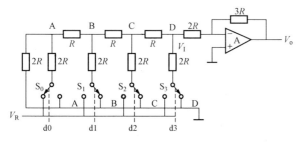

图 11-5　电压相加型的 T 形电阻解码网络 DAC 原理框图

因此，T 形电阻解码网络 DAC 的等效电路可以画成如图 11-6 中（b）所示的形式，于是得到

$$V_{\text{o}} = -V_{\text{E}}$$

$$= -\frac{V_{\text{R}}}{2^4}(d_3 \times 2^3 + d_2 \times 2^2 \tag{11-11}$$

$$+ d_1 \times 2^1 + d_0 \times 2^0)$$

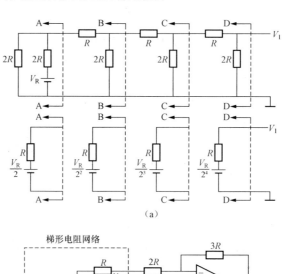

（a）

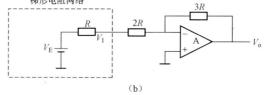

（b）

图 11-6　T 形电阻解码网络及其 DAC 的等效电路
（a）T 形电阻解码网络等效电阻；（b）图 11-5 的等效电路

式（11-11）表示输出电压 V_o 与输入的数字量成正比。对于 n 位的 T 形电阻解码网络 DAC 则有

$$V_o = -\frac{V_R}{2^n}(d_{n-1} \times 2^{n-1} + d_{n-2} \times 2^{n-2} + \cdots + d_1 \times 2^1 + d_0 \times 2^0) \qquad （11-12）$$

当 $n=12$，即 12 位数/模转换时，若输入的二进制数全为 1，则输出为最大，这时 $V_0 = -V_R\left(1 - \frac{1}{2^{12}}\right)$；若输入的二进制数全为 0，则输出为最小 0。所以，12 位 DAC 的输出范围是 $0 \sim V_R\left(1 - \frac{1}{2^{12}}\right)$。

四、开关树形 DAC

开关树形 DAC 由分压器、树状排列的模拟开关和运算放大器组成，如图 11-7 所示。为了简化，该图中只画了 3 位数/模转换器。

分压器由 2^n（n 为数字量位数）个相同阻值的电阻串联构成，把基准电压 V_R 等分为 2^n 份。图 11-7 中 $n=3$，所以分压电阻有 8 个，将基准电压 V_R 等分为 8 份。模拟开关由数字量控制，数字量为 1 时，开关向上合，即接到基准电压相应的分压值上；数字量为 0 时，开关向下合。在图 11-7 中输入数字量为 101，所以 S_1 上合，S_2 下合，S_3 上合，从而运算放大器的同相输入端的电压为

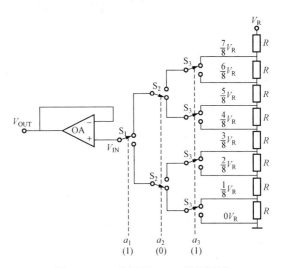

图 11-7 开关树形 DAC 原理框图

$$V_{IN} = \Sigma \frac{a_i}{2^i} V_R = \left(\frac{1}{2^1} + \frac{0}{2^2} + \frac{1}{2^3}\right) V_R = \frac{5}{8} V_R \qquad （11-13）$$

运放接成跟随器形式，起阻抗匹配作用，由于是同相输入，因此输出与输入相位相同。这样既保持了树状开关输出电压的大小和极性，又能减小负载对转换器的影响。

11.2.2 DAC 主要技术参数指标

一、分辨率

分辨率是指其输出模拟量对输入数字量的敏感程度，一般有两种表示法。一种是用输入二进制位数来表示，如分辨率为 n 位的 DAC 就是输入的二进制代码为 n 位；另一种方法是以最低有效位所对应的模拟电压值来表示。如果输入为 n 位，则最低有效位所对应的模拟电压值是满量程电压的 $1/2^n$。若 $n=12$，则分辨率为 12 位，或称分辨率为满量程电压的 1/4096，即 12 位 DAC，其输出分辨率为 1/4096=0.0244%。若满量程电压为 4.096V，则分辨率为 1mV，即最低位对应的输出为 1mV，输入全 1 时对应的输出为 4095mV。

二、精度

精度表明 DAC 的精确程度，它可分为绝对精度和相对精度。

（1）绝对精度。绝对精度是指输入已知数字量时，其理论输出模拟值与实际所测得输出模拟值之差。它是由 DAC 的增益误差、零点误差、线性误差和噪声等综合因素引起的。

（2）相对精度。相对精度是指满量程值校准以后，任一数字输入的模拟输出与它的理论值之差。相对精度一般以满量程电压 V_{FS} 的百分数或以最低有效位（LSB）的分数形式给出。例如，精度 ±0.1% 指的是最大误差为 V_{FS} 的 ±0.1%。如满量程值 V_{FS} 为 10V 时，则最大误差为 $V_E = \pm 10\text{mV}$。

例如，n 位 DAC 的精度为 ±1/2 LSB，则最大可能误差为

$$V_E = \pm \frac{1}{2}\text{LSB} = \pm \frac{1}{2} \times \frac{1}{2^n} V_{FS} = \pm \frac{1}{2^{n+1}} V_{FS} \qquad (11\text{-}14)$$

精度和分辨率是两个截然不同的参数，分辨率取决于转换器的位数，而精度则取决于构成转换器的各个部件的精度和稳定性。

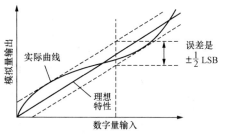

图 11-8　线性误差示意图

三、线性误差

线性误差是指芯片的变换特性曲线与理想特性之间的最大偏差，如图 11-8 所示。图中理想转换特性是在零点和满刻度校准后建立的。线性误差通常以 LSB 的分数值形式给出。高性能 DAC 其线性误差不应大于 ±1/2LSB。

四、微分线性误差

一个理想的 DAC，任意两个相邻的数字码所对应的模拟输出值之差应恰好在一个 LSB 所对应的模拟值。如果大于或小于一个 LSB 就是出现了微分线性误差，其差值就是微分线性误差值。微分线性误差通常也是以 LSB 的分数值的形式给出。微分线性误差为 ±1/2LSB 指的是转换器在整个量程中，任意两个相邻数字码所对应的模拟输出值之差都在 1/2LSB 所对应的模拟值之间。

五、建立时间

建立时间是指输出变化量为满刻度时，达到终值的 ±1/2LSB 以内时所需要的时间，如图 11-9 所示。当输出的模拟量为电流时，建立时间很短；当输出的模拟量为电压时，则建立时间取决于输出运算放大器所需要的时间。建立时间一般在几十纳秒至几微秒。

六、温度系数

温度每变化 1℃ 时，增益、线性度、零点及偏移等参数的变化量称为温度系数。其中影响最大的是增益温度系数。增益温度系数是指周围环境温度变化 1℃ 时所引起的满量程模拟值变化的百分数。

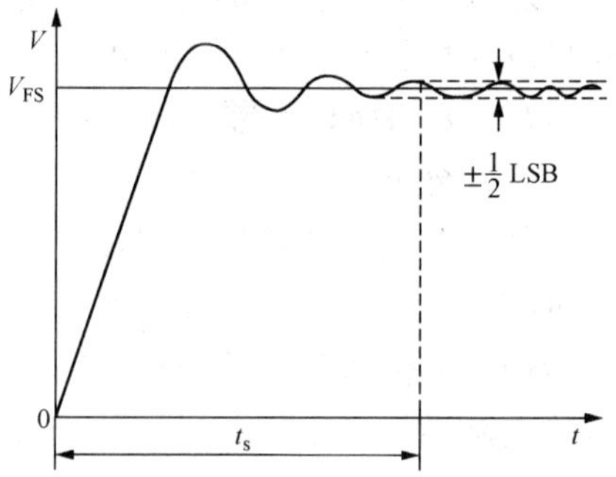

七、失调误差（零点误差）

失调误差是指数字输入全为 0 时，其模拟输出值与理想输出值之间的偏差值，一般用 LSB 的分数值或偏差值相对于满量程的百分数来表示。

图 11-9　DAC 的建立时间

八、增益误差（标度误差）

DAC 的输入与输出传递特性曲线的斜率称为 DAC 转换增益或标度系数，转换器输出的实际增益与理想增益之间的偏差称为增益误差。

11.2.3　DAC（DAC0832）与微处理器的接口

当前使用的 DAC 器件中，既有分辨率和价格均较低的通用 8 位芯片，也有速度和分辨率较高，价格也较高的 16 位乃至 20 位及其以上的芯片；既有电流输出型芯片，也有电压输

出型芯片，即内部带有运算放大器的芯片。

　　根据能否直接和总线相连，目前市场上的 DAC 可以分为两类。一类是芯片内部没有数据输入寄存器，价格也较低，如 AD7520、AD7521、DAC0808 等。这类芯片不能直接和总线相连，需通过并行接口芯片如 74LS273、Intel 8255 等连接。另一类是芯片内部有数据输入寄存器，如 DAC0832、AD7524 等，可以直接和总线相连。本书以 DAC0832 为例，介绍 DAC 芯片的使用方法。

一、8 位数/模转换器 DAC0832

　　DAC0832 是具有 20 条引线的双列直插式 CMOS 器件，它内部具有两级数据寄存器，完成 8 位电流 D/A 转换。它内部包含一个 T 形电阻网络，输出为差动电流信号。要想得到模拟电压输出，必须外接运算放大器。其内部结构框图及引脚如图 11-10 所示。

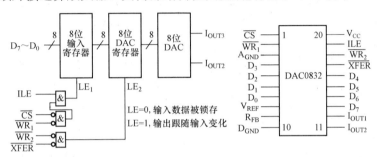

图 11-10　DAC0832 的内部结构框图及引脚

各引线信号可分为：

（1）输入、输出信号。

1）$D_0 \sim D_7$：8 位数据输入线。

2）I_{OUT1} 和 I_{OUT2}：I_{OUT1} 为 DAC 电流输出 1，I_{OUT2} 为 DAC 电流输出 2，I_{OUT1} 与 I_{OUT2} 之和为一常量。

3）R_{FB}：反馈信号输入端，反馈电阻在片内。

（2）控制信号。

1）ILE：允许输入锁存信号，高电平有效。

2）$\overline{WR_1}$ 和 $\overline{WR_2}$：写信号，低电平有效。$\overline{WR_1}$ 为锁存输入数据的写信号，$\overline{WR_2}$ 为锁存从输入寄存器到 DAC 寄存器数据的写信号。

3）$\overline{XFER}$：传送控制信号，低电平有效。

4）$\overline{CS}$：片选信号，低电平有效。

（3）电源和地。

1）V_{CC}：主电源，其范围为 +5～+15V。

2）V_{REF}：参考输入电压，其范围为 −10～+10V。

3）A_{GND} 和 D_{GND}：地线。A_{GND} 为模拟信号地，D_{GND} 为数字信号地，通常将 A_{GND} 和 D_{GND} 相连。

二、DAC0832 的主要技术指标

DAC0832 的主要技术指标有：

（1）分辨率：8 位。

（2）线性误差：（0.05%～0.2%）FSR（满刻度）。

（3）转换时间：1μs。

（4）功耗：20mW。

三、工作方式及线路连接

从图 11-10 可以看出，DAC0832 的内部包括两级锁存器：第一级是 8 位的数据输入寄存器，由控制信号 ILE、$\overline{CS}$ 和 $\overline{WR_1}$ 控制；第二级是 8 位的 DAC 寄存器，由控制信号 $\overline{WR_2}$ 和 $\overline{XFER}$ 控制。根据这两个锁存器使用方法的不同，DAC0832 有三种工作方式。

（1）直通工作方式。将 $\overline{WR_1}$、$\overline{WR_2}$、$\overline{XFER}$ 和 $\overline{CS}$ 接地，ILE 接高电平，就能使得两个寄存器跟随输入的数字量变化，DAC 的输出也同时跟随变化。直通方式常用于连续反馈控制的环路中。此时 0832 就一直处于 D/A 转换状态，即模拟输出端始终跟踪输入端 $D_0 \sim D_7$ 变化。由于这种工作方式下 0832 不能直接与 8088CPU 的数据总线相连接，故在实际工程实践中很少采用。

（2）单缓冲工作方式。将其中一个寄存器工作在直通状态，另一个处于受控的锁存器状态。例如，要想使输入寄存器受控，DAC 寄存器直通，则可将 $\overline{WR_2}$ 和 $\overline{XFER}$ 接数字地，ILE 接+5V。此时，将 $\overline{CS}$ 接端口地址译码器输出，$\overline{WR_1}$ 接 $\overline{IOW}$ 信号，则当 CPU 向输入寄存器的端口地址发出写命令时（即执行指令 OUT<输入寄存器端口地址>，<要转换的数据>），数据就写入输入寄存器。因为 DAC 寄存器为直通状态，所以写入到数据寄存器的数据立刻进行 D/A 交换。在实际应用中，如果只有一路模拟量输出，或虽有几路模拟量但并不要求同步输出，就可采用单缓冲方式。

（3）双缓冲工作方式。两个寄存器都处于受控方式。为了实现两个寄存器的可控，应当给它们各分配一个端口地址，以便能按端口地址进行操作。数/模转换采用两步写操作来完成。可在 DAC 转换输出前一个数据的同时，将下一个数据送到输入寄存器，以提高 D/A 转换速度。此方式还可用于多路数/模转换系统，以实现多路模拟信号同步输出的目的。

在这种工作方式下，CPU 要对 0832 进行两步写操作。①将数据写入输入寄存器。②将输入寄存器的内容写入 DAC 寄存器，具体过程为：当 ILE=1、$\overline{CS} = \overline{WR_1} = 0$ 时，待转换的数据被写入输入寄存器；随后，$\overline{WR_1}$ 由低变高，数据出现在输入寄存器的输出端。在整个 $\overline{WR_1}$ 为高电平期间，输入寄存器的输出端将不再随其输入端的变化而变化，从而保证了在 D/A 转换时数据稳定不变。

锁存在输入寄存器中的数据此时并不能进入 DAC 寄存器，只有当 $\overline{XFER} = \overline{WR_2} = 0$ 时，数据才能写入 DAC 寄存器，并同时启动变换。其连接方法是：ILE 固定接+5V，$\overline{WR_1}$、$\overline{WR_2}$ 均接到 $\overline{IOW}$，而 $\overline{CS}$ 和 $\overline{XFER}$ 分别接到两个端口的地址译码信号线，即 0832 占用两个端口地址。双缓冲工作方式的优点是数据接收和启动转换可以异步进行，可以在 D/A 转换的同时，接收下一个数据，提高模/数转换的速率，它还可用于多个通道同时进行 D/A 转换的场合。DAC0832 的双缓冲连接方式如图 11-11 所示。

由于这种工作方式要求先使数据锁存到输入寄存器，再使数据进入 DAC 寄存器进行 D/A 转换。因此在程序中需要安排两条 OUT 指令。双缓冲方式的程序段如下：

```
MOV AL, DATA
```

```
MOV DX, PORT1            ;输入寄存器端口地址送 DX
OUT DX, AL              ;数据送输入寄存器
MOV DX, PORT2            ;DAC 寄存器端口地址送 DX
OUT DX, AL              ;数据送 DAC 寄存器并启动变换
HLT
```

四、DAC0832 的应用

【例 11-1】 单缓冲数/模转换输出。

解 DAC0832 的单缓冲连接方式如图 11-12 所示。为使 DAC 寄存器处于直通方式，应使 $\overline{WR_2}$ =0 和 $\overline{XFER}$ =0，为此把这两个信号固定接地。为使输入寄存器处于受控锁存方式，应把 $\overline{WR_1}$ 接 $\overline{IOW}$ ，ILE 接高电平。此外还应把 $\overline{CS}$ 接高位地址线或译码器的输出，并由此确定 DAC0832 的端口地址为 380H。输入数据线直接与数据总线相连。

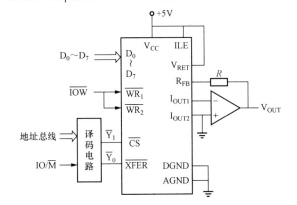

图 11-11 DAC0832 的双缓冲连接方式

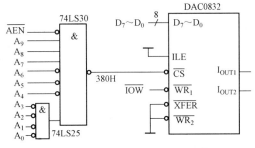

图 11-12 DAC0832 的单缓冲连接方式

将数据区 BUFF 中的数据转换为模拟电压输出的程序如下：

```
stack    segment stack 'stack'
dw       32 dup（0）
stack    ends
data     segment
BUF      DB 12, 34, 56,78
COUNT    EQU  $-BUF
data     ends
code     segment
start    proc far
         assume  ss: stack, cs: code, ds: data
         push ds
         sub ax, ax
         push ax
         mov ax, data
         mov ds, ax
         MOV BX, OFFSET BUF
         MOV CX, COUNT
AGAIN:   MOV DX, 380H
         MOV AL, [BX]
         OUT DX, AL
         INC BX
         MOV AX, 1000              ;等待 DA 转换结束
HERE:    DEC AX
```

```
            JNZ HERE
            LOOP AGAIN
            ret
    start   endp
    code    ends
    end     start
```

【例 11-2】 产生锯齿波。

解　在许多应用中，要求有一个线性增长的锯齿波电压来控制检测过程、移动记录笔或移动电子束等，对此可通过 DAC0832 的输出端接运算放大器来实现，其电路连接如图 11-13 所示。

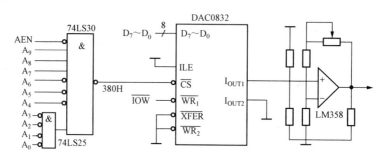

图 11-13　锯齿波产生原理图

产生锯齿波的程序如下：

```
stack   segment stack 'stack'
        dw 32 dup (0)
stack   ends
code    segment
start   proc far
        assume  ss: stack, cs: code
        push ds
        sub ax, ax
        push ax
        MOV DX, 380H
AGAIN:  MOV CX, 100                     ;控制锯齿波的周期
        INC AL
        OUT DX, AL
        LOOP $
        PUSH AX
        MOV AH, 11                      ;11 号 DOS 中断调用,检查标准输入状态
        INT 21H
        CMP AL,0                        ;有输入,AL=FFH;无输入,AL=0
        POP AX
        JE AGAIN                        ;无输入,继续
        ret
start   endp
code    ends
```

```
end    start
```

从锯齿波产生的程序可看出：

（1）程序每循环一次 DAC0832 的输入数字量增加 1，因此实际上锯齿波的上升是由 256 个小阶梯构成的，但由于阶梯很小，因此宏观上看就是线性增长的锯齿波。

（2）可通过循环程序段的机器周期数计算出锯齿波的周期，并可根据需要，通过延时的办法来改变锯齿波的周期。当延迟时间较短时，可用指令 LOOP $ 来实现；当延迟时间较长时，可以使用一个延时子程序，也可以使用定时器来定时。

（3）通过 DAC0832 输入数字量增量，可得到正向的锯齿波。如要得到负向的锯齿波，改为减量即可实现。

（4）程序中数字量的变化范围是 0～255，因此得到的锯齿波是满幅度的。如果要得到非满幅度的锯齿波，可通过计算求得数字量的初值和终值，然后在程序中通过置初值判终值的办法即可实现。

11.3 模/数（A/D）转换器

11.3.1 模/数（A/D）转换器的基本原理

一、逐次逼近式 ADC

逐次逼近式 ADC 是一种普遍应用的 ADC，它可以用较低的成本得到很高的分辨率和速度。逐次逼近式 ADC 主要包括高分辨比较器、高速 DAC 和控制电路，以及逐次逼近寄存器，其结构如图 11-14 所示。逐次逼近式 ADC 在转换时，使用 DAC 的输出电压来驱动比较器的反相端，进行数/模转换时，用一个逐次逼近寄存器存放转换出来的数字量，转换结束时，将数字量送到缓冲寄存器中。

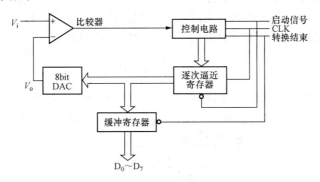

图 11-14 逐次逼近式 ADC 的结构

当启动信号由高电平变为低电平时，逐次逼近寄存器清 0，这时 DAC 的输出电压 V_0 也为 0。当启动信号变为高电平时，转换开始，逼近寄存器开始计数。

逐次逼近寄存器工作时，从最高位开始，通过设置试探值来进行计数。即当第一个时钟脉冲来到时，控制电路把最高位置 1 送到逐次逼近寄存器，使它的输出为 10000000。这个数字送入高速 DAC，使 DAC 的输出电压 V_0 为满量程的 128/255。这时，如果 $V_0 > V_i$，比较器输出为低电平，使控制电路据此清除逐次逼近寄存器中的最高位 D_7，逐次逼近寄存器内容变为 00000000；如果 $V_0 < V_i$，则比较器输出高电平，控制电路使最高位 D_7 的 1 保留下来，逐次

逼近寄存器内容保持为 10000000。下一个时钟脉冲使次低位 D_6 为 1,如果原最高位被保留时,逐次逼近寄存器的值变为 11000000,DAC 的输出电压 V_o 为满量程的 192/255,并再次与 V_i 做比较。如 $V_o > V_i$,比较器输出的低电平使 D_6 复位;如果 $V_o < V_i$,比较器输出高电平,保留次高位 D_6 为 1。重复这一过程,直到 $D_0=1$,再与输入 V_i 比较。经过 N 次比较后,逐次逼近寄存器中得到的值就是转换后的数据。

　　转换结束后,控制电路送出一个低电平作为结束信号,这个信号的下降沿将逐次逼近寄存器的数字量送入缓冲寄存器,从而得到数字量的输出。一般来说,N 位逐次逼近法 ADC,只用 N 个时钟脉冲就可以完成 N 位转换,N 一定时,转换时间则是一常数。

　　逐次逼近法的基本原理和转换过程与物理天平称重相类似,因此逐次逼近法也常称为二分搜索法或对半搜索法。

二、双积分式 ADC

　　双积分式 ADC 的工作原理如图 11-15 所示,电路中的主要部件包括积分器、比较器、计数器和参考电源。

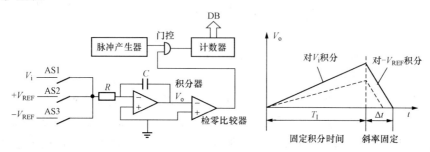

图 11-15　双积分式 ADC 的工作原理

　　其工作过程分为两段时间:T_1 和 Δt。

　　第一阶段,开关 AS_1 将被转换的电压 V_i 接到积分器的输入端,积分器从原始状态(0V)开始积分,积分时间为 T_1,当积分到 T_1 时,积分器的输出电压 V_o 为

$$V_o = -\frac{1}{RC}\int_0^{T_1} V_i \mathrm{d}t \qquad (11\text{-}15)$$

　　第二阶段,T_1 结束后,AS_1 断开,AS_2 或 AS_3 将与被转换电压 V_i 极性相反的基准电压 V_{REF} 接到积分器上,这时,积分器的输出电压开始复原,当积分器输出电压回到起点(0V)时,积分过程结束。设这段时间为 Δt,此时积分器的输出为

$$V_o = \frac{1}{RC}\int_0^{\Delta t} V_{REF}\mathrm{d}t = 0 \qquad (11\text{-}16)$$

即

$$V_o = -\frac{1}{RC}\Delta t V_{REF} \qquad (11\text{-}17)$$

如果被转换电压 V_i 在 T_1 时间内是恒定值,则

$$V_o = -\frac{1}{RC}T_1 V_i \qquad (11\text{-}18)$$

即

$$\Delta t = \frac{T_1}{V_{REF}}\times V_i \qquad (11\text{-}19)$$

式（11-19）中，T_1 和 V_{REF} 为常量，故第二次积分时间间隔 Δt 与被转换电压 V_i 成正比。由图 11-15 可看出，被转换电压 V_i 越大，则 V_O 的数值越大，Δt 时间间隔越长。若在 Δt 时间间隔内计数，则计数值即为被转换电压 V_i 的等效数字值。

三、高速并行式 ADC

在各种 ADC 中，逐次比较器是用的较多的，但它属于串行编码，从最高位至最低位逐位地进行。为了提高转换速率可以采用并行编码结构的 ADC，该结构又称为闪烁式（Flash）或直接式结构。4 位并行比较式 ADC 的工作原理如图 11-16 所示。

假设基准电压 $+V_{REF} = +4V$，经过一串分压电阻得到一系列基准电压 +3.75、+3.50、+3.25V，一直到 +0.50、+0.25V，共 15 个基准电压，这些基准电压分别接到 15 个电压比较器的负向输入端。电压比较器的工作过程是，当正输入端电压（即模拟转换电压 V_i）大于负输入端电压（即分压得到的基准电压）时，该比较器给出数字 1 状态；当正输入端电压小于负输入端电压时，比较器给出数字 0 状态。图 11-16 中在电压比较器的输出端加 D 触发器的目的是使各比较器的输出数字状态在节拍脉冲的作用下读到触发器中寄存，以获得稳定的数字输出。表 11-1 给出了模拟转换电压与 15 个比较器的输出状态（D 触发器的状态）之间的对应关系。而表 11-1 的数字状态还可以进一步变换为相应的二进制码，在此不再赘述。

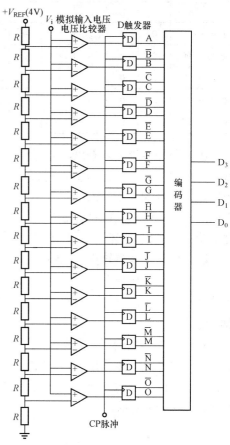

图 11-16　4 位并行比较式 ADC 的工作原理

表 11-1　　　　　　　　　　　模拟电压与比较器输出状态关系表

模拟电压（V）	比较器输出状态（D 触发器状态）														
	A	B	C	D	E	F	G	H	I	J	K	L	M	N	O
3.75～4.00	1	1	1	1	1	1	1	1	1	1	1	1	1	1	1
3.50～3.75	0	1	1	1	1	1	1	1	1	1	1	1	1	1	1
3.25～3.50	0	0	1	1	1	1	1	1	1	1	1	1	1	1	1
3.00～3.25	0	0	0	1	1	1	1	1	1	1	1	1	1	1	1
2.75～3.00	0	0	0	0	1	1	1	1	1	1	1	1	1	1	1
2.50～2.75	0	0	0	0	0	1	1	1	1	1	1	1	1	1	1
2.25～2.50	0	0	0	0	0	0	1	1	1	1	1	1	1	1	1
2.00～2.25	0	0	0	0	0	0	0	1	1	1	1	1	1	1	1
1.75～200	0	0	0	0	0	0	0	0	1	1	1	1	1	1	1
1.50～1.75	0	0	0	0	0	0	0	0	0	1	1	1	1	1	1
1.25～1.50	0	0	0	0	0	0	0	0	0	0	1	1	1	1	1

模拟电压（V）	比较器输出状态（D 触发器状态）														
	A	B	C	D	E	F	G	H	I	J	K	L	M	N	O
1.00~1.25	0	0	0	0	0	0	0	0	0	0	0	1	1	1	1
0.75~100	0	0	0	0	0	0	0	0	0	0	0	0	1	1	1
0.50~0.75	0	0	0	0	0	0	0	0	0	0	0	0	0	1	1
0.25~0.50	0	0	0	0	0	0	0	0	0	0	0	0	0	0	1
0.00~0.25	0	0	0	0	0	0	0	0	0	0	0	0	0	0	0

由上面的讨论可以看出，并行编码的 ADC 转换速率可以很高，原则上完成一次转换只需一个节拍时间。但是，随着位数的增加，所用的电压比较器和 D 触发器的数量将按 2^n 的方式增加，而且加重了输入级负载，同时对电阻等元器件精度和匹配特性也提出了严格要求。比如说一个 10 位的 ADC 需要 1023 个比较器，使得 ADC 的体积和功耗都比较大，因此，这类 ADC 一般位数都不会超过 10 位。

四、电压—频率转换式 ADC

电压—频率转换器简称 VFC。VFC 是将输入电压的幅值转换成频率与输入电压幅值成正比的输出脉冲串的器件。VFC 本身还不能算作量化器，但加上定时与计数器以后就可以实现模/数转换。

VFC 的突出特点是把模拟电压转换成抗干扰能力强、可远距离传送，并能直接送入计算机的脉冲串。只要能测出 VFC 的输出频率，就可以实现模/数转换。频率测量的一般原理是统计一定时间内的脉冲数，所以用 VFC 实现模/数转换时要添加时基电路和计数器，其工作原理如图 11-17 所示。

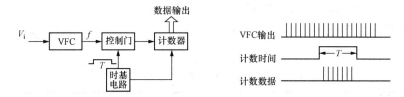

图 11-17　电压—频率转换式 ADC 的工作原理

由图 11-17 可见，用 VFC 构成的 ADC 是由 VFC、控制门、计数器和时基电路组成的。当输入电压 V_i 加到 VFC 的输入端后，便产生频率 f 与 V_i 成正比的脉冲，这些脉冲通过时钟控制门，在单位时间 T 内由计数器计数。计数器每次开始计数时先清 0，这样在每个单位时间内计数器的计数值就正比于输入电压 V_i，从而实现了模/数转换。

用 VFC 构成的 ADC 的分辨率取决于计数器计满时的值 N，只要增加 N 就可以达到任意高的分辨率。因为 N 等于 VFC 的输出频率 f 与时基门脉冲宽度 T 的乘积，即

$$N = fT \tag{11-20}$$

所以要提高分辨率就要增加 VFC 的输出频率 f 和增加门脉冲宽度 T。不过 VFC 一般在 0～10kHz 内精度最高，频率越高精度越差，而门脉冲宽度 T 实际上就是模/数转换的转换时间。换言之，在 f 一定时，分辨率的增加是以牺牲转换时间为代价的。比如用 0～10kHz 的 VFC

构成分辨率达到 0.01%的 ADC，则转换时间 $T=N/f=1s$。

下面对逐次逼近式、双积分式、并行式和电压—频率式的性能进行简要比较。

（1）由于逐次逼近式 ADC 在一个时钟周期内只能完成 1 位转换，而 N 位转换需要 N 个时钟周期，故这种 ADC 的采样速率不高，输入带宽也较低，对常态干扰抑制能力较差。它的优点是原理简单，便于实现，不存在延迟问题，适用于中速率而分辨率要求较高的场合。逐次逼近式 ADC 的转换速率要比积分式高得多。

（2）双积分式 ADC 在许多场合代表了一类计数式转换器，属于间接转换，采用的是积分技术，它们共同的特点是转换速率较低，精度可以做得较高。它们多数是利用平均值转换，所以对常态干扰的抑制能力强，这种 ADC 特别适用于含有噪声信号也需要变换并且不需要修正的慢速场合，如数字式电压表、热电偶输出量化等。

（3）并行比较式 ADC 的转换速率可以达到 1GSPS 以上，是现有各种结构中速度最高、输入/输出延迟最小的电路结构，但其精度一般不易做得很高，常用在要求转换速率特别高的场合。

（4）用 VFC 构成的 ADC 转换速率是最低的，但它的优点是抗干扰性能好，具有良好的精度，与计算机接口简单，便于远距离传输和隔离（如差分或光电隔离）。

11.3.2 ADC 主要技术参数指标

ADC 电路的特性分为静态特性和动态特性。ADC 静态特性参数表征在静态环境下的性能。静态特性参数的测试要求输入信号在转换时间内保持不变。静态特性参数包括精度、失调（或零点）误差、增益误差、积分非线性误差、差分非线性误差及温度系数。ADC 动态特性参数表征 ADC 电路在动态环境下的性能。动态特性参数的测试是动态的 t，也就是说输入信号是时间的函数。ADC 的动态特性远比静态特性复杂得多，表征动态特性的参数比较多，它包括信噪比（ SNR）、信噪失真比（SINAD）、有效位数（ENOB）、总谐波失真（ THD）、无杂散信号动态范围（SFDR）、满功率带宽（FPBW）、互调失真（IMD）、过电压恢复时间、瞬态响应时间、上升时间及下降时间。除了这些动态特性参数以外，还有转换时间、孔径延迟、孔径抖动、输出传输延迟、输出保持时间、输出时滞等。下面介绍主要的技术参数指标。

一、分辨率（Resolution）

对于 ADC 来说，分辨率表示输出数字量变化一个相邻数码所需要输入模拟电压的变化量。它通常定义为满刻度电压与 2^N 的比值，其中 N 为 ADC 的位数。例如，具有 12 位分辨率的 ADC 能够分辨出满刻度的 $1/2^{12}$（0.0244%）。若满刻度为 10V，则分辨率为 2.44mV。有时分辨率也用 ADC 的位数来表示，如 ADC0809 的分辨率为 8 位。

二、量化误差（Quantizing Error）

量化误差是由于 ADC 的有限分辨率引起的误差，这是连续的模拟信号在整数量化后的固有误差。对于四舍五入的量化法，量化误差在±1/2LSB 之间，这个量化误差的绝对值是转换器的分辨率和满刻度量程范围的函数。

三、偏移误差（Offset Error）

偏移误差是指输入信号为零时，输出信号不为零的值，所以有时也称为零值误差。测量偏移误差时可以从零不断地增加输入电压的幅值，并观察 ADC 的输出数值的变化，当发现输出数码从 00……00 跳至 00……01 时，停止增加电压输入，并记下此时的输入电压值。这个输入电压值与 1/2LSB 的理想输入电压值之差，便是所求的偏移误差。ADC 的偏移误差如

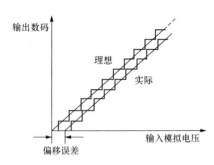

图 11-18　ADC 的偏移误差

图 11-18 所示。

偏移误差通常是由于放大器或比较器输入的偏移电压或电流引起的。一般在 ADC 外部加一个调节用的电位器便可将偏移误差调至最小。偏移误差也可用满刻度的百分数表示。

四、满刻度误差（Full Scale Error）

满刻度误差又称为增益误差（Gain Error）。ADC 的满刻度误差是指满刻度输出数码所对应的实际输入电压与理想输入电压之差。一般满刻度误差的调节在偏移误差调整后进行。

五、积分非线性（Integral Nonlinearity）

积分非线性（也称线性误差，Linearity Error）表示任一代码与传输函数的两个端点所连直线的最大偏差。传输函数的一个端点是负的满量程，低于第一个转换点 0.5LSB 处；而另一个端点是正的满量程，高于最后一个转换点 0.5LSB 处，误差用 LSB 作单位。

六、差分非线性（Differential Nonlinearity）

差分非线性表示 ADC 中两个相邻代码之间变化 1LSB 时测量值与理想值的偏差。

七、绝对精度（Absolute Accuracy）

在一个 ADC 中，任何数码所相对应的实际模拟电压与其理想的电压值之差并非是一个常数，把这个差的最大值定义为绝对精度。

八、相对精度（Relative Accuracy）

它与绝对精度相似，所不同的是把这个最大偏差表示为满刻度模拟电压的百分数。

九、转换速率（Conversion Rate）

ADC 的转换速率就是重复进行数据转换的速度，即每秒转换的次数。

十、转换时间（Conversion Time）

转换时间是完成一次模/数转换所需要的时间（包括数据稳定时间）。转换时间是转换速率的倒数。

十一、理论信噪比（Signal-to-noise Ratio，SNR）

SNR 定义为在给定的输入和采样频率下，满量程正弦模拟输入信号的基频幅度的均方根（RMS）与除直流和谐波以外的所有频谱分量的 RMS 之和的比值，即

$$\text{SNR} = 20\lg\left(\frac{S}{N}\right)\text{dB} \tag{11-21}$$

式中，S 是正弦模拟输入信号的 RMS，为其峰峰值除以 $2\sqrt{2}$；N 是包括量化噪声、热噪声等所有噪声源之和的 RMS，这里只考虑量化噪声（即量化误差）。ADC 的理论信噪比值为 SNR=6.02N+1.763，N 为 ADC 的标称转换位数。

十二、信噪失真比（Signal-to-noise Ratio And Distortion，SINAD）

SINAD 定义为在给定的输入和采样频率下，满量程正弦模拟输入信号的基频幅度的 RMS 与除直流以外的所有频谱分量（包括谐波分量和本底噪声）的 RMS 之和的比值，即

$$\text{SINAD} = 20\lg\left(\frac{S}{N+D}\right)\text{dB} \tag{11-22}$$

式中，S 和 N 与式（11-21）定义一样，D 是各次谐波（除直流外）频率分量的 RMS 之和。SINAD 综合考虑了信噪（SNR）和总谐波失真（THD）这两个动态参数，是衡量转换电路动态范围宽窄的一个重要指标，也更好地反映了转换电路的动态失真。

十三、无杂散动态范围（Spurious Free Dynamic Range，SFDR）

SFDR 定义为在给定的频率范围内，基波（最大信号分量）的 RMS 与最大失真分量（除直流以外）的 RMS 之比。

十四、有效转换位数（Effective Number Of Bits，ENOB）

ENOB 定义为 ADC 电路的实际转换位数。不考虑过采样，当满量程单频理想正弦波输入时，ENOB 可表示为

$$ENOB = \frac{SINAD - 1.76}{6.02} \qquad （11-23）$$

当 ADC 的总谐波失真 THD 一定时，有效位数 ENOB 取决于 SNR。ADC 的 SNR 越高，其 ENOB 就越高。对于理想的 ADC 电路，其误差完全由噪声确定，但在实际的 ADC 电路中，测量误差还包括量化误差、丢码、交流非线性、直流非线性、采样抖动误差等。此外，电路电源上的噪声及 ADC 器件的基准源上的噪声也会降低转换电路的 ENOB。

11.3.3　ADC（ADC0809）与微处理器的接口

A/D 转换器芯片的种类很多，比如以 ADC0801、ADC0802、AD570 为代表的逐次逼近式 A/D 转换器；以 ICL7135、ICL7109 为代表的双积分式 A/D 转换器等。本书以较为常用的 A/D 转换器 ADC0809 为例，介绍 A/D 芯片与微型机系统的连接及应用。

ADC0809 是逐位逼近型 8 位单片 A/D 转换芯片。片内含 8 路模拟开关，可允许 8 路模拟量输入。片内带有三态输出缓冲器，因此可直接与系统总线相连。它的转换精度和转换时间都不是很高，但其性价比有较明显的优势，且教学内容清晰易懂。

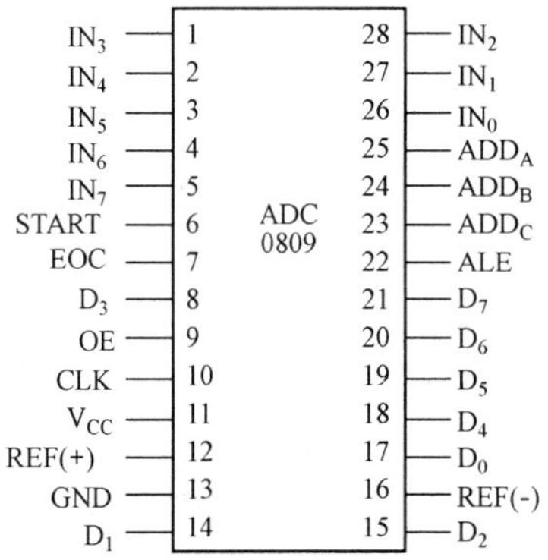

图 11-19　ADC0809 的外部引脚

一、ADC0809 的外部引脚及内部结构

（1）ADC0809 的外部引脚。ADC0809 的外部引脚如图 11-19 所示，共有 28 根引脚。

1）$D_0 \sim D_7$：输出数据线。

2）$IN_0 \sim IN_7$：8 路模拟电压输入端，可连接 8 路模拟量输入。

3）ADD_A，ADD_B，ADD_C：通道地址选择，用于选择 8 路中的 1 路输入。

4）START：启动信号输入端，下降沿有效。在启动信号的下降沿，启动变换。

5）ALE：通道地址锁存信号，用来锁存 $ADD_A \sim ADD_C$ 端的地址输入，上升沿有效。

6）EOC：变换结束状态信号，当该引脚输出低电平时表示正在变换，输出高电平则表示一次变换已经结束。

7）OE：读允许信号，高电平有效。在其有效期间，CPU 将转换后的数字量读入。

8）CLK：时钟输入端。

9）REF（+），REF（−）：参考电压输入端。

10）V_{CC}：5V 电源输入。

11）GND：地线。

ADC0809 需要外接参考电源和时钟。外接时钟频率为 10kHz～1.2MHz。

（2）ADC0809 的内部结构。ADC0809 的内部结构如图 11-20 所示，它主要由 3 部分组成：

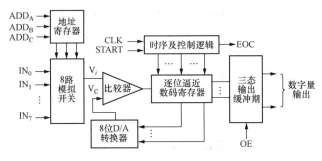

图 11-20　ADC0809 内部结构

1）模拟输入选择部分。它由一个 8 路模拟开关和地址锁存与译码电路组成。通过输入的 3 位地址信号由锁存器锁存，经译码电路译码后控制模拟开关选择相应的 8 路模拟输入通道。

2）转换器部分。包括比较器、8 位 D/A 转换器、逐位逼近寄存器以及控制逻辑电路等。

3）输出部分。包括一个 8 位三态输出缓冲器。

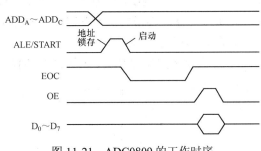

图 11-21　ADC0809 的工作时序

二、ADC0809 的工作过程

ADC0809 的工作时序如图 11-21 所示。外部时钟信号通过 CLK 端进入其内部控制逻辑电路，作为转换时的时间基准。由图 11-21 可以看出 ADC0809 的工作过程如下：

（1）CPU 发出 3 位通道地址信号 ADD_A、ADD_B、ADD_C。

（2）在通道地址信号有效期间，使 ALE 引脚上产生一个由低到高的电平变化，即脉冲上跳沿，它将输入的 3 位通道地址锁存到内部地址锁存器。

（3）给 START 引脚加上一个由高到低变化的电平，启动 A/D 变换。

（4）变换开始后，EOC 引脚呈现低电平，一旦变换结束，EOC 又重新变为高电平。

（5）CPU 在检测到 EOC 变为高电平后，输出一个正脉冲到 OE 端，将转换结果取走。

三、ADC0809 的主要技术指标

ADC0809 的主要技术指标有：

（1）分辨率：8 位。

（2）转换时间：100μs。

（3）电源：单电源 0～+5V。

四、ADC0809 与系统的连接方法

（1）输入模拟量。输入模拟信号分别连接到 IN_0～IN_7 端。当前要转换哪一路通过 ADD_C～ADD_A 的不同编码来选择。0809 内部含有地址锁存器，CPU 可通过一个输出接口（如 74LS273、74LS373、8255 等），把通道地址编码送到通道地址信号端。

（2）数据信号。ADC0809 芯片的 D_7～D_0 输出端带有三态缓冲器，所以它可以直接连接

到系统数据总线上。但考虑到驱动及隔离的因素，通常总是用一个输入接口与系统连接。

（3）启动变换信号。ADC0809 采用脉冲启动方式。通常将 START 和 ALE 连接在一起作为一个端口看待。因为 ALE 是上升沿有效，而 START 是下降沿有效，这样连接就可用一个正脉冲来完成通道地址锁存和启动转换两项工作。初始状态下使该端口为低电平。当通道地址信号输出后，CPU 往该端口送出一个正脉冲，其上升沿锁存地址，下降沿启动变换。

（4）状态信号 EOC 的连接。判断一次 A/D 转换是否结束有以下方法：

1）软件延时方式。编写延时程序，使延时时间大于等于 A/D 变换时间，延时时间到，读取转换结果。一般来说，这种方式的实时性要差一些。

2）查询方式。转换过程中，CPU 通过程序不断地读取 EOC 端的状态，在读到其状态为"1"时，则表示一次转换结束。

3）中断控制方式。可将 0809 的 EOC 端接到中断控制器 8259 的中断请求输入端，当 EOC 端由低电平变为高电平时（转换结束），即产生中断请求。CPU 在收到该中断请求信号后，读取转换结果。由于 A/D 变换的过程需要一定的时间，因此采用中断控制方式 CPU 效率最高。

五、ADC0809 的应用

【例 11-3】 数据采集。ADC0809 主要用于数据采集系统中，可以实现对 8 路模拟输入信号的循环数据采集。现以图 11-22 为例，编写 8 路模拟输入信号的循环数据采集程序。设转换结果（数字量）放在 DATA 为首的内存单元中。

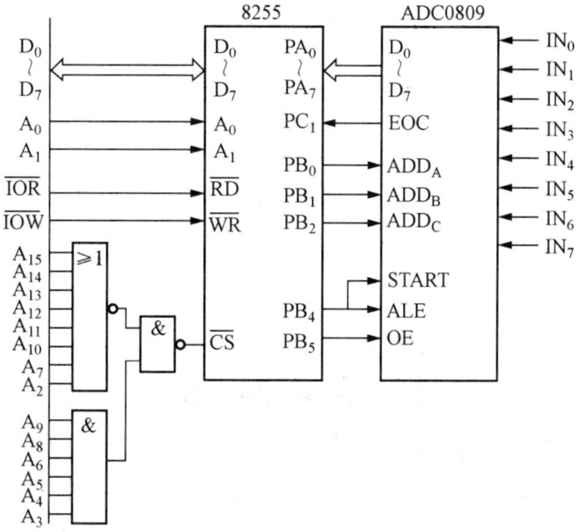

解 由图 11-22 可知，8255 的地址为 0378H～037BH，A、B、C 三个端口均工作在方式 0，A 口作为输入口，用来输入转换后的结果；B 口作为输出口，用来输出通道地址（PB_2～PB_0）、发出地址锁存信号和启动转换信号（PB_4）；C 口低 4 位为输入口，用来读取转换状态，高 4 位没有使用。

图 11-22 ADC0809 的系统图

8255 并口初始化程序如下：

```
INIT_8255  PROC NEAR          ;8255 初始化
           MOV DX. 037BH
           MOV AL, 91H        ;A、B、C 均为方式 0,A 输入,B 输出,C 输入
           OUT DX, AL
           RET
INIT_8255  ENDP
```

ADC0809 数据采集程序如下：

```
START:  MOV AX, SEG DATA
        MOV DS, AX
        MOV SI, OFFSET DATA
        CALL INIT_8255        ;初始化 8255
```

```
            MOV  BL, 0              ;通道号,初始指向第 0 路
            MOV  CX, 8             ;共采集 8 次,每路采集一次
    AGAIN:  MOV AL, BL
            MOV DX, 0379H          ;PB 赋值
            OUT DX, AL            ;送通道地址
            OR AL, 10H
            OUT DX, AL            ;送 ALE 信号(上升沿)
            AND AL, 0EFH
            OUT DX, AL            ;输出 START 信号(下降沿)
            NOP                   ;空操作等待转换
            MOV DX, 037AH          ;PC
    WAIT1:  IN AL, DX            ;读 EOC 状态
            AND AL, 02H
            JZ WAIT1             ;若 EOC 为低电平则等待
            MOV DX, 0379H
            MOV AL, BL
            OR AL, 20H
            OUT DX,AL            ;EOC 端为高电平,则输出读允许信号 OE=1
            MOV DX, 0378H
            IN AL, DX            ;读入变换结果
            MOV [SI], AL          ;将转换的数字量送存储器
            INC SI
            INC BL               ;修改通道地址值
            LOOP AGAIN           ;若未采集完,则再采集下一路数据
            MOV DX, 0379H
            MOV AL, 0
            OUT DX, AL           ;若 8 路数据已采集完,则回到初始状态
            HLT
```

以上就是 8 路模拟量的数据采集程序,每执行一次该程序,数据段中以 DATA 为首地址的顺序单元中就会存放 $IN_0 \sim IN_7$ 端模拟信号所对应的 8 位数字量。该程序通过查询 EOC 端口的状态来判断是否一次变换结束。用中断或延时的方法来决定是否转换结束的程序,留给读者自行考虑。

另外,在上述程序中,我们利用程序对读允许信号 OE 进行控制。实际上,也可将该端直接接到+5V 上,这样就可以将程序中对 OE 控制的指令删去。

习 题 与 思 考 题

11-1　双积分式 ADC 的原理是什么?这种形式的 ADC 具有什么特点?

11-2　简述逐次逼近式 ADC 的工作原理。试设计一个软件体现该 ADC 的思想。

11-3　电压—频率转换式 ADC 的原理是什么?这种形式的 ADC 具有什么特点?

11-4　试比较逐次逼近式、双积分式、并行比较式和电压—频率转换式 ADC 的优缺点及应用场合。

11-5　简述 CPU 与 ADC 数据传输的方式。

11-6　提高 ADC 电路性能的方法有哪些?

11-7　简述 ADC 的主要技术参数指标。

11-8　简述 DAC 的主要技术参数指标。

11-9　参考图 11-2，简述 DAC 的工作原理。

11-10　参考图 11-3，简述权电阻解码网络 DAC 的工作原理。

11-11　参考图 11-4，简述 T 形电阻解码网络 DAC 的工作原理。

11-12　参考图 11-7，简述开关树形 DAC 的工作原理。

11-13　一片没有数据锁存器的 8 位 D/A 接口芯片的 I/O 端口地址为 260H，画出接口电路图（包括地址译码电路），编写输出 15 个台阶的正向阶梯波的控制程序。

11-14　利用 DAC 0832 输出周期性的方波，画出原理图并写出控制程序。

11-15　利用 DAC 0832 输出周期性的三角波，画出原理图并写出控制程序。

11-16　利用 DAC 0832 输出周期性的正弦波，画出原理图并写出控制程序。

11-17　12 位 D/A 接口芯片 DAC1210 的工作原理与 DAC0832 基本相似，其内部结构如图 11-23 所示。画出 DAC1210 与 8 位数据线的接口电路图，写出输出周期性锯齿波的程序。

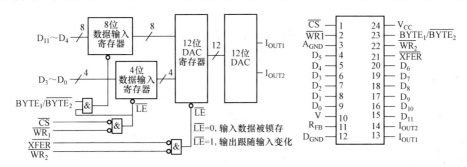

图 11-23　DAC1210 的内部结构

11-18　A/D 芯片 ADC 0816 与 ADC 0808/0809 基本相似，但 ADC 0816 为 16 个模拟输入通道（通道选择引线为 $ADD_D \sim ADD_A$）。请用查询方式设计一数据采集接口电路，并编写对 16 路模拟量循环采样一遍的程序，采集数据存入数据区 BUFF 中。要求设计地址译码电路，I/O 端口地址为 260H～26FH。

11-19　设被测温度的变化范围为 0～100℃，若要求测量误差不超过 0.1℃，则应选用分辨率为多少位的 A/D 转换器？

11-20　将一个工业现场的非电物理量转换为计算机能够识别的数字信号主要需经过哪几个过程？

第 12 章 MCS-51 单片机原理及程序设计基础

单片机是指在一个芯片上集成了中央处理器、存储器和各种 I/O 接口的微机，它主要面向控制性应用领域，因此又称为嵌入式微控制器。本章主要介绍目前主流的 Intel 公司的 MCS-51 系列单片机的特点、发展历史、基本的硬件结构，重点讲述 MCS-51 系列单片机的指令体系，并给出数据传送类指令、逻辑运算类指令、算术运算类指令、控制转移类指令和布尔处理类指令的指令集以及应用实例，同时介绍汇编语言程序常用的延时、数码转换、查表等分析方法。本章难点是单片机的时钟电路、取指和执行时序、存储器结构、指令格式和各种实际应用程序。

12.1　单片机特点及其发展状况

12.1.1　单片机的特点

单片机之所以深受各个领域的广大用户欢迎，是因为它具有以下特点：

（1）体积小、价格低廉、面向控制。单片机最突出的特点是一块芯片就是一台功能完整的计算机。例如：Intel 公司推出的 8 位高档 MCS-51 系列单片机就在同一块芯片上集成了 8 位强功能 CPU、时钟振荡器、4K（或 8K）字节的程序存储器 ROM（或 EPROM）、128（或 256）字节的数据存储器 RAM、多个特殊功能寄存器、32 线并行 I/O 口、全双工串行 I/O 口、2 个 16 位定时器/计数器、5 个中断源等，可分别寻址 64K 字节的外部扩展存储器 RAM 和 ROM 空间，并且有很强的位寻址和位处理功能。

（2）便于产品小型化、智能化。由于单片机具有体积小、功能强、价格低廉等特点，因此广泛应用于电子仪器仪表、家用电器、自动控制设备、节能装备、军事装备、计算机外设、机器人、工业控制等方面。

（3）研制周期短、可靠性高。一般微机应用于控制系统的研制周期长，需进行二次开发，而单片机借助简易开发装置的支持，能在实际环境中开发，即在线开发。一旦开发成功，即可付诸实际使用。

12.1.2　单片机的发展过程

随着超大规模集成电路的发展，单片机已从 4、8 位字长，发展到 16、32 位字长。在单片机的发展历程中，主要的生产厂商有 Intel、Motorola、Zilog、Siemens 和 Philips 等公司，其中以 Intel 公司的产品在国内应用最广。单片机按内部数据通道的宽度可分为 4、8、16 位及 32 位单片机。因此，单片机的发展先后经历了 4、8、16 位和 32 位等阶段。虽然如此，但从实际使用情况看，却并没有出现推陈出新、以新代旧的局面。4、8、16 位和 32 位单片机仍各有应用领域，8 位单片机由于功能强，被广泛用于工业控制、智能接口、仪器仪表等各个领域。8 位单片机在中、小规模应用场合仍占主流地位，代表了单片机的发展方向，在单片机应用领域发挥着越来越大的作用。

本章以当前最有代表性和应用最广泛的 MCS-51 单片机为例，简要介绍单片机的原理及程序设计基础。

12.2　MCS–51 单片机的硬件结构

MCS-51 的典型产品有 51 和 52 两个子系列，其中 51 子系列又可分为 8031、8051、8751、89C51 4 种。本书主要介绍 51 子系列，51 子系列的 4 种产品区别在于 8031 片内无 ROM 程序存储器，8051 片内有 4KB ROM 程序存储器，8751 片内有 4KB EPROM 程序存储器，89C51 片内有 4KB FLASH E^2PROM 程序存储器。除此之外，4 种产品的内部结构及引脚完全相同。

12.2.1　MCS-51 系列单片机的结构特点

就 CPU 的结构来说，通用微机的 CPU 内部有一定数量的通用或专用寄存器，而 MCS-51 系列单片机则在数据 RAM 区开辟了一个工作寄存器区。该区共有 4 组，每组都有 R0～R7 共 8 个寄存器，共计可提供 32 个工作寄存器，相当于普通微机 CPU 中的通用寄存器。除此之外，MCS-51 系列单片机还有颇具特色的 21 个特殊功能寄存器 SFR，相当于普通微机 CPU 中的专用寄存器和 I/O 接口中的寄存器。MCS-51 系列单片机在存储器结构上与普通微机也有不同之处，普通微机中程序存储器和数据存储器是一个地址空间，而 MCS-51 单片机把程序存储器和数据存储器分成两个独立的地址空间，采用不同的寻址方式，使用两个不同的地址指针寻址，PC 指向程序存储器，DPTR 指向数据存储器。

MCS-51 系列单片机在 I/O 接口方面的特点是，通道口引线在程序的控制下都可有第二功能，可由用户系统设计者灵活选择。例如，数据线和地址线的低 8 位可分时复用通道 0（即 P0），而控制线与 I/O 信号线也可合用通道 3（即 P3）。由于存储器和接口都在片内，故给应用提供了方便，往往只在其引脚处增加驱动器即可简化接口设计工作，从而提高单片机与外设数据交换的处理速度。

MCS-51 系列单片机的另一个显著特点是，内部有一个全双工串行口，即可同时发送和接收；有两个物理上独立的接收、发送缓冲器。发送缓冲器只能写入不能读出，接收缓冲器只能读出不能写入。在程序的控制下，串行口能工作于 4 种方式，用户可根据需要，设定为移位寄存器方式以扩展 I/O 口和外接同步输入输出设备，或用作异步通信口以实现双机或多机通信，从而极为方便地组成分布式控制系统。

52 子系列 8032/8052/8752/89C52 单片机是分别把 8031/8051/8751/89C51 的片内 RAM 和 ROM 增大 2 倍，同时把 16 位计数器增为 3 个 16 位。

MCS-51 系列单片机每一类芯片的 RAM 和 ROM 根据工艺的许可和用户的要求，一般有片内带掩膜 ROM、片内带 EPROM 和外接 EPROM 3 种形式，其中片内带掩膜型 ROM 适合于定型大批量应用产品的生产，片内带 EPROM 适合于研制产品样机，外接 EPROM 适用于研制新产品，这是 Intel 公司的首创且已成为单片机的统一规范。此外，Intel 公司还推出了片内带 E^2PROM 型的单片机。

12.2.2　MCS-51 系列单片机的内部结构和外部引脚

一、内部结构

MCS-51 系列单片机的内部结构如图 12-1 所示。MCS-51 系列单片机组成结构中包含运算器、控制器、片内存储器、并行 I/O 口、串行 I/O 口、定时/计数器、中断系统、振荡器等功能部件。图 12-1 中，SP 是堆栈指针寄存器，PC 是程序计数器，PSW 是程序状态字寄存器，DPTR 是数据指针寄存器。

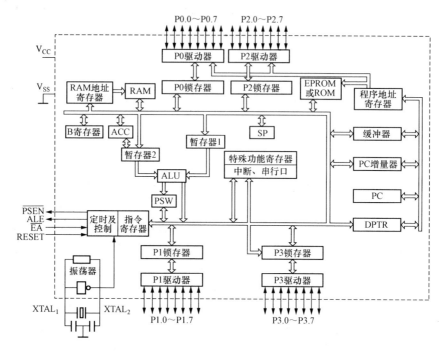

图 12-1　MCS-51 单片机的内部结构

二、外部引脚

MCS-51 单片机的封装有两种形式：双列直插式（DIP）封装和方形封装。HMOS 工艺的 8031 单片机采用 40 个引脚的 DIP 封装，而 CHMOS 工艺的 8031 单片机除采用 DIP 封装外，还采用方形封装形式。HMOS 工艺的 MCS-51 单片机的双列直插式封装引脚如图 12-2（a）所示，方形封装引脚如图 12-2（b）所示，总线结构如图 12-2（c）所示。

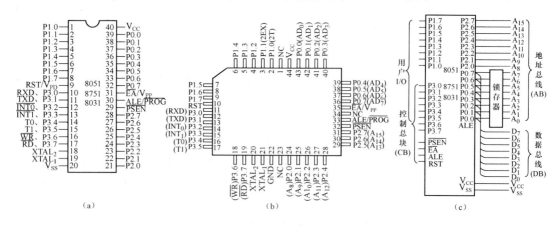

图 12-2　MCS-51 系列单片机引脚及总线结构

（a）双列直插式封装引脚；（b）方形封装引脚；（c）总线结构

下面分别说明 DIP 封装的 40 个引脚的功能：

（1）电源及复位引脚。

1）V_{CC}：电源端，接+5V。

2）V_{SS}：接地端。

3）RST/V_{PD}：RST 为 RESET，V_{PD} 为备用电源。该引脚为单片机的上电复位或掉电保护端。当单片机振荡器工作时，该引脚上出现持续两个机器周期的高电平，就可实现复位操作，使单片机回复到初始状态。当 V_{CC} 电源降低到低电平时，RST/V_{PD} 线上的备用电源自动投入，以保证片内 RAM 中的信息不丢失。

4）$\overline{EA}$/U_{PP}：$\overline{EA}$ 为片内外程序存储器选用端。该引脚为低电平时，只选用片外程序存储器；该引脚为高电平时，先选用片内程序存储器，然后选用片外程序存储器。V_{PP} 为片内 EPROM 编程电压输入端，当用作编程时，输入 21V 编程电压。

（2）晶体振荡器接入或外部振荡信号输入引脚。

1）XTAL₁：晶体振荡器接入的一个引脚。采用外部振荡器时，此引脚接地。

2）XTAL₂：晶体振荡器接入的另一个引脚。采用外部振荡器时，此引脚作为外部振荡信号的输入端。

（3）地址锁存及外部程序存储器编程脉冲信号输出引脚。

ALE/$\overline{PROG}$：地址锁存允许信号输出/编程脉冲输入引脚。ALE 为地址锁存允许信号输出引脚，当 8051 单片机上电正常工作时，自动在该引脚上输出频率为 f_{osc}/6 的脉冲序列。当 CPU 访问外部存储器时，此信号作为锁存低 8 位地址的控制信号。$\overline{PROG}$ 为编程脉冲输入引脚，在对片内 ROM 编程写入时，作为编程脉冲输入端。

（4）外部程序存储器选通信号输出引脚。

$\overline{PSEN}$：外部程序存储器选通信号，低电平有效。当从外部程序存储器读取指令或数据期间，每个机器周期该信号两次有效，以通过数据总线 P0 口读取指令或数据。

（5）I/O 引脚。

1）P0.0～P0.7：P0 口为 8 位数据/低 8 位地址复用总线端口。

2）P1.0～P1.7：P1 口为 8 位静态通用 I/O 口。

3）P2.0～P2.7：P2 口为 8 位高位地址总线端口。

4）P3.0～P3.7：P3 口为 8 位双功能端口。

12.2.3　时序电路与时序

单片机的工作过程：取一条指令，译码，微操作；再取一条指令，译码，微操作……各指令的微操作在时间上有严格的次序，这种微操作的时间次序就称为时序。因此，单片机的时序就是 CPU 在执行指令时所需控制信号的时间顺序。单片机的时钟信号用来为芯片内部各种微操作提供时间基准。

一、8051 的时钟产生方式

8051 的时钟产生方式分为内部振荡方式和外部时钟方式两种方式。图 12-3（a）所示为内部振荡方式，利用单片机内部的反向放大器构成振荡电路，在 XTAL₁（振荡器输入端）、XTAL₂（振荡器输出端）的引脚上外接定时元件，内部振荡器产生自激振荡。外接元件有晶振和电容，它们组成并联谐振电路。晶体振荡器（简称晶振）的振荡频率在 1.2～12MHz 之间选取，典型值为 12MHz 和 6MHz；电容在 5～30pF 之间选取，有快速起振、稳定晶振频率和微调频率的作用。图 12-3（b）所示为外部时钟方式，把外部已有的时钟信号引入到单片机内。此方式常用于多片 8051 单片机同时工作，以便于各单片机的同步。一般要求外部信号高电平的持续时间大于 20ns，且为频率低于 12MHz 的方波。应注意的是，外部时钟要由 XTAL2 引脚引入，由于此引脚的电平与 TTL 不兼容，故应接一个 5.1kΩ 的上拉电阻。XTAL1 引脚应接地。

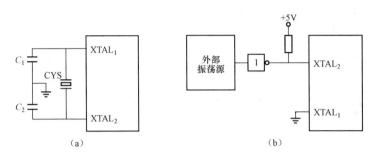

图 12-3　8051 的时钟产生方式

（a）内部振荡方式；（b）外部时钟方式

二、8051 的时钟信号

8051 单片机内晶体振荡器的振荡周期（或外部引入时钟信号的周期），是指为单片机提供时钟脉冲信号的振荡源的周期，是最小的时序单位。所以，片内的各种微操作都以晶振周期为时序基准。它也是单片机所能分辨的最小时间单位。

8051 单片机的时钟信号如图 12-4 所示。晶振频率经分频器 2 分频后形成两相错开的时钟信号 P1 和 P2。时钟信号的周期称为时钟周期，也称为机器状态周期，它是振荡周期的 2 倍，是振荡周期经 2 分频后得到的。即一个时钟周期包含两个振荡周期。在每个时钟周期的前半周期，相位 1（P1）信号有效；在每个时钟周期的后半周期，相位 2（P2）信号有效。每个时钟周期（常称状态 S）有两个节拍（相）P1 和 P2，CPU 就是以两相时钟 P1 和 P2 为基本节拍指挥 8051 的各个部件协调地工作。

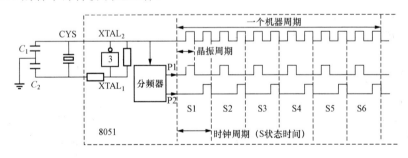

图 12-4　8051 单片机的时钟信号

CPU 完成一种基本操作所需要的时间称为机器周期（也称 M 周期）。一个机器周期由 12 个振荡周期或 6 个状态周期构成，在一个机器周期内，CPU 可以完成一个独立的操作。由于每个 S 状态有两个节拍 P1 和 P2，因此每个机器周期的 12 个振荡周期可以表示为 S1P1，S1P2，S2P1，S2P2，…，S6P1，S6P2。

CPU 执行一条指令所需要的时间称作指令周期。8051 单片机的指令按执行时间可以分为三类：单周期指令、双周期指令和四周期指令。四周期指令只有乘法、除法两条指令。晶振周期、时钟周期、机器周期和指令周期均是单片机的时序单位。晶振周期和机器周期是单片机内计算其他时间值（如波特率、定时器的定时时间等）的基本时序单位。

若外接晶振频率为 $f_{osc}=12MHz$，则 4 个基本周期的具体数值为：振荡周期$=1/12\mu s$，时钟周期$=1/6\mu s$，机器周期$=1\mu s$，指令周期$=1$、2、$4\mu s$。

三、8051 的取指令和执行指令时序

每一条指令的执行都可以分为取指和执行两个阶段。在取指阶段，CPU 从内部或外部 ROM 中取出需要执行的指令的操作码和操作数。在执行阶段对指令操作码进行译码，以产生一系列控制信号完成指令的执行。

（1）单周期指令的时序如图 12-5 所示。对于单周期单字节指令，在 S1P2 把指令码读入指令寄存器并开始执行指令，但在 S4P2 读下一指令的操作码要丢弃且 PC 不加 1。对于单周期双字节指令，在 S1P2 把指令码读入指令寄存器并开始执行指令，在 S4P2 读入指令的第二字节。无论是单字节还是双字节，均在 S6P2 结束该指令的操作。

（2）单字节双周期指令的时序如图 12-6 所示。对于单字节双周期指令，在两个机器周期之内要进行 4 次读操作，只是后 3 次读操作无效。在图 12-6 中还示出了地址锁存允许信号 ALE 的波形。

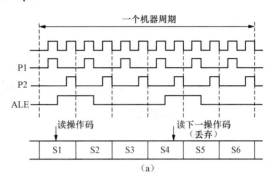

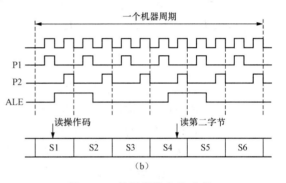

图 12-5　单周期指令的时序
（a）单字节指令；（b）双字节指令

许信号 ALE 的波形。可以看出，在片外存储器不作存取时，每一个机器周期中 ALE 信号有效两次，具有稳定的频率。所以，ALE 信号是时钟振荡频率的 1/6，可用作外部设备的时钟信号。

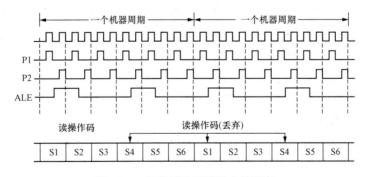

图 12-6　单字节双周期指令的时序

应注意的是，在对片外 RAM 进行读/写时，ALE 信号会出现非周期现象。访问片外 RAM 的双周期指令的时序如图 12-7 所示，在第二个机器周期中无读操作码的操作，而是进行外部数据存储器的寻址和数据选通，所以在 S1P2～S2P1 之间无 ALE 信号。

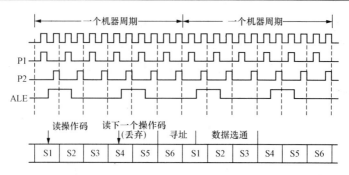

图 12-7　访问片外 RAM 的双周期指令的时序

12.2.4　单片机内部的存储器结构

单片机内部存储器的功能是存储信息（程序和数据）。存储器按其存取方式可以分成 RAM、ROM 两大类。单片机存储器结构采用哈佛型结构，即将程序存储器（ROM）和数据存储器（RAM）分开，它们有各自独立的存储空间、寻址机构和寻址方式。普通微机的存储器结构采用普林斯顿结构，即程序存储器（ROM）和数据存储器（RAM）统一在一起进行编址。

对于 RAM，CPU 在运行过程中能随时进行数据的写入和读出，但在关闭电源时，其所存储的信息将丢失。所以，它只能用来存放暂时性的输入/输出数据、运算的中间结果或用作堆栈。因此，RAM 常被称作数据存储器。ROM 是一种写入信息后不能改写、只能读出的存储器。断电后，ROM 中的信息保留不变，所以，ROM 用来存放固定的程序或数据，如系统监控程序、常数表格等。ROM 常被称作程序存储器。

MCS-51 单片机的存储器地址空间从物理上可分为 5 块，它们分别是片内程序存储器地址空间（内 ROM）、片外程序存储器地址空间（外 ROM）、特殊功能寄存器地址空间（SFR）、片内数据存储器地址空间（内 RAM）和片外数据存储器地址空间（外 RAM）。

一、程序存储器（ROM）

8051 单片机的程序存储器有片内和片外之分。51 子系列片内有 4KB 字节的程序存储器，地址范围为 0000H～0FFFH。当不够使用时，可以扩展片外程序存储器，因为 MCS-51 单片机的程序计数器 PC 是 16 位的计数器，所以片外程序存储器扩展的最大空间是 64KB，地址范围为 0000H～FFFFH。8051 存储器的结构如图 12-8 所示。

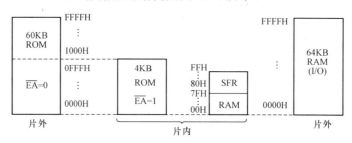

图 12-8　8051 存储器的结构

8051 单片机在芯片内部设置了 4KB 的 ROM，而 8751 单片机在芯片内部设置了 4KB 的 EPROM，89C51 单片机片内有 4KB 的 Flash 程序存储器，8031 单片机在芯片内部无程序存储器，需要在单片机外部配置 EPROM。对于带有片内 ROM 的 MCS-51 系列单片机来说，片内程序存储器和外部程序存储器地址空间重叠。如果 $\overline{EA}$/V_{PP} 引脚为高电平，CPU 将首先访问片内存储器，当指令地址超过 0FFFH 时，自动转向片外 ROM 去取指令。即在 P0 口输出低 8 位地址（$A_0 \sim A_7$），在 P2 口输出高 8 位地址（$A_8 \sim A_{15}$）。当 $\overline{EA}$/V_{PP} 引脚为低电平时，CPU 只能从外部程序存储器取指令。因此对于不带 ROM 或 EPROM 的 80C31、80C32 的 CPU 来说，$\overline{EA}$/U_{PP} 引脚一律接地。

程序存储器低端的一些地址被固定地用作特定程序的入口地址：

0000H——单片机复位后的程序入口地址（PC=0000H）。

0003H——外部中断 0（INT0）的中断服务子程序入口地址。

000BH——定时/计数器 0（T0）的中断服务子程序入口地址。

0013H——外部中断 1（INT1）的中断服务子程序入口地址。

001BH——定时/计数器 1（T1）的中断服务子程序入口地址。

0023H——串行口的中断服务子程序入口地址。

002BH——定时器 2（T2）的中断服务子程序入口地址（仅 52 子系列才有 T2，51 子系列无 T2）。

编程时，通常在这些入口地址开始的 2～3 个单元中，放入一条转移指令，以使相应的服务与实际分配的程序存储器区域中的程序段相对应（仅在中断服务子程序较短时，才可以将中断服务子程序直接放在相应的入口地址开始的几个单元中）。

复位后，程序计数器 PC=0000H，即从程序存储器的 0000H 单元读出第一条指令，因此可在 0000H 单元内放置一条跳转指令，如 LJMP××××（××××表示主程序入口地址）。由于系统给每一个中断服务子程序预留了 8 个字节，因此，用户主程序一般存放在 0033H 单元以后。

二、数据存储器（RAM）

MCS-51 的数据存储器分为片外 RAM 和片内 RAM。片外 RAM 地址空间为 64KB，地址范围是 0000H～FFFFH。51 子系列片内 RAM 地址空间为 128B，地址范围是 00H～7FH（与片内特殊功能寄存器 SFR 统一编址）。在 8051 单片机中，尽管片内 RAM 的容量不大，但它的功能多，使用灵活。片内 RAM 共有 128B，分成工作寄存器区、位地址区、通用 RAM 区 3 部分。

（1）片内 RAM。

1）工作寄存器区。8051 单片机片内 RAM 的低 32 个字节（00H～1FH）分成 4 个工作寄存器组，每组占 8 个字节。

寄存器 0 组——地址 00H～07H。

寄存器 1 组——地址 08H～0FH。

寄存器 2 组——地址 10H～17H。

寄存器 3 组——地址 18H～1FH。

每个工作寄存器组都有 8 个寄存器，分别称为 R0，R1，…，R7。程序运行时，只能有一个工作寄存器组作为当前工作寄存器组。当前工作寄存器组的选择是由特殊功能寄存器中的程序状态字寄存器 PSW 的 RS1、RS0 两位决定的。可以对这两位进行编程，以选择相同的工作寄存器组。单片机上电复位后，工作寄存器为 0 组。

2）位地址区。20H～2FH 的 16 个字节的 RAM 为位地址区，有双重寻址功能，既可以进行位寻址操作，也可以同普通 RAM 单元一样进行字节寻址操作，共有 128 位，每一位都有相对应的位地址，位地址范围为 00H～7FH。

3）通用 RAM 区（数据缓冲器区）。30H～7FH 的 80 个字节为数据缓冲器区，用于存放用户数据，只能按字节存取。通常有些单元可用于中间数据的保存，也可用作堆栈的数据单元。前面所说的工作寄存器区、位寻址区的字节单元也可用作一般的数据缓冲器。

（2）片外 RAM。

片外 RAM 一般由静态 RAM 构成，其容量大小由用户根据需要而定。通过 P0、P2 口 8051 单片机最大可扩展片外 64KB 空间的数据存储器，地址范围为 0000H～FFFFH，它与 ROM 的地址空间是重合的，但两者的寻址指令和控制线不同。CPU 通过 MOVX 指令访问片外数据存储器，用间接寻址方式，R0、R1 和 DPTR 都可用作间接寄存器。注意，外部 RAM 和扩展的 I/O 口是统一编址的，所有的外扩 I/O 口要占用 64KB 中的地址单元。

三、特殊功能寄存器

51 子系列内部设置了 21 个特殊功能寄存器（SFR），离散地分布在 80H～0FFH 的地址空间中。其中，字节地址能被 8 整除（即 16 进制地址码尾数为 0 或 8）的单元具有位寻址的能力。常用的特殊功能寄存器有以下几种：

（1）累加器（ACC）。累加器是 CPU 内部特有的寄存器，常用于存放参加算术或逻辑运算的两个操作数中的一个及运算结果，即用于存放目的操作数。

（2）寄存器 B。寄存器 B 也是 CPU 内特有的一个寄存器，主要用于乘法和除法运算。在乘法运算中，被乘数放在累加器 A 中，乘数放在寄存器 B 中，运算后，积的高 8 位存放在寄存器 B 中，积的低 8 位存放在累加器 A 中。例如：MUL AB；(B)(A)←(A)×(B)。在除法运算中，被除数放在累加器 A 中，除数放在寄存器 B 中。运算后，商放在累加器 A 中，而余数放在寄存器 B 中。

（3）程序状态字寄存器（PSW）。程序状态字寄存器也称为"标志寄存器"，由一些标志位组成，用于存放指令运行的状态。程序状态字寄存器是一个 8 位的特殊寄存器，它保存 ALU 运算结果的特征和处理状态，以供程序查询和判别。PSW 中各位状态信息通常是指令执行过程中自动形成的，但也可以由用户根据需要加以改变。PSW 中各位的定义如下：

PSW	CY	AC	F0	RS1	RS0	OV	—	P

CY（PSW.7）：进位标志；AC（PSW.6）：辅助进位标志；F0（PSW.5）：用户标志位；RS1、RS0（PSW.4、PSW.3）：工作寄存器组选择位；OV（PSW.2）：溢出标志；P（PSW.0）：奇偶标志位。

（4）堆栈指针（SP）。SP 用来指示堆栈所处的位置，在进行操作之前，先用指令给 SP 赋值，以规定栈区在 RAM 区的起始地址（栈底）。当数据推入栈区后，SP 的值也自动随之变化。MCS-51 系统复位后，SP 初始化为 07H。数据入栈的操作过程为：先将 SP 加 1，即 (SP)←(SP)+1，然后将要入栈的数据存放在 SP 指定的存储单元中。数据出栈的操作过程为：先将 SP 寄存器指定的存储单元内容传送到 POP 指令给定的寄存器或内部 RAM 单元中，然后 SP 减 1，即 (SP)←(SP)-1。可以看出，堆栈的底部是固定的，而堆栈的顶部则随着数据入栈和出栈而上下浮动。

（5）数据指针（DPTR）。DPTR 是一个 16 位的专用寄存器，由 DPH（数据指针高 8 位）

和 DPL（数据指针低 8 位）组成，用于存放外部数据存储器的存储单元地址。由于 DPTR 是 16 位的寄存器，因此通过 DPTR 寄存器间接寻址方式可以访问 0000H～FFFFH 全部 64KB 的外部数据存储器空间。

（6）I/O 口寄存器。P0、P1、P2、P3 口寄存器实际上就是 P0、P1、P2、P3 口对应的 I/O 口锁存器，用于锁存通过端口输出的数据。

12.3　MCS-51 单片机的指令系统

12.3.1　单片机指令系统常用符号

在 MCS-51 单片机汇编指令系统中，约定了一些指令格式描述的常用符号，现将这些符号的标记和含义说明如下：

（1）Rn——选定当前工作寄存器组（0～3 组中的一个）的通用寄存器 R0～R7。

（2）@Ri——通用寄存器 R0～R1（i=0，1）间接寻址的片内 RAM 单元（Ri 只是 Rn 中的 R0、R1）。

（3）@——间接寻址前缀。

（4）direct——8 位直接地址（片内 RAM 或 SFR）。

（5）#data——立即数（除 MOV DPTR，#data16 中的立即数为 16 位二进制数外，其余均为 8 位二进制数）。

（6）#——立即数前缀。

（7）addr16——16 位（二进制数）目的地址，供 LCALL 和 LJMP 指令使用。

（8）addr11——11 位（二进制数）目的地址，供 ACALL 和 AJMP 指令使用。

（9）rel——8 位符号偏移量（以二进制补码表示），常用于相对转移指令。

（10）bit——位地址（用 8 位二进制数表示，使用时只有根据另一操作数情况来区别是位地址还是字节地址，如 MOV C，20H 和 MOV A，20H，由于 C 是位标志，而 A 是累加器，故前者的 20H 为位地址，后者的 20H 为字节地址）。

（11）/——位取反前缀。/bit 表示位地址 bit 的内容取反后再参与运算。注意：位地址 bit 的原内容不变。

（12）（×）——×地址单元中的内容（该地址可以是 8 位的，也可以是 16 位的）。

（13）（（×））——以×地址单元中的内容作为新地址单元中的内容。

（14）$——当前指令存放的地址。

（15）←——数据传输方向（即由右边的源操作数指向左边的目的操作数）。

12.3.2　内外部数据存储器之间的数据传送及寻址方式

一、128B 的内部 RAM 存储器（00H～7FH）

对于 128B 的内部 RAM 存储器，可以通过直接寻址方式或寄存器间接寻址方式读写，例如：MOV 30H，#45H，30H 为直接寻址方式，该指令将立即数 45H 写入内部数据存储器地址编码为 30H 的单元中。所谓直接寻址，就是在指令中直接给出了内部 RAM 单元的地址编码。MOV @R0，#45H，@R0 为寄存器间接寻址方式，该指令将立即数 45H 写入由 R0 寄存器内容指定的内部 RAM 单元中。如果该指令执行前，R0 的内容为 30H，则上述两条指令执行后，效果相同，均把立即数 45H 写入内部 RAM 的 30H 单元内。所谓寄存器间接寻址，就是将内部 RAM 的地址存放在寄存器 R0 或 R1 中。

二、21 个特殊功能寄存器 SFR（80H ~ FFH）

特殊功能寄存器只能使用直接寻址方式访问。例如：MOV 0E0H, #45H，0E0H 为直接给出累加器 ACC 的地址；MOV 90H,#0FFH，90H 为直接给出 P1 口的地址。由于每一个特殊功能寄存器均有一个与之相应的寄存器名，因此在指令中最好直接引用特殊功能寄存器名，如累加器用 ACC、P1 等取代对应的特殊功能寄存器地址，从而上述指令可以写作：MOV ACC, #45H，指令中直接给出特殊功能寄存器名 ACC；MOV P1,#0FFH，指令中直接给出特殊功能寄存器名 P1。实际上，对于 SFR，采用直接地址和寄存器名寻址没有区别，汇编时将自动通过查表方式将寄存器名换成直接地址。

三、高 128 字节内部 RAM 存储器（80H ~ FFH）

对于具有 256 字节内部 RAM 的 52 子系列单片机来说，高 128 字节内部 RAM 地址空间与 SFR 的地址重叠，读写时需要通过不同的寻址方式加以区别，采用寄存器间接寻址方式访问高 128 字节（80H~FFH）的内部 RAM，而采用直接寻址方式访问 SFR。如在 52 子系列单片机中，"MOV 0E0H, #45H"指令的含义是将立即数 45H 写入累加器 A 中，与"MOV A, #45H"含义相同，而不是把立即数 45H 写入内部 RAM 的 0E0H 单元中。将立即数 45H 传送到内部 RAM 的 0E0H 单元中只能通过如下指令进行：先用 MOV R0,#0E0H 将内部 RAM 地址 0E0H 写入 R0 寄存器中；再用 MOV @R0,#45H 将立即数 45H 传送到内部 RAM 的 0E0H 单元中。高 128 字节内部 RAM 只能通过寄存器间接寻址访问。

四、位寻址区（20H ~ 2FH 和字节地址可被 8 整除的 SFR）

MCS-51 系列单片机既是 8 位机，同时也是一个功能完善的 1 位机（布尔处理机）。作为 1 位机时，它有自己的 CPU、位存储区（位于内部 RAM 的 20H~2FH 单元）、位寄存器，如将进位标志 CY 作为"位累加器"，以及具有完整的位操作指令，包括置 1、清零、非（取反）、与、或、传送、测试转移等。对于位存储器（即 20H~2FH 单元中的 128 个位），只能采用直接寻址方式确定操作数所在的存储单元，例如：MOV C, 20H 为位传送指令，将位地址 20H 单元内容传送到位累加器 C 中；CLR 20H 为位清零指令，将位地址 20H 单元清零；SETB 20H 为位置 1 指令，将位地址 20H 单元置 1；CPL 20H 为位取反操作，将位地址 20H 单元内容取反；ORL C, 20H 为位或运算，20H 位单元与位累加器 C 相或，结果存放在位累加器 C 中；ANL C, 20H 为位与运算，20H 位单元与位累加器 C 相与，结果存放在位累加器 C 中。对于具有位地址的 SFR 中的位，除了可以使用位地址寻址外，还可以使用"位定义名"或"寄存器名.位"表示，作用完全等效。如将程序状态字寄存器 PSW 中的 D3 位置 0，可以用 CLR D3H（位地址方式）、CLR RS0（位定义名方式）或 CLR PSW.3（"寄存器名.位"方式）。

五、外部 RAM 数据传送（0000H ~ FFFFH）

外部 RAM 只能采用间接寻址方式访问。间接寻址的寄存器为 Ri 或 DPTR，它包括读数据和写数据两种操作，即 MOVX A, @Ri/@DPTR 和 MOVX @Ri/@DPTR, A 两条指令。若用@Ri，则隐含着外部 RAM 地址的高 8 位，而该高 8 位地址是由 P2 寄存器外输出的，低 8 位地址由 Ri 寄存器的内容提供，即真正外部 RAM 地址（16 位）为（P2）（Ri）；若@DPTR，则外部 RAM 单元地址由 16 位寄存器 DPTR 提供地址指针。

六、ROM 数据传送及程序执行（0000H ~ FFFFH）

程序存储器 ROM 中存放程序和表格数据，读程序中表格数据或常数有两条指（查表指令），即 MOVC A，@A+DPTR/PC，它们的功能是以 16 位寄存器 DPTR 或 PC 作为基址寄存器（表格首址），再加上累加器 A 中的地址偏移量（表项序号），形成表格数据的地址，从该地址取出数据或常数送入累加器 A 中。另外，存放在程序中的数据，即指令中的数据，它可采用立即寻址方式把 8 位或 16 位的立即数传送到内 RAM 或 SFR 中。

程序执行时，顺序执行类程序都采用 PC 自动加 1 方式寻找下一条指令所在地址，但对于程序跳转或调用类指令，可能采用直接寻址（包括长、绝对两种直接寻址）、间接寻址（散转寻址）或相对寻址（短跳转寻址）等寻址方式来寻找下一条指令所在地址。

12.3.3　数据传送类指令

数据传送包括单片机内部 RAM 与 SFR、外部 RAM 与 ROM 之间的数据传送。数据传送类指令见表 12-1。

表 12-1　　　　　　　　　　　　　　　数 据 传 送 类 指 令

序号	指令助记符	字节数	周期数	说　　明
1	MOV A，Rn	1	1	将寄存器的内容存入累加器中
2	MOV A，direct	2	1	将直接地址的内容存入累加器中
3	MOV A，@Ri	1	1	将间接地址的内容存入累加器中
4	MOV A，#data	2	1	将立即数存入累加器中
5	MOV Rn，A	1	1	将累加器的内容存入寄存器中
6	MOV Rn，direct	2	2	将直接地址的内容存入寄存器中
7	MOV Rn，#data	2	1	将立即数存入寄存器中
8	MOV direct，A	2	1	将累加器的内容存入直接地址中
9	MOV direct，Rn	2	2	将寄存器的内容存入直接地址中
10	MOV direct1，direct2	3	2	将直接地址 2 的内容存入直接地址 1 中
11	MOV direct，@Ri	2	2	将间接地址的内容存入直接地址中
12	MOV direct，#data	3	2	将立即数存入直接地址中
13	MOV @Ri，A	1	1	将累加器的内容存入间接地址中
14	MOV @Ri，direct	2	2	将直接地址的内容存入间接地址中
15	MOV @Ri，#data	2	1	将立即数存入间接地址中
16	MOV DPTR，#data16	3	2	将 16 位立即数存入数据指针寄存器中
17	PUSH direct	2	2	将直接地址的内容压入堆栈区中
18	POP　direct	2	2	将堆栈弹出的内容送到直接地址中
19	XCH A，Rn	1	1	将累加器的内容与寄存器的内容互换
20	XCH A，direct	2	1	将累加器的内容与直接地址的内容互换
21	XCH　A，@Ri	1	1	将累加器的内容与间接地址的内容互换
22	XCHD　A，@Ri	1	1	将累加器的内容低 4 位与间接地址的内容低 4 位互换
23	MOVX　A，@Ri	1	2	将间接地址所指定外部数据存储器的内容读入到累加器中
24	MOVX　A，@DPTR	1	2	将外部数据存储器的内容读入到累加器中

序号	指令助记符	字节数	周期数	说　　明
25	MOVX @Ri，A	1	2	将累加器的内容写入到间接地址所指定外部数据存储器中
26	MOVX @DPTR，A	1	2	将累加器的内容写入到外部数据存储器中
27	MOVC A，@A+DPTR	1	2	将累加器的值加上数据指针寄存器的值为指定程序存储器地址的内容读入到累加器中
28	MOVC A，@A+PC	1	2	将累加器的值加上程序计数器的值为指定程序存储器地址的内容读入到累加器中

特别注意：

（1）51 单片机与 8086 的堆栈指令是有区别的。51 单片机的堆栈命令指针只挪动 1 个单元，而 8086 要挪动 2 个单元。如：

```
MOV SP,0100H                    ;8086的传送指令
PUSH AX                         ;8086的入栈指令
```

设栈底偏移量指令(SP)=0100H，8086 中(SP)−2→SP，分两次把 AX 的高、低 8 位分别压入堆栈，而 51 单片机中(SP)+1→SP，只能把 8 位内容压入堆栈。此外，单片机的堆栈向上生长（即 SP 加 1），而 8086 向下生长（即 SP 减 2）。

（2）在"MOVC A，@A+DPTR"和"MOVC A，@A+PC"中，分别使用了 DPTR 和 PC 作基址，这两条都是查表指令，但有所区别。MOVC A，@A+PC，PC 不能直接赋值，而只能给累加器 A 赋值（A 的范围为 0～255），因此只能查这条指令所在地址以后 256 字节范围内的代码或常数；而 MOVC A，@A+DPTR，可以给 DPTR 赋任何一个 16 位的地址值（DPTR 的范围为 0～64K−1），因此查表范围可达整个程序存储器 64K 字节空间的代码或常数。

12.3.4　逻辑运算类指令

MCS-51 的逻辑运算指令分为逻辑与（ANL）、逻辑或（ORL）、逻辑异或（XRL）、逻辑非（CPL）和对累加器 A 自身操作。逻辑运算类指令见表 12-2。

表 12-2　　　　　　　　　　　　　逻 辑 运 算 类 指 令

序号	指令助记符	字节数	周期数	说　　明
1	ANL A，Rn	1	1	将 A 值与寄存器的值做与运算，结果存回 A 中
2	ANL A，direct	2	1	将 A 值与直接地址的内容做与运算，结果存回 A 中
3	ANL A，@Ri	1	1	将 A 的值与间接地址的内容做与运算，结果存回 A 中
4	ANL A，#data	2	1	将 A 值与立即数做与运算，结果存回 A 中
5	ANL direct，A	2	1	将直接地址的内容与 A 值做与运算，结果存回直接地址中
6	ANL direct，#data	3	2	将直接地址的内容与立即数做与运算，结果存回直接地址中
7	ORL A，Rn	1	1	将 A 值与寄存器的值做或运算，结果存回 A 中
8	ORL A，direct	2	1	将 A 值与直接地址的内容做或运算，结果存回 A 中
9	ORL A，@Ri	1	1	将 A 值与间接地址的内容做或运算，结果存回 A 中

续表

序号	指令助记符	字节数	周期数	说　明
10	ORL A，#data	2	1	将 A 值与立即数做或运算，结果存回 A 中
11	ORL direct，A	2	1	将直接地址的内容与 A 值做或运算，结果存回直接地址中
12	ORL direct，#data	3	2	将直接地址的内容与立即数做或运算，结果存回直接地址中
13	XRL A，Rn	1	1	将 A 值与寄存器的值做异或运算，结果存回 A 中
14	XRL A，direct	2	1	将 A 值与直接地址的内容做异或运算，结果存回 A 中
15	XRL A，@Ri	1	1	将 A 值与间接地址的内容做异或运算，结果存回 A 中
16	XRL A，#data	2	1	将 A 值与立即数做异或运算，结果存回 A 中
17	XRL direct，A	2	1	将直接地址的内容与 A 值做异或运算，结果存回直接地址中
18	XRL direct，#data	3	2	将直接地址的内容与立即数做异或运算，结果存回直接地址中
19	CLR A	1	1	清除 A 的值为 0
20	CPL A	1	1	将 A 的值取反
21	RL A	1	1	将 A 的值左移一位
22	RLC A	1	1	将 A 的值和进位标志 C（Y）左移一位
23	RR A	1	1	将 A 的值右移一位
24	RRC A	1	1	将 A 的值和进位标志 C（Y）右移一位
25	SWAP A	1	1	将 A 的内容低 4 位与高 4 位互换

12.3.5　算术运算类指令

MCS-51 的算术运算指令包括加法、带进位加法、带进位减法、加 1、减 1、十进制调整、乘法、除法等指令。算术运算类指令见表 12-3。

表 12-3　　　　　　　　　算　术　运　算　类　指　令

序号	指令助记符	字节数	周期数	说　明
1	ADD A，Rn	1	1	将 A 值与寄存器的值相加，结果存回 A 中
2	ADD A，direct	2	1	将 A 值与直接地址的内容相加，结果存回 A 中
3	ADD A，@Ri	1	1	将 A 值与间接地址的内容相加，结果存回 A 中
4	ADD A，#data	2	1	将 A 值与立即数相加，结果存回 A 中
5	ADDC A，Rn	1	1	将 A 值与寄存器的值及进位 C 相加，结果存回 A 中
6	ADDC A，direct	2	1	将 A 值与直接地址的内容及进位 C 相加，结果存回 A 中
7	ADDC A，@Ri	1	1	将 A 值与间接地址的内容及进位 C 相加，结果存回 A 中
8	ADDC A，#data	2	1	将 A 值与立即数及进位 C 相加，结果存回 A 中
9	INC A	1	1	将 A 的值加 1
10	INC Rn	1	1	将寄存器的值加 1

序号	指令助记符	字节数	周期数	说　明
11	INC direct	2	1	将直接地址的内容加 1
12	INC @Ri	1	1	将间接地址的内容加 1
13	INC DPTR	1	2	将数据指针寄存器的值加 1
14	DA　A	1	1	将 A 值做十进制调整
15	SUBB A，Rn	1	1	将 A 值减去寄存器的值再减借位 C，结果存回 A 中
16	SUBB A，direct	2	1	将 A 值减去直接地址的内容再减借位 C，结果存回 A 中
17	SUBB A，@Ri	1	1	将 A 值减去间接地址的内容再减借位 C，结果存回 A 中
18	SUBB A，#data	2	1	将 A 值减去立即数再减借位 C，结果存回 A 中
19	DEC A	1	1	将 A 的值减 1
20	DEC Rn	1	1	将寄存器的值减 1
21	DEC direct	2	1	将直接地址的内容减 1
22	DEC @Ri	1	1	将间接地址的内容减 1
23	MUL A B	1	4	将 A 值与 B 寄存器的值相乘，乘积的低 8 位内容存回 A 中，乘积的高 8 位内容存回 B 寄存器中
24	DIV A B	1	4	将 A 值除以 B 寄存器的值，商存回 A 中，余数存回 B 寄存器中

特别注意：

（1）ADD A，源。

功能：加法，（A）=（A）+［源］。

说明：加法运算中若第 7 位或第 3 位向高位有进位时，则分别将 PSW 中 C 和 AC 标志位置 1，否则清 0。此外 ADD 指令还将影响标志位 OV 和 P。无符号整数相加时，若 C 位为 1，说明和数有溢出（大于 255）；有符号整数相加时，若 OV 位为 1，说明和数大于+127 或小于–128，即超过一个字节（8 位）补码所能表示的范围，此时表示结果有错，否则（OV）=0，其中（OV）=（C）$\oplus$（C⁻），即 C 标志的内容和第 6 位向第 7 位产生的进位 C⁻做异或运算。至于在执行加法指令中，何时为带符号数，何时为不带符号数，是编程者根据参加运算数据的性质约定的。

（2）ADDC A，源。

功能：带进位加法。（A）=（A）+［源］+（C）。

说明：本指令对标志位的影响，以及进位和溢出情况与 ADD 指令完成相同。多字节数相加时必须使用该指令，以保证低位字节的进位加到高位字节上。

（3）SUBB A，源。

功能：带进位减法，（A）=（A）–［源］–（C）。

说明：MCS-51 的减法指令，只有带进位减这一种形式，没有不带进位减的形式，但可以通过两条指令组合来实现纯减法功能。即

```
CLR  C
SUBB  A,源
```

（4）DA　A。

功能：加法 BCD 码调整。

说明：压缩式（也称组合式）BCD 码加法计算时就需要用此指令，例如：19+1=20，如果不用 DA A 修正，则它就为 19+1=1AH 了。其实 DA A 就是跟在 ADDC A,#DATA 之后的，它通过判断 C、AC 是否为 1 以及高、低 4 位是否大于 9 来给高、低 4 位加 6 来修正二进制加法错误，从而得到正确的十进制结果，即如果高位大于 9 或 C 为 1，则高位就加 6，同样低位大于 9 或 AC 为 1，则低位也加 6。它的功能与 8086 中 BCD 码调整指令 DA A 相同。但单片机没有减法、乘法和除法的 BCD 码调整指令，也无非压缩式（也称非组合式）BCD 码运算调整指令。

12.3.6　控制转移类指令

控制转移指令可用来改变程序计数器 PC 的值，使 PC 有条件的或无条件的或者通过其他方式，从当前的位置转移到一个指定的地址单元去，从而改变程序的执行方向。控制转移类指令见表 12-4。

表 12-4　　　　　　　　　　　　控 制 转 移 类 指 令

序号	指令助记符	字节数	周期数	说　明
1	LJMP addr16	3	2	长跳转（64KB 空间）
2	AJMP addr11	2	2	绝对跳转（2KB 空间）
3	SJMP rel	2	2	短跳转（−128～+127 空间）
4	JMP @A+DPTR	1	2	跳到 A 值加数据指针寄存器的值所对应的目的地址
5	LCALL addr16	3	2	长调用子程序（64KB 空间）
6	ACALL addr11	2	2	绝对调用子程序（2KB 空间）
7	RET	1	2	从子程序返回
8	RETI	1	2	从中断服务子程序返回
9	NOP	1	1	空操作
10	JZ rel	2	2	若 A 值为 0，则跳到 rel 所对应的目的地址
11	JNZ rel	2	2	若 A 值不为 0，则跳到 rel 所对应的目的地址
12	CJNE A，direct，rel	3	2	将 A 值与直接地址的内容相比较，若不相等则跳到 rel 所对应的目的地址
13	CJNE A，#data，rel	3	2	将 A 值与立即数相比较，若不相等则跳到 rel 所对应的目的地址
14	CJNE Rn，#data，rel	2	2	将寄存器的值与立即数相比较，若不相等则跳到 rel 所对应的目的地址
15	CJNE @Ri，#data，rel	2	2	将间接地址的内容与立即数相比较，若不相等则跳到 rel 所对应的目的地址
16	DJNZ Rn，rel	2	2	将寄存器的值减 1，若不等于 0 则跳到 rel 所对应的目的地址
17	DJNZ direct，rel	3	2	将直接地址的内容减 1，若不等于 0 则跳到 rel 所对应的目的地址

特别注意：

（1）51 单片机中的无条件转移指令有长转移、绝对转移、短转移、散转移 4 种。8086 微机中只有段间、段内、短转移 3 种，无散转移。

1）LJMP addr 16。

功能：长区域转移。

说明：LJMP 转移的目的地址是一个 16 位常数，它直接将指令中的 16 位常数装入 PC 中，使程序无条件地转移到指定的地址处执行。长区域转移的范围为 64KB。

2）AJMP addr11。

功能：在 2KB 存储区域内的转移，称为绝对转移。

说明：

（a）此指令主要是为了与 MCS-51 单片机之前的产品 MCS-48 单片机兼容而设置的，因为 MCS-48 单片机的程序地址为 11 位。

（b）转移地址的形式。把指令中给出的 addr11（$A_{10} \sim A_0$）作为转移目的地址的低 11 位码。把 AJMP 指令的下一条指令的首址（即 PC 当前值加 2）的高 5 位作为转移目的地址的高 5 位拼装成转移地址，其操作为（PC）←（PC）+2（AJMP 为两字节指令）；$(PC)_{10\sim0}$←addr11，$(PC)_{15\sim11}$ 不变。

（c）转移范围。转移地址只能在 64KB 存储区的整段 2KB 区域转移，即转移地址必须与当前 PC 值加 2 形成的新的 PC 值在同一个 2KB 区域内。整段 2KB 区域为 0000H～03FFH，0400H～07FFH，…，FC00H～FFFFH，共 32 个区域。

3）SJMP rel。

功能：在此指令的–128～+127 范围内跳转指令。

说明：rel 为 8 位带符号的整数，它的变化范围为–128～+127。本指令在 PC 内容加 2 的基础上，再加上 rel 偏移量，作为新的 PC 值。注意，特殊的指令形式"SJMP $"的功能，单片机中无专门的暂停或等待指令，此指令的功能实际上就是暂停或等待，其中"$"的意思就是当前这条 SJMP 指令所在的位置，因此此指令会使 CPU 在此位置反复循环等待。

4）JMP @A+DPTR。

功能：散转指令。

说明：JMP 指令较特殊，它不具有间接寻址功能。其操作为（PC）＝（A）＋（DPTR），形成控制程序转移的目的地址。散转指令常用于多分支程序结构中，它可以在程序的运行过程中，动态地决定程序的分支走向，即构成散转程序。

（2）单片机中有 RET、RETI 两条子程序返回指令。

1）RET。

功能：子程序返回主程序。

说明：主程序调用子程序后必须返回主程序，RET 指令就是实现从子程序返回程序的功能，它把主程序的 16 位断点地址分高、低 8 位两次从堆栈中退出来。

2）RETI。

功能：中断服务子程序返回被中断的主程序。

说明：中断被响应且中断服务子程序执行完后也必须返回被中断的主程序，RETI 指令就是实现从中断程序返回的功能，它除了完成 RET 指令的功能以外，还清除内部相应的中断状态触发器（该"优先级激活"触发器由 CPU 响应中断时置位，指示 CPU 当前是否在处理高级或低级中断），从而使同级或低级的中断申请不会再被阻断。

8086 微机中的子程序返回主程序指令为 RET，而中断服务子程序返回被中断的主程序指令为 IRET，它们两者的差别不同于单片机，具体差别可参见第 4 章的内容。

12.3.7　布尔处理类指令

MCS-51 系列单片机内部有一个功能相对独立的位处理机（即布尔处理机），因而其具有较强的位处理功能。布尔处理类指令见表 12-5，它也可分为数据传送类、数据处理类、程序跳转类等几类指令。

表 12-5　　　　　　　　　　　布 尔 处 理 类 指 令

序号	指令助记符	字节数	周期数	说　　明
1	MOV C，bit	2	2	将直接位地址的内容存入位累加器 C 中
2	MOV bit，C	2	2	将位累加器 C 的值存入直接位地址中
3	CLR C	1	1	设位累加器 C 的值为 0
4	CLR bit	2	1	设直接位地址的内容为 0
5	SETB C	1	1	设位累加器 C 的值为 1
6	SETB bit	2	1	设直接位地址的内容为 1
7	CPL C	1	1	将位累加器 C 的值取反
8	CPL bit	2	1	将直接位地址的内容取反
9	ANL C，bit	2	2	将位累加器 C 的值与直接位地址的内容做逻辑与运算，结果存回位累加器 C 中
10	ANL C，/bit	2	2	将位累加器 C 的值与直接位地址的内容取反后做逻辑与运算，结果存回位累加器 C 中
11	ORL C，bit	2	2	将位累加器 C 的值与直接位地址的内容做逻辑或运算，结果存回位累加器中
12	ORL C，/bit	2	2	将位累加器 C 的值与直接位地址的内容取反后做逻辑或运算，结果存回位累加器 C 中
13	JC rel	2	2	若位累加器 C 的值为 1，则跳到 rel 所对应的目的地址
14	JNC rel	2	2	若位累加器 C 的值为 0，则跳到 rel 所对应的目的地址
15	JB bit，rel	3	2	若直接位地址的内容为 1，则跳到 rel 所对应的目的地址
16	JNB bit，rel	3	2	若直接位地址的内容为 0，则跳到 rel 所对应的目的地址
17	JBC bit，rel	3	2	若直接位地址的内容为 1，则跳到 rel 所对应的目的地址，并将该直接位地址的内容清除为 0

12.4　汇 编 语 言 程 序 设 计

12.4.1　格式规范

一、伪指令

伪指令只提供有关信息，不产生真正指令含义，不能翻译成具体化的指令，故不用汇编。常用的伪指令有：

（1）ORG：某一程序段的起始地址。如 ORG 8000H；表示下面程序的首地址为 8000H。

（2）END：源程序结束标志。

（3）DB：定义字节（8位），即表示其后所跟的数字是常数或表格。如 DB 80H；代表一个代码信息。

（4）DW：定义字（16位），即表示其后所跟的数字是常数或表格。如 DW 0604H；代表乐曲的音阶和节拍的两个代码。

（5）EQU：等值。如 ST1 EQU 8040H；ST1 代表地址 8040H。

二、汇编语言源程序格式

```
标号        指令                              注释
LP0:      MOV DPTR, #8100H                ;信息表首地址 8100H
```

三、程序流程图

程序流程图是对程序执行过程的一种图形描述，是以时间的先后顺序来编制的，其常用符号如图 12-9 所示。

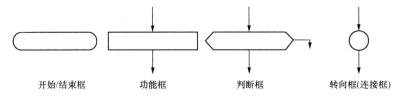

开始/结束框   功能框   判断框   转向框(连接框)

图 12-9   程序流程图常用符号

四、程序结构

（1）顺序结构（无分支指令，如 MOV、ADD、ANL 等）。

（2）分支结构（JB、JNB、JBC；JC、JNC；JZ、JNZ；CJNE 三分支）。

（3）循环结构（DJNZ、CJNE 两分支）。

（4）子程序结构（RET、RETI 指令）。

12.4.2 程序设计举例

一、简单程序设计

【例 12-1】 两个 8 位无符号数相加。将片内 RAM 50H、51H 地址中的内容相加，结果送片内 RAM 52H 地址和进位 C 中。试通过具体指令分析程序所实现功能。

```
解  AD: CLR C
        MOV R1, #50H
        MOV A, @R1
        INC R1
        ADD A, @R1
        INC R1
        MOV @R1, A
        RET
        END
```

【例 12-2】 将两个半字节数合并成一字节数。将片内 RAM50H、51H 地址中的内容各自低 4 位（或称低半字节、后半字节）合并后，结果存入片内 RAM 52H 地址中。试通过具体指令分析程序所实现功能。

解　AM: MOV R1, #50H

```
     MOV A, @R1
     ANL A, #0FH
     SWAP A
     INC R1
     XCH A, @R1
     ANL A, #0FH
     ORL A, @R1
     INC R1
     MOV @R1, A
     RET
     END
```

二、分支程序设计

【**例 12-3**】 两个无符号数比较大小。将片外 RAM 0040H、0041H 地址中的内容相比较，其中的大数存入片外 RAM 0042H 地址中。试通过具体指令分析程序所实现功能。

解

```
     ORG 0000H
 BM: CLR C
     MOV DPTR, #BM3
     MOVX A, @DPTR
     MOV R2, A
     INC DPTR
     MOVX A, @DPTR
     CJNE A, R2, BM0
 BM0: JC BM2
 BM1: INC DPTR
     MOVX @DPTR, A
     RET
 BM2: MOV A, R2
     SJMP BM1
 BM3 EQU 0040H
     END
```

【**例 12-4**】 编写计算符号函数 $y=\mathrm{sgn}(x)$ 的程序。设 x 存于片外 RAM 0050H 地址中，结果 y 存于片外 RAM 0060H 地址中。试通过具体指令分析程序所实现功能。

$$y=\begin{cases} 1; & \text{当 } x>0 \text{ 时} \\ 0; & \text{当 } x=0 \text{ 时} \\ -1; & \text{当 } x<0 \text{ 时} \end{cases}$$

解

```
     ORG 0000H
 SM: MOV DPTR,#SM3
     MOVX A,@DPTR
     JZ SM1
     JB ACC.7,SM2
     MOV A, #01H
 SM1: MOV DPTR,#SM4
     MOVX @DPTR,A
     RET
 SM2: MOV A,#0FFH
     SJMP SM1
```

```
SM3  EQU 0050H
SM4  EQU 0060H
     END
```

三、循环程序设计

【例 12-5】 延时 10 s。设 f_{osc}=6MHz，则机器周期 T_M=2μs。试通过具体指令分析程序所实现功能。

解　标号 指令　　　　　　　指令执行周期数

```
DM: MOV R5, #100        ; TM
DM0:MOV R6, #200        ; TM
DM1:MOV R7, #50         ; TM
    NCP                 ; TM
    NOP                 ; TM
    NOP                 ; TM
    DJNZ R7, $          ; 2TM
    DJNZ R6, DM1        ; 2TM
    DJNZ R5, DM0        ; 2TM
    RET                 ; 2TM
    END
```

程序执行的总体时间为

$$T=T_M+100\{T_M+200[T_M+50(T_M+T_M+T_M+2T_M)+2T_M]+2T_M\}+2T_M=5000303T_M\approx10s$$

四、数码转换程序设计

【例 12-6】 将十六进制数 00～0FH 转换为 ASCII 码。设待转换的十六进制数存于 20H 地址中，转换后的 ASCII 码存于片内 RAM 21H 地址中。试通过具体指令分析程序所实现功能。其中两者对应关系如下：

十六进制数：0　　1　　2　…　9　　　　A　　B　…　E　　F

ASCII 码：30H　31H　32H　…　39H　　41H　42H…45H　46H

两者差为 30H　　　　　　　两者差为 37H

解
```
    ORG 0000H
    AJMP LM0
    ORG 0030H
LM0:MOV A,20H
    CJNE A,#0AH,LM3
LM3:JNC LM1
    ADD A,#30H
    SJMP LM2
LM1:ADD A,#37H
LM2:MOV 21H,A
    RET
    END
```

分析：CJNE A，#0AH，LM3 指令

（1）若(A)=0AH 时，标志位(C)=0;⎤

（2）若(A)>0AH 时，标志位(C)=0; ⎬ 即(A)≥0AH，标志位(C)=0

（3）若(A)<0AH 时，标志位(C)=1;⎦

(A)<0AH 时，加 30H 调整为 ASCII 码；(A)≥0AH 时，加 37H 调整为 ASCII 码。

五、查表程序设计

【**例 12-7**】 查表求正弦函数值（介绍 MOVC A，@A+PC 指令）。取 0°<α<90°（整数度）对应 sinα=0.0175～0.9998。设角度存于 20H 地址中，如 α=(20H)=02H=2°，所求正弦函数值存于片内 RAM21H 单元中，即 sinα=0.(21H)。

解
```
        ORG 9000H
        MOV A, 20H
        MOV R0, A              ;暂时存放
        MOVC A, @A+PC
        MOV 21H, A
        RET
    TAB: DW 0175H             ;sin1°=0.0175(BCD 码)
        DW 0349H              ;sin2°=0.0349
        ...
        DW 9998H             ;sin89°=0.9998
        END
```

习题与思考题

12-1 单片机有哪些主要特点？

12-2 单片机主要应用在哪些领域？

12-3 说明以下指令执行操作的异同。

（1）MOV R0,#11H 和 MOV R0,11H

（2）MOV A,R0 和 MOV A,@R0

（3）ORL 20H,A 和 ORL A,20H

（4）MOV B,20H 和 MOV C,20H

12-4 简述 MOV、MOVC、MOVX 指令的区别。

12-5 单片机内部 RAM 访问指令有哪几种？

12-6 执行下列指令序列后，将会实现什么功能？

（1）
```
    MOV R0,#20H
    MOV R1,#30H
    MOV P2,#90H
    MOVX A,@R0
    MOVX @R1,A
```

（2）
```
    MOV DPTR,#9010H
    MOV A,#10H
    MOVC A,@A+DPTR
    MOVX @DPTR,A
```

（3）
```
    MOV SP,#0AH
    POP 09H
    POP 08H
    POP 07H
```

（4）MOV PSW,#20H

```
        MOV 00H,#20H
        MOV 10H,#30H
        MOV A,@R0
        MOV PSW,#10H
        MOV @R0,A
(5) MOV R0,#30H
    MOV R1,#20H
    XCH A,@R0
    XCH A,@R1
    XCH A,@R0
```

12-7 执行下列指令序列后，累加器 A 与各标志 C、AC、OV、P 及 Z 各等于什么？并说明标志变化的理由。

```
(1) MOV A,#99H
    MOV R7,#77H
    ADD A,R7
    DA A
(2) MOV A,#77H
    MOV R7,#AAH
    SUBB A,R7
```

（讨论 C 的内容）

12-8 执行下列指令序列后，相关寄存器、存储单元及标志如何变化？

```
(1) MOV A,#98H
    MOV R4,#11H
    ANL A,R4
(2) MOV A,#89H
    MOV 32H,#98H
    ORL 32H,A
(3) CLR A
    CPL A
    XRL A,#77H
(4) MOV A,#89H
    SWAP A
    RLC A
```

（讨论 C 的内容）

12-9 执行下列指令序列后，相关位及标志如何变化？

```
(1) MOV 20H,#92H
    MOV C,02H
    CPL C
    MOV 02H,C
(2) MOV 2FH,#7FH
    CLR C
    ORL C,/7FH
```

12-10　CLR A 和 MOV A，#00H 两条指令都可能完成(A)＝00H 功能，分别从字节数和执行指令所需的机器周期数角度考虑，说明两条指令的优劣。

12-11　设两个无符号二进制整数的加数各长 2 个字节，分别存于寄存器 R0、R1 和 R2、R3（高位在前）中，结果存于寄存器 R4、R5 中。试编写求和程序，并说出和是几位的？

12-12　将 12-11 题改为无符号十进制整数（BCD 码），其他要求同上。

12-13　设两个字节无符号二进制整数减一个字节无符号二进制整数，被减数存于 R2、R3 中，减数存于 R4 中，并将差存于 R5、R6 中。试编写程序。

12-14　试编写程序，将片内 RAM 20H 单元与片内 RAM 30H 单元交换数据。

12-15　在 12-14 题的基础上，将程序功能扩展到片内 RAM 20H～2FH 与片内 RAM 30H～3FH 各自对应单元（20H 与 30H，21H 与 31H，…，2FH 与 3FH）交换数据。

12-16　编写一段能实现约 1s 延时的软件延时程序。

12-17　试用流程图说明下段程序实现的功能。

```
      ORG 9000H
LP0:  MOV R0,#35H
      MOV R1,#3AH
      MOV R3,#05H
      CLR C
LP1:  MOV A,@R0
      ADDC A,@R1
      MOV @R0,A
      INC R0
      INC R1
      DJNZ R3,LP1
LP2:  SJMP LP2
      END
```

12-18　将片内 RAM 22H 单元存放的以 ASCII 码表示的数，转换为十六进制数后，存于片内 RAM 21H 单元中。

12-19　设被减数存于（R2）中，减数存于（R3）中，结果存于累加器（A）中。试通过具体指令分析程序所实现功能。

12-20　编程求和：－65+36=？

第13章 MCS-51 单片机的接口

单片机的芯片内部集成了计算机的基本功能部件，一块芯片就是一个完整的最小微机系统，具有了很强的功能。本章将详细介绍 MCS-51 系列单片机的内部硬件资源，包括并行 I/O 接口、定时/计数器、串行 I/O 接口和中断系统的内部结构和功能、工作方式及基本应用，以及串行通信的标准接口、串行口的通信及应用。本章的重点是并行接口的扩展、定时器的控制、串行通信的传输方式。本章的难点是并行接口的扩展、定时器的四种模式、单片机与 PC 机通信的接口电路。

13.1 内部并行 I/O 口

MCS-51 单片机内部有 4 个 8 位的并行 I/O 口 P0、P1、P2、P3，其中 P1 口、P2 口、P3 口为准双向口，P0 口为三态双向口。各端口均由端口锁存器、输出驱动器、输入缓冲器构成。各端口除可进行字节的输入/输出外，每个位口线还可单独用作输入/输出，因此，使用起来非常方便。

13.1.1 P0 口的结构和功能

P0 口是一个三态双向 I/O 口，它有两种不同的功能，用于不同的工作环境。在不需要进行外部 ROM、RAM 等扩展时，作为通用的 I/O 口使用；在需要进行外部 ROM、RAM 等扩展时，采用分时复用的方式，通过地址锁存器后作为地址总线的低 8 位和 8 位数据总线。P0 口的输出级具有驱动 8 个 LSTTL 负载的能力。

一、结构

P0 口有 8 条端口线，命名为 P0.0～P0.7，其中 P0.0 为低位，P0.7 为高位。P0 口的位结构如图 13-1 所示。它由一个输出锁存器、一个转换开关 MUX、两个三态缓冲器、与门和非门、输出驱动电路和输出控制电路等组成。

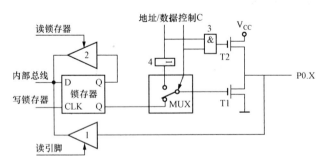

图 13-1 P0 口的位结构

二、通用 I/O 口

单片机内硬件自动将控制 C=0，MUX 向下接到锁存器的反向输出端，与门输出 0，使输出驱动器的上拉场效应管 T2 截止，因此，P0 在用作通用输出口时必须外接上拉电阻。

（1）输出口。CPU 在执行输出指令时（如 MOV P0，A），内部数据总线的数据在"写锁存器"信号的作用下由 D 端进入锁存器，反向输出送到 T1，再经 T1 反向输出到外引脚 P0.X 端。

（2）输入口。用作输入口时，必须先把锁存器写入 1，目的是为了使 T1 截止，以使引脚处于悬浮状态作为高阻抗输入；否则，在作为输入方式之前曾向锁存器输出过"0"，则 T1 导通就会使引脚电位钳位到"0"，使高电平无法读入。CPU 在执行"MOV"类输入指令时（如 MOV A，P0），单片机内部产生"读引脚"操作信号，经缓冲器输入到内部总线。

（3）"读—修改—写"类指令的端口输出。如 CPL P0.0 指令执行时，单片机内部产生"读锁存器"操作信号，使锁存器 Q 端的数据送到内部总线，对该位取反后，结果又送回 P0.0 的端口锁存器并从引脚输出。之所以是"读锁存器"而不是"读引脚"，是因为这样可以避免因引脚外部电路的原因而使引脚的状态发生改变以致造成误读。如外部接一个驱动晶体管的情况。

三、地址/数据总线

CPU 在执行读片外 ROM、读/写片外 RAM 或 I/O 口指令时，单片机内硬件自动将控制 C=1，MUX 开关接到非门的输出端，地址信息经 T1、T2 输出。

（1）P0 口分时输出低 8 位地址、输出数据。CPU 在执行输出指令时，低 8 位地址信息和数据信息分时地出现在地址数据总线上。若地址数据总线的状态为 1，则场效应管 T2 导通、T1 截止，引脚状态为 1；若地址/数据总线的状态为 0，则场效应管 T2 截止、T1 导通，引脚状态为 0。可见 P0.X 引脚的状态正好与地址/数据线的信息相同。

（2）P0 口分时输出低 8 位地址、输入数据。CPU 在执行输入指令时，首先低 8 位地址信息出现在地址/数据总线上，P0.X 引脚的状态与地址/数据总线的地址信息相同。然后 CPU 自动使模拟转换开关 MUX 拨向锁存器，并向 P0 口写入 0FFH，同时"读引脚"信号有效，数据经缓冲器读入内部数据总线。因此，可以认为 P0 口作为地址/数据总线使用时是一个真正的双向口。

13.1.2　P1 口的结构和功能

P1 口是一个准双向口，只作通用的 I/O 口使用，其功能与 P0 口的第一功能相同。作输出口使用时，由于其内部有上拉电阻，因此不需外接上拉电阻；作输入口使用时，必须先向锁存器写入"1"，使场效应管 T 截止，然后才能读取数据。P1 口能带 3~4 个 TTL 负载。

一、结构

P1 口有 8 条端口线，命名为 P1.7~P1.0。P1 口的位结构如图 13-2 所示。它由一个输出锁存器、两个三态缓冲器和输出驱动电路等组成。输出驱动电路设有上拉电阻。

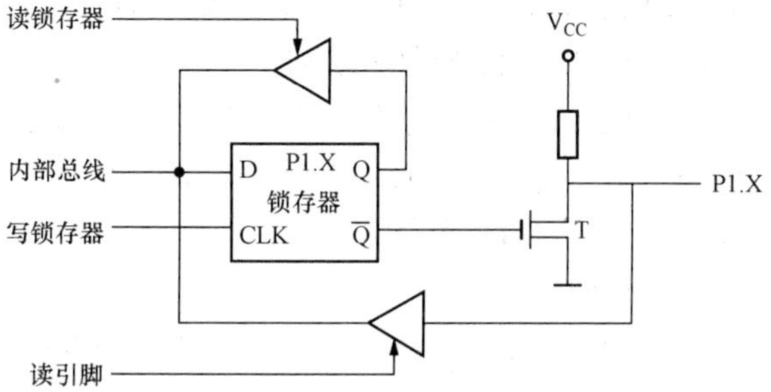

二、功能

与 P0 口用作通用 I/O 口时一样。

13.1.3　P2 口的结构和功能

P2 口也是一个准双向口，它有两种使用功能：一种是在不需要进行外部 ROM、RAM 等

图 13-2　P1 口的位结构

扩展时，P2 口作通用的 I/O 口使用，其功能和原理与 P0 口第一功能相同，只是作为输出口时不需外接上拉电阻；另一种是当系统进行外部 ROM、RAM 等扩展时，P2 口作系统扩展的地址总线口使用，输出高 8 位的地址 A15～A7，与 P0 口第二功能输出的低 8 位地址相配合，共同访问外部程序或数据存储器（64KB），但它只确定地址，并不能像 P0 口那样还可以传送存储器的读/写数据。P2 口能带 3～4 个 TTL 负载。

一、结构

P2 口有 8 条端口线，命名为 P2.7～P2.0。P2 口的位结构如图 13-3 所示。它由一个输出锁存器、转换开关 MUX、两个三态缓冲器、一个非门、输出驱动电路和输出控制电路等组成。输出驱动电路设有上拉电阻。

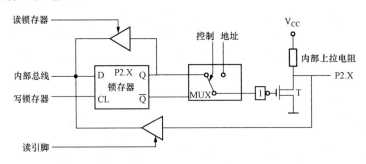

图 13-3　P2 口的位结构

二、通用 I/O 口

当不需要在单片机芯片外部扩展程序存储器，只需扩展 256 字节的片外 RAM 时，访问片外 RAM 可以利用"MOVX A，@Ri"、"MOVX @Ri，A"指令来实现。这时只用到了地址线的低 8 位，P2 口不受该类指令的影响，仍可以作为通用 I/O 口使用。

（1）输出口。CPU 在执行输出指令时（如 MOV P2，A），内部数据总线的数据在"写锁存器"信号的作用下由 D 端进入锁存器，输出经非门反相送到驱动管 T，再经驱动管 T 反相输出。

（2）输入口。与 P0 口相同。

（3）"读—修改—写"类指令的端口输出。与 P0 口相同。

三、地址总线

CPU 在执行读片外 ROM、读/写片外 RAM 或 I/O 口指令时，单片机内硬件自动将控制 C=1，MUX 开关接到地址线上，地址信息经非门和驱动管 T 输出。

13.1.4　P3 口的结构和功能

P3 口是一个多功能的准双向口。第一功能是作通用的 I/O 口使用，其功能和原理与 P1 口相同。第二功能是作控制和特殊功能口使用，这时 8 条端口线所定义的功能各不相同。P3 口能带 3～4 个 TTL 负载。

一、结构

P3 口有 8 条端口线，命名为 P3.7～P3.0。P3 口的结构如图 13-4 所示。它由一个输出锁存器、两个三态缓冲器、一个与非门和输出驱动电路等组成。输出驱动电路设有上拉电阻。

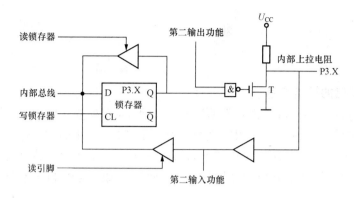

图 13-4　P3 口的位结构

二、通用 I/O 口

当 CPU 对 P3 口进行字节或位寻址（多数应用场合是把几条端口线设为第二功能，另外几条端口线设为第一功能，这时宜采用位寻址方式）时，单片机内部的硬件自动将第二功能输出线的 W=1。这时，对应的端口线为通用 I/O 口方式。作为输出时，锁存器的状态（Q 端）与输出引脚的状态相同；作为输入时，也要先向端口锁存器写入 1，使引脚处于高阻输入状态。输入的数据在"读引脚"信号的作用下，进入内部数据总线。

三、第二功能使用

当 P3 口处于第二功能时，单片机内部硬件自动将端口锁存器的 Q 端置 1。这时，P3 口各引脚的定义如下：①P3.0：RXD（串行口输入）；②P3.1：TXD（串行口输出）；③P3.2：$\overline{INT0}$（外部中断 0 输入）；④P3.3：$\overline{INT1}$（外部中断 1 输入）；⑤P3.4：T0（定时/计数器 0 的外部输入）；⑥P3.5：T1（定时/计数器 1 的外部输入）；⑦P3.6：$\overline{WR}$（片外数据存储器"写选通控制"输出）；⑧P3.7：$\overline{RD}$（片外数据存储器"读选通控制"输出）。

P3 口相应的端口线处于第二功能，应满足的条件是：①串行 I/O 口处于运行状态（RXD、TXD）；②外部中断已经打开（$\overline{INT0}$、$\overline{INT1}$）；③定时/计数器处于外部计数状态（T0、T1）；④执行读/写外部 RAM 的指令（$\overline{RD}$、$\overline{WR}$）。

作为输出功能的口线（如 P3.1），由于该位的锁存器已自动置 1，与非门对第二功能输出是畅通的。作为输入功能的口线（如 P3.0），由于该位的锁存器和第二功能输出线均为 1，使 T 截止，该引脚处于高阻输入状态。信号经输入缓冲器进入单片机的第二功能输入线。在应用中，如不设定 P3 口各位的第二功能，则 P3 口线自动处于第一功能状态。

13.1.5　并行 I/O 口的应用

一、作为通用 I/O 口的应用

（1）以字节的操作。

```
MOV P0,A
MOV P0,#0FFH
MOV A,P0
MOV P1,A
MOV P2,A
```

（2）以位的操作。

```
CLR P0.0
```

```
SETB P0.1
SETB P0.0
MOVC,P0.0
SETB P3.2
```

二、简单 I/O 口的扩展应用

只要根据"输入三态，输出锁存"的原则，选择 74 系列的 TTL 电路或 MOS 电路就能组成简单的扩展电路，如输出常采用的锁存器有 74LS273、74LS373，输入常采用的缓冲器有 74LS244、74LS245 等，这些芯片都可以组成输入、输出接口。特别说明的是，要注意 P0、P2 的负载能力，如果有必要则需增加总线驱动器，如 74LS244（单向）、74LS245（双向）等。

图 13-5 中的 74LS273 是 8 位并行 I/O 锁存器，用于驱动发光二极管；而 74LS244 是 8 位并行 I/O 缓冲器，用于输入外部开关状态。可以注意到，两个芯片都是用 P2.0 作片选使能，因此两芯片的有效端口地址相同（0FEFFH）。但它们分别经或门连到片选引脚，所以只有读操作时，74LS244 片选有效；只有写操作时，74LS273 片选有效。可将开关状态读入，然后用对应的指示灯反映出来。程序为：

```
MOV   DPTR, #0FEFFH            ; 送外部端口地址
MOVX  A,    @DPTR             ; 读入开关状态
MOVX  @DPTR, A               ; 根据开关状态,驱动发光二极管
```

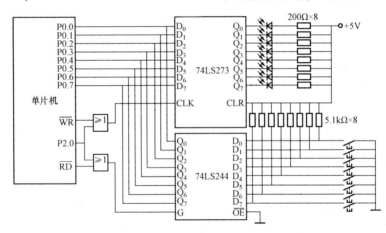

图 13-5   简单 I/O 口扩展图

13.2   定时/计数器

在测量控制系统中，常常要求有实时时钟来实现定时测控或延时动作，也会要求有计数器来实现对外部事件计数，如测电机转速、频率、脉冲个数等。实现定时/计数主要有软件延时、硬件延时两种方法，其中后者又可分为不可编程的数字电路、可编程的定时/计数器两种方法。下面将介绍单片机内部的可编程定时/计数器。

13.2.1   定时/计数器的结构和功能

MCS-51 单片机内部有两个 16 位的定时/计数器 T0 和 T1。MCS-51 系列单片机的定时/

计数器结构框图如图 13-6 所示。

定时/计数器 T0 由特殊功能寄存器 TH0、TL0（字节地址分别为 8CH 和 8AH）构成，定时/计数器 T1 由特殊功能寄存器 TH1、TL1（字节地址分别为 8DH 和 8BH）构成。其内部还有一个 8 位的定时器方式寄存器 TMOD 和一个 8 位的定时器控制寄存器 TCON。这些寄存器之间是通过内部总线和控制逻辑电路连接起来的。TMOD 主要是用于选定定时器的工作方式，TCON 主要是用于控制定时器的启动和停止。当定时器工作在计数方式时，外部事件是通过引脚 T0（P3.4）和 T1（P3.5）输入的。

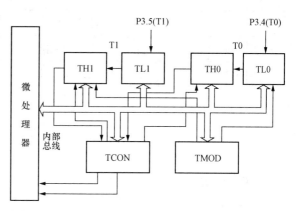

图 13-6 MCS-51 系列单片机的定时/计数器结构框图

定时/计数器对内部的机器周期个数的计数实现了定时功能，对片外脉冲个数的计数实现了计数功能。在作定时器使用时，输入的时钟脉冲是由晶体振荡器的输出经 12 分频后得到的，所以定时器也可看做是对单片机机器周期的个数的计数器。当晶体振荡器连接确定后，机器周期的时间也就确定了，这样就实现了定时功能。在作计数器使用时，T0 接相应的外部输入引脚 P3.4 或 T1 接相应的外部输入引脚 P3.5。在这种情况下，当检测到输入引脚上的高电平由高电平跳变到低电平时，计数器就加 1。每个机器周期的 S5P2 时采样外部输入，当采样值在第一个机器周期为高，在第二个机器周期为低时，则在下一个机器周期的 S3P1 期间计数器加 1。由于确认一次负跳变要花两个机器周期，即 24 个振荡周期，因此外部输入的计数脉冲的最高频率为系统振荡频率的 1/24，这就要求输入信号的电平应在跳变后至少一个机器周期内保持不变，以保证在给定的电平再次变化前至少被采样一次。

13.2.2 定时/计数器相关寄存器

MCS-51 系列单片机的定时/计数器是一种可编程序的部件，在定时/计数器开始工作之前，CPU 必须将一些命令（称为控制字）写入该定时/计数器，这个过程称为定时/计数器的初始化。在初始化程序中，要将工作方式控制字写入方式寄存器 TMOD，工作状态控制字（或相关位）写入控制寄存器 TCON。

一、定时器方式寄存器 TMOD

特殊功能寄存器 TMOD 为定时器的方式控制寄存器，占用的字节地址为 89H，不可以进行位寻址。如果要定义定时器的工作方式，需要采用字节操作指令赋值。该寄存器中各位的含义如图 13-7 所示。其中高 4 位用于定时器 T1，低 4 位用于定时器 T0。M1、M0 具体工作方式选择见表 13-1。

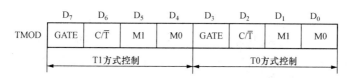

图 13-7 TMOD 各位的含义

表 13-1 　　　　　　　　　　　　　**M1、M0 具体工作方式选择**

M1M0	方式	说　明	最大计数次数	最大定时时间 f_{osc}=6MHz
00	0	13 位定时/计数器	2^{13}=8192	8192×2μs=16.384ms
01	1	16 位定时/计数器	2^{16}=65536	65536×2μs=131.072ms
10	2	自动装入时间常数的 8 位定时/计数器	2^{8}=256	256×2μs=0.512ms
11	3	对 T0 分为两个 8 位计数器；对 T1 在方式 3 时停止工作	2^{8}=256	256×2μs=0.512ms

M1M0——方式选择位。可通过软件设置选择定时/计数器 4 种工作方式，见表 13-1。

C/$\overline{T}$——定时、计数功能选择位。C/$\overline{T}$=1 时，为计数方式，计数器对外部输入引脚 T0(P3.4) 或 T1(P3.5)的外部脉冲的负跳变计数； C/$\overline{T}$=0 时，为定时方式。

GATE——门控位。GATE=0 时，用软件使运行控制位 TR0 或 TR1（定时/计数器控制寄存器 TCON 中的两位）置 1 来启动定时/计数器运行；GATE=1 时，用外部中断引脚（INT1 或 INT0）上的高电平来启动定时/计数器运行。具体逻辑结构在定时/计数器工作方式中将结合逻辑结构图详细介绍。

二、定时器控制寄存器 TCON

TCON 的字节地址为 88H，可进行位寻址（位地址为 88H～8FH），其各位的含义如图 13-8 所示。

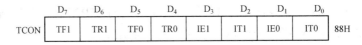

	D_7	D_6	D_5	D_4	D_3	D_2	D_1	D_0	
TCON	TF1	TR1	TF0	TR0	IE1	IT1	IE0	IT0	88H

图 13-8 　TCON 各位的含义

其中低 4 位与外部中断有关，在 13.4 节详细介绍，高 4 位的功能如下：

TF0、TF1——分别为定时器 T0、T1 的计数溢出标志位。当计数器计数溢出时，该位置 1。编程在使用查询方式时，此位作为状态位供 CPU 查询，查询后由软件清 0；使用中断方式时，此位作为中断请求标志位，中断响应后由硬件自动清 0。

TR0、TR1——分别为定时器 T0、T1 的运行控制位，可由软件置 1 或清 0。（TR0）或（TR1）=1，启动定时/计数器工作；（TR0）或（TR1）=0，停止定时/计数器工作。

13.2.3 定时/计数器工作方式

定时/计数器可以通过特殊功能寄存器 TMOD 中的控制位 C/T 的设置来选择定时器方式或计数器方式。通过 M1M0 两位的设置选择 4 种工作方式，分别为方式 0、方式 1、方式 2 和计数方式 3，现以 T0 为例介绍定时/计数器的工作方式。

一、方式 0

当 M1M0 为 00 时，定时器选定为方式 0 工作。在这种方式下，16 位寄存器（由特殊功能寄存器 TL0 和 TH0 组成）只用了 13 位，TL0 的高 3 位未用，由 TH0 的 8 位和 TL0 的低 5 位组成一个 13 位的定时/计数器，其最大的计数次数应为 2^{13}=8192（次）。如果单片机采用 6MHz 晶振，机器周期为 2μs，则该定时器的最大定时时间为 2^{13}×2=16.384（ms）。定时/计数器工作方式 0 的逻辑结构框图如图 13-9 所示。

当 GATE=0 时，只要 TCON 中的启动控制位 TR0 为 1，由 TL0 和 TH0 组成的 13 位计数器就开始计数。当 GATE=1 时，此时仅 TR0=1 仍不能使计数器开始工作，还需要 INT0 引脚为 1 才能使计数器工作，即当 INT0 由 0 变 1 时，开始计数；由 1 变 0 时，停止计数，这样可以用来测量在 INT0 端的脉冲高电平的宽度。当 13 位计数器加 1 到全为 1 后，再加 1 就会产生溢出，溢出使 TCON 的溢出标志位 TF0 自动置 1，同时计数器 TH0（8 位）、TL0（低 5 位）变为全 0，如果要循环定时，必须要用软件重新装入初值。

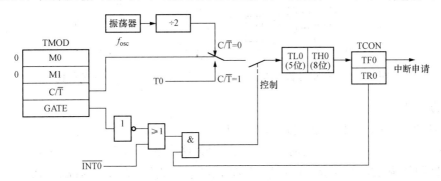

图 13-9   定时/计数器工作方式 0（13 位计数器）的逻辑结构框图

二、方式 1

当 M1M0 为 01 时，定时器选定为方式 1 工作。在这种方式下，16 位寄存器由特殊功能寄存器 TL0 和 TH0 组成一个 16 位的定时/计数器，其最大的计数次数应为 $2^{16}=65536$（次）。如果单片机采用 6MHz 晶振，则该定时器的最大定时时间为 $2^{16}\times2=131.07$（ms）。定时/计数器工作方式 1 的逻辑结构框图如图 13-10 所示。除了计数位数不同外，方式 1 与方式 0 的工作过程相同。

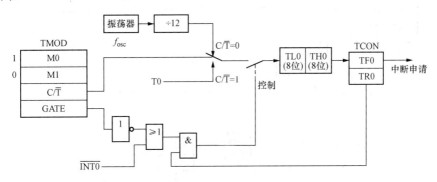

图 13-10   定时/计数器工作方式 1（16 位计数器）的逻辑结构框图

三、方式 2

方式 2 是自动重装初值的 8 位定时/计数器。方式 0 和方式 1 当计数溢出时，计数器变为全 0，因此再循环定时的时候，需要反复重新用软件给 TH 和 TL 寄存器赋初值，这样会影响定时精度，方式 2 就是针对此问题而设置的。当 M1M0 为 10 时，定时器选定为方式 2 工作。在这种方式下，8 位寄存器 TL0 作为计数器，TL0 和 TH0 装入相同的初值，当计数溢出时，在置 1 溢出中断标志位 TF0 的同时，TH0 的初值自动重新装入 TL0。其最大的计数次数应为 $2^8=256$（次）。如果单片机采用 6MHz 晶振，则该定时器的最大定时时间为 $2^8\times2=0.512$（ms）。定时/计数器工作方式 2 的逻辑结构框图如图 13-11 所示。

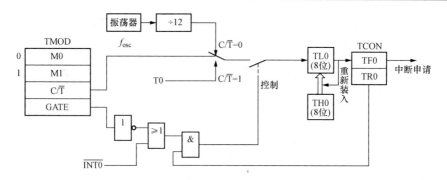

图 13-11 定时/计数器工作方式 2（8 位计数器）的逻辑结构框图

四、方式 3

当 M1M0 为 11 时，定时器选定为方式 3 工作。方式 3 只适用于定时/计数器 T0，定时/计数器 T1 不能工作在方式 3。定时/计数器 T0 分为两个独立的 8 位计数器：TL0 和 TH0，其逻辑结构框图如图 13-12 所示。TL0 使用 T0 的状态控制位 C/$\overline{T}$、GATE、TR0 及 $\overline{INT0}$，而 TH0 被固定为一个 8 位定时器（不能作外部计数方式），并使用定时器 T1 的状态控制位 TR1 和 TF1，同时占用定时器 T1 的中断源。一般情况下，当定时器 T1 用作串行口的波特率发生器时，定时/计数器 T0 才工作在方式 3。当定时器 T0 处于工作方式 3 时，定时/计数器 T1 可定为方式 0、方式 1 和方式 2，作为串行口的波特率发生器或不需要中断的场合。

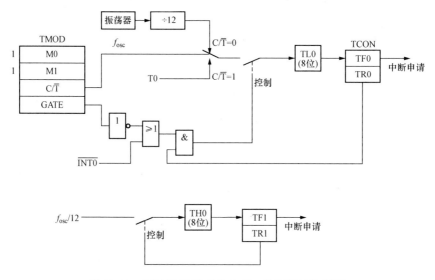

图 13-12 定时/计数器工作方式 3 的逻辑结构框图

13.2.4 定时/计数器应用

使用定时/计数器时必须计算初值，前面已经介绍了定时/计数器通过软件对 TMOD 的 M1M0 位赋值可以有 4 种工作方式，4 种工作方式对应的最大计数次数见表 13-1。现在以方式 1 和方式 2 为例说明。

【例 13-1】 假设系统时钟频率采用 6MHz，由 P1.0 引脚输出 50Hz 的方波。

解 50Hz 方波，周期为 20ms，采用定时器要定时 10ms，将 P1.0 取反一次，再定时 10ms 即可以得到周期是 50Hz 的方波信号。从表 14-1 看出，可以采用方式 0 和方式 1 来实现，方式 0 是 13 位计数，方式 1 为 16 位计数，由于方式 0 是为了兼容 MCS-48 单片机而设计的，且其计算初值复杂，因此在实际应用中，一般不采用方式 0，而采用方式 1。

设定时 10ms 的计数初值为 X，则有 $(2^{16}-X) \times 2 \times 10^{-6}\mu s = 10 \times 10^{-3}\mu s$，$X=60536=$EC78H，因此在程序中应给 TH、TL 赋值，采用定时器 1，则 TH1=0ECH，TL1=78H。程序如下：

```
         ORG  2000H
         MOV TMOD,#10H             ;采用定时器T1,工作方式1
         MOV TH1,#0ECH             ;写入初值
         MOV TL1,#78H
         SETB TR1                  ;启动T1
   LOOP: JNB TF1,LOOP             ;TF1=1,定时器溢出,程序跳转
     LP: CLR TF1                  ;清溢出标志位
         MOV TH1,#0ECH            ;重新装入初值
         MOV TL1,#78H
         CPL P1.0                 ;P1.0取反
         SJMP LOOP
         END
```

【例 13-2】 假设系统时钟频率采用 6MHz，编写定时器产生 1s 的定时程序。

解 由表 13-1 可知，定时最大时间也不能达到题目要求，可以采用定时器定方式 1 实现 100ms 定时，再由软件计数 0AH（10 次）。

计算 100ms 定时的初值。设定时 100ms 的计数初值为 X，则有 $(2^{16}-X) \times 2 \times 10^{-6}\mu s = 100 \times 10^{-3}\mu s$，$X=15536=$3CB0H，因此在程序中应给 TH、TL 赋值，采用定时器 0，则 TH0=3CH，TL0=0B0H。程序如下：

```
         ORG 2000H
         MOV TMOD,#01H            ;采用定时器T0,工作方式1
         MOV R7,#0AH
  LOOP1: MOV TH0,#3CH             ;写入初值
         MOV TL0,#0B0H
         SETB TR0                 ;启动T0
   LOOP: JNB TF0,LOOP            ;(TF0)=1,定时器溢出,程序跳转
         CLR TF0
         DJNZ R7,LOOP1
         RET
         END
```

13.3 串 行 I/O 口

13.3.1 串行口的结构和功能

MCS-51 系列单片机有一个可编程的全双工串行通信接口，它可作为 UART，也可作同步移位寄存器。其帧格式可为 8、10 位或 11 位，并可以设置各种不同的波特率。通过引脚 RXD（P3.0，串行数据接收端）和引脚 TXD（P3.1，串行数据发送端）与外界进行通信。该接口电路不仅能同时进行数据的发送和接收，还可作为一个移位寄存器使用。MCS-51 系列单片机串行口的结构框图如图 13-13 所示，它主要由发送器、接收器和串行控制寄存器组成。

由图 13-13 可见，发送电路由 SBUF（发送）和发送控制器等电路组成；接收电路由 SBUF（接收）、接收移位寄存器和接收控制器等组成。SBUF（发送）和 SBUF（接收）都是 8 位数

据缓冲寄存器，SBUF（发送）用于存放将要发送的数据，SBUF（接收）用于存放串行口接收到的数据。CPU 可以通过执行 MOV 指令对它们进行存取。具体如下：

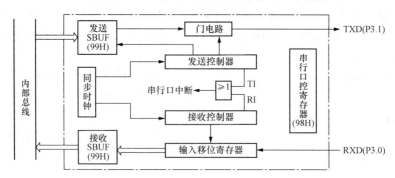

图 13-13　MCS-51 系列单片机串行口的结构框图

（1）具有两个物理上独立的接收、发送缓冲器 SBUF，它们占用同一地址 99H，可同时发送、接收数据。发送缓冲器只能写入，不能读出；接收缓冲器只能读出，不能写入。

（2）串行发送与接收的速率与移位时钟同步，定时器 T1 作为串行通信的波特率发生器，T1 溢出率经 2 分频（或不分频）又经 16 分频作为串行发送或接收的移位时钟。移位时钟的速率即波特率。

（3）接收器是双缓冲结构，在前一个字节被从接收缓冲器读出之前，第二个字节即开始被接收。但当第二个字节接收完毕而前一个字节 CPU 未读取时，就会丢失前一个字节内容。

（4）串行口的发送。MOV SBUF, A，一帧数据发送完毕，TI=1。

（5）串行口的接受。当一帧数据接收完毕，RI=1，MOV A，SBUF。

（6）串行口是一个可编程接口，由串行口控制寄存器 SCON 和电源控制寄存器 PCON 设置。

13.3.2　串行口控制寄存器

一、串行口控制寄存器 SCON 的格式

串行口控制寄存器 SCON 用于设置串行口的工作方式、监视串行口工作状态、发送与接收的状态控制等。它是一个既可字节寻址又可位寻址的特殊功能寄存器，地址为 98H。SCON 的格式如图 13-14 所示。

	D_7	D_6	D_5	D_4	D_3	D_2	D_1	D_0
位地址	9F	9E	9D	9C	9B	9A	99	98
SCON	SM0	SM1	SM2	REN	TB8	RB8	RB8	RI

图 13-14　SCON 的格式

二、SCON 中各位的定义

（1）SM0、SM1：工作方式选择位，详见表 13-2。

表 13-2　　　　　　　　　　　串行口工作方式选择

SM0	SM1	方式	功　能	波　特　率
0	0	0	同步移位寄存器	$f_{osc}/12$
0	1	1	10 位异步收发	可变，由定时器控制
1	0	2	11 位异步收发	$f_{osc}/64$ 或 $f_{osc}/32$
1	1	3	11 位异步收发	可变，由定时器控制

（2）SM2：方式 2、方式 3 多机通信控制位。在方式 2、方式 3 处于接收时，若 SM2=1，且接收到第 9 位数 RB8 为 0，则不能置位接收中断标志 RI，接收数据失效。在方式 1 接收时，若 SM2=1，则只有接收到有效的停止位，才能置位 RI。在方式 0 时，SM2 应为 0。

（3）REN：串行口接收控制位，由软件置位或清零。REN=1，允许接收；REN=0，禁止接收。

（4）TB8：发送数据的第 9 位。在方式 2 和方式 3 中，要发送的第 9 位数据存放在 TB8 位，可用软件置位或清零。它可作为通信数据的奇偶校验位。在单片机的多机通信中，TB8 常用来表示是地址帧还是数据帧。

（5）RB8：在方式 2 和方式 3 中，接收到的第 9 位数据就存放在 RB8。它可以是约定的奇偶校验位，在单片机的多机通信中用它作为地址或数据标识位。在方式 1 中，若 SM2=0，则 RB8 存放已接收的停止位。在方式 0 中，该位未用。

（6）TI：发送中断请求标志。在一帧数据发送完后被置位。在方式 0 中，在发送第 8 位结束时由硬件置位；在方式 1、方式 2、方式 3 中，在停止位开始发送时由硬件置位。置位 TI 意味着向 CPU 提供"发送缓冲器已空"的信息，CPU 响应后发送下一帧数据。在任何方式中，TI 都必须由软件清零。

（7）RI：接收中断请求标志。在接收到一帧数据后由硬件置位。在方式 0 时，在接收第 8 位结束时由硬件置位；在方式 1、方式 2、方式 3 中，在接收到停止位的中间点时由硬件置位。RI=1，表示请求中断，CPU 响应中断后，从 SBUF 取出数据。但在方式 1 中，当 SM2=1 时，若未接收到有效的停止位，则不会对 RI 置位。在任何方式中，RI 都必须由软件清零。

由图 13-13 可知，串行口的中断，无论是接收中断还是发送中断，若 CPU 响应中断都进入 0023H 程序地址，执行串行口的中断服务子程序，这时由软件来判别是接收中断还是发送中断。而中断标志必须在中断服务子程序中加以清除，以防出现一次中断多次响应的现象。在系统复位时，SCON 的所有位均被清零。

三、串行口电源控制寄存器 PCON 的格式

PCON 为电源控制寄存器，是特殊功能寄存器，地址为 87H，PCON 中的第 7 位与串行口有关。PCON 的格式如图 13-15 所示。

	D_7	D_6	D_5	D_4	D_3	D_2	D_1	D_0
PCON	SMOD	×	×	×	GF1	GF0	PD	IDL

图 13-15　PCON 的格式

SMOD 为波特率选择位。在方式 1、方式 2、方式 3 中，串行通信波特率与 2^{SMOD} 成正比。即当 SMOD=1 时，通信波特率可以提高一倍。

PCON 中的其余各位用于单片机的电源控制。当 PD=1 时，进入掉电方式；当 IDL=1 时，进入冻结方式。其余 GF1、GF0 为通用标志位。

13.3.3　串行口的工作方式

MCS-51 系列单片机串行口有方式 0、方式 1、方式 2 和方式 3 四种工作方式。现对每种工作方式下的特点作进一步的说明。

一、方式 0

8 位串行数据的输入或输出都是通过 RXD 端，而 TXD 端用于输出同步移位脉冲。波特率固定为单片机振荡频率 f_{osc} 的 1/12。串行传送数据 8 位为一帧（没有起始、停止、奇偶校验位），

由 RXD（P3.0）端输出或输入，低位在前，高位在后。TXD（P3.1）端输出同步移位脉冲，可以作为外部扩展的移位寄存器的移位时钟，因而串行口方式 0 常用于扩展外部并行 I/O 口。

（1）输出。串行口可以外接串行输入/并行输出的移位寄存器，如 74LS164，用以扩展并行输出口。如图 13-16 所示，执行 MOV SBUF,A 指令，TXD 端输出的同步移位脉冲将 RXD 端输出的数据（低位在先）逐位移入 74LS164。8 位全部移完，TI=1。如要再发送，必须先将 TI 清零。串行发送时，外部可扩展一片（或几片）串入/并出的移位寄存器。

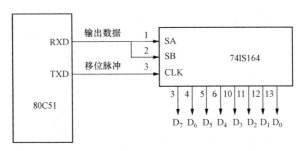

图 13-16　方式 0 扩展并行输出口

（2）输入。串行接收时，串行口可以扩展一片（或几片）并入/串出的移位寄存器，如图 13-17 所示。利用 74LS165，用以扩展并行输入口。执行 MOV A,SBUF 指令，TXD 端输出的同步移位脉冲将 74LS165 逐位移入 RXD 端。8 位全部移完，RI=1。如要再发送，必须先将 RI 清零。

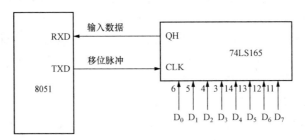

图 13-17　方式 0 扩展并行输入口

二、方式 1

在方式 1 下，串行口设定为 10 位异步通信接口。字符帧由 8 位数据位、1 位起始位（0）和 1 位停止位（1）组成，其波特率是可变的，由定时器 T1 的计数溢出率决定。

$$波特率 = \left[\frac{2^{\text{SMOD}}}{32}\right] \times (定时器 T1 的溢出率)$$

式中：T1 溢出率为 1s 内 T1 发生溢出的次数。它与 T1 的工作方式有关。

T1 溢出率计算：

T1 方式 0：产生一次溢出的时间

$$t = \frac{(2^{13} - X) \times 12}{f_{\text{osc}}}$$

T1 方式 0：产生一次溢出的溢出率

$$n = \frac{1}{t} = \frac{f_{\text{osc}}}{12 \times (2^{13} - X)}$$

T1方式1：产生一次溢出的溢出率

$$n = \frac{1}{t} = \frac{f_{osc}}{12 \times (2^{16} - X)}$$

T1方式2：产生一次溢出的溢出率

$$n = \frac{1}{t} = \frac{f_{osc}}{12 \times (2^{8} - X)}$$

在串行通信中，定时器 T1 作为波特率发生器使用时，通常选用定时方式 2，以避免因为重装时间常数而带来的定时误差。

（1）输出。在 TI=0 时，执行"MOV SBUF，A"指令开始发送操作，然后发送电路自动在 8 位发送字符前后分别添加 1 位起始位和 1 位停止位，并在移位脉冲作用下，在 TXD 线上从低位到高位依次发送一帧信息。TI 也由硬件在发送停止位时置位，即 TI=1，向 CPU 申请中断。

（2）输入。接收操作在 RI=0 和 REN=1 条件下进行。允许接收器接收，接收器以所选波特率的 16 倍速率采样 RXD 端电平，检测到 RXD 端输入电平发生负跳变时（起始位），内部 16 分频计数器复位，并将 1FFH 写入输入移位寄存器。计数器的 16 个状态把传送每一位数据的时间 16 等分，在每个时间的 7、8、9 这 3 个计数状态，位检测器采样 RXD 端电平，接收的值是 3 次采样中至少有 2 次相同的值，这样可以防止外界的干扰。如果在第一位时间内接收到的值不为 0，说明它不是一帧数据的起始位，该位被摒弃，则复位接收电路，重新搜索 RXD 端输入电平的负跳变；若接收到的值为 0，则说明起始位有效，将其移入输入移位寄存器，并开始接收这一帧数据其余部分信息。当 RI=0 且 SM2=0（或接收到的停止位为 1）时，将接收到的 9 位数据的前 8 位数据装入 SBUF，第 9 位（停止位）装入 RB8，并置 RI=1，向 CPU 请求中断。在方式 1 下，SM2 一般应设定为 0。

三、方式 2 和方式 3

在方式 2 和方式 3 下，串行口工作在 11 位异步通信方式。1 帧信息包含 1 个起始位"0"、8 个数据位、1 个可编程第 9 数据位和一个停止位"1"。其中可编程位是 SCON 中的 TB8 位，在 8 个数据位之后，可作奇偶校验位或地址/数据帧的标志位使用。方式 2 和方式 3 两者的差异仅在于通信波特率有所不同。方式 2 的波特率是固定的，由主频 f_{osc} 经 32 的或 64 分频后提供。方式 2 的波特率为

$$波特率 = \frac{2^{SMOD}}{64} \times f_{osc}$$

方式 3 的波特率由定时器 T1 的溢出率决定，即

$$波特率 = \left[\frac{2^{SMOD}}{32} \right] \times (定时器T1的溢出率)$$

方式 2 和方式 3 的输出过程类似于方式 1，所不同的是方式 2 和方式 3 有 9 位有效数据位。发送时，CPU 除要把发送字符装入 SBUF（发送）外，还要把第 9 数据位预先装入 SCON 的 TB8 中。第 9 数据位可由用户安排，可以是奇偶校验位，也可以是其他控制位。第 9 数据位的装入可以用 SETB TB8 或 CLR TB8 指令中的一条来完成。第 9 数据位的值装入 TB8 后，便可把发送数据装入 SBUF 来启动发送过程。一帧数据发送完后，TI=1，CPU 便可通过查询 TI 来以同样的方法发送下一字符帧。方式 2 和方式 3 的输入过程也与方式 1 类似，所不同的是：方式 1 时，RB8 中存放的是停止位；方式 2 或方式 3 时，RB8 中存放的是第 9 数据位。

因此，方式 2 和方式 3 时必须满足接收有效字符的条件变为 RI=0 和 SM2=0 或收到的第 9 数据位为 1。只有上述两个条件同时满足，前 8 位接收到的数据才能送入 SBUF，第 9 数据位才能装入 RB8 中，并使 RI=1；否则，这次收到的数据无效，RI 也不置位。

四、常用波特率表

常用波特率表见表 13-3（串行口工作在方式 1 和方式 3 时）。为了保证通信的可靠性，通常波特率相对误差不大于 13.5%，当不同机种相互之间进行通信时，要特别注意这一点。

表 13-3　　　　　　　　　　　　　　　　常 用 波 特 率 表

晶振频率（MHz）	波特率（bit/s）	SMOD	TH1 方式 2 初值	实际波特率（bit/s）	误差（%）
12	9600	1	F9H	8929	7
12	4800	0	F9H	4464	7
12	2400	0	F3H	2404	0.16
11.0592	19200	1	FDH	19200	0
11.0592	9600	0	FDH	9600	0
11.0592	4800	0	FAH	4800	0
11.0592	2400	0	F4H	2400	0
11.0592	1200	0	E8H	1200	0

五、应用

【例 13-3】 设定时器 T1 工作于方式 2，$f_{osc}=11.0592$MHz，SMOD=0，串行口工作于方式 1，试设计一个波特率为 2400bit/s 的发生器。

解
$$2400=n/32$$
$$n=76800$$
$$n=\frac{1}{t}=\frac{f_{osc}}{12\times(2^8-X)}$$
$$256-X=11.0592\times10^6/(12\times76800)=12$$
$$X=244=\text{F4H}$$

```
MOV TMOD,#20H
MOV PCON,#00H
MOV SCON,#40H
MOV TL1,#0F4H
MOV TH1,#0F4H
SETB TR1
```

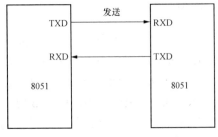

图 13-18　用 TTL 电平相连
实现串行双机通信

13.3.4　串行口的双机通信及应用

根据单片机双机通信距离、抗干扰性等要求，可以选择 TTL 电平传输、RS-232C、RS-485 等串行接口方法。

一、TTL 电平双机通信接口

如果两个单片机系统相距在 1m 之内，可以把它们的串行口直接相连，从而实现双机通信，如图 13-18 所示。

二、RS-232C 双机通信接口

串行口可以利用 RS-232C 标准接口实现双机通信，其接口电路如图 13-19 所示，它是由芯片 MAX232 实现 PC 与 8051 单片机串行通信的典型接线图。图中外接电解电容 C1、C2、C3、C4 用于电源电压变换，以提高抗干扰能力，它们可以取相同数值电容 1.0μF/25V。电容 C5 用于对+5V 电源的噪声干扰进行滤波，其值一般为 0.1μF。

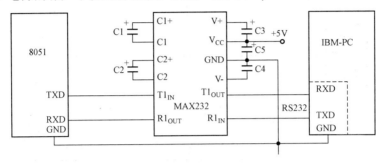

图 13-19　用 MAX232 实现串行通信

三、RS-485 双机通信接口

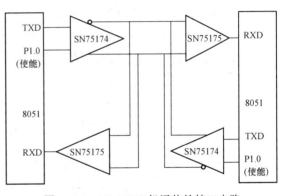

RS-422A 双机通信需要四芯传输线，这对于工业现场的长距离通信是很不经济的，因此在工业现场，通常采用双绞线传输的 RS-485 串行通信，这种接口很容易实现多机通信。图 13-20 所示为 RS-485 双机通信的接口电路。

由图 13-20 可知，RS-485 以双向、半双工的方式实现了双机通信。在单片机系统发送或者接收数据前，应先将 75174 的发送门或者接收门打开。当 P1.0=1 时，发送门打开，接收门关闭；当 P1.0=0 时，接收门打开，发送门关闭。

图 13-20　RS-485 双机通信的接口电路

13.3.5　串行口的多机通信及应用

在实际应用系统中，经常需要多个微处理器协调工作才能完成某个任务。在多机配合工作过程中，必然涉及它们之间的通信问题。如前所述，串行口控制寄存器 SCON 中的 SM2 为多机通信控制位。串行口以方式 2（或方式 3）接收时，若 SM2 为 1，则仅当接收器接收到的第 9 位数据为 1 时，数据才装入接收缓冲器 SBUF，并将 RI 置"1"，向 CPU 发中断请求；如果接收到的第 9 位数据为 0，则不产生中断标志，信息将丢失；而 SM2 为 0 时，则接收到一个数据字节后,不管第 9 位数据是 1 还是 0,都产生中断标志 RI,接收到数据装入 SBUF。应用这个特点，便可实现多个 MCS-51 之间的串行通信。

一、多机通信步骤

（1）各从机分别定义一个地址，并工作在 9 位异步通信方式，且 SM2=1，允许串行口中断，处于接收地址帧的状态。

（2）主机令 TB8=1，发送地址信息。

（3）各从机都能接收地址信息，并与自己地址比较，若地址相同，则令 SM2=0；否则，令 SM2=1。

（4）主机令 TB8=0，发送数据信息，则只有与前面地址相符的从机才能接收到数据，产生中断，从而实现多机通信。

二、多机通信接口电路设计

当一台主机与多台从机之间距离较近时，可直接用 TTL 电平进行多机通信，如图 13-21 所示。

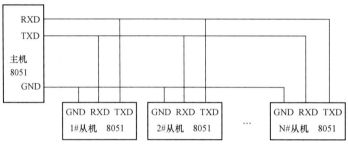

图 13-21　多机全双工通信连接方式

当距离较远时，可采用 RS-232C 接口、RS-485 接口进行多机通信。图 13-22 所示为一台 PC 与多个单片机间的串行通信电路，这种通信系统一般为主从结构，PC 为主机，单片机为从机。主从机间的信号电平转换由 MAX232 芯片实现。

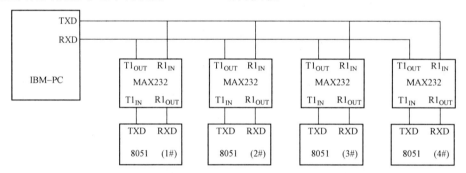

图 13-22　一台 PC 与多个单片机间的串行通信电路

三、多机通信软件设计

（1）软件协议。通信要符合一定的规范。一般通信协议都有通用标准，协议较完善，但很复杂。为叙述方便起见，这里仅规定几条简单的协议：

1）系统中允许有 8 台从机，其地址分别为 01H～08H。

2）地址 FFH 是对所有从机都起作用的一条控制命令，命令各从机恢复 SM2=1 状态。

3）主机和从机的联络过程为：主机首先发送地址帧，被寻址从机返回本机地址给主机，在判断地址相符后，主机给被寻址从机发送控制命令，被寻址从机根据其命令向主机回送自己的状态，若主机判断状态正常，主机开始发送或接收数据，发送或接收的第一个字节是数据块长度。

4）主机发送的控制命令代码为：

00——要求从机接收数据块。

01——要求从机发送数据块。

其他——非法命令。

5）从机状态字格式如图 13-23 所示。

D_7	D_6	D_5	D_4	D_3	D_2	D_1	D_0
ERR	0	0	0	0	0	TRDY	RRDY

图 13-23　从机状态字格式

若 ERR=1，从机接收到非法命令；若 TRDY=1，从机发送准备就绪；若 RRDY=1，从机接收准备就绪。

（2）主机查询、从机中断方式的多机通信软件设计。在实际应用中，经常采用主机查询、从机中断的通信方式。主机程序部分以子程序方式给出，要进行串行通信时，可直接调用；从机部分以串行口中断服务方式给出，其中断入口地址为 0023H。若从机未做好接收或发送准备，就从中断程序返回，在主程序中做好准备。主机应重新与从机联络，使从机再次执行串行口中断服务子程序。

（3）主机串行通信子程序。主机程序由主程序和子程序组成，主程序用于定时器 T1 初始化、串行口初始化和传递主机通信子程序所需入口参数。主机通信子程序用于主机和从机间一个数据块的传送。有关寄存器内预置入口参数规定如下：

R2——被寻址从机地址。

R3——主机命令（00H 主机发送，01H 主机接收）。

R4——数据块长度。

R0——主机发送的数据块首址。

R1——主机接收的数据块首址。

13.3.6　串行口的扩展应用

一、串行口的编程

串行口须初始化后，才能完成数据的输入、输出。其初始化过程如下：

（1）按选定串行口的工作方式设定 SCON 的 SM0、SM1 两位两进制编码。

（2）对于工作方式 2 或方式 3，应根据需要在 TB8 中写入待发送的第 9 位数据。

（3）若选定的工作方式不是方式 0，还需设定接收/发送的波特率。设定 PCON 中的 SMOD 的状态，以控制波特率是否加倍。

（4）若选定工作方式 1 或方式 3，则应对定时器 T1 进行初始化以设定其溢出率。

二、串行口的扩展应用

（1）工作在方式 0 的应用。串行口方式 0 主要用于扩展并行 I/O 口，扩展成并行输出口时，需要外接一片 8 位串行输入/并行输出的同步移位寄存器 74HC164 或 CD4094；扩展成并行输入口时，需要外接一片或几片并行输入/串行输出的同步移位寄存器 74HC165 或 CD4014。

（2）工作在方式 1 的应用。串行方式 1 主要用于异步双机通信，波特率由定时器 T1 产生。

（3）工作在方式 2 和方式 3 的应用。方式 2 和方式 3 都是 11 位异步通信方式，所不同的仅是波特率。方式 2 的波特率只有固定的两种，而方式 3 的波特率则可由用户设定。

13.4　中　断　系　统

在单片机测控系统中，外部设备何时向单片机发出请求，CPU 预先是不知道的，如果采用查询方式必将大大降低 CPU 的工作效率。为了解决快速的 CPU 与慢速的外设间的矛盾，发展了中断的概念。良好的中断系统能提高计算机实时处理的能力，实现 CPU 与外设分时操作和自动处理故障。

13.4.1　中断的概念

当 CPU 正在处理某项事务的时候，如果外界或内部发生了更紧急的事件，要求 CPU 暂停正在处理的工作转而去处理这个紧急事件，待处理完以后再回到原来被中断的地方，继续执行原来被中断了的程序，这样的过程称为中断。

能够实现中断处理功能的部件称为中断系统。向 CPU 提出中断请求的源称为中断源，MCS-51 系列单片机共有 5 个中断源。中断源向 CPU 提出的处理请求，称为中断请求或中断申请。CPU 同意处理该请求称为中断响应。处理中断请求的程序称为中断服务子程序。当 CPU 暂时终止正在执行的程序，转去执行中断服务子程序时，除了硬件自动把断点地址（16 位程序计数器 PC 的值）压入堆栈之外，用户应注意保护有关的工作寄存器、累加器、标志位等信息，这称为保护现场。在完成中断服务子程序后，恢复有关的工作寄存器、累加器、

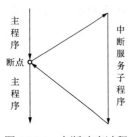

图 13-24　中断响应过程

标志位的内容，称为恢复现场。最后执行中断返回指令 RETI，从堆栈中自动弹出断点地址 PC，继续执行被中断的程序，称为中断返回。中断响应过程如图 13-24 所示。

13.4.2　中断请求源及中断请求标志

一、中断请求源

MCS-51 系列单片机的中断系统有 5 个中断源，其入口地址是固定的，见表 13-4，同时具有 2 个中断优先级，分别为高优先级和低优先级，可实现 2 级中断服务程序嵌套。中断系统结构示意图如图 13-25 所示。

表 13-4　　　　　　　　　　　　　　中断源及中断入口地址

中断源	入口地址	中断源	入口地址
外部中断 0（$\overline{\text{INT0}}$）	0003H	定时/计数器 T1	001BH
定时/计数器 T0	000BH	串行口 S	0023H
外部中断 1（$\overline{\text{INT1}}$）	0013H		

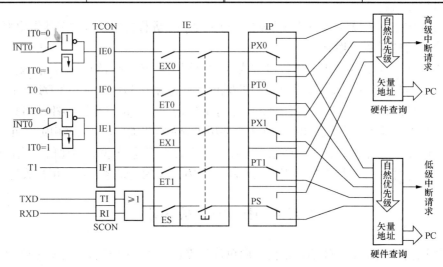

图 13-25　MCS-51 单片机的中断系统结构

（1）$\overline{INT0}$：外部中断请求 0，由 INT0（P3.2）引脚输入，中断请求标志为 IE0（定时器/计数器控制寄存器 TCON 的 D1 位）。

（2）$\overline{INT1}$：外部中断请求 1，由 INT1（P3.3）引脚输入，中断请求标志为 IE1（定时器/计数器控制寄存器 TCON 的 D3 位）。

（3）定时器/计数器 T0 溢出中断请求，中断请求标志为 TF0（定时/计数器控制寄存器 TCON 的 D5 位）。

（4）定时器/计数器 T1 溢出中断请求，中断请求标志为 TF1（定时/计数器控制寄存器 TCON 的 D7 位）。

（5）串行口中断请求，中断请求标志为 TI 或 RI（分别为串行口控制寄存器 SCON 的 D1 和 D0 位）。

二、中断请求标志所在特殊功能寄存器

CPU 在每个机器周期的 S5P2 时刻采样 5 个中断源的中断请求标志 IE0、IE1、TF0、TF1、TI 和 RI，这些中断请求标志位分别由特殊功能寄存器 TCON 和 SCON 的相应位锁定。

（1）定时器控制寄存器 TCON。TCON 的格式如图 13-26 所示，其中 TF1 和 TF0 为定时器中断标志位，TR1 和 TR0 为定时器的启动控制位，在 13.2 节中已经介绍过，现介绍与中断有关的低 4 位的功能。

图 13-26 TCON 的格式

1）IT0：选择外部中断请求 $\overline{INT0}$（P3.2）为边沿触发方式或电平触发方式的控制位。IT0 可由软件置 1 或清 0。

当 IT0 为 0 时，为电平触发方式，$\overline{INT0}$ 低电平有效。外部中断申请触发器的状态随着 CPU 在每个机器周期采样到的外部中断输入线的电平变化而变化，这能提高 CPU 对外部中断请求的响应速度。当外部中断源被设定为电平触发方式时，在中断服务子程序返回之前，外部中断请求输入必须无效（即变为高电平），否则 CPU 返回主程序后会再次响应中断。所以电平触发方式适合于外部中断以低电平输入，而且中断服务子程序能清除外部中断请求源的情况。

当 IT0 为 1 时，$\overline{INT0}$ 为边沿触发方式，$\overline{INT0}$ 输入脚上的电平从高到低的负跳变有效。外部中断申请触发器能锁存外部中断输入线上的负跳变。即便是 CPU 暂时不能响应，中断申请标志也不会丢失。在这种方式时，如果相继连续两次采样，一个周期采样到外部中断输入为高，下个周期采样为低，则置 1 中断申请触发器，直到 CPU 响应此中断时才清 0。这样不会丢失中断，但输入的负脉冲宽度至少保持 12 个振荡周期，才能被 CPU 采样到。外部中断的边沿触发方式适合于以负脉冲形式输入的外部中断请求。如 ADC0809 的 A/D 转换结束标志信号 EOC 为正脉冲，再反相连到 8031 的 $\overline{INT0}$ 引脚，就可以中断方式读取 A/D 的转换结果。

2）IE0：外部中断 0 的中断申请标志位。当 IT0=0，即电平触发方式时，每个机器周期的 S5P2 采样 $\overline{INT0}$，若 $\overline{INT0}$ 为低电平，则 IE0 置 1，否则 IE0 清 0；当 IT0=1，即 INT0 程控为边沿触发方式时，第一个机器周期采样到该引脚为低电平，则 IE0 置 1（$\overline{INT1}$），IE0 为 1

表示外部中断 0 正在向 CPU 申请中断。当 CPU 响应中断，转向中断服务子程序时，由硬件自动清 0。

3）IT1：选择外部中断请求 $\overline{INT1}$（P3.3）为边沿触发方式或电平触发方式的控制位，其意义与 IT0 类似。

4）IE1：外部中断 1 的中断申请标志位，其意义与 IE0 类似。当 MCS-51 单片机复位后，TCON 被清 0，关闭中断，所有中断请求被禁止。

（2）串行口控制寄存器 SCON。SCON 的字节地址为 98H，可位寻址。其低 2 位锁定串行口的发送中断和接收中断的中断请求标志 TI 和 RI，格式如图 13-27 所示。

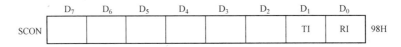

图 13-27　SCON 的格式

1）TI：MCS-51 单片机串行口的发送中断标志位。在串行口以方式 0 发送时，每当发送完 8 位数据，由硬件置"1"TI；若以方式 1、方式 2 或方式 3 发送时，在发送停止位的开始时置"1"TI，TI=1 表示串行口发送正在向 CPU 申请中断，要发送的数据一旦写入串行口的数据缓冲器 SBUF，单片机内部的硬件就立即启动发送器继续发送。值得注意的是，CPU 响应发送器中断请求，转向执行中断服务程序时并不清"0"TI，TI 必须由用户的中断服务子程序清 0，即中断服务子程序中必须用 CLR TI 或 ANL SCON，#0FDH 等清"0"TI 的指令。

2）RI：串行口接收中断标志位。若串行口接收器允许接收，并以方式 0 工作，每当接收到第 8 位数据时置"1"RI；若以方式 1、方式 2 或方式 3 工作，且 SM2=0 时，每当接收器接收到停止位的中间时置"1"RI；当串行口以方式 2 或方式 3 进行工作，且 SM2=1 时，仅当接收到的第 9 位数据 RB8 为 1 后，同时还要在接收到停止位的中间位置"1"RI。RI 为 1，表示串行口接收器正在向 CPU 申请中断，同样 RI 必须由用户的中断服务子程序清 0。

MCS-5I 单片机复位后，SCON 被清 0。

13.4.3　中断控制寄存器

一、中断允许寄存器 IE

MCS-51 系列单片机的 CPU 对中断源的开放或屏蔽，是由片内的中断允许寄存器 IE 控制的，IE 的字节地址为 A8H，可以位寻址。IE 的格式如图 13-28 所示。

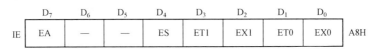

图 13-28　IE 的格式

中断允许寄存器 IE 各位的功能如下：

（1）EA：中断允许总控制位。EA=0，CPU 屏蔽所有的中断请求（关中断）；EA=1，CPU 开放所有中断（开中断）。

（2）ES：串行口中断允许位。ES=0，禁止串行口中断；ES=1，允许串行口中断。

（3）ET1：定时/计数器 T1 的溢出中断允许位。ET1=0，禁止 T1 溢出中断；ET1=1，允许 T1 溢出中断。

（4）EX1：外部中断 1 中断允许位。EX1=0，禁止外部中断 1 中断；EX1=1，允许外部中断 1 中断。

（5）ET0：定时/计数器 T0 的溢出中断允许位。ET0=0，禁止 T0 溢出中断；ET0=1，允许 T0 溢出中断。

（6）EX0：中断 0 中断允许位。EX0=0，禁止外部中断 0 中断；EX0=1，允许外部中断 0 中断。

MCS-51 系列单片机复位以后，IE 被清 0，由用户程序置"1"或清"0" IE 相应的位，实现允许或禁止各中断源的中断申请。若允许某一个中断源中断，除了开放中断总的允许位 EA 外，还必须同时使 CPU 开放该中断源的中断允许位。因为中断允许寄存器 IE 的地址是 A8H，可以进行位寻址，所以可以通过位操作指令和字节操作指令实现。

二、中断优先级寄存器 IP

MCS-51 系列单片机有两个中断优先级，对于每一个中断请求源可编程为高优先级中断或低优先级中断。MCS-51 系列单片机的片内有一个中断优先级寄存器 IP，其字节地址为 B8H，可以位寻址，可进行字节操作和位操作来设置各中断源中断级别。IP 的格式如图 13-29 所示。

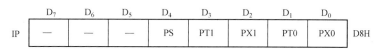

	D_7	D_6	D_5	D_4	D_3	D_2	D_1	D_0	
IP	—	—	—	PS	PT1	PX1	PT0	PX0	D8H

图 13-29 IP 的格式

中断优先级寄存器 IP 各位的功能如下：

（1）PS：串行口中断优先级控制位。PS=1，串行口中断定义为高优先级；PS=0，串行口中断定义为低优先级。

（2）PT1：定时/计数器 T1 中断优先级控制位。PT1=1，定时/计数器 T1 中断定义为高优先级；PT1=0，定时器 T1 中断定义为低优先级。

（3）PX1：外部中断 1 中断优先级控制位。PX1=1，外部中断 1 定义为高优先级；PX1=0，外部中断 1 定义为低优先级。

（4）PT0：定时器 T0 中断优先级控制位。PT0=1，定时/计数器 T0 中断定义为高优先级；PT0=0，定时/计数器 T0 中断定义为低优先级。

（5）PX0：外部中断 0 中断优先级控制位。PX0=1，外部中断 0 定义为高优先级；PX0=0，外部中断 0 定义为低优先级。

中断优先级控制寄存器 IP 的各位都由用户程序置 1 和清 0，可用位操作指令或字节操作指令更新 IP 的内容，以改变各中断源的中断优先级。MCS-51 系列单片机复位以后 IP 为 0，各个中断源均为低优先级中断。

13.4.4 中断优先级结构

MCS-51 系列单片机有两个中断优先级，对于每一个中断请求源可编程为高优先级中断或低优先级中断。一个正在执行的低优先级中断程序能被高优先级的中断源所中断，但不能被另一个低优先级的中断源所中断。若 CPU 正在执行高优先级的中断，则不能被任何中断源所中断，一直执行到结束，遇到返回指令 RETI，返回主程序再执行一条指令后才能响应新的中断请求。以上所述可以归纳为下面两条基本规则：

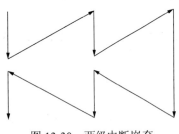

图 13-30 两级中断嵌套

（1）低优先级可被高优先级中断，而高优先级中断源不能被任何中断源所中断。

（2）任何一种中断（不管是高级还是低级）一旦得到响应，不会再被它的同级中断所中断。遵循这样的原则，MCS-51单片机可实现两级中断嵌套，如图 13-30 所示。

为了实现上述两条规则，中断系统内部包含两个不可寻址的优先级状态触发器。其中一个触发器指示某高优先级的中断正在执行，所有后来的中断均被阻止。另一个触发器指示某低优先级的中断正在执行，所有同级的中断都被阻止，但不能阻断高优先级的中断。当几个同优先级的中断同时申请中断时，响应哪一个中断源将取决于内部查询顺序，或称为辅助优先级结构。其优先级排列见表 13-5。

表 13-5　　　　　　　　　　　中断源及辅助优先级结构

中　断　源	辅助优先级结构
外部中断 0（$\overline{INT0}$）	最高
定时/计数器 T0	
外部中断 1（$\overline{INT1}$）	
定时/计数器 T1	
串行口中断	最低

允许片内两个定时/计数器中断和两个外部中断请求，禁止串行口中断请求，并把 2 个外中断请求设为高优先级，其他设为低优先级，编写设置 IE、IP 的相应程序段。

（1）用位操作指令来编写：

```
CLR ES                          ;禁止串行口中断
SETB EX0                        ;允许外部中断 0 中断
SETB ET0                        ;允许定时/计数器 T0 中断
SETB EX1                        ;允许外部中断 1 中断
SETB ET1                        ;允许定时/计数器 T1 中断
SETB EA                         ;CPU 开中断
SETB PX0                        ;2 个外中断为高优先级
SETB PX1
CLR PS                          ;串行口、2 个定时/计数器为低优先级
CLR PT0
CLR PT1
```

（2）用字节操作指令来编写：

```
MOV IE, #8FH
MOV IP, #05H
```

中断允许寄存器 IE 和中断优先级寄存器 IP 字节地址分别为 A8H 和 B8H，都可以进行位寻址，以上指令也可写成：

```
MOV 0A8H,#8FH                   ;A8H 为 IE 的字节地址
MOV 0B8H,#05H                   ;B8H 为 IP 的字节地址
```

13.4.5　中断系统的工作过程

CPU 在每个机器周期的 S5P2 时刻采样中断标志，在下一个机器周期对采样到的中断进行查询。如果前一个机器周期的 S5P2 有中断标志，则在查询周期内便会查询到，并按优先级高低进行中断处理。如果响应中断，中断系统将控制程序转入相应的中断服务子程序。但中断响应是有条件的，并不是查询到的所有中断请求都能被立即响应，当遇到下列三种情况之一时，中断响应被封锁：

（1）CPU 正在处理相同的或更高优先级的中断。

（2）现行的机器周期不是所执行指令的最后一个机器周期。

（3）正在执行的指令是 RETI 或是访问 IE、IP 的指令。CPU 在执行 RETI 或访问 IE、IP 的指令后，至少需要再执行一条指令才会响应新的中断请求。

13.4.6　外部中断的响应时间

外部中断 $\overline{\text{INT0}}$ 和 $\overline{\text{INT1}}$ 电平在每一个机器周期的 S5P2 被采样并锁存到 IE0、IE1 中，这个新置入的 IE0、IE1 的状态等到下一个机器周期才被查询电路查询到，如果中断被激活，并且满足响应条件，CPU 接着执行一条由硬件生成的子程序调用指令以转到相应的中断服务子程序入口，该硬件调用指令本身需要 2 个机器周期，这样，从产生外部中断请求到开始执行中断服务子程序的第一条指令之间至少需要 3 个完整的机器周期。

如果中断请求被前面列出的三个条件之一所阻止，则需要更长的响应时间。如果已经在处理同级或更高级中断，额外的等待时间取决于正在执行的中断服务子程序的处理时间。如果正在处理的指令没有执行到最后的机器周期，则所需的额外等待时间不会多于 3 个机器周期，因为最长的指令（乘法指令 MUL 和除法指令 DIV）也只有 4 个机器周期。如果正在处理的指令为 RETI 或访问 IE、IP 的指令，额外的等待时间不会多于 5 个机器周期（执行这些指令最多需 1 个机器周期）。这样，在一个单一中断的系统里，外部中断响应时间总是在 3～8 个机器周期之间。

13.4.7　中断系统应用

在这里主要结合定时/计数器介绍中断系统的应用。

【例 13-4】假设系统时钟为 6MHz，采用定时器中断编程实现从 P1.0 输出周期为 1ms 的方波。

解　输出周期是 1ms，则定时时间为 0.5ms，参考表 13-1，可见系统时钟为 6MHz 时，方式 2 的最大定时时间为 0.512ms，并且方式 2 有自动重新装入初值的优点，所以选用定时/计数器的方式 2 编程。

首先在伪指令的定义起始地址部分要加入所采用中断的中断入口地址。另外要进行定时器所赋初值的计算。采用定时器 T0，设 T0 的初值为 X，则

$$(28-X)\times 2\times 10^{-6}\,\mu s = 5\times 10^{-4}(\mu s)$$

$$X = 6 = 06H$$

参考程序如下：

```
ORG 0000H
LJMP MAIN
ORG 000BH
CPL P1.0
```

```
        RETI
        ORG 0100H
MAIN:   MOV TMOD,#02H
        MOV TL0,#06H
        MOV TH0,#06H
        SETB TR0
        SETB ET0
        SETB EA
HERE:   AJMP HERE
```

如果中断服务子程序比较长，超出 8 个字节，可以在其入口地址后面加入跳转指令，跳转到其他位置处来编写相应的中断服务子程序。

13.5　单片机系统扩展技术

单片机本身的 I/O 口可以实现简单的 I/O 操作，但其功能十分有限。因为在单片机本身的 I/O 口电路中，只有数据锁存和缓冲功能，而没有状态寄存和命令寄存功能，难以满足复杂的 I/O 操作要求。因此，往往需要外部存储器及接口芯片的扩展。

13.5.1　简单 I/O 口的扩展

在实际应用中经常会遇到开关量、数字量的输入/输出，如开关、键盘、数码显示器等外设，主机可以随时与这些外设进行信息交换。在这种情况下，只要按照"输入三态，输出锁存"与总线相连的原则，选择 74LS 系列的 TTL 或 MOS 电路即能组成简单的 I/O 扩展口。例如，采用 8 位三态缓冲器 74LS244 组成输入口，采用 8D 锁存器 74LS273、74LS373、74LS377 等组成输出口。图 13-31 所示为一种简单的 I/O 口连接方法，图中 P2.0 和 P2.1 分别与 RD、WR 信号相或后分别作为输入口和输出口的片选控制及锁存信号。I/O 口相应的地址号为：

输出口——1111 1101 1111 1111 B=FDFFH，对应 74LS273 芯片。

输入口——1111 1110 1111 1111 B=FEFFH，对应 74LS244 芯片。

此时 CPU 与外设交换信息所采用

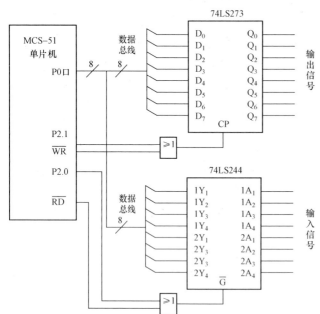

图 13-31　一种简单的 I/O 口连接方法

的指令为：

```
输入操作:MOV DPTR,#0FEFFH      ;输入端口地址→DPTR
        MOVX A,,@DPTR          ;输入数据在 A 寄存器中
输出操作:MOV A,#DATA           ;输出数据
        MOV DPTR,#0FDFFH       ;输出端口地址→DPTR
```

```
MOVX @DPTR,A                            ;输出数据
```

13.5.2　存储器的扩展

MCS-51 系列单片机的数据存储器与程序存储器的地址空间是互相独立的，其片外数据存储器的空间可达 64KB，而片内数据存储器空间只有 128B。当片内的数据存储器不够用时，则需进行数据存储器的扩展。MCS-51 系列单片机具有 64KB 的外部程序存储器空间，其中8051、8751 型单片机含有 4KB 的片内程序存储器，而 8031 型单片机则无片内程序存储器。当采用 8051、8751 型单片机的用户程序超过 4KB 或采用 8031 型单片机时，就需要进行程序存储器的扩展。本节将介绍这两种存储器的扩展技术。扩展地址译码的方法通常有 3 种：线选法、译码法和片外体选法。

一、线选法

线选法是直接利用系统的地址线作为存储器芯片的片选信号。译码时只需将用到的地址线与存储器芯片的片选端直接相连即可。其特点是译码电路简单。但系统中有多片需要扩展时，地址会有不连续的情况，使用时需特别注意。在多片程序存储器系统中尽量不用这种方法。

二、译码法

译码法是使用地址译码器对系统的片外地址进行译码，以译码输出作为存储器芯片的片选信号。常用的译码器有 74LS138、74LS139、74LS154 等。译码法又分为完全译码和部分译码两种。

（1）完全译码。地址译码器使用了全部地址线，地址与存储单元一一对应，也就是 1 个存储单元只占用 1 个唯一的地址。

（2）部分译码。地址译码器仅使用了部分地址线，地址与存储单元不是一一对应，1 个存储单元占用了几个地址。

三、片外体选法

MCS-51 单片机的数据存储器的直接扩展范围为 64KB。如果需要扩展为大于 64KB 的存储空间，可将待扩展的存储体划分成可直接扩展的多个存储体。利用输出端口控制选择具体的每个存储体。采用这种方法可使 MCS-51 单片机根据需要扩展为大于 64KB 的存储体。

【例 13-5】　采用地址译码器的多片程序存储器的扩展。图 13-32 所示为译码法存储器扩展电路。

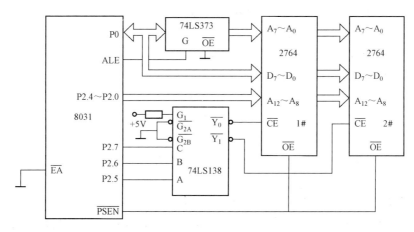

图 13-32　译码法存储器扩展电路

扩展电路采用 74LS138 译码器实现地址完全译码。该程序存储器的地址为 16 位。P0 口确定低 8 位地址，P2 口确定高 8 位地址。根据 138 译码器的控制端可知，这个扩展电路的两片 2764 存储器的地址分别为：1 号芯片的地址译码的范围是 0000H～1FFFH，2 号芯片的地址译码的范围是 2000H～3FFFH。

这种方法的特点是存储体地址连续。在系统及成本允许的条件下，建议使用这种完全译码的程序存储器扩展方式。

【例 13-6】 不采用片外译码的单片数据存储器的扩展。MCS-51 单片机扩展的外部数据存储器读/写数据时，主要考虑所用的控制信号 ALE、$\overline{WR}$、$\overline{RD}$ 及地址线与数据存储器的连接问题。在扩展一片外 RAM 时，应将 $\overline{WR}$ 引脚与 RAM 芯片的 $\overline{WE}$ 引脚连接，$\overline{RD}$ 引脚与芯片 $\overline{OE}$ 引脚连接。ALE 信号的作用与外扩程序存储器的作用相同，即锁存低 8 位地址。图 13-33 所示为用 RAM6116 芯片扩展 2KB 数据存储器电路。

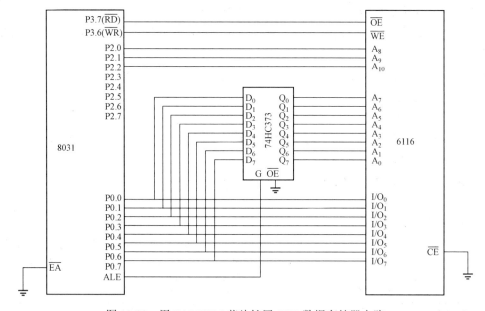

图 13-33　用 RAM6116 芯片扩展 2KB 数据存储器电路

图 13-33 中 RAM 6116 芯片的 8 位数据线接 MCS-51 单片机的 P0 口，A_0～A_{10} 接 MCS-51 单片机扩展的地址线 A_0～A_{10}。RAM 6116 芯片的片选信号 $\overline{CE}$ 接地。数据存储器的地址可以是 0000H～07FFH，也可以是 0800H～0FFFH 等多块空间。如果系统中有多片 RAM 6116 芯片，则各个芯片的片选信号需接译码器的输出端。

习 题 与 思 考 题

13-1　8051 单片机 P0～P3 口结构有何不同？作通用 I/O 口输入数据使用时，应注意什么？

13-2　什么是对 I/O 口的"读—修改—写"操作？

13-3　8051 单片机内部设有几个定时/计数器？它们是由哪些特殊功能寄存器组成的？

13-4　定时/计数器用作定时器时，其定时时间与哪些因素有关？用作计数器时，对外界计数频率有何限制？

13-5　简述定时器四种工作方式有何特点？如何选择和设定？

13-6　当定时器 T0 用作模式 3 时，由于 TR1 位已被 T0 占用，如何控制定时器 T1 的开启和关闭？

13-7　使用一个定时器，如何通过软、硬件结合的方法实现较长时间的定时？

13-8　8051 单片机定时/计数器作定时和计数时，其计数脉冲分别由谁提供？

13-9　8051 单片机定时器的门控制信号 GATE 设置为 1 时，定时器如何启动？

13-10　设 8051 单片机的 f_{osc}=12MHz，要求用 T0 定时 150μs，分别计算采用定时方式 1 和方式 2 时的定时初值。

13-11　设 8051 单片机的 f_{osc}＝6MHz，问定时器处于不同工作方式时，最大定时范围分别是多少？

13-12　以定时/计数器 1 进行外部事件计数。每计数 1000 个脉冲后，定时/计数器 1 转为定时工作方式。定时 10ms 后，又转为计数方式，如此循环不止。假定单片机晶振频率为 6MHz，请使用方式 1 编程实现。

13-13　8051 单片机 P1 口上，经驱动器接有 8 个发光二极管，若 f_{osc}＝6MHz，试编写程序，使这 8 个发光管每隔 2s 循环发光（要求用 T1 定时）。

13-14　8051 单片机的 P1 口接 8 个发光二极管（正极通过电阻接+5V），根据 P3.0 和 P3.1 的电平编程，且满足下列要求：

（1）当 P3.0 为低电平时，点亮其中的一个发光二极管。

（2）当 P3.0 为高电平、P3.1 为低电平时，点亮全部发光二极管。

（3）当 P3.0、P3.1 都为高电平时，发光二极管按 4 个一组，每隔 50ms 轮流反复点亮（由 T0 定时，f_{osc}＝6MHz）。

13-15　已知 8051 单片机的 f_{osc}=6MHz，请利用 T0 和 P1.0 输出矩形波。矩形波高电平宽 50μs，低电平宽 300μs。

13-16　已知 8051 单片机的 f_{osc}＝12MHz，用 T1 定时。试编程由 P1.0 和 P1.1 引脚分别输出周期为 2ms 和 500μs 的方波。

13-17　8051 单片机的定时器在何种设置下可提供 3 个 8 位定时/计数器？这时，定时器 1 可作为串行口波特率发生器。若波特率按 9600、4800、2400、1200、600、100bit/s 来考虑，则此时可选用的波特率是多少（允许存在一定误差）？设时钟频率为 12MHz。

13-18　试编程实现：当 P1.2 引脚的电平上跳时，对 P1.1 的输入脉冲进行计数；当 P1.2 引脚的电平下跳时，停止计数，并将计数值写入 R6 和 R7。

13-19　设 f_{osc}=12MHz。试编程序实现：对定时器 T0 初始化，使之工作在方式 2，产生 200μs 定时，并用查询 T0 溢出标志的方法，控制 P1.0 输出周期为 2ms 的方波。

13-20　什么是串行异步通信？它有哪些作用？

13-21　串行口有几种工作方式？有几种帧格式？各种工作方式的波特率如何确定？

13-22　若晶体振荡器为 11.0592MHz，串行口工作于方式 1，波特率为 4800bit/s，写出用 T1 作为波特率发生器的方式控制字和计数初值。

13-23　简述利用串行口进行多机通信的原理。

13-24　使用 8031 的串行口按工作方式 1 进行串行数据通信，假定波特率为 2400bit/s，以中断方式传送数据，请编写全双工通信程序。

13-25 什么是中断源？MCS-51 有哪些中断源？各有什么特点？

13-26 MCS-51 有哪几种扩展外部中断源的方式？各有什么特点？

13-27 中断服务子程序返回指令 RET1 和普通子程序返回指令 RET 有什么区别？

13-28 某系统有 3 个外部中断源 1、2、3，当某一中断源变为低电平时，便要求 CPU 进行处理，它们的优先处理次序由高到低依次为 3、2、1，中断处理程序的入口地址分别为 1000H，1100H，1200H。试编写主程序及中断服务程序（转至相应的中断处理程序的入口即可）。

13-29 在 MCS-51 单片机系统中，外接程序存储器和数据存储器共 16 位地址线和 8 位数据线，为何不会发生冲突？

13-30 现有 8031 单片机、74LS373 锁存器、1 片 2764EPROM 和 2 片 6116RAM，请使用他们组成一个单片机系统，要求：

（1）画出硬件电路连线图，并标注主要引脚。

（2）指出该应用系统程序存储器空间和数据存储器空间各自的地址范围。

第 14 章 计算机硬件系统的设计及开发实例

微机具有体积小、质量轻、功耗低、功能强、可靠性高、结构灵活和价格低廉等优势，因此广泛地应用于人类的工作、学习和生活中，特别是在工业生产过程控制中微机更是起着举足轻重的作用。而作为生产流程控制中心——微机的硬件与软件控制系统的设计，更要依靠科研人员严谨务实的工作态度、精益求精的科学精神和高效可靠的技术设备等来加以实现。随着半导体技术的飞速发展，以及移动通信、网络技术、多媒体技术在嵌入式系统设计中的应用，单片机功能越来越强大，价格却不断下降，单片机无疑成为嵌入式系统方案设计的首选，同时单片机应用领域的扩大也使得更多人加入到基于单片机系统的开发行列中。本章将介绍微机与单片机系统设计的方法、Keil C 及 C51 的基础知识、Proteus 和 Keil C 的联调机制，并结合实例给出联调方法，本章还将给出基于 CPU8086、8279 和 6 位 LED 数码管实现的加法计算器软件与硬件设计实例。

14.1 计算机硬件系统设计原则

14.1.1 计算机硬件系统的开发过程

一般计算机硬件系统的开发步骤如图 14-1 所示。

在传统的计算机硬件系统开发中，除了需要购置如仿真器、编程器、示波器等价格不菲的电子设备外，开发过程也较烦琐。传统的计算机硬件系统开发过程如图 14-2 所示，用户程序需要在硬件完成的情况下才能进行联调，如果在调试过程中发现需修改硬件，则要重新制板。因此，无论从硬件成本还是开发周期来看，其高风险、低效率的特性显露无遗。

英国 Labcenter Electronics 公司的 Proteus 软件很好地诠释了利用现代 EDA 工具方便快捷开发计算机硬件系统的优势。它包括 Proteus VSM（Virtual System Modelling）、Proteus PCB Design 两大组成部分，在 PC 机上就能实现原理图电路设计、电路分析与仿真、计算机硬件代码级调试与仿真、系统测试与功能验证以及形成 PCB 文件的完整嵌入式系统设计与研发过程。图 14-3 所示为基于 Proteus 仿真软件的计算机硬件系统设计流程，它极大地简化了设计工作，得到众多设计师的青睐。

14.1.2 系统总体设计

一、确定功能技术指标

计算机硬件应用系统的研制是从确定功能技术指标开始的，它是系统设计的依据和出发点，也是决定产品前途的关键。必须根据系统应用场合、工作环境、用途，参考国内外同类产品资料，提出合理、详尽的功能技术指标。

二、机型和器件选择

选择计算机硬件机型的依据是市场资源、计算机硬件性能、开发工具和熟悉程度。根据技术指标，选择容易研制、性能价格比高、有现成开发工具、比较熟悉的一种 CPU 或 MCU。

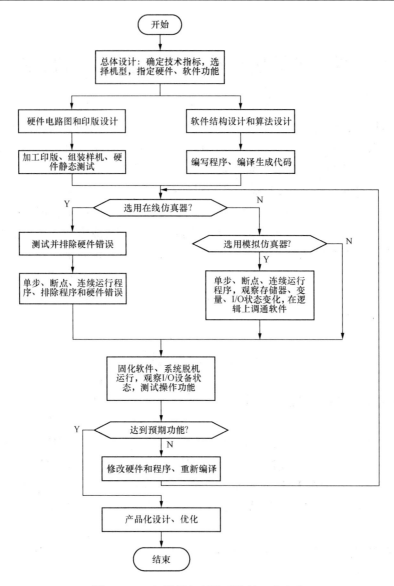

图 14-1　一般计算机硬件系统的开发步骤

选择合适的传感器、执行机构和 I/O 设备，使它们在精度、速度和可靠性等方面符合要求。

三、硬件和软件功能划分

系统硬件配置和软件的设计是紧密联系的，在某些场合，硬件和软件具有一定的互换性，有些功能可以由硬件实现，也可以由软件实现，如系统日历时钟。对于生产批量大的产品，能由软件实现的功能尽量由软件完成，以简化硬件结构，降低成本。总体设计时权衡利弊，仔细划分好软、硬件的功能。

14.1.3　系统硬件设计

硬件设计的任务是根据总体设计要求，在所选计算机硬件基础上，具体确定系统中每一个元器件，设计出电路原理图，必要时做一些部件实验，验证电路正确性，进而设计加工印板，组装样机。

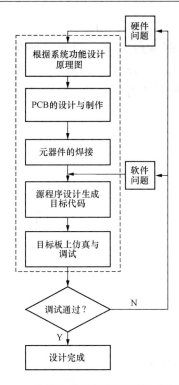

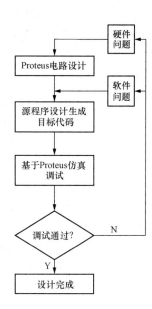

图 14-2　传统的计算机硬件系统开发过程　　图 14-3　基于 Proteus 仿真软件的计算机硬件系统设计流程

一、系统结构选择

根据系统对硬件的要求，确定是小系统、紧凑系统还是大系统。如果是紧凑系统或大系统，则进一步确定地址译码方法。其中，小系统是指不需要使用 P0 和 P2 口扩展的系统；紧凑型系统是指由于仅扩展了少量的外部存储器和外部接口，仅需 P0 口作为分时复用的地址和数据总线即可；那些需要为了扩展更大存储器以及外部接口而额外增加了 P2 口作为地址高 8 位地址总线的扩展方式，称为大系统的扩展。

二、可靠性设计

系统对可靠性的要求是由工作环境（湿度、温度、电磁干扰、供电条件等）和用途决定的。可以采用下列措施，提高系统的可靠性。

（1）采用抗干扰措施。

1）抑制电源噪声干扰。安装低通滤波器，减少印刷板交流电引进线长度，电源的容量留有余地，完善滤波系统、逻辑电路和模拟电路的合理布局等。

2）抑制输入/输出通道的干扰。使用双绞线、光电隔离等方法和外部设备传送信息。

3）抑制电磁干扰。电磁屏蔽。

（2）提高元器件可靠性。

1）选用质量好的元器件并进行严格老化、测试、筛选。

2）提高印刷电路板和组装的工艺质量。

3）FLASH 型计算机硬件不宜在环境恶劣的系统中使用。最终产品应选 OTP 型。

（3）采用容错技术。

1）信息冗余。通信中采用奇偶校验、累加和校验、循环码校验等措施，使系统具有检错和纠错能力。

2）使用系统正常工作监视器（WatchDog）。对于内部有 WatchDog 的计算机硬件，合理选择监视器的溢出周期，正确设计监视计数器的程序。对于内部没有 WatchDog 的计算机硬件，可外接监视电路，正确调节单稳时间。正常时计算机硬件并行口的某一个端口位定时输出脉冲使单稳不翻转，异常时使单稳翻转产生复位信号。

14.1.4 系统软件设计

一、软件结构设计

合理的软件结构是设计出一个性能优良的应用程序的基础。

对于大多数简单的计算机硬件应用系统，通常采用顺序设计方法，这种系统软件由主程序和若干个中断服务程序构成。根据系统各个操作的性质，制定哪些操作由中断服务程序完成，哪些操作由主程序完成，并制定各个中断的优先级。

中断服务程序对实时事件请求作必要的处理，使系统能实时地完成各个操作。中断处理程序必须包括现场保护、中断服务、现场恢复、中断返回 4 个部分。中断的发生是随机的，它可能在任意地方打断主程序的运行，无法预知这时主程序执行的状态。因此，在执行中断服务程序时，必须对原有程序状态进行保护。现场保护的内容应是中断服务程序所使用的有关资源（如 MCS-51 单片机中的 PSW、ACC、DPTR 等）。中断服务程序是中断处理程序的主题，它由中断所要完成的功能所确定，如输入/输出一个数据等。现场恢复与现场保护相对应，恢复被保护的有关寄存器的状态。中断返回使 CPU 回到被该中断所打断的地方继续执行原来的程序。主程序是一个顺序执行的无限循环的程序，不停地顺序查询各种软件标志，以完成对日常事务的处理。图 14-4、图 14-5 分别给出了主程序的结构和中断程序的结构。

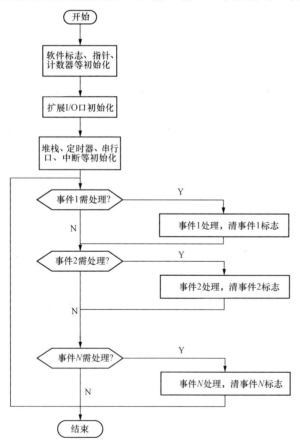

图 14-4　主程序的结构

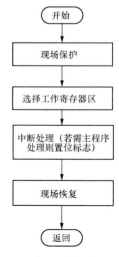

图 14-5　中断程序的结构

　　主程序和中断服务程序间的信息交换一般采用数据缓冲器和软件标志位（置位或清 0 位寻址区的某一位）方法。例如：在 MCS-51 单片机中，定时中断到 1s 后置位标志 SS［设（20H）.0］，以通知主程序对日历时钟进行计数，主程序查询到 SS=1 时，清 0 该标志并完成时钟计数。又如：A/D 中断服务程序在读入一个完整数据时将数据存入缓冲器，并置位标志以通知主程序对数据进行处理。再如：若要打印，主程序判断到打印机空时，将数据装配到打印机缓冲器，启动打印机并允许打印中断。但因中断服务程序将一个个数据输出打印，打印完成后关闭打印机中断，并置位打印机结束标志，以通知主程序打印机已空。

　　顺序程序设计方法容易理解和掌握，也能满足大多数简单的应用系统对软件的功能要求，因此是一种广泛使用的方法。顺序程序设计的缺点是软件的结构不够清晰、软件的修改扩充比较困难、实时性能差。这时因为当功能复杂的时候，执行中断服务程序要花较多的时间，CPU 执行中断程序时不响应低级或同级的中断，这可能导致某些实时中断请求得不到及时响应，甚至会丢失中断信息。如果多采用一些缓冲器和标志，让大多数工作由主程序完成，中断服务程序只完成一些必须的操作，就会缩短中断服务程序的执行时间，这在一定程度上能提高系统的实时性，但众多的软件标志会使结构杂乱，容易发生错误，给调试带来困难。对复杂的应用系统，可采用实时多任务操作系统。

　　二、程序设计方法

　　（1）自顶向下模块化设计方法。随着计算机应用日益广泛，软件的规模和复杂性也不断的增加，给软件设计、调试和维护带来很多困难。自顶向下的模块化设计方法能有效解决这个问题。此设计方法就是把一个大程序划分成一些较小的部分，每一个功能独立的部分用一个程序模块来实现。分解模块的原则是简单性、独立性和完整性。

　　1）模块具有单一的入口和出口。

　　2）模块不宜过大，应让模块具有单一功能。

　　3）模块和外接联系仅限于入口参数和出口参数，内部结构和外界无关。

　　这样对各个模块分别进行设计和调试就比较容易实现。

　　（2）逐步求精设计方法。逐步求精设计方法是先设计出一个粗的操作步骤，只指明先做什么后做什么，而不回答如何做；进而对每个步骤进行细化，回答如何做的问题，每一个越来越细，直至可以编写程序时为止。

　　（3）结构化程序设计方法。此方法是按顺序结构、选择结构、循环结构这 3 种基本的结构化程序设计的方式来编写程序。

　　三、算法和数据结构

　　算法和数据结构有密切的关系。明确了算法才能设计出好的数据结构，反之选择好的算法又依赖于数据结构。

　　算法就是求解问题的方法，一个算法由一系列求解步骤完成。正确的算法要求组成算法的规则和步骤的含义是唯一确定的，没有二义性，指定的操作步骤有严格的次序，并在执行有限步骤以后给出问题的结果。

　　求解同一个问题可能有多种算法，选择算法的标准是可靠性、简单性、易理解性以及代码效率和执行速度。

描述算法的工具之一是流程图，又称框图，它是算法的图形描述，具有直观、易理解的优点。前面章节中许多程序算法都用流程图表示。流程图可以作为编写程序的依据，也是程序员之间进行交流的工具。流程图也是由粗到细，逐步细化，足够明确后就可以编写程序。数据结构是指数据对象、相互关系和构造方法。不过计算机硬件中数据结构一般比较简单，多数只采用整型数据，少数采用浮点型或构造型数据。

四、程序设计语言选择和编写程序

计算机硬件中常用的程序设计语言为汇编语言和 C 语言。对于熟悉指令系统并且有经验的程序员，喜欢用汇编语言编写程序，根据流程图可以编写出高指令的程序。对指令系统不熟悉的程序员，喜欢用 C51（类似 C 语言）语言编写程序，用 C51 编写的结构化程序易读、易理解，容易维护和移植。因此程序设计语言的选择是因人而异的。

汇编语言编写程序对硬件操作很方便，编写的程序代码短，但是使用起来不方便，可读性和可移植性较差，同时汇编语言程序的设计周期长，调试和排错也较难。为了能提高编程的效率和应用程序的效率，改善程序的可读性和可移植性，最好是采用高级语言来进行应用系统和应用程序设计。而 C 语言既有高级语言使用方便的特点，也具有汇编语言直接对硬件进行操作的特点，因而在现在计算机硬件系统设计中，往往用 C 语言来进行开发和设计，特别是在计算机硬件应用系统的开发过程中。

学习一种编程语言，最重要的是建立一个练习环境，边学边练才能学好。Keil 软件是目前最流行开发 80C51 系列单片机的软件，它提供了包括 C 编译器、宏汇编、连接器、库管理和一个功能强大的仿真调试器等在内的完整开发方案，通过一个集成开发环境（μVision）将这些部分组合在一起。

14.2　单 片 机 系 统 的 应 用

14.2.1　采用 C51 语言编程的应用举例

在学会使用汇编语言后，学习 C 语言编程是一件比较容易的事，我们将通过一系列的实例介绍 C 语言编程的方法。图 14-6 所示的电路是使用 89S52 单片机作为主芯片，这种单片机属于 80C51 系列，其内部有 8KB 的 FLASH ROM，可以反复擦写，并有 ISP 功能，支持在线下载，非常适于做实验。89S52 的 P1 引脚上接 8 个发光二极管，P3.2～P3.4 引脚上接 4 个按钮开关，我们的任务是让接在 P1 引脚上的发光二极管按要求发光。

【**例 14-1**】　让接在 P1.0 引脚上的 LED 发光。

```
#include "reg51.h"
sbit P1_0=P1^0;
void main()
{
P1_0=0;
}
```

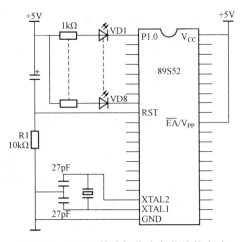

图 14-6　89S52 单片机作为主芯片的电路

这个程序的作用是让接在 P1.0 引脚上的 LED 发光。下面来分析一下这个 C 语言程序包含了哪些信息。

一、"文件包含"处理

程序的第 1 行是一个"文件包含"处理。

文件包含是指一个文件将另外一个文件的内容全部包含进来，所以这里的程序虽然只有 4 行，但 C 编译器在处理的时候却要处理几十或几百行。这里程序中包含 REG51.h 文件的目的是为了要使用 P1 这个符号，即通知 C 编译器，程序中所写的 P1 是指 80C51 单片机的 P1 端口，而不是其他变量。这是如何做到的呢？

打开 reg51.h 可以看到这样的一些内容：

```
/*------------------------------------------------------------------
REG51.H
Header file for generic 80C51 and 80C31 microcontroller.
Copyright (c) 1988-2001 Keil Elektronik GmbH and Keil Software, Inc.
All rights reserved.
-------------------------------------------------------------------*/
/* BYTE Register */
sfr P0 = 0x80;
sfr P1 = 0x90;
sfr P2 = 0xA0;
sfr P3 = 0xB0;
sfr PSW = 0xD0;
...
sbit TB8 = 0x9B;
sbit RB8 = 0x9A;
sbit TI = 0x99;
sbit RI = 0x98;
```

熟悉 80C51 内部结构的读者不难看出，这里都是一些符号的定义，即规定符号名与地址的对应关系。注意其中有 sfr P1 = 0x90;这样的一行，它定义 P1 与地址 0x90 对应，P1 口的地址就是 0x90（0x90 是 C 语言中十六进制数的写法，相当于汇编语言中写 90H）。

从这里还可以看到一个频繁出现的词：sfr。sfr 并非标准 C 语言的关键字，而是 Keil 为能直接访问 80C51 中的特殊功能寄存器 SFR 而提供了一个新的关键词，其用法是：sfrt 变量名=地址值。

二、符号 P1_0 来表示 P1.0 引脚

在 C 语言里，如果直接写 P1.0，C 编译器并不能识别，而且 P1.0 也不是一个合法的 C 语言变量名，所以得给它另起一个名字，这里起的名为 P1_0，可是 P1_0 是不是就是 P1.0 呢？ C 编译器可不这么认为，所以必须给它们建立联系，这里使用了 Keil C 的关键字 sbit 来定义，sbit 的用法有 3 种：

第 1 种方法：sbit 位变量名＝地址值。

第 2 种方法：sbit 位变量名＝SFR 名称^变量位地址值。

第 3 种方法：sbit 位变量名＝SFR 地址值^变量位地址值。

如定义 PSW 中的 OV，可以用以下 3 种方法：

sbit OV=0xd2，说明：0xd2 是 OV 的位地址值。

sbit OV=PSW^2，说明：其中 PSW 必须先用 sfr 定义好。

sbit OV=0xD0^2，说明：0xD0 就是 PSW 的地址值。

因此这里用 sfr P1_0=P1^0；就是定义用符号 P1_0 来表示 P1.0 引脚，当然也可以起 P10 一类的名字，只要下面程序中也随之更改就行了。

三、main 称为"主函数"

每一个 C 语言程序有且只有一个主函数，函数体为一对大括号"{}"，在大括号里面书写程序。

从上面的分析我们了解了部分 C 语言的特性，下面再看一个稍复杂一点的例子。

【例 14-2】 让接在 P1.0 引脚上的 LED 闪烁发光。

```
#include "reg51.h"
#define uchar unsigned char
#define uint unsigned int
sbit P10=P1^0;
/*延时程序,由 Delay 参数确定延迟时间 */
void mDelay(unsigned int Delay)
{ unsigned int i;
for(;Delay>0;Delay--)
     { for(i=0;i<124;i++)
            {;}
            }
}
void main()
{ for(;;)
    { P10=!P10                              ; //取反 P1.0 引脚
    mDelay(1000);
}
}
```

程序分析：主程序 main 中的第 1 行暂且不看，第 2 行是"P10=!P10;"，在 P10 前有一个符号"!"，符号"!"是 C 语言的一个运算符，就像数学中的"+"、"−"一样，是一种运算符号，意义是"取反"，即将该符号后面的那个变量的值取反。

> **注 意**
>
> 取反运算只是对变量的值而言的，并不会自动改变变量本身。可以认为 C 编译器在处理"!P10"时，将 P10 的值给了一个临时变量，然后对这个临时变量取反，而不是直接对 P10 取反，因此取反完毕后还要使用赋值符号"="将取反后的值再赋给 P10。这样，如果原来 P1.0 是低电平（LED 亮），那么取反后，P1.0 就是高电平（LED 灭）；反之，如果 P1.0 是高电平，取反后，P1.0 就是低电平，这条指令被反复地执行，接在 P1.0 上灯就会不断"亮"、"灭"。

该条指令会被反复执行的关键就在于 main 中的第 1 行程序：for（;;），这里不对此作详细的介绍，读者暂时只要知道，这行程序连同其后的一对大括号"{}"构成了一个无限循环语句，该大括号内的语句会被反复执行。

第 3 行程序是"mDelay（1000）；"，这行程序的用途是延时 1s 时间，由于单片机执行指令的速度很快，如果不进行延时，灯亮之后马上就灭，灭了之后马上就亮，速度太快，人眼根本无法分辨。

这里 mDelay（1000）并不是由 Keil C 提供的库函数，即不能在任何情况下写这样一行程序以实现延时。如果在编写其他程序时写上这么一行，会发现编译通不过。那么这里为什么又是正确的呢？注意观察，可以发现这个程序中有 void mDelay（…）这样一行，可见，mDelay 这个词是我们自己起的名字，并且为此编写了一些程序行，如果程序中没有这么一段程序行，那就不能使用 mDelay（1000）了。那么是不是把这段程序复制到其他程序中，然后就可以用 mDelay（1000）了呢？回答是肯定的。还有一点需要说明，mDelay 这个名称是由编程者自己命名的，可自行更改，但一旦更改了名称，main( )函数中的名字也要作相应的更改。

14.2.2　采用 Proteus 和 Keil C 结合的应用实例

Proteus ISIS 是英国 Labcenter 公司开发的电路分析与实物仿真软件。它运行于 Windows 操作系统上，可以仿真、分析（SPICE）各种模拟器件和集成电路。该软件的特点是：①实现了单片机仿真和 SPICE 电路仿真相结合。具有模拟电路仿真、数字电路仿真、单片机及其外围电路组成的系统的仿真、RS232 动态仿真、I2C 调试器、SPI 调试器、键盘和 LCD 系统仿真的功能；具有各种虚拟仪器，如示波器、逻辑分析仪、信号发生器等。②支持主流单片机系统的仿真。目前支持的单片机类型有 68000 系列、8051 系列、AVR 系列、PIC12 系列、PIC16 系列、PIC18 系列、Z80 系列、HC11 系列以及各种外围芯片。③提供软件调试功能。在硬件仿真系统中具有全速、单步、设置断点等调试功能，同时可以观察各个变量、寄存器等的当前状态，因此在该软件仿真系统中，也必须具有这些功能；同时支持第三方的软件编译和调试环境，如 Keil C51 uVision2 等软件。④具有强大的原理图绘制功能。总之，该软件是一款集单片机和 SPICE 分析于一身的仿真软件，功能极其强大。

下面以一个简单的实例来完整地展示一个 KeilC 与 Proteus 相结合的仿真过程。

一、单片机电路设计

程序设计实现 LED 显示器的选通并显示字符。如图 14-7 所示，电路的核心是单片机 AT89C51。单片机的 P1 口 8 个引脚接 LED 显示器的段选码（a、b、c、d、e、f、g、dp）的引脚上，单片机的 P2 口 6 个引脚接 LED 显示器的位选码（1、2、3、4、5、6）的引脚上，电阻起限流作用，总线使电路图变得简洁。

二、KeilC 与 Proteus 连接调试

（1）假若 KeilC 与 Proteus 均已正确安装在 C:\Program Files 的目录里，把 C:\Program Files\Labcenter Electronics\Proteus 6 Professional\MODELS\VDM51.dll 复制到 C:\Program Files\keilC\C51\BIN 目录中。

（2）用记事本打开 C:\Program Files\keilC\C51\TOOLS.INI 文件，在[C51]栏目下加入：TDRV5=BIN\VDM51.DLL（"Proteus VSM Monitor-51 Driver"）。其中"TDRV5"中的"5"要根据实际情况写，不要和原来的重复。说明：步骤（1）和（2）只需在初次使用设置。

（3）进入 KeilC μVision2 开发集成环境，创建一个新项目（Project），为该项目选定合适

的单片机 CPU 器件（如 Atmel 公司的 AT89C51），并为该项目加入 KeilC 源程序。

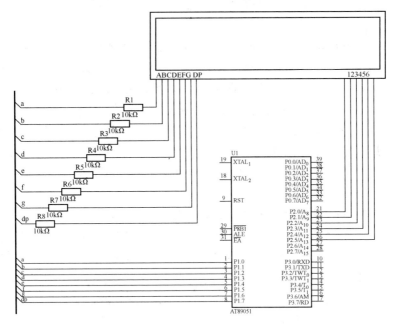

图 14-7　AT89C51 单片机电路设计

源程序如下：

```
#define LEDS 6
#include "reg51.h"
//led 灯选通信号
unsigned char code Select[]={0x01,0x02,0x04,0x08,0x10,0x20};
unsigned char code LED_CODES[]=
    { 0xc0,0xF9,0xA4,0xB0,0x99,//0-4
      0x92,0x82,0xF8,0x80,0x90,//5-9
    0x88,0x83,0xC6,0xA1,0x86,//A,b,C,d,E
    0x8E,0xFF,0x0C,0x89,0x7F,0xBF//F,空格,P,H,.,-  };
void main()
{    char i=0;
     long int j;
     while(1)
     { P2=0;
       P1=LED_CODES[i];
       P2=Select[i];
       for(j=3000;j>0;j--);     //该 LED 模型靠脉冲点亮,第 i 位靠脉冲点亮后,
                                会自动熄灭。修改循环次数,改变点亮下一位之
                                前的延时,可得到不同的显示效果

       i++;
       if(i>5)  i=0;
    }
}
```

（4）单击"Project 菜单/Options for Target"选项或者单击工具栏的"option for target"按钮 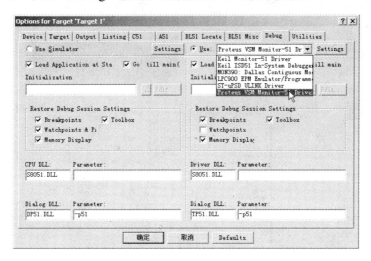，弹出窗口，单击"Debug"按钮，出现如图 14-8 所示页面。

图 14-8　Target 页面

在出现的对话框里右栏上部的下拉菜单中选中"Proteus VSM Monitor-51 Driver"，并且还要单击一下"Use"前面表明选中的小圆点。

再单击"Setting"按钮，设置通信接口，在"Host"后面添上"127.0.0.1"，如果使用的不是同一台电脑，则需要在这里添上另一台电脑的 IP 地址（另一台电脑也应安装 Proteus）。在"Port"后面添加"8000"。设置好的情形如图 14-9 所示，单击"OK"按钮即可。最后将工程编译，进入调试状态，并运行。

（5）Proteus 的设置。进入 Proteus 的 ISIS，鼠标左键单击菜单"Debug"，选中"use romote debuger monitor"，如图 14-10 所示。此后，便可实现 KeilC 与 Proteus 连接调试。

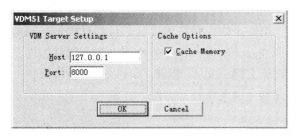

图 14-9　通信接口设置

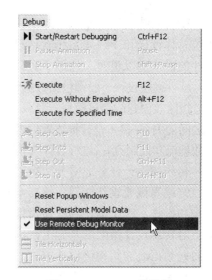

图 14-10　Proteus 的设置

（6）KeilC 与 Proteus 连接仿真调试。单击仿真运行开始按钮，能清楚地观察到每一个引脚的电平变化，红色代表高电平，蓝色代表低电平。在 LED 显示器上，循环显示 0、1、2、3、4、5，如图 14-11 所示。

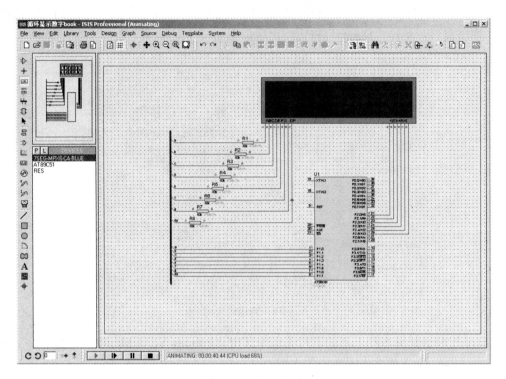

图 14-11　仿真调试

14.3　微机系统开发与设计实例

　　微机系统设计开发与单片机设计相类似，在完成硬件电路设计与搭建之后，遵循 14.1.2 系统总体设计和 14.1.4 系统软件设计的原则，对目标系统的数据、功能和行为进行建模，对软件的需求加以说明，包括了对分析模型的描述，这是软件程序设计的基础。

　　软件程序设计一般都包括数据设计、体系结构设计、接口设计和过程设计等内容。数据设计将分析阶段创建的信息模型转变成实现软件所需的数据结构；体系结构设计定义软件主要组成部件之间的关系；接口设计描述软件内部、软件和接口系统之间以及软件与人之间是如何通信的（包括数据流和控制流）；过程设计将软件体系结构的组成部件转变成对软件组件的过程性描述。

　　传统的设计任务通常分两个阶段完成。第一个阶段是概要设计，包括结构设计和接口设计，并编写概要设计文档；第二个阶段是详细设计阶段，其任务是确定各个软件组件的数据结构和操作，产生描述各软件组件的详细设计文档。20 世纪 70 年代以来，在模块化、由顶向下等传统设计策略的基础上，出现了各具特色的系统设计方法，在本书中主要介绍了传统的面向数据流的结构化设计方法。

　　抽象、逐步细化和模块化设计等概念与方法，都是传统设计方法的基础，在当今计算机程序设计蓬勃发展的时代也具有新的生命力。

14.3.1　结构化设计方法

一、结构化设计

结构化设计方法是基于模块化、自顶而下逐层细化、结构化程序设计等程序设计技术基础上发展而来的。该方法实施的要点是：

（1）研究、分析和审查数据流图。从软件的需求规格说明中弄清数据流加工的过程。

（2）根据数据流图决定问题的类型。如采用变换型或事务型来分别进行分析处理。

（3）由数据流图推导出系统的初始结构图。

（4）利用一些试探性原则来改进系统的初始结构图，直到得到符合要求的结构图为止。

（5）制定测试计划等。

结构化设计可以很方便地将用数据流图表示的信息转换成程序结构的设计描述。

二、过程设计

过程设计又称详细设计，是传统软件设计的第二步。在结构化概要设计阶段，已经确定了软件的体系结构，给出了系统中各个模块的功能和模块间的联系（接口）。这一步的工作，就是要对系统中的每个模块给出足够详细的过程性描述。这些描述应该用规范化的表达工具来表示，但它们还不是程序，一般不能够在计算机上运行。

结构程序设计的原理和逐步细化的实现方法，是完成模块过程设计的基础。任何一个复杂的程序结构在逻辑上都可用顺序、选择和循环三种控制结构或它们的组合来实现。如果所有的模块都只使用单入口、单出口的三种基本控制结构，如图 14-12 所示，则不论一个程序包含多少个模块，也不论一个模块包含多少基本控制结构，整个程序将仍能保持一条清晰的线索。这就是常说的控制结构的"结构化"，它是过程设计阶段确保模块逻辑清晰的关键技术。在 8086 汇编语言程序设计中，当然可以实现这三种基本的结构，只不过由于是低级语言实现语句上稍微复杂一些而已，详见第 5 章汇编语言程序设计相关内容。

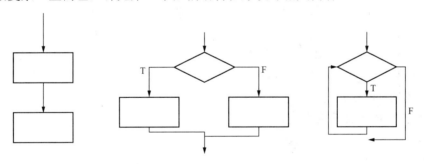

图 14-12　三种基本控制结构的流程图

三、常用的表达工具

下面介绍过程设计中经常使用的几种设计表达工具。

（1）流程图和 N-S 图。流程图（Flow Diagram）是最古老的设计表达工具之一。大多数程序人员把画流程图作为编码的先导。许多人在程序编好后也用流程图来表达程序的梗概，以便于同他人进行交流。由于它具有能随意表达任何程序逻辑的优点，在很长一段时间里曾广泛流传，在讲解程序设计的教材中也多有介绍。流程图表示的相关细节与符号，详见第 5 章汇编语言程序设计相关程序举例的内容。

随着结构化程序设计方法的普及，流程图在描述程序逻辑时的随意性与灵活性，恰恰变成了它的缺点。1973 年，Nassi 和 Shneiderman 发表了题为"结构化程序的流程图技术"的文章，提出用方框图（Block Diagram）来代替传统的流程图，引起了人们的重视，根据这两位创始人的名字，许多人把它简称为 N-S 图。结构化程序设计反对滥用 GOTO 语句，主张把程序的逻辑结构限制为顺序、选择和重复等几种有限的基本结构,以提高程序的易读性和易维护性。N-S 图的主要特色,就是只能描述结构化程序所允许的标准结构,从根本上取消了表现如含有 GOTO 语句的非标准结构的手段。图 14-13 显示了 N-S 图对于三种基本程序结构的表现方法。

图 14-13　N-S 图表示的三种基本程序结构

N-S 图的优点是所有的程序结构均用方框来表示,无论并列或者嵌套,程序的结构清晰可见。而且,由于它只能表达结构化的程序逻辑,使用 N-S 图来描述软件设计的人不得不遵守结构化程序设计的规定。久而久之,就可自然地养成良好的程序设计风格。不足的是,当程序内嵌套的层数增多时,内层的方块越画越小,不仅会增加画图的困难,还将使图形的清晰性受到影响。

（2）伪代码和 PDL 语言。伪代码（Pseudo Code）属于文字形式的表达工具。它并非是真正的代码,也不能在计算机上执行,但形式上与代码相似。用它来描述软件设计,工作量比画图小,又较易转换为真正的代码。前几章曾多次提到过的结构化语言,其实就属于伪代码。

1975 年,Caine 与 Gordon 在"PDL 一种软件设计工具"一文中,提出了他们所设计的一种伪代码,以及他们用这种语言描述过程设计过程所取得的良好效果。这种取名为 PDL（Program Design Language）的伪代码被他们称为"Pidgin",以强调其"非纯粹"的编程语言特点。"结构化英语"一词,也是在该文中首先使用。中英文结合的 PDL 语言如图 14-14 所示,PDL 具有表现力强、使用灵活等特点。

以上介绍的 4 种工具,都可用来描述模块的逻辑过程。由于图形表达工具费时,又不易修改,许多人宁愿用 PDL 代替流程图或 N-S 图来进行过程设计,而在设计完成后再用流程图或 N-S 图来表示所设计的程序,以便复审、交流和发布等。

```
IF<条件1>
执行语句1;
ELSE IF<条件2>
执行语句2;
  ELSE
执行语句3;
  END  IF
```

图 14-14　PDL 表达的
IF-ELSE 结构

14.3.2　8088/8086 开发系统主要技术指标

一、8088/8086 硬件开发系统总体结构

图 14-15 所示为 8088 系统的总体结构。

（1）用主频为 4.77MHz 的 8088CPU 为主 CPU,并以最小工作方式构成系统。

（2）提供标准 RS-232 异步通信接口和 USB 即插即用通信接口,以连接电脑。

（3）系统以一片 62256 静态 RAM 构成系统的 32KB 基本内存,地址范围为 00000H～07FFFH。其中 00000H～004FFH 为系统数据区,00500H～00FFFH 为用户数据区,01000H～07FFFH 为用户程序区。

（4）备有通用外围电路,包括逻辑电平开关电路、发光二极管显示电路、时钟电路、单脉冲发生电路、继电器及驱动电路、直流电机转速测量及控制驱动电路、步进电机及驱动电路、电子音响及驱动电路、模拟电压产生电路。

（5）配置 4×4 矩阵键盘,8 个动态数码管显示器。

（6）提供各种微机常用 I/O 接口芯片,包括定时/计数器接口芯片（8253A）、并行接口芯片（8255A）、A/D 转换芯片（0809）、D/A 转换芯片（0832）、2 片中断控制器接口芯片（8259A）、经典键盘显示接口芯片（8279A）、DMA 控制器 8237A、串行通信接口芯片（8251A）等。

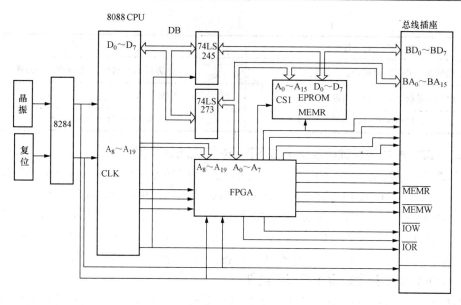

图 14-15　8088 系统的总体结构

（7）配备主从方式 USB 接口电路，方便学生进行 USB 接口应用软硬件实验。

（8）配备 RS-232/485 通信接口电路。

（9）扩展有新型串行通信接口电路 16C550、16×16 点阵 LED 显示电路、自带 T6963C 控制器的 128×64 图形液晶显示器、串行时钟电路 PCF8563、串行存储器 93C46、串行 A/D TLC549 和串行 D/A TLC5615 转换电路、串行键盘显示控制器 ZLG7290、一总线温度传感器 18B20、看门狗电路等。

二、8088/8086 系统资源分配

8088/8086 有 1MB 存储空间，系统提供给用户使用的空间为 00000H～0FFFFH，用于存放、调试实验程序，若采用 32KB 的 62256 静态 RAM，则具体分配见表 14-1。

表 14-1　　　　　　　　　　　　　　内　存　分　配　表

中断矢量区	00000H～000FFH	用户数据区	00500H～00FFFH
系统数据区、系统栈区	00100H～004FFH	用户程序区、用户栈区	01000H～07FFFH

中断矢量区 00000H～00013H 作为单步（T）、断点 INT3、无条件暂停（NMI）中断矢量区，用户也可以更改这些矢量，指向用户的处理，但失去了相应的单步、断点、暂停等系统功能。

三、8088 系统输入/输出接口地址的分配

8088 系统输入/输出接口地址的分配见表 4-2。

表 14-2　　　　　　　　　　　　系统输入/输出接口地址的分配

电　路　名　称	口　地　址
提供给用户的扩展口	$\overline{Y_0}$:000H～00FH，$\overline{Y_6}$:060H～06FH，$\overline{Y_7}$:070H～07FH
8253A 定时/计数器接口	通道 0 计数器 048H、通道 1 计数器 049H、通道 2 计数器 04AH、通道 3 计数器 04BH

电 路 名 称	口 地 址
单级 8259A 中断控制器接口或译码输出 $\overline{CS_6}$	命令寄存器 020H、状态寄存器 021H
8279A 键盘显示口或译码输出 $\overline{CS_5}$	数据口 0DEH、命令状态口 0DFH
8251A 串行接口	数据口 050H、命令口 051H

14.3.3 8279A 可编程键盘显示接口实验—6 位加法计算器

学习 8279A 与微机 8088 系统的接口方法，了解 8279A 用在译码扫描和编码扫描方式时的编程方法，以及 8088CPU 用查询方式和中断方式对 8279A 进行控制的编程方法。利用 cpu8086 芯片和 8279 控制键盘及 6 位 LED 数码显示器实现加法计算器的功能。该设计在实际应用时，需要在上海电力学院与启东计算机厂联合开发的实验平台上来实现相同位数的 6 位数以内的带进位的加法运算，对没有该套设备的学习者而言，也可作为一个参考。

一、8279A 可编程键盘/显示器接口器件

8279A 是一种通用的可编程键盘/显示器接口器件，可对 64 个开关矩阵组成的键盘进行自动扫描，接收键盘上的输入信息，存入内部的 FIFO 寄存器，并在有键输入时，CPU 请求中断。8279A 内部还有一个 16×8 的显示缓冲器，能对 8 位或 16 位 LED 自动扫描，使显示缓冲器的内容在 LED 上显示出来。

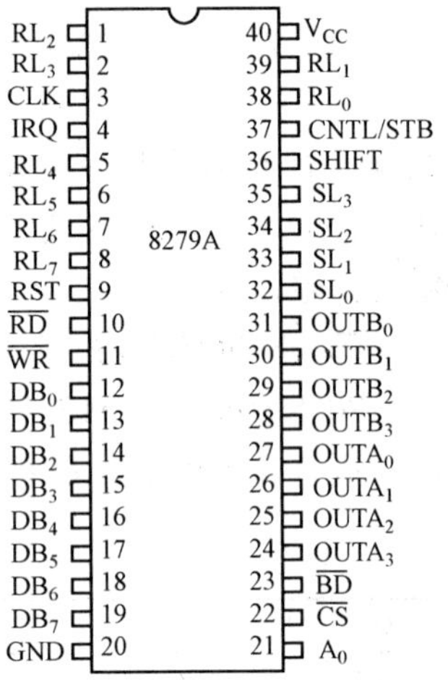

（1）引脚功能。8279A 芯片的引脚图如图 14-16 所示。

$DB_0 \sim DB_7$：双向数据总线，以便与 CPU 之间传递命令、数据和状态。

CLK：时钟输入线，以产生内部时钟。

RESET：复位线，高电平有效。复位后，8279A 置为 16 位显示左边输入，编码扫描键盘，时钟系数为 31。

$\overline{CS}$：片选，低电平有效。

A_0：地址输入线，用以区分数据线传送的是数据还是命令。$A_0=0$，传送的是数据；$A_0=1$，传送的是命令。

$\overline{RD}$：读信号线，低电平有效，内部缓冲器信息送 $DB_0 \sim DB_7$。

$\overline{WR}$：写信号线，低电平有效。收数据总线上的信息写入内部缓冲区。

图 14-16 8279A 芯片引脚图

IRQ：中断请求输出线，高电平有效。当 FIFO RAM 中有键输入数据时，IRQ 升为高电平，向 CPU 请求中断。CPU 读出 FIFO RAM 时，IRQ 变为低电平，若 RAM 中还有数据，IRQ 又返回高电平，直至 RAM 中为空，IRQ 才保持低电平。

$SL_0 \sim SL_3$：输出扫描线，用于对键盘/传感器矩阵和显示器进行扫描。

$RL_0 \sim RL_7$：键盘/传感器矩阵的行（列）数据输入线。其内部有拉高电阻，使之保持高电平。

SHIFT：换档输入线。其内部有拉高电阻，使之保持高电平。

CNTL/STB：控制/选通输入线。其内部有拉高电阻，使之保持高电平。

$OUTA_0 \sim OUTA_3$：四位输出口。

$OUTB_0 \sim OUTB_3$：四位输出口。

这两个口是 16×4 显示器更新寄存器的输出端，输出的数据和 $SL_0 \sim SL_3$ 上信号同步，用于多位显示器显示。

$\overline{BD}$：显示消隐输出线，低电平有效。

GND：地。

（2）8279A 内部结构。8279A 芯片的结构框图如图 14-17 所示。I/O 控制和数据缓冲器双向的三态数据缓冲器将内部总线和外部总线 $DB_0 \sim DB_7$ 相连，用于传送 CPU 和 8279 之间的命令、数据和状态。控制逻辑控制与定时寄存器用以寄存键盘及显示器的工作方式，锁存操作命令，通过译码产生相应的控制信号，使 8279 的各个部件完成一定的控制功能。定时控制含有一些计数器，其中有一个可编程的 5 位计数器，对外部输入时钟信号进行分频，产生 100kHz 的内部定时信号。外部时钟输入信号周期不小于 500ns。扫描计数器有两种输出方式：一种是外部译码方式，计数器以二进制方式计数，4 位计数状态从扫描线 $SL_0 \sim SL_3$ 输出，经外部译码器译码出 16 位扫描线；另一种是扫描计数器的低二位译码后从 $SL_0 \sim SL_3$ 输出。注意：当采用译码输出时，显示只能显示低 4 位字符。键盘输入控制，这个部件完成对键盘的自动扫描，锁存 $RL_0 \sim RL_7$ 的键输入信息，搜索闭合键，去除键的抖动，并将键盘输入数据写入内部先进先出（FIFO）的 RAM 存储器。FIFO/传感器 RAM 和显示 RAM8279 具有 8 个先进先出的键输入缓冲器，并提供 16 个字节的显示数据缓冲器。CPU 将段数据写入显示缓冲器，8279 自动对显示器扫描，将其内部显示缓冲器中的数据在显示器上显示出来。另外还有芯片接口控制逻辑等。

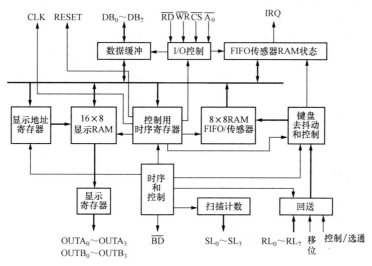

图 14-17　8279A 芯片结构框图

1）8279A 内部具有时序控制逻辑，通过控制和时序寄存器存放键盘和显示器的工作方式和其他状态信息。内部还包含有 N 分频器，分频系数为 N，由 2～31 之间任一数可编程确定，对 CLK 上时钟进行 N 分频以产生基本的 100kHz 的内部计数信号（扫描时间为 5.1ms，去抖动时间为 10.3ms）。

2）8279A 内部的扫描计数器有两种工作方式：一是编码方式，计数器以二进制方式计数，4 位计数器的状态直接从 $SL_0 \sim SL_3$ 上输出，由外部译码对 $SL_0 \sim SL_3$ 译码产生键盘和显示的扫描信号，高电平有效；二是译码方式，对计数器的低二位译码后从 $SL_0 \sim SL_3$ 上输出，作为 4×8 键盘和 4 位显示器的扫描信号，低电平有效。

3）8279A 在键盘工作时，由输入缓冲区锁存 $RL_0 \sim RL_7$ 上的信息，以确定键入情况，其内部有去抖动电路（10ms）。

4）FIFO/传感器 RAM 是一个双功能 8×8 RAM。在键盘和选通输入方式中，它是一个先进先出的数据缓冲器。当 $\overline{CS}=0$、$A_0=1$、$\overline{RD}=0$ 时，读出 FIFO 的内容，FIFO 中有数据时，由控制电路发 IRQ 信号，在传感方式中，8×8 RAM 用作传感器 RAM，当检测到某个传感器发生变化时，IRQ 上升为高电平。

5）显示地址寄存器和显示 RAM 用于存放 CPU 当前正在读/写的显示 RAM 单元地址，以及正在显示的两个 4 位半字节地址。在选定了工作方式和地址后，CPU 可直接读出显示 RAM 中的内容。

（3）8279A 的控制命令。

1）键盘显示器方式命令字如图 14-18 所示。

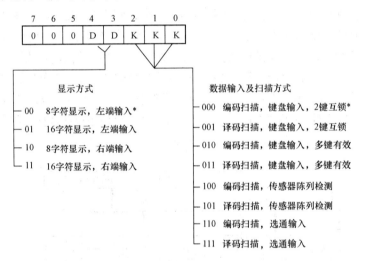

图 14-18　键盘显示器方式命令字

* RESET 后，设定为该种方式。

2）扫描频率命令字如图 14-19 所示。

* RESET 后，$P_4 \sim P_0=31$。

3）读 FIFO 前设置的读地址命令字如图 14-20 所示。

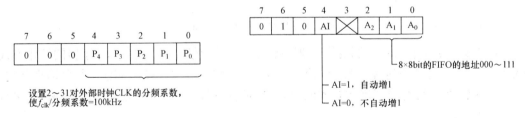

图 14-19　扫描频率命令字　　　　图 14-20　读 FIFO 前设置的读地址命令字

4）读显示 RAM 前设置的读地址命令字如图 14-21 所示。

5）写显示 RAM 前设置的写地址命令字如图 14-22 所示。

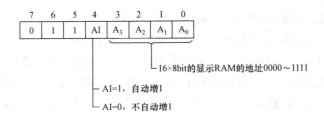

图 14-21　读显示 RAM 前设置的读地址命令字

6）显示 RAM 写入禁止/消隐命令字如图 14-23 所示。

图 14-22　写显示 RAM 前设置的写地址命令字　　　图 14-23　显示 RAM 写入禁止/消隐命令字

7）清除 FIFO 状态字、显示 RAM 清除命令字如图 14-24 所示。

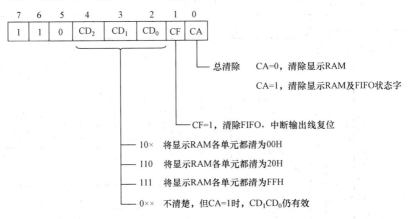

图 14-24　清除 FIFO 状态字、显示 RAM 清除命令字

说明：清除显示 RAM 约需 160μs，此时 FIFO 状态字最高位 $D_7=1$，表示显示无效，CPU 不能向显示 RAM 写入数据。

8）中断结束/出错方式命令字如图 14-25 所示。

9）FIFO 状态字如图 14-26 所示。

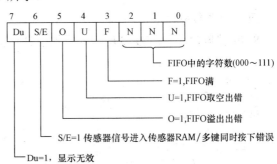

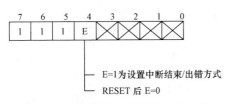

图 14-25　中断结束/出错方式命令字　　　图 14-26　FIFO 状态字

二、8279A 键盘、显示设计实例—6 位加法计算器

利用芯片 8279 控制键盘和 LED，对每一次的键盘输入检查其对应的字符并作出相应操作，其结果体现在 LED 上。例如：用户输入连续数字时，按用户输入的顺序依次显示在 LED 上；当用户输入加法操作时，LED 不变化；当用户再输入第二个数时，再次依次体现在 LED 上；按"等于号"时其运算结果显示在 LED 上。其操作过程与体验与现在普遍使用的 6 位计算器相类似。

在该设计中 8279A、键盘、LED 等的硬件设计原理图如图 14-27 所示。

8279 可以同时控制 8 个 LED 和 8 列键盘，但本设计只使用了 6 个 LED 和 6 列键盘，这是通过少用两根线来实现的。图 14-27 中 74LS138 的 2、3 号输出线悬空，其余 6 根线接到了 LED 和键盘，在写程序时必须要有特殊处理。虽然没有接 2、3 号 LED，但是 8279 并不知道这件事，还是会向相应的 RAM 里送数据，在写程序时，应该人为地跳过这两位。同样地，对应的 2、3 列的键盘也要有特殊处理。

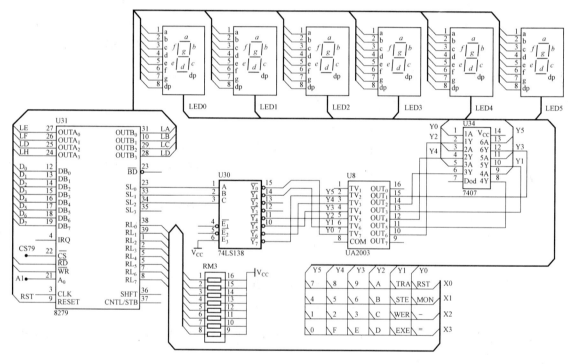

图 14-27　硬件设计原理图

三、软件参考程序

8279 键盘输入、LED 显示的 6 位加法计算器参考程序如下：

```
Z8279    EQU   212H                ;控制口
D8279    EQU   210H                ;数据口
LEDMOD   EQU   00000000B           ;左边输入,八位显示,外部译码八位显示
LEDFEQ   EQU   00111000B           ;扫描频率

CODE     SEGMENT
         ASSUME  CS:CODE,DS:CODE
START:   PUSH   CS
```

```
            OUT    DX,AL
            POP    DS                      ;初始化

            MOV    DX,Z8279                ;指向 8279 的控制地址
            MOV    AL,LEDMOD               ;8 个字符右端进入,编码扫描键盘
            OUT    DX,AL                   ;控制字送往 8279
            MOV    AL,LEDFEQ               ;扫描频率
            OUT    DX,AL                   ;扫描频率送入
            CALL   RAMCLEAR
            NOP                            ;空指令,占用一个指令周期
            MOV    DX,Z8279                ;指向 8279 的控制端口
            MOV    AL,0C2H                 ;11000010B 控制字
            OUT    DX,AL                   ;置空 FIFO 寄存器
            NOP
WAIIT:      NOP                            ;空指令
            IN     AL,DX                   ;还是控制口
            MOV    BL,AL
            AND    AL,80H                  ;相与 10000000 最后 7 位为 0,第 1 位保持
            CMP    AL,80H
            JE     WAIIT                    ;相等跳转,FIFO 正在清除期间则跳转等待
            MOV    AL,BL
            AND    AL,0FH
            CMP    AL,00H
            JE     WAIIT                    ;无键按下则等待
                                           ;有键按下从这里执行

            MOV    AL,D
            MOV    BL,AL
            CMP    AL,10010000B
            JE     QINGLIN

HAHA:       MOV    AL,BL
            DEC    AL
            CMP    AL,10001011B
            JNE    SB
            DEC    AL
            DEC    AL
SB:         MOV    D,AL
            MOV    DX,Z8279
            OUT    DX,AL                   ;斜线是 RAM 的第一位
            MOV    AL,40H                  ;编写读 FIFO RAM 命令字
            OUT    DX,AL
            MOV    DX,D8279                ;指向数据口读入 FIFO RAM 内容
            IN     AL,DX
            NOP
            CMP    AL,3BH                  ;0011 1011B 是否退出
            JE     FINI
            CMP    AL,48
            JE     JIA
            CMP    AL,51
            JE     DENGYU                  ;查表将键码放入 AL 中
            MOV    CL,AL
            LEA    BX,LED
```

```
          XLAT                          ; 查表指令
          MOV    DX,D8279               ; 将 AL 中内容写到数码管上
          OUT    DX,AL
          MOV    AL,CL
          LEA    BX,DATA
          XLAT
          MOV    CL,E
          CMP    CL,1
          JE     NU2
          MOV    BX,COUNT1
          MOV    DATA1[BX],AL
          INC    BX
          MOV    COUNT1,BX
          JMP    CLOSE
NU2:      MOV    BX,COUNT2
          MOV    DATA2[BX],AL
          INC    BX
          MOV    COUNT2,BX
CLOSE:    MOV    DX,Z8279              ; 清 FIFO RAM 寄存器
          MOV    AL,0C2H
          OUT    DX,AL
          JMP    WAIIT                 ; 等待下一次键输入
FINI:     MOV    DX,Z8279             ; 控制口
          MOV    AL,0D3H              ; 11010011B 这个控制字是一条清除命令
          OUT    DX,AL
          JMP    $                    ; 跳转到本行地址,也就是死循环
QINGLIN:  CALL   RAMCLEAR
          JMP    HAHA
JIA:      MOV    AL,1
          MOV    E,AL
          MOV    AL,10010000B
          MOV    D,AL
          MOV    DX,Z8279             ; 清 FIFO RAM 寄存器
          MOV    AL,0C2H
          OUT    DX,AL
          JMP    WAIIT
DENGYU:   MOV    AL,0
          MOV    E,AL
          MOV    AL,10010000B
          MOV    D,AL
          CALL   RAMCLEAR
          MOV    AL,COUNT1
          DEC    AL
          MOV    COUNT1,AL
          MOV    AL,COUNT2
          DEC    AL
          MOV    COUNT2,AL
          CALL   GETMIN
          MOV    CX,MIN
          INC    CX
          MOV    AH,0
TRANS:    MOV    BX,COUNT1
```

```
            MOV    AL,DATA1[BX]
            DEC    BX
            ADD    AL,AH
            MOV    AH,0
            MOV    COUNT1,BX
            MOV    BX,COUNT2
            ADD    AL,DATA2[BX]
            AAA
            DEC    BX
            MOV    COUNT2,BX
            MOV    BX,MIN2
            MOV    DATA3[BX],AL
            DEC    BX
            MOV    MIN2,BX
            LOOP   TRANS
            CMP    AH,0
            JE     BFDIS
            MOV    AL,D
            DEC    AL
            MOV    D,AL
            MOV    DX,Z8279
            OUT    DX,AL
            MOV    AL,06H
            MOV    DX,D8279              ;将 AL 中内容写到数码管上
            OUT    DX,AL
BFDIS:      MOV    CX,MIN
            INC    CX
DIS:        MOV    AL,D
            DEC    AL
            CMP    AL,10001011B
            JNE    SB2
            DEC    AL
            DEC    AL
SB2:        MOV    D,AL
            MOV    DX,Z8279
            OUT    DX,AL
            MOV    BX,COUNT3
            MOV    AL,DATA3[BX]
            INC    BX
            MOV    COUNT3,BX
            LEA    BX,CONVERT
            XLAT
            MOV    DX,D8279              ; 将 AL 中内容写到数码管上
            OUT    DX,AL
            LOOP   DIS
            MOV    AX,0
            MOV    COUNT1,AX
            MOV    COUNT2,AX
            MOV    COUNT3,AX
            MOV    AL,10010000B
            MOV    D,AL
            MOV    DX,Z8279              ; 清 FIFO RAM 寄存器
```

```
              MOV     AL,0C2H
              OUT     DX,AL
              JMP     WAIIT

     LED:     DB 07H,66H,06H,3FH              ;1    7,4,1,0 的七段码笔画
              DB 00H,00H,00H,00H              ;2    LED 全部熄灭
              DB 7FH,6DH,5BH,71H              ;3    8,5,2,F 的七段码笔画
              DB 00H,00H,00H,00H              ;4    LED 全部熄灭
              DB 00H,00H,00H,00H              ;5    LED 全部熄灭,为空
              DB 00H,00H,00H,00H              ;6    LED 全部熄灭,为空
              DB 00H,00H,00H,00H              ;7    LED 全部熄灭,为空
              DB 00H,00H,00H,00H              ;8    LED 全部熄灭,为空
              DB 6FH,7DH,4FH,79H              ;9    9,6,3,E 的七段码笔画
              DB 00H,00H,00H,00H              ;10   LED 全部熄灭,为空
              DB 77H,7CH,39H,5EH              ;11   A,B,C,D 的七段码笔画
              DB 00H,00H,00H,00H              ;12   LED 全部熄灭,为空
              DB 39H,00H,00H,00H              ;13   空加减乘除所在行 48 49 50 51
              DB 00H,00H,00H,00H              ;14   空
              DB 00H,00H,00H,00H              ;15   空
              DB 00H,00H,00H,00H              ;16   空
 CONVERT:     DB 3FH,06H,5BH,4FH,66H,6DH,7DH,07H,7FH,6FH;0～9 的七段数码管笔画
 DATA:        DB 7,4,1,0                      ;1    7,4,1,0 数值的真值
              DB 00H,00H,00H,00H              ;2    空
              DB 8,5,2,71H                    ;3    8,5,2,F 数值的真值
              DB 00H,00H,00H,00H              ;4    空
              DB 00H,00H,00H,00H              ;5    空
              DB 00H,00H,00H,00H              ;6    空
              DB 00H,00H,00H,00H              ;7    空
              DB 00H,00H,00H,00H              ;8    空
              DB 9,6,3,OEH                    ;9    9,6,3,E 数值的真值
              DB 00H,00H,00H,00H              ;10
              DB 0AH,0BH,0CH,0DH              ;11   A,B,C,D 数值的真值
              DB 00H,00H,00H,00H              ;12
              DB 00H,00H,00H,00H              ;13   空加减乘除所在行 49 50 51 52
              DB 00H,00H,00H,00H              ;14
              DB 00H,00H,00H,00H              ;15   空
              DB 00H,00H,00H,00H              ;16
 MAX:         DB 0
 MIN:         DB 0
 MAX2:        DB 0
 MIN2:        DB 0
 E:           DB 0
 D:           DB 10010000B
 COUNT3:      DW 0
 COUNT1:      DW 0
 DATA1:       DB 10 DUP（?）
 COUNT2:      DW 0
 DATA2:       DB 10 DUP（?）
 DATA3:       DB 10 DUP（?）
 DATA4:       DB 10 DUP（?）
 RAMCLEAR     PROC                            ; 显示 RAM 清零开始
              MOV     DX,Z8279
```

```
MOV        AL,0D1H                       ; 11010001B
           OUT    DX,AL                  ; 显示 RAM 全部清零
           MOV    CX,80H                 ; 循环次数
CLSB:      NOP
           NOP
           LOOP CLSB                     ; 显示 RAM 清零结束
           RET
RAMCLEAR ENDP
GETMAX     PROC
           MOV AL,COUNT1
           CMP AL,COUNT2
           JBE QQ
           MOV MAX,AL
           JMP QQ2
   QQ:     MOV AL,COUNT2
           MOV MAX,AL
   QQ2:    MOV MAX2,AL
           RET
GETMAX     ENDP
GETMIN     PROC
           MOV AL,COUNT1
           CMP AL,COUNT2
           JBE QQ1
           MOV AL,COUNT2
           MOV MIN,AL
           JMP QQ3
   QQ1:    MOV MIN,AL
   QQ3:    MOV MIN2,AL
           RET
GETMIN     ENDP
CODE       ENDS
           END    START
```

习题与思考题

14-1　计算机硬件设计需要考虑哪些方面的问题？

14-2　为保证单片机系统的容错性能，系统中加入 WatchDog，请简述 WatchDog 的工作原理。

14-3　汇编语言程序设计中，主程序与中断服务程序之间的关系如何？

14-4　简述结构设计与过程设计的不同。

14-5　单片机程序设计的特点是什么？

14-6　程序设计时分解模块的原则是什么？

14-7　指出下列各项是否为 C51 的常量？若是，请指出其类型。

　　　E-4　　A423　　.32E31　　003　　　0.1

14-8　使用 C51 语言编制 4 个 LED 组成的流水灯的程序。

14-9　请分别定义下列数组。

（1）外部 RAM 中 255 个元素的无符号字符数组 temp。

（2）内部 RAM 中 16 个元素的无符号数组 d_buf。

（3）temp 初始化为 0，d_buf 初始化为 0。

（4）内部 RAM 中定义指针变量 ptr，初始值指向 temp[0]。

14-10　KeilC 与 Proteus 连接调试的设计方法是什么？思考文件 Tools.ini 的作用是什么？

14-11　Keil C 与 Proteus 连接调试的步骤是什么？

14-12　使用单片机的 P1 口，自行编制 8 位 LED 灯跑马灯的程序，并实现 Keil C 和 Proteus 软件的联调。

14-13　使用 Proteus 查找数码管和 LCD 显示模块，并使用数码管做动态显示的程序及硬件电路。

14-14　试设计一个十字路的交通灯模拟控制器，具有如下功能：A、B 道的直行、大转弯、方行切换准备等 8 种状态功能（见图 14-28），以及剩余事件显示、10s 内黄绿灯闪动、蜂鸣器提示灯功能。

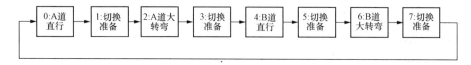

图 14-28　8 种状态功能

14-15　简述嵌入式远程 I/O 设计的业务需求和基本流程。

14-16　画出嵌入式远程 I/O 的系统结构框图。

14-17　简述热电阻测量的三种接线方式及其相应的工作原理。

14-18　请根据 AD7715 产品使用手册，回答 void AD_Read（INT8U *ADBufPtr）和 void AD_Write（INT8U　ADCmd）的基本设计流程。

14-19　请根据 FM12864 产品使用手册，回答 WriteChar( )和 WriteChiese( )的基本设计流程。

14-20　请使用 Proteus 画出嵌入式远程 I/O 设备的测量信号 A/D 电路，并根据流程图写出相应的 Keil C 程序，实现联调。

14-21　结构化设计与过程设计的区别是什么？

14-22　冒泡法排序算法，请分别用流程图、N-S 图、伪代码和 PDL 语言来加以描述。

14-23　在汇编语言程序设计中，如何表达主程序与子程序？

14-24　在汇编语言程序设计中，主程序与子程序二者之间怎样进行数据的交流？请列举尽量多的方法。

14-25　程序设计的三个基本结构是什么？请用流程图和 N-S 图加以表达。

参 考 文 献

［1］李继灿. 计算机硬件技术基础. 2 版. 北京：清华大学出版社，2011.

［2］高晓兴. 计算机硬件技术基础. 北京：清华大学出版社，2008.

［3］邹逢兴，陈立刚. 计算机硬件技术基础. 北京：高等教育出版社，2005.

［4］吴宁，冯博琴. 微型计算机硬件技术基础. 北京：高等教育出版社，2004.

［5］楼顺天，周佳社. 微机原理与接口技术. 北京：科学出版社，2011.

［6］姚燕南，姚向华，乔瑞萍. 微型计算机原理. 5 版. 西安：西安电子科技大学出版社，2008.

［7］周明德. 微型计算机系统原理及应用. 4 版. 北京：清华大学出版社，2002.

［8］马义德，张在峰，徐光柱，等. 微型计算机原理及应用. 3 版. 北京：高等教育出版社，2004.

［9］冯博琴，吴宁，陈文革，等. 微型计算机原理及应用. 3 版. 北京：高等教育出版社，2004.

［10］马义德，张在峰，徐光柱，等. 微型计算机原理与接口技术. 2 版. 北京：清华大学出版社，2002.

［11］龚尚福，朱宇. 微机原理与接口技术. 2 版. 西安：西安科技大学出版社，2009.

［12］朱定华. 微机原理、汇编与接口技术学习指导. 北京：清华大学出版社，2007.

［13］张友德，赵志英，涂时亮. 单片微型机原理、应用与实验. 5 版. 上海：复旦大学出版社，2008.

［14］孙育才. MCS-51 系列单片微型计算机及其应用. 4 版. 南京：东南大学出版社，2005.

［15］丁元杰. 单片微机原理及应用. 3 版. 北京：机械工业出版社，2011.

［16］张毅刚，刘杰. MCS-51 单片机原理及应用. 3 版. 哈尔滨：哈尔滨工业大学出版社，2007.

［17］孙涵芳，徐爱卿. MCS-51/96 系列单片机原理及应用（修订版）. 北京：北京航空航天大学出版社，1996.